U0338422

高等断裂力学

李　群　欧卓成　陈宜亨　著

科学出版社

北　京

内 容 简 介

本书主要针对断裂力学中的高等理论进行介绍，全书分为两部分内容。第1～6章介绍断裂力学的历史背景、断裂力学的基本概念、数学弹性力学理论的基础知识、复势理论、Williams特征展开理论、柯西型积分和黎曼-希尔伯特边值问题、积分变换理论。第7～12章对界面断裂力学问题、复合材料断裂力学问题、复杂缺陷问题、压电材料断裂力学问题、材料构型力学基本理论、断裂参数的数值计算方法等进行专题介绍。全书除了对高等断裂力学知识的介绍之外，还加入了作者的创造性研究成果。

本书适合研究生阶段的学习，可作为高等学校工科类研究生的教材，也可供从事断裂力学研究和应用的科技工作者及工程师使用和参考。

图书在版编目(CIP)数据

高等断裂力学/李群，欧卓成，陈宜亨著. —北京：科学出版社，2017. 3

ISBN 978-7-03-052240-5

Ⅰ. ①高… Ⅱ. ①李… ②欧… ③陈… Ⅲ. ①断裂力学 Ⅳ. ①O346. 1

中国版本图书馆CIP数据核字(2017)第053218号

责任编辑：宋无汗 王 苏 / 责任校对：郑金红

责任印制：张 伟 / 封面设计：迷底书装

科学出版社 出版

北京东黄城根北街16号

邮政编码：100717

http://www.sciencep.com

北京厚诚则铭印刷科技有限公司 印刷

科学出版社发行 各地新华书店经销

*

2017年3月第 一 版 开本：720×1000 1/16

2023年11月第四次印刷 印张：20

字数：340 000

定价：198.00元

(如有印装质量问题，我社负责调换)

前　言

断裂力学，作为固体力学的一个分支，是研究材料和工程结构中裂纹扩展规律的一门学科。其历史可追溯到Griffith在1921年的开创性工作，经过近百年的发展，其基本原理日臻成熟，研究成果已被广泛应用于工程结构与材料的失效评估中。

尽管在国内外很多高等学校已开设断裂力学这门课程，但作者在为高校研究生讲授高等断裂力学的过程中，发现缺少一本针对高等断裂力学知识深入浅出、理论详尽的专门教材。着眼于研究生未来科学工作的需要，基于作者多年来在西安交通大学讲授“高等断裂力学”的讲稿和讲义，对其进行补充、修改和整理，从而完成本书。希望能为高等断裂力学相关知识的传授尽微薄之力。

全书共12章。第1章介绍断裂力学产生的历史背景和发展现状。第2章简单阐述断裂力学的基本概念。第3章介绍数学弹性力学理论的基础知识。第4～6章则对断裂力学中用到的Williams特征展开理论、柯西型积分和黎曼-希尔伯特边值问题、积分变换方法等高等断裂理论知识进行介绍。第7～11章对界面断裂力学问题、复合材料断裂力学问题、复杂缺陷问题、压电材料断裂力学问题、材料构型力学基本理论等专题问题进行介绍。第12章介绍断裂参数的数值计算方法。

本书除了对高等断裂力学知识的介绍之外，还加入了作者的部分研究成果，以及左宏、王芳文、胡义锋、于宁宇等合作者的工作，在此表示感谢。

由于作者水平有限，书中难免存在疏漏之处，希望阅读本书的专家和同行批评指正。

作　者

2016年9月于西安交通大学

目　录

第 1 章　绪　　论

1.1　断裂力学的起源

1.1.1　固体的破坏

现代固体力学破坏理论认为，材料的破坏分为如下三类。

1）以屈服为主造成的材料破坏

材料的屈服(yielding)是与晶体内原子层间发生相对滑移(剪切)相联系的。当外加载荷在某一滑移系上产生的剪应力分量达到该滑移系的极限承载能力时，该滑移系开始运动，从而导致材料产生塑性变形，即屈服。此类材料破坏问题属于塑性力学的研究范畴。

2）以损伤为主造成的材料破坏

材料内部存在着微缺陷，如位错、微裂纹、微空洞等，这些不同尺度的微细结构在外载荷或环境作用下，随变形而演化发展并最终导致宏观裂纹的出现。其主要体现为细观结构缺陷萌生、扩展等不可逆变化引起的材料或结构宏观力学性能的劣化。此类材料破坏问题属于损伤(damage)力学的研究范畴。

3）以断裂为主造成的材料破坏

通常意义下的断裂(fracture)是指固体在外载荷作用下断成两块或更多块的现象。这是日常生活、工程实践和自然界普遍存在的一种物理现象。在各种工程结构和机械元部件的设计中，人们将断裂看作伴随着某种机械破坏而在材料内部生成新的表面的过程。从微观上讲，材料发生断裂时，固体内部原子结合键也遭到破坏(材料破坏的本质)。从宏观看，断裂则表现为由于裂纹传播所造成的材料分离过程。此类材料破坏属于断裂力学的研究范畴。简单地说，断裂力学是研究材料和工程结构中裂纹扩展规律的一门学科，属于固体力学的一个分支。

塑性力学、损伤力学、断裂力学的研究范畴如图 1.1 所示。

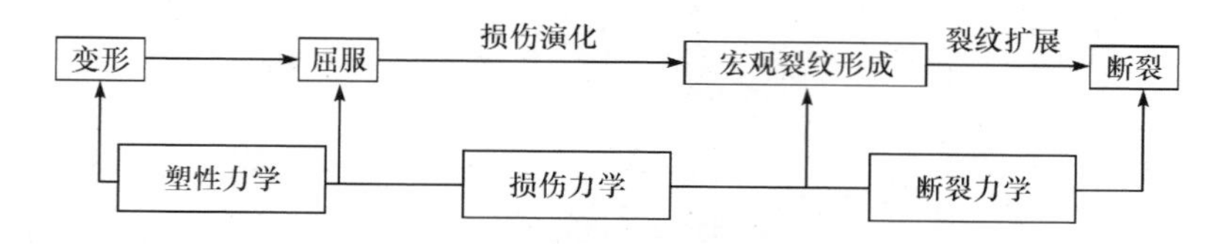

图 1.1　塑性力学、损伤力学、断裂力学的研究范畴

1.1.2　低应力脆断

尽管人类很早就已经知道，表面缺口或裂纹容易使材料发生破坏，并在劳动实践中借以劈裂木材、石材以及雕刻宝石等，这也是人类最早获得的实践经验之一，但断裂力学的产生却经历了一个长期的过程。

从 17 世纪开始，随着金属材料技术的不断发展，钢、铁逐渐取代了木材和石料，被用作基本的结构材料，并随之建立了经典强度理论(strength theory)及相应的材料破坏准则(failure criterion)，即

$$\sigma\leqslant[\sigma]=\begin{cases}\sigma_b/n_b, & \text{脆性材料(强度极限)}\\ \sigma_0/n_0, & \text{韧性材料(屈服极限)}\\ \sigma_r/n_r, & \text{交变载荷(持久极限)}\end{cases}\tag{1.1}$$

其中，σ 为主应力；σ_b、σ_0、σ_r 分别对应着脆性材料的强度极限、韧性材料的屈服极限、交变载荷下的持久极限；n_b、n_0、n_r 对应着工程安全系数。经典强度理论具有以下两个基本特征：①以最大应力作为材料破坏的控制参数；②材料是完整的，即假设材料中不存在裂纹、空洞和孔隙等缺陷。经典强度理论表征着以屈服为主的材料破坏机制，已有一百多年的历史，在工程设计中发挥着重要的作用。

随着现代科学技术的不断发展，工程材料呈现出一些新的特点。例如，大量使用高强度材料和超高强度材料(如钢、铝、钛合金等，屈服极限 $\sigma_0\geqslant$1400MPa，而普通 A3 钢的 $\sigma_0\approx$200MPa)，工作环境恶劣(高速、高压、高温或低温)，结构的大型化，全焊接结构的应用等。针对工程材料的这些新特点，尽管人们小心翼翼地严格按照经典强度理论进行强度设计，但灾难性事故仍然接二连三地发生，如储油罐、储气罐、压力容器、蒸气锅炉等发生爆炸，输气管线爆裂，桥梁坍塌，飞机失事，

焊接船断裂等。以下是部分公开报道的典型断裂案例。

(1) 1830年3月19日，英国蒙特罗斯(Montrose)悬索桥突然发生脆断事故，这是关于大型结构脆性破坏的最早记录之一。之后，又陆续发生了一系列灾难性的桥梁破坏事故，这些事故都是按照传统观点设计，未发现任何异常而突然坍塌，其中有：1938年比利时阿尔贝特运河上的哈塞勒(Husselt)桥、1962年澳大利亚墨尔本的国王(King)桥和1967年美国西弗吉尼亚州的篷特普里森特(Point Pleasant)桥等。

(2) 19世纪，由于车轴、铁轨以及车轮断裂造成的铁路事故也是非常普遍的。据统计，1860～1870年这十年间，英国每年死于此类铁路事故的人数约为200人。

(3) 第二次世界大战期间，美国建造了4000多艘全焊接"自由号"货轮和530艘T2型油轮。1200多艘船发生了船体脆断事故，其中有233艘完全报废，有16艘是在平静的海面上突然被折成了两段。

(4) 1950年，美国北极星导弹发动机壳体在试验时发生爆炸破坏，试验时的工作应力仅为700MPa，而它的强度极限是1600MPa。

(5) 1998年1月16日，福莱尔(Flare)号货轮在由荷兰鹿特丹驶往加拿大蒙特利尔的途中，不明原因地突然断成两截，沉没于加拿大纽芬兰岛南部沿岸海域，造成15人死亡，6人失踪。

(6) 2002年5月25日，台湾中华航空公司一架编号为CI611的波音747-200客机在从台北飞往香港的途中在澎湖外海的万米高空解体后坠落，飞机上的乘客连同机组人员共225人全部遇难。经调查分析，飞机高空解体的原因是机尾一块蒙皮有严重的金属疲劳裂纹现象。这架飞机1980年因落地发生机尾蒙皮损伤，但航空公司仅用铝板覆盖，并未依照波音公司的维修大纲更换整块蒙皮，造成金属疲劳裂纹累积。

(7) 2012年，空客项目副总裁汤姆·威廉斯在一份声明中说，A380型客机机翼内部大约4000个支架的铝合金选材不当以及设计缺陷致使支架所承压力过大，显现裂纹。为应对未预见的裂纹问题，空客不得不改进其制造流程。

大量事故调查表明，断裂处的最大工作应力往往并不高，甚至远低于材料的屈服极限或强度极限，这就是所谓的低应力脆断(brittle fracture)现象。显然，传统的强度理论无法满足新的结构安全设计需要,必须寻求新的途径。

1.1.3 断裂力学的产生

早期的经典强度理论都是建立在最大应力基础之上的,其中,固体强度的应力(stress)概念是 19 世纪由 Cauchy 和其他一些伟大的法国数学家和工程师提出的。然而早在 15 世纪,人们就已经认识到,所谓的“尺度效应”(size effect)在材料断裂中扮演着重要的角色。里奥纳多·达·芬奇(Leonardo da Vinci,1452~1519 年)用试验测定铁丝的强度,发现在恒定直径的情况下,铁丝的长度与断裂载荷成反比。早期的研究还观察到材料强度与表面质量,特别是表面缺口等因素有关,指出表面抛光可使机械样品的材料强度增加 20%~50%。上述事实曾被理解为材料强度与材料尺度相关。然而事实并非如此,近代断裂力学对低应力脆断现象的大量研究分析表明,材料及结构在其制造、加工、维修和使用过程中总是要承受各种类型的外加载荷,不可避免地有类似裂纹等缺陷存在,脆性破坏总是由材料内部预先存在的宏观裂纹(a=0.1~10mm)的失稳扩展引起的。断裂力学就是从研究低应力脆断问题开始的,从客观存在的裂纹出发,研究裂纹启裂条件及其扩展规律,寻找控制裂纹扩展的控制参数,进而为结构安全设计提供理论依据。

1. Wieghardt 的工作

回顾历史,学术界普遍认为,断裂力学的研究始于 Griffith(1921)的关键性贡献。然而在此之前,从固体力学的观点来看,特别值得提出的是 Wieghardt(1907)的重要工作。在一篇重要但鲜为人知的文章中,Wieghardt 给出了线弹性楔体受任意集中力作用下的解。这可能是人类认识到应力奇异性存在的第一个弹性解。该解包括以下四部分:①楔体尖端附近的应力场渐近分析;②详细讨论了裂纹这种特殊情况;③得到楔体尖端应力奇异性的正确表达形式 $r^{-\alpha}$,并阐明 α 与楔角和载荷对称性之间的依赖关系;④从裂纹问题的弹性解中分离出其渐近展开表达式中的主导项 $r^{-1/2}$,得到正确的应力场分布。

这些结果表明,Wieghardt 已经走到了近代断裂力学的大门口,并且几乎就要破门而入。但是,令他感到十分困惑的是:裂尖应力是 $r^{-1/2}$ 的奇异性,即无论外载荷多么小,裂尖处的应力总是无限大的。那么依据最大应力准则,意味着任何固体,只要其中存在裂纹,非零的外载荷无论大小都将导致其发生断裂。这显然与实际情况不符。尽管如此,他还是没有放弃最大应力准则。为解释这一佯谬,Wieghardt 指出:弹性材料不会在某一点上发生断裂,材料断裂应该是发生在裂尖前方的某一小部分上。这样,导致材料断裂的不是某点处的应力(或变形),而是作用在某一个小区域上的合力。因为应力场是可积的,所以合力总是有界的。于是,Wieghardt 的工作给人们留下这样一个印象:材料的断裂准则应该是由裂尖附近某一小区域上的平均应力与固体的理论强度相比较来构成的。正因为如此,Wieghardt 的工作也没有引起学术界的普遍关注。然而,值得指出的是,近年来发展出来的有限断裂力学(或临界距离理论)(Taylor,2007),为 Wieghardt 理论的进一步发展又带来了新的曙光。

2. Griffith 的工作

Griffith 的工作始于对大量玻璃和金属线、杆和板的观测结果。试验表明:材料的实际破坏强度比理论强度小得多。据此,Griffith 得出一条革命性结论:工程材料总是不完整的,其中存在各种各样的缺陷,如裂纹、孔洞、夹杂和划痕等。这是造成上述差别的根本原因。

显然,这一深刻结论是人们对材料强度理论认识上的一次飞跃,具有划时代的意义。它使人们摆脱了完整材料概念的思想束缚,开始研究材料的非完整性质对材料强度的影响,为建立新型强度理论奠定了思想基础。

处理这类问题,首先是准确计算缺陷附近的最大应力场。Griffith 利用 Inglis(1913)得到的含椭圆孔的无限大均匀弹性板的解,用椭圆孔洞来模拟裂纹。计算结果表明:最大应力与裂纹的绝对尺寸无关,只依赖于椭圆的半轴比。这些发现明显与试验结果相矛盾。由此,Griffith(1921,1924)得到如下结论:“最大应力”或许不是一个合适的强度准则,其需要建立新的理论。这是材料强度理论认识思想的又一次巨大飞跃,迈出了近代断裂力学最关键的一步。

比较 Wieghardt 和 Griffith 的研究思想可以看出,Wieghardt 是在承认前人工作的基础上对现存的矛盾提出新的解释,而 Griffith 则用现存的矛盾从根本上否认了旧的结论。科学史上的诸多发现也表明，后者的思维模式往往导致科学研究的重大突破。可以说，Griffith 的工作是创造性思维的一个典范。

既然最大应力不是合适的强度准则，Griffith 就从能量概念入手开始了他的研究工作。Griffith 新理论框架中的基本概念是能量释放率(energy release rate, ERR)，即为了维持裂纹在固体材料中的扩展，增大固体材料的表面面积，相应的表面能增量必须由外加的或内部释放的能量来补偿，并由此提出了著名的能量释放率断裂准则(fracture criterion)：$G \geqslant G_C$，G 为材料在某一外载荷条件下计算得到的裂尖能量释放率，G_C 是由材料性质决定的仅与材料性质相关的断裂韧性。

对于线弹性材料，裂纹扩展所需要的这部分能量输入可由对应的裂纹问题的弹性解来计算。利用 Inglis 解，Griffith 求得了应变能增量，并用能量平衡原理得到了如下断裂应力：$\sigma = \sqrt{2\gamma E^* / (\pi a)}$，其中，平面应力状态时 $E^* = E$，而平面应变时 $E^* = E/(1-\nu^2)$，E 是材料的弹性模量，ν 是材料的泊松比；γ 是表面能密度(室温下玻璃的 $\gamma = 0.54\text{N/m}$，对于一般的结晶固体，$\gamma = 0.1 \sim 1.0\text{N/m}$)；$a$ 是 Griffith 裂纹的半长度。

对于固体的脆性断裂而言，Griffith 的最大贡献就是解决了早期 Wieghardt 遇到的无限大应力的困惑，并且证明断裂应力与裂纹尺寸是相关的，表达式形如 $\sigma = m \cdot a^{-1/2}$，其中 m 是材料常数。Griffith 的这一创造性工作，成为了整个近代断裂力学几乎各个领域的基石，被认为是近代断裂力学的起源。

3. Irwin 的工作

20 世纪中叶以前，Griffith 的工作一直为工程界忽视。原因主要有两个：①在实际结构材料中，引起断裂所需的能量远大于相应的表面能；②在结构材料中，裂纹前端附近区域总存在着非弹性变形，这使在裂尖导致无限大应力的线弹性材料假设不符合实际情况。

20 世纪 40 年代末，人们又开始重新研究能量平衡理论。Orowan(1949)利用 X 射线研究证实，即使是“纯脆性”的材料断裂，在裂尖前方附近也存在着明显的塑性变形。这导致了 Irwin(1948)和 Orowan(1948)分别提出耗散能中必须考虑裂尖前方的塑性功 γ_p，Griffith 模型中的表面能 γ 应由 $\gamma + \gamma_p$ 来代替。Orowan 还估算出，对于典型金属，有 $\gamma_p \approx 10^3 \gamma$（$\gamma_p \approx 2000\text{N/m}$）。20世纪50年代初，Irwin首先指出：对于弹性固体的断裂而言，如果裂尖附近的能量耗散区或塑性区特征尺寸远小于裂纹尺寸，即裂尖塑性区满足小范围屈服条件（small-scale yielding），则假设流入裂尖断裂的能量主要来自固体的弹性部分是合理的。因而这个能量就与裂尖附近应力场的细节基本无关。由此可以得出结论：介质中弹性部分的应力状态与纯弹性裂纹解不会有很大的差别。这样，就可以用纯弹性解来计算断裂的能量释放率。这是Irwin对断裂力学的最大贡献。

Irwin的另一个重大贡献是对线弹性材料中裂尖附近渐近应力场和位移场的认识。Sneddon(1946)利用平面裂纹问题的Westergaard(1939)解研究币形裂纹问题，得到了解析的裂尖附近应力场的渐近表达式，还得到了Griffith能量平衡方程的解析表达式。然而，他没有注意到裂尖应力场的普适特征。基于此工作，Irwin(1957)由此引入应力强度因子的概念，并基于此建立了所谓的应力强度因子断裂准则：$K \geqslant K_C$，其中，K 为应力强度因子；K_C 为材料断裂韧性。接着，Irwin又找到了线弹性材料能量释放率 G 和应力强度因子 K 之间的简单关系，从而统一了能量释放率断裂准则和应力强度因子准则；并利用Westergaard解得到了在一般载荷条件下用应力强度因子，以及相应的普适角分布函数表示的裂尖应力场和位移场；至此，断裂力学的基本理论框架日臻成熟，并为从20世纪50年代后期开始的迅速发展做好了准备。

4. Rice和Cherepanov的工作

对于线弹性材料，应力强度因子和能量释放率可以对裂纹的扩展提供比较理想的预测。但对于一些韧性好的金属，裂尖塑性区尺寸相对比较大，实际上不可能满足小范围屈服条件，需要引入弹塑性断裂力学判据。Hutchinson(1968)、Rice(1968)针对幂硬化材料的裂尖渐近场提出了奇异理论（Hutchinson-Rice rosengren field，HRR场）。Rice(1968)和Cherepanov(1967)首先提出了适用于弹塑性材料断裂预测的 J 积分（J-integral）概念。裂纹尖端应力场的奇异强度可以用有限量 J 积分来表征。J 积分有着明确的物理意义，它代表着裂纹扩展驱动力，是弹塑性材料裂尖应力场强度的特征参数，在线弹性和小范围屈服情况下与能量释放率相等。基于 J 积分的断裂准则可描述为：$J \geqslant J_C$。当围绕裂纹尖端的 J 积分达到其临界值 J_C 时，裂纹开始扩展。由于 J 积分与所取积分回路无关，这给弹塑性分析带来了很大方便，可以避免分析裂纹尖端附近塑性区的复杂性质。基于 J 积分，弹塑性断裂力学取得了迅速发展。

能量释放率、应力强度因子、J 积分等概念的提出，为断裂力学的迅猛发展奠定了基础。在此之后，科技人员对工程结构材料中的裂纹问题做了大量研究工作。

1.2 断裂力学的研究进展

总体说来，断裂力学的发展已有近百年的历史。在这个领域中，众多学者进行了大量的研究工作（陆毅中，1987；匡震邦等，2002；范天佑，2003；王保林，2003；王自强等；2009；张行，2009；Chen，2002；Kanninen et al.，1985；Broberg，1999；Slepyan，2002）。直到现在，断裂力学仍然是固体力学中一个十分活跃的研究领域。各种新兴材料，如复合材料、压电材料、软物质、纳米材料等的不断涌现，又为断裂力学增添了许多新的课题。近二十年来，新型材料的断裂力学得到了飞速的发展，方兴未艾，成为目前断裂力学中活跃的研究方向。综述断裂力学中的全部研究成果绝不是本节可以做到的。在此，只对那些对断裂力学发展具有重大意义的工作进行概括介绍，以使读者对断裂力学的主要思想及其发展有一个比较清晰的了解。

1. 线弹性断裂力学

20 世纪中期，工程应用中最关心的问题是脆性断裂和疲劳裂纹扩展。人们发现应力强度因子是一个很好的相关参数，可用于描述上述两种现象。应力强度因子是裂纹问题线弹性解的结果，早期的断裂力学研究致力于基于弹性理论寻找求解 K 的方法。介绍弹性裂纹问题解法的文献很多，如 Sih 等（1968）、Sih（1973）、Erdogan（1978）和 Atluri（1986）等的著作。继 Griffith 和 Irwin 的工作之后，线弹性断裂力学领域中有以下重要工作：

(1) Williams(1957,1959)采用特征展开方法得到了裂尖场的解析解。

(2) Paris 等(1961)证明了应力强度因子可以有效地描述疲劳裂纹扩展。

(3) Erdogan 等(1963)提出了复合型裂纹扩展的最大拉应力理论。

(4) Rice(1968)提出了小范围屈服概念,为线弹性断裂力学奠定了理论基础。

(5) Sih(1973)提出了复合型裂纹扩展的应变能密度理论,使线弹性断裂力学的研究日臻成熟。

(6) Chen(1985)证明了 Williams 特征展开形式的伪正交特性,为权函数理论开辟了广阔的应用前景。

(7) Hui 等(1995)指出 Williams 特征展开的高阶奇异项不应该舍去。

2. 弹塑性断裂力学

在一定的温度和相对较大的机械载荷作用下,大多数工程材料都会发生塑性变形。这种材料的断裂过程表现为裂前附近的非弹性能量耗散区特征尺寸通常可以达到和裂纹尺寸相同的量级。在弹塑性材料中,塑性区的大小与裂前的约束条件密切相关。这样,对于相对较厚的物体来说,其内部区域满足平面应变条件。而在表面附近,由于缺乏约束而满足平面应力条件,从而具有更大的塑性区和更高的断裂抗力。经常可以观察到材料内部发生较低能量的脆断和表面发生高能量延性断裂的现象。在实际应用中,断裂韧性 G_{IC} 通常是指临界应变能释放率的平面应变值,它依赖于物体受到的约束,尤其是试件的厚度。此外,随着裂纹的扩展,裂尖附近的塑性区也会发生变化,通常是随着裂纹尺寸的增加而变大。这意味着材料的断裂阻力随着裂纹尺寸的增加越来越大。

Irwin(1948)和 Orowan(1948)各自独立地用能量的观点研究了弹塑性材料裂纹问题,被认为是弹塑性断裂力学的开始。之后,人们进行了大量的工作,其中主要有如下工作:

(1) Dugdale(1960)首次提出了屈服带模型,运用复势理论方法研究了裂纹尖端的塑性区,以避免裂尖应力场的奇异性。

(2) Wells(1961)提出了裂尖张开位移准则,现已被公认为可用作弹塑性条件下裂纹的启裂准则。

(3) Rice (1968)提出了著名的 J 积分概念,并证明了 J 积分与裂尖能量释放率的相等关系。这样,只需利用远区应力、应变场,就可直接计算能量释放率,而无须知道裂尖附近极其复杂难解的塑性区状态,从而为在工程实际中使用能量释放率准则奠定了基础。

(4) Hutchinson(1968)、Rice(1968)分别独立地得到了Ⅰ型裂纹尖端附近的弹塑性应力应变场,即著名的 HRR 奇异解,这是 J 积分可作为断裂准则的理论基础。至此,弹塑性断裂力学的基本理论框架得以建立。

(5) Begley 等(1971)的试验验证使 J 积分成为一个被广泛认可的弹塑性材料断裂准则。

3. 界面断裂力学

界面裂纹(interface crack)是指位于两种不同材料界面上的裂纹,有时被称为脱层和层间断裂。它被认为是引起复合材料破坏最常见的因素之一。界面裂纹问题的研究可以追溯到 19 世纪 50 年代后期,从那时开始,学者们在这一领域内开展了大量的研究。主要有如下工作:

(1) Williams(1959)首先考察了两种不同的均匀各向同性材料间的界面裂纹的裂尖应力奇异性,发现了裂尖应力场和位移场都具有振荡特征,即所谓的裂尖场振荡奇异性(oscillating singularity)。

(2) Erdogan 等(1963)讨论了非均匀平面间的界面裂纹问题,指出裂尖应力振荡奇性区域的范围约为裂纹长度的 10^{-6} 量级。

(3) England(1965)采用求解黎曼-希尔伯特边值问题的方法研究了任意内压力作用下的界面裂纹问题,发现裂纹的上、下表面会出现相互现象。利用所求得的振荡型解,England 还计算出首次发生嵌入现象的位置到裂尖的距离约为裂纹长度的 10^{-4} 量级,可用于估计接触区的范围。

(4) Rice 等(1965)研究了在对称与反对称面内载荷作用下的有限界面裂纹,得到了该问题的 Green 函数。

(5) Malyshev 等(1965)研究了界面振荡型场的意义。

界面裂纹裂尖振荡奇异性是应用线弹性断裂力学理论最致命的缺陷。人们为解决振荡奇异性所造成的困难进行了如下诸多努力：

(1) Comninou(1977,1978)提出了接触区模型，并计算得到接触区的尺寸约为裂纹长度的 10^{-7} 量级。

(2) Atkinson(1977)提出黏接区模型。

(3) Mak 等(1980)提出了所谓的联锁模型。

(4) Sinclair(1980)提出了裂纹张开角模型。

(5) Knowles 等(1983)采用渐近分析的方法证明了两种非胡克型材料间的界面裂纹在平面应力下不存在振荡奇异性和材料嵌入。因此，振荡奇异性仅仅是由线弹性理论导致的，而不是实际存在的物理事实。

(6) Rice(1988)提出了界面裂纹问题的小范围接触区理论。在远场拉伸载荷作用下，预估的嵌入区尺寸与裂纹长度相较非常小，因而线弹性解在接触区外是成立的。由于其简洁性，线弹性解可以作为处理界面裂纹问题一个很好的近似方法。并用复变函数方法得到渐近应力场和位移场的表达式，引入有效应力强度因子：$K_{\mathrm{I}}+\mathrm{i}K_{\mathrm{II}}=Kr_0^{-\mathrm{i}\varepsilon}$，其中，$r_0$ 表示接触区尺寸。Rice 还证明了在剪切载荷作用下，r_0/a 可以相当大，也就是说，在剪切载荷作用下，界面裂尖可以产生很大范围的接触区。

(7) Shih 等(1988)用有限元方法计算了弹塑性双材料中的界面裂尖应力场和位移场，得到了一个类似于复合型 HRR 奇异场的渐近解。

(8) Hutchinson 等(1992)提出了界面裂纹的能量释放率准则。

(9) Ji(2016)提出一种基于应力强度因子的界面断裂判据，通过定义界面裂纹的简单拉伸和纯剪切分别为准Ⅰ型和准Ⅱ型，解决了界面裂纹端的Ⅰ型和Ⅱ型应力场相互耦合的问题。

除此之外，其他断裂力学热点问题还包括如下内容。

4. 复合材料断裂力学

在复合材料中，与断裂相关的破坏通常分为两个层次。①微裂纹的形成与传播，裂纹尺寸与材料的局部特征尺寸相当。在这个层面上，材料的微结构，特别是界面，扮演着重要的角色。从断裂力学的观点来说，介质可看作分段均匀连续的，其中含有各种几何构型的裂纹。这样的问题常常是三维问题,其中包括裂纹交叉以及在热力学和残余应力载荷作用下裂纹沿界面的亚临界扩展等。②复合材料断裂的另一个层面是所谓的宏观裂纹扩展,裂纹尺寸通常比材料组分的特征尺寸大得多。此时,复合材料可以看作含有宏观裂纹的均匀连续介质。材料的各种宏观热力学行为可由连续介质力学理论和适当的裂纹亚临界扩展模型以及断裂分析中的能量平衡准则来确定。

复合材料断裂力学的研究热点包括如下问题:

(1) 双材料界面的三维角部奇异性;

(2) 与应力自由边界相交的界面裂纹的奇异性;

(3) 各向异性双材料中局部残余应力的确定及其对裂纹启裂的影响;

(4) 三维周期表面裂纹以及裂纹在薄膜中的传播;

(5) 在热循环及热冲击载荷作用下,层状复合材料热力学参数的温度相关效应;

(6) 材料及几何非线性对层裂(spallation)的影响;

(7) 非弹性梯度材料的裂尖奇异性;

(8) 梯度材料的裂尖行为;

(9) 分析常温和高温下功能梯度材料断裂问题的方法。

5. 三维断裂力学

尽管自20世纪50年代以来,三维裂纹问题的研究已取得很大的进展,仍然存在着一些未解决的课题需要进一步研究:

(1) 以任意角度与应力自由面相交的平面裂纹应力场的渐近分析;

(2) 复合型载荷作用下的三维裂纹偏折(kinking);

(3) 在塑性范围内,薄壁板壳结构中部分穿透和穿透裂纹的全场解。

6. 动态断裂力学

动态断裂力学问题主要包括两方面的工作:①高速冲击载荷作用下的裂纹扩展;②静载或动载作用下的裂纹传播问题。在第一种情况下,裂尖附近的渐近应力场与相应的弹性静力学裂纹问题相似，通常应力强度因子会有一个突然增加的过程。而在第二种情况下，裂尖渐近场行为仅依赖于瞬时裂纹传播速度。动态断裂力学需要进一步研究的课题如下：

(1) 结构几何效应；

(2) 三维效应；

(3) 材料各向异性效应和材料非线性效应；

(4) 动态效应的特征方法；

(5) 动态裂纹渐近分析、裂纹分叉和止裂准则；

(6) 动态扩展界面裂纹的分叉及其对断裂阻力的影响；

(7) 功能梯度材料中的波传播及其剥离断裂。

总之，断裂力学十分复杂，涉及宏、细、微观力学现象以及外载荷、环境和介质几何构型等不同因素的影响。迄今为止，材料断裂现象的物理本质还没有完全被人们认识，尤其是对于一些复杂材料(如纳米材料、先进复合材料、智能材料等)的断裂力学问题更是如此，也不存在能够处理各类材料断裂问题的统一理论。

1.3 高等断裂力学的任务和方法

1.3.1 断裂力学的主要任务

目前，从工程应用的观点讲，建立在连续介质力学和经典热力学基础之上的宏观的或唯象的理论是适于定量分析结构材料断裂问题的有效工具。在宏观唯象理论中，通常假定材料是均匀的，其中含有一些裂纹，并且主裂纹的尺寸远大于材料微结构的特征尺寸，进而研究外载荷、裂纹几何构型、环境条件以及材料本构行为等因素对固体断裂的影响，这就是近代断裂力学的主要研究任务。其具体包括：①寻找控制材料裂纹启裂及扩展的断裂参数；②求解不同载荷条件下裂纹体的应力场和位移场，研究各种裂纹体在不同载荷作用下断裂参数的计算；③建立材料裂纹扩展的临界条件，即断裂准则；④研究材料抵抗裂纹扩展能力的变化规律，通过试验确定相应断裂参数的临界值；⑤为工程应用提供简单可行的断裂分析方法。

1.3.2　求解断裂力学问题的理论方法

从弹性力学方程或弹塑性力学方程出发，把裂纹作为边界，求解椭圆型偏微分方程的边值问题，得到裂纹尖端附近区域中的应力场、应变场和位移场，进而获得相关断裂参数的表达式，其主要方法如下。

1）复势理论

Goursat 首先引入了复势理论（complex theory）的概念，用以表示双调和函数（biharmonic function）。然而，将其完美地应用于弹性问题却是由以 Muskhelishvili 为代表的几位格鲁吉亚数学家完成的。这一方法对考察裂尖应力场的奇异性质来说几乎是不可或缺的，尤其对处理多种不同材料的界面问题更是如此。这个方法的缺点是它只限于解决二维问题。近年来，也有一些学者试图用复势理论求解三维裂纹问题，但还不够成熟。

2）特征展开理论

Williams 于 1957 年提出了一种求解裂尖应力、应变场的级数类方法称之为特征展开理论（characteristic expansion theory）。其主要思路可以概括为：将复势函数展开为具有待定常数的无穷级数，利用裂面应力自由条件（stress traction free）和裂尖位移有界条件确定这些待定常数，进而得到复势函数的通解。以此为基础，发展出了一整套的权函数（weight function）理论，借助于特征展开的某些性质，可以求解一些断裂参数，其在线弹性断裂力学中运用广泛。

3）柯西型积分和黎曼-希尔伯特边值理论

柯西型积分是柯西积分表达式在连续分段函数情形的一种推广。基于线弹性力学的复势理论，在求解裂纹问题时，把裂纹看作一个简单光滑的边界，引入应力边界条件，即可获得黎曼-希尔伯特边值问题，其解为柯西型积分形式。黎曼-希尔伯特问题也称为联结问题，它是用复变函数法求解裂纹体应力函数的一个扩展。

4）积分变换理论

积分变换理论（integral transformation theory）是处理力学边值问题的常用方法之一。根据不同的裂纹几何构型和坐标系的选择，最常用的有 Fourier 变换、

Mellin 变换和 Hankel 变换。在简单情况下，问题通常可以转化为一个积分方程，并可直接求解。而在多数情况下，问题转化成对偶级数方程（dual series equation）或对偶积分方程（dual integral equation）。此时，可将其化为奇异积分方程，先用复变函数理论求其基函数，再选取适当的正交多项式进行数值求解。

第 2 章　断裂力学基本概念

2.1　裂纹的类型

一般认定裂纹为具有一定长度且其端点处尖锐的裂缝。按裂纹的受力和位移特点，可以把它们划分为三种基本类型，如图 2.1 所示。

(1) 张开型(opening mode)：简称Ⅰ型裂纹，外载荷为垂直于裂纹平面的正应力，裂纹面相对位移垂直于裂纹平面。它通常发生在载荷和几何形状对称于裂纹平面的情形下，许多工程上常见的断裂都是Ⅰ型裂纹的断裂，而且容易产生低应力脆断。

(2) 滑移型(sliding mode)：简称Ⅱ型裂纹，外载荷为平行于裂纹面且垂直于裂纹前缘的面内剪应力，裂纹在其自身平面内作垂直于裂纹前缘的滑动。

(3) 撕开型(tearing mode)：简称Ⅲ型裂纹，外载荷为平行于裂纹面且平行于裂纹前缘的面外剪应力，裂纹面在其自身平面内作平行于裂纹前缘的错动。

除了三种基本型裂纹外，两种以上基本型的组合为复合型(mixed mode)裂纹。实际上，任何形式的裂纹，都可以看做是上述三种基本裂纹类型的组合。

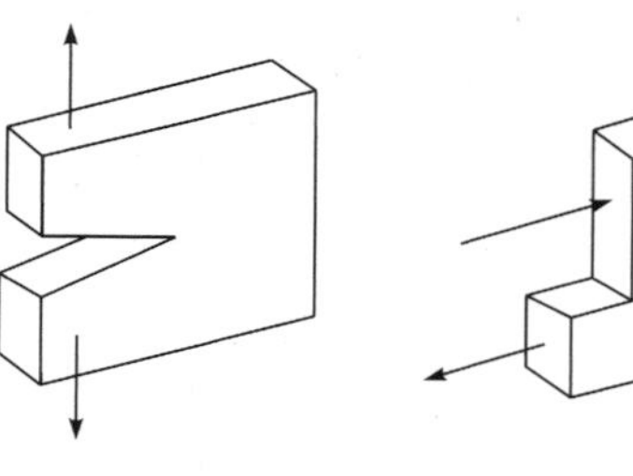

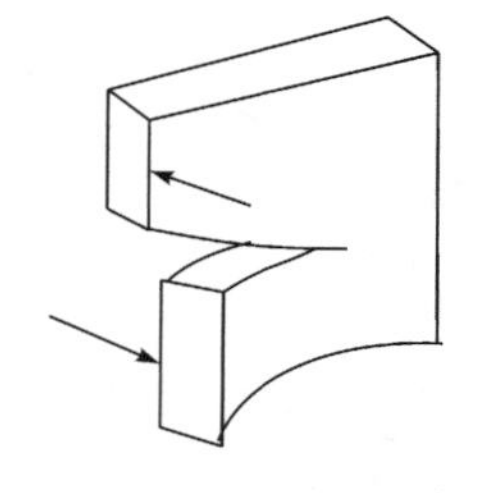

(a) Ⅰ型裂纹：张开型　　(b) Ⅱ型裂纹：滑移型　　(c) Ⅲ型裂纹：撕开型

图 2.1　三种基本裂纹类型

2.2　能量释放率

Griffith 是 20 世纪英国著名的断裂力学大师，其最大的贡献是提出了能量释放率的概念，并根据这个观点建立了断裂判据，此理论在现代断裂力学中仍占有相当重要的地位。

考虑如图 2.2 所示的 Griffith 问题，无限大平板带有穿透板厚的中心裂纹，且受到无穷远处的单向均匀拉伸载荷。设平板的厚度为 B，中心裂纹长度为 $2a$，由于对称关系，只考虑图 2.2 中右边的裂纹端点。根据 Griffith 能量释放率观点，在裂纹扩展过程中，能量在裂端区释放出来，此释放出来的能量将用来形成新的裂纹面积。因此，定义裂纹端部的能量释放率如下：能量释放率是指裂纹由某一端点向前扩展一个单位长度时，平板每单位裂纹面积所释放出来的能量。根据能量释放率 G 的定义，可得

$$G=\frac{\mathrm{d}U}{\mathrm{d}A} \tag{2.1}$$

其中，U 为应变能；A 为裂纹表面面积。为了纪念 Griffith 的功绩，用其姓的首字母 G 来代表能量释放率。由定义可知，G 具有能量的概念，单位为 N/m。

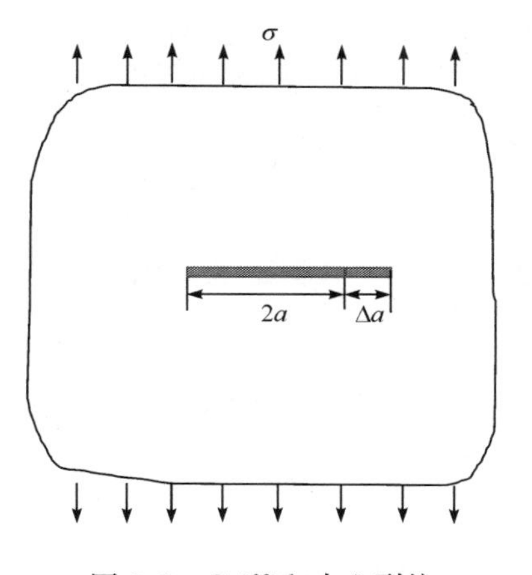

图 2.2　Griffith 中心裂纹

材料本身具有抵抗裂纹扩展的能力，因此只有当拉伸载荷足够大时，裂纹才有可能扩展。此抵抗裂纹扩展的能力可以用断裂韧性(fracture toughness)来度

量，简称 G_C。其定义为材料每形成单位裂纹面积所需的能量，其量纲与能量释放率 G 相同。根据能量守恒定律，裂纹发生扩展的必要条件是裂端区要释放的能量等于形成裂纹面积所需的能量。基于能量释放率的断裂判据为

$$G \geqslant G_C \tag{2.2}$$

其中，G_C 为材料的断裂韧性。对于平面应变的脆性断裂，G_C 是一个材料常数值，不随裂纹增长而改变。对于不满足平面应变的断裂情况，其值由能量释放率的阻力曲线确定。如果应变能释放率恰好等于形成新裂纹表面所需要的能量($G=G_C$)，则裂纹达到临界状态；如果能量释放率小于吸收的能量($G<G_C$)，则裂纹稳定；如果能量释放率大于吸收的能量($G>G_C$)，则裂纹失稳扩展。

依据 Griffith 断裂判据式(2.2)，可给出材料在特定情况下的临界断裂载荷或者临界裂纹长度，其具体应用举例如下。对于图 2.2 所示的断裂问题，将板拉伸后，假定两端固定，Griffith 利用 Inglis 的无限大平板带有椭圆孔的弹性解析解，得到因裂纹存在而释放的弹性能表达式为

$$U=\frac{\pi\sigma^2 a^2 B}{E} \tag{2.3}$$

由式(2.1)和式(2.3)可得 Griffith 裂纹的能量释放率为

$$G=\frac{\pi\sigma^2 a}{E} \tag{2.4}$$

因此，由断裂判据式(2.2)，可以得到根据 Griffith 能量判据确定的临界应力为

$$\sigma_C=\sqrt{\frac{G_C E}{\pi a}} \tag{2.5}$$

它表示无限大平板，长为 $2a$ 的裂纹失稳扩展时拉应力的临界值，称为裂纹平板的剩余强度。

同理，由断裂判据式(2.2)，可以得到根据 Griffith 能量判据确定的临界裂纹长度为

$$a_C=\frac{G_C E}{\pi\sigma^2} \tag{2.6}$$

它表示无限大平板在工作应力 σ 作用下裂纹的临界长度。

此外，需要提及的是，最初，Griffith(1921)的研究认为，材料抵抗裂纹扩展的

能力可用材料表面自由能(surface free energy)来度量。设一初始裂纹长度为 a 的裂纹,其扩展 Δa 时,形成新的表面 $\mathrm{d}A$,其需要吸收的能量为

$$G_{\mathrm{C}}=\frac{\mathrm{d}S}{\mathrm{d}A} \tag{2.7}$$

其中,S 为材料表面能,其表示为

$$S=\gamma_{\mathrm{s}}(2B\Delta a) \tag{2.8}$$

其中,γ_{s}为形成单位面积表面所需的表面能;B 为平板的厚度;$2B\Delta a$ 为裂纹新增的上下表面积。Griffith 最初认为裂纹断裂韧性为

$$G_{\mathrm{C}}=2\gamma_{\mathrm{s}} \tag{2.9}$$

Griffith(1921)假定 γ_{s} 为一个材料常数。但是 Orowan(1948)利用 X 射线研究证实,即使是纯脆性的材料断裂,在裂尖前方附近也存在着明显的塑性变形。这导致耗散能中必须考虑裂尖前方的塑性功 γ_{p},因而,Griffith 模型中的表面能 γ 应由 $\gamma_{\mathrm{s}}+\gamma_{\mathrm{p}}$ 来代替。对于典型金属,有 $\gamma_{\mathrm{p}}\approx 10^3\gamma_{\mathrm{s}}$($\gamma_{\mathrm{p}}\approx 2000\mathrm{N/m}$)。在近代断裂力学中,断裂韧性 G_{C} 的试验测量可遵从《金属材料 准静态断裂韧度的统一试验方法》(GB/T 21143—2014)。

2.3 裂纹端部场和应力强度因子

2.3.1 裂纹端部应力场和位移场

下面考虑二维的裂纹问题,如图 2.3 所示。考虑材料内含一裂纹,选取裂纹端点为坐标系原点,x 方向指向裂纹正前方,y 方向为裂纹面的法线方向,z 方向是离开纸面的方向。

1) Ⅰ型裂纹

对于Ⅰ型裂纹问题,选取一个距离裂端很近的单元,其极坐标为(r,θ),这里 r 值远小于裂纹长度。由弹性力学的解析解,裂端的应力场$(\sigma_x,\sigma_y,\sigma_z,\tau_{xy},\tau_{xz},\tau_{yz})$可表示为

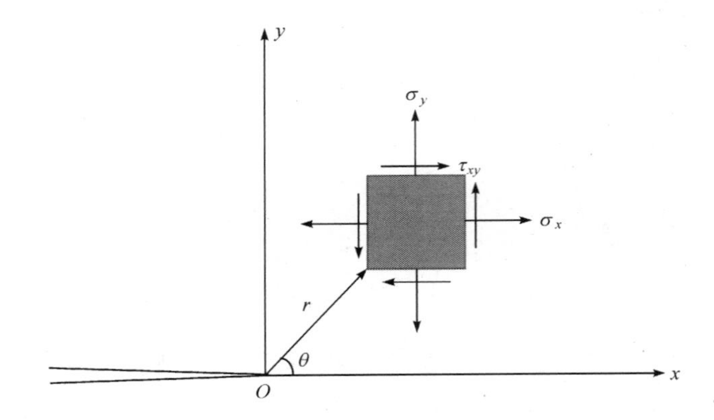

图 2.3　裂端应力场

$$\begin{cases}\sigma_x=\dfrac{K_{\mathrm{I}}}{\sqrt{2\pi r}}\cos\dfrac{\theta}{2}\left(1-\sin\dfrac{\theta}{2}\sin\dfrac{3\theta}{2}\right)+\text{高次项}\\ \sigma_y=\dfrac{K_{\mathrm{I}}}{\sqrt{2\pi r}}\cos\dfrac{\theta}{2}\left(1+\sin\dfrac{\theta}{2}\sin\dfrac{3\theta}{2}\right)+\text{高次项}\\ \tau_{xy}=\dfrac{K_{\mathrm{I}}}{\sqrt{2\pi r}}\sin\dfrac{\theta}{2}\cos\dfrac{\theta}{2}\cos\dfrac{3\theta}{2}+\text{高次项}\\ \tau_{xz}=\tau_{yz}=0\\ \sigma_z=\nu(\sigma_x+\sigma_y),\quad\text{平面应变情形}\\ \sigma_z=0,\quad\text{平面应力情形}\end{cases}\tag{2.10}$$

在裂端区，对于 $r\ll a$，其中的 r 高次项比首项小得多，一般忽略不计。其中，K_{I} 称为 Ⅰ 型裂纹的应力强度因子，其值取决于载荷、裂纹数目、长度和位置以及物体的几何形状，它的单位是 $\mathrm{N/m^{3/2}}$。

由于材料遵循线弹性本构关系，裂端区的位移场可以由弹性力学求得

$$\begin{cases}u=\dfrac{K_{\mathrm{I}}}{2G}\sqrt{\dfrac{r}{2\pi}}\cos\dfrac{\theta}{2}\left(\kappa-1+2\sin^2\dfrac{\theta}{2}\right)\\ v=\dfrac{K_{\mathrm{I}}}{2G}\sqrt{\dfrac{r}{2\pi}}\sin\dfrac{\theta}{2}\left(\kappa+1-2\cos^2\dfrac{\theta}{2}\right)\end{cases}\tag{2.11}$$

其中，u 和 v 分别为 x 和 y 方向的位移分量；G 为剪切模量；κ 与泊松比 ν 的关系为

$$\kappa=\begin{cases}3-4\nu, & \text{平面应变}\\ \dfrac{3-\nu}{1+\nu}, & \text{平面应力}\end{cases} \tag{2.12}$$

2）Ⅱ型裂纹

忽略高次项的影响，Ⅱ型裂纹的裂端区的应力场和位移场可分别表示为

$$\begin{cases}\sigma_x=-\dfrac{K_{\mathrm{II}}}{\sqrt{2\pi r}}\sin\dfrac{\theta}{2}\left(2+\cos\dfrac{\theta}{2}\cos\dfrac{3\theta}{2}\right)\\ \sigma_y=\dfrac{K_{\mathrm{II}}}{\sqrt{2\pi r}}\sin\dfrac{\theta}{2}\cos\dfrac{\theta}{2}\cos\dfrac{3\theta}{2}\\ \tau_{xy}=\dfrac{K_{\mathrm{II}}}{\sqrt{2\pi r}}\cos\dfrac{\theta}{2}\left(1-\sin\dfrac{\theta}{2}\sin\dfrac{3\theta}{2}\right)\\ \tau_{xz}=\tau_{yz}=0\\ \sigma_z=\nu(\sigma_x+\sigma_y), \quad \text{平面应变}\\ \sigma_z=0, \quad \text{平面应力}\end{cases} \tag{2.13}$$

$$\begin{cases}u=\dfrac{K_{\mathrm{II}}}{2G}\sqrt{\dfrac{r}{2\pi}}\sin\dfrac{\theta}{2}\left(\kappa+1+2\cos^2\dfrac{\theta}{2}\right)\\ v=\dfrac{K_{\mathrm{II}}}{2G}\sqrt{\dfrac{r}{2\pi}}\cos\dfrac{\theta}{2}\left(\kappa-1-2\sin^2\dfrac{\theta}{2}\right)\end{cases} \tag{2.14}$$

其中，K_{II} 代表着Ⅱ型裂纹应力强度因子。

3）Ⅲ型裂纹

Ⅲ型裂纹问题是反平面剪切问题，位移分量仅有 z 方向的 w，应力分量仅有 τ_{xz}、τ_{yz}。其裂端区的应力场和位移场可分别表示为

$$\begin{cases}\tau_{xz}=-\dfrac{K_{\mathrm{III}}}{\sqrt{2\pi r}}\sin\dfrac{\theta}{2}\\ \tau_{yz}=\dfrac{K_{\mathrm{III}}}{\sqrt{2\pi r}}\cos\dfrac{\theta}{2}\\ \sigma_x=\sigma_y=\sigma_z=\tau_{xy}=0\end{cases} \tag{2.15}$$

$$\begin{cases}w=\dfrac{2K_{\mathrm{III}}}{G}\sqrt{\dfrac{r}{2\pi}}\sin\dfrac{\theta}{2}\\ u=v=0\end{cases} \tag{2.16}$$

其中，K_{III}代表Ⅲ型裂纹应力强度因子。

2.3.2 裂尖应力奇异性与应力强度因子概念

由三种基本裂纹型的裂端区应力场公式[式(2.10)、式(2.13)、式(2.15)]可以得出，裂纹尖端附近距裂尖 r 处的渐近应力场可以统一地表示成如下形式：

$$\sigma_{ij}=(K/\sqrt{2\pi r})f_{ij}(\theta) \tag{2.17}$$

其中，$f_{ij}(\theta)$是在给定裂纹几何构型和外载荷条件下的角分布函数。Irwin(1957)称式中奇异项的系数 K 为应力强度因子(stress intensity factor，SIF)。使用字母 K 是为了纪念 Irwin 的合作者 Kies。1955 年，Kies 发现对于给定的裂纹，启裂应力只与$(G_{\mathrm{C}}E)$相关。接着，美国 Boeing 公司的工程师又将其标定为$(G_{\mathrm{C}}E)^{1/2}$。注意，当 $f_{ij}(\theta)$为已知的普适函数，并且不依赖裂纹几何构型和外载荷时，K 就完全表征了裂尖附近的渐近应力场。

三类基本型裂纹应力强度因子的定义式可分别表示为

$$K_{\mathrm{I}}=\lim_{r\to 0}\sqrt{2\pi r}\sigma_{y}(r,0),\quad K_{\mathrm{II}}=\lim_{r\to 0}\sqrt{2\pi r}\tau_{xy}(r,0),\quad K_{\mathrm{III}}=\lim_{r\to 0}\sqrt{2\pi r}\tau_{yz}(r,0) \tag{2.18}$$

由裂尖应力应变场表达式(2.10)、式(2.13)和式(2.15)可以得出如下结论。

(1) 裂尖附近应力应变场的形式是恒定的，其应力强度完全由系数 K 值的大小来决定。

(2) 裂尖应力场具有 $r^{-1/2}$奇异性。当 $r\to 0$ 时，即在裂纹端点，应力分量都会趋于无穷大，这个特性称为应力奇异性(stress singularity)。需要注意的是，这种裂尖场奇异性原本是不存在的，它是线弹性理论的直接结果。

裂纹端部的应力值、应变值、位移值和应变能密度值都由应力强度因子及其裂纹几何构型来决定。因此，只要知道应力强度因子，裂端区的应力、应变、位移和应变能密度就都能求得。由于有这一特点，应力强度因子可以作为表征裂端应力应变场强度的参量。Irwin 在 20 世纪 50 年代中期提出了应力强度因子的概念后，随后成功用于预测脆性材料的断裂问题，尤其对于高强度合金的脆性断裂，其结果更为理想。

对于Ⅰ型裂纹，建立在线弹性断裂力学上的应力强度因子的断裂判据可表示为

$$K_{\mathrm{I}} \geqslant K_{\mathrm{IC}} \tag{2.19}$$

其中，K_{IC}称为材料断裂韧性，由标准试验获取。对于脆性材料试件，当板厚满足一定条件，即对金属材料要求试件厚度 $B \geqslant 2.5(K_{\mathrm{IC}}/\sigma_{\mathrm{s}})^2$ 时，K_{IC}是材料常数。常用紧凑拉伸试验或三点弯曲试验(图 2.4(a)和(b))来测量。对于脆性陶瓷材料，常采用压痕(indentation)试验来测量材料的断裂韧性，如图 2.4(c)所示。表 2.1 给出了部分材料的临界应力强度因子值。

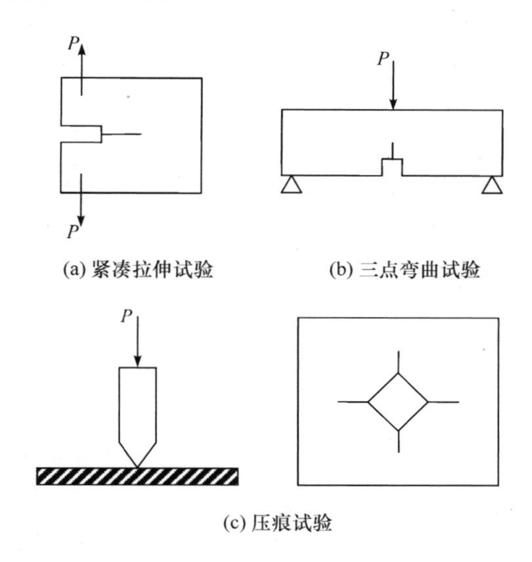

(a) 紧凑拉伸试验　　(b) 三点弯曲试验

(c) 压痕试验

图 2.4　断裂韧性的试验测量

表 2.1　部分材料的断裂韧度 K_{IC}结果

材料	砂浆、水泥混凝土	木材	陶瓷	人骨	钢筋混凝土	高强度钢
$K_{\mathrm{IC}}/(\mathrm{N/m^{3/2}})$	$(0.64\sim0.78)\times10^6$	$(0.28\sim8.70)\times10^6$	$(2.40\sim11.70)\times10^6$	$(5.70\sim8.20)\times10^6$	$(36.75\sim90.99)\times10^6$	$(300\sim400)\times10^6$

2.3.3　常见裂纹的应力强度因子

目前，已建立许多计算应力强度因子的方法，很多常见裂纹问题的应力强度

因子已汇集成手册。下面针对一些标准裂纹问题，给出实验室常用试件和工程零构件的应力强度因子。

表 2.2 给出了一些常见裂纹的应力强度因子。对于其他常见裂纹的应力强度因子，可参照应力强度因子手册。

表 2.2　常见裂纹的应力强度因子

序号	裂纹	应力强度因子
1		$\begin{Bmatrix}K_{\mathrm{I}}\\K_{\mathrm{II}}\end{Bmatrix}=\begin{Bmatrix}\sigma\\\tau\end{Bmatrix}\sqrt{\pi a}$
2		$\begin{Bmatrix}K_{\mathrm{I}}^{\pm}\\K_{\mathrm{II}}^{\pm}\end{Bmatrix}=\begin{Bmatrix}P\\Q\end{Bmatrix}\frac{1}{\sqrt{\pi a}}\sqrt{\frac{a\pm b}{a\mp b}}$
3		$\begin{Bmatrix}K_{\mathrm{I}}\\K_{\mathrm{II}}\end{Bmatrix}=\begin{Bmatrix}\sigma\\\tau\end{Bmatrix}\sqrt{2b\tan\frac{\pi a}{2b}}$
4		$\begin{Bmatrix}K_{\mathrm{I}}\\K_{\mathrm{II}}\end{Bmatrix}=\begin{Bmatrix}P\\Q\end{Bmatrix}\frac{2}{\sqrt{2\pi b}}$

续表

序号	裂纹	应力强度因子
5		$K_{\mathrm{I}}=1.1215\sigma\sqrt{\pi a}$
6		$K_{\mathrm{I}}=\sigma\sqrt{\pi a}F_{\mathrm{I}}(a/b)$ $F_{\mathrm{I}}=\dfrac{1-0.025(a/b)^2+0.06(a/b)^4}{\sqrt{\cos(\pi a/2b)}}$

2.4　弹塑性断裂与 J 积分

线弹性断裂力学指出，裂纹尖端区的应力场具有 $r^{-1/2}$ 奇异性，当 r 趋于 0 时，即趋近于裂纹端点时，可得无限大的应力。而在真正的材料里，无论何种材料，无限大的应力是不可能出现的。尤其是对于一些韧性好的金属材料，总有一定的塑性，这种无限大应力的结果并不合适。当含裂纹的弹塑性体受到外载荷作用时，裂纹端点附近有个塑性区，塑性区内的应力是有界的，其大小与外载荷、裂纹尺寸和材料的屈服强度等都有关系。对于非常脆性的材料，塑性区很小，与裂纹长度和构件尺寸相比可忽略不计。此时，基于线弹性断裂力学的分析结果和应力强度因子概念完全适用。若是塑性区已大到超过裂纹长度或构件尺寸，则此时线弹性力学的理论已不再适用。换句话说，应力强度因子断裂判据仅限于小范围屈服条件下的线弹性断裂力学范畴，即材料为线弹性体，且裂纹前缘附近的塑性屈服区尺寸小于 K 主导区和构件或裂纹的特征几何尺寸。对于韧性材料和承受大塑性变形且其裂纹尖端在启裂前已经钝化的低强度高韧性材料，实际上不可能满足小范围屈服条件，需要引入弹塑性断裂力学。

2.4.1 裂端塑性区的估计

Irwin首先对裂纹尖端塑性区的尺寸给予初步的估计。假设裂纹为Ⅰ型，裂端前r^*处y方向的拉伸应力刚好达到屈服应力σ_{ys}，则r^*就是塑性区的尺寸，其可计算为

$$r^*=\frac{K_{\mathrm{I}}^2}{2\pi\sigma_{ys}^2} \tag{2.20}$$

平面应力时，σ_{ys}等于单向拉伸的屈服强度σ_s或$\sigma_{0.2}$；平面应变时，σ_{ys}等于Mises屈服准则的屈服应力$\sigma_s/(1-2\nu)$。

Dugdale(1960)在处理薄壁容器穿透壁厚的裂纹时，发现裂端的塑性区呈狭长块状。由此得到启发，提出了著名的Dugdale模型。他认为裂纹的有效半长度为$a+\rho$，如图2.5所示，ρ是塑性区尺寸。因为在$a\sim a+\rho$内的有效裂纹表面受到屈服应力引起的压缩，所以这一段没有开裂。塑性区尺寸ρ的大小，刚好使在有效裂纹端点消失了应力奇异性。通过推导分析，塑性区尺寸ρ由式(2.21)确定：

$$\frac{a}{a+\rho}=\cos\left(\frac{\pi\sigma}{2\sigma_{ys}}\right) \tag{2.21}$$

在大范围屈服时，其中ρ与a相比非常大而不可忽略时，塑性区尺寸ρ由式(2.21)直接解出。在小范围屈服时，有$\rho\ll a$且$\pi\sigma/(2\sigma_{ys})\ll 1$，则塑性区尺寸$\rho$可简化为

$$\rho=\frac{\pi^2\sigma^2 a}{8\sigma_{ys}^2} \tag{2.22}$$

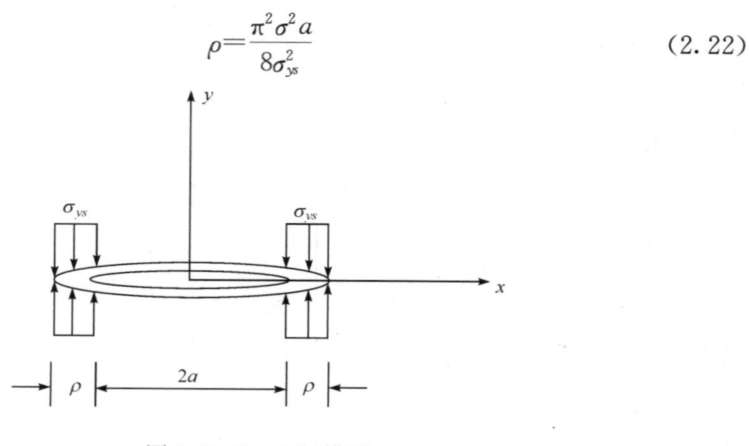

图2.5 Dugdale模型

2.4.2　J 积分

要想得到裂纹端点区的弹塑性应力场的封闭解是相当困难的。因此，避开直接求解裂端弹塑性应力场的困难，Rice(1968)与 Cherepanov(1967)各自独立提出了一种与积分路径无关的 J 积分，用于综合度量裂端应力应变场强度。它对弹塑性断裂发展起到重要的作用。该理论避开了直接计算裂纹尖端附近的弹塑性应力、应变场，而用远场 J 积分作为表示裂纹尖端应力应变集中特征的平均参量。对于二维问题，J 积分可定义为

$$J=\int_{\Gamma}\left(W\mathrm{d}y-T_i\frac{\partial u_i}{\partial x_1}\mathrm{d}s\right) \tag{2.23}$$

其中，Γ 是由裂纹下表面某点到裂纹上表面某点的简单的积分路径；W 是弹塑性应变能密度；T_i 是作用于积分回路单位周长上的主应力；u_i 是积分回路边界上的位移；$\mathrm{d}s$ 为积分回路线的弧长，如图 2.6 所示。可以解析证明，J 积分与积分路线 Γ 的选取无关，即 J 积分满足路径守恒。因此，可选取应力应变场较易求解的线路来得到 J 积分值，而此值与积分路径非常靠近裂端的结果是相同的。J 积分有着明确的物理意义，它代表着裂纹沿着 x 方向扩展单位长度时的能量释放率。

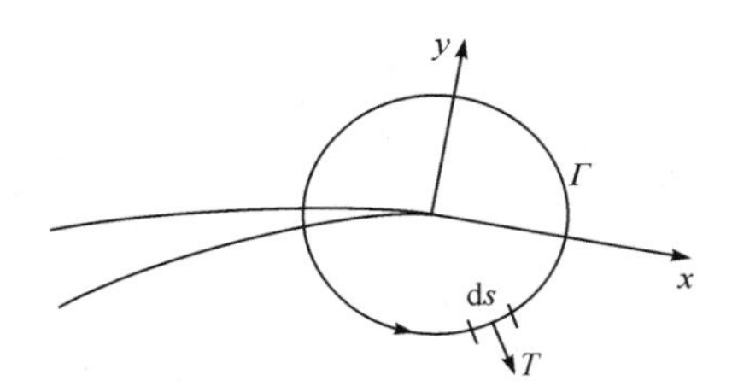

图 2.6　J 积分的积分路径

对于Ⅰ型裂纹，基于 J 积分的启裂判据为

$$J\geqslant J_{\mathrm{IC}} \tag{2.24}$$

其中，J_{IC}是Ⅰ型裂纹在启裂时的平面应变断裂韧度。

对于线弹性断裂问题，可以证明 J 积分和能量释放率 G、应力强度因子 K 满足如下关系：

$$J=G=\frac{K_{\mathrm{I}}^2+K_{\mathrm{II}}^2}{E}+\frac{1+\nu}{E}K_{\mathrm{III}}^2 \tag{2.25}$$

2.5 裂尖张开位移

Wells(1961)建议利用裂纹尖端的某一变形尺寸作为表征断裂的参量，提出裂尖张开位移准则。从试验过程中仔细观察，可以发现中低强度、高韧性钢的平板若带有穿透板厚的裂纹，在失稳断裂前，裂端有相当大的塑性区，裂尖张开位移也很大，肉眼就可看到。换句话说，裂端由不加载时的尖锐形状变成加载时的钝化形状，裂端塑性变形越严重，裂纹钝化越明显。裂尖张开位移是个宏观的、力学的表征参量，其可定义为：裂尖张开位移(crack tip opening displacement，CTOD)是指一个理想裂纹受载荷时，其裂纹表面间的距离。该准则假设当裂纹顶端张开位移 δ 达到其临界值 δ_C 时，裂纹将会启裂扩展，即

$$\delta \geqslant \delta_C \tag{2.26}$$

其中，δ_C 是材料常数，相当于裂纹扩展阻力，是材料弹塑性断裂韧性指标。由于裂尖张开位移准则是建立在综合性特征参数基础上的，其既可以应用于线弹性断裂分析，也可用于弹塑性断裂分析。

对于裂尖张开位移的具体定义，其取决于选用裂纹面的哪一点计算裂尖张开位移，具有代表性的定义方法主要有以下几种：

(1) 对于Ⅰ型裂纹，裂纹的位移由式(2.11)给出。当 $\theta=\pm\pi$ 时，即在裂纹面：

$$\delta=2v=\frac{\kappa+1}{G}\frac{K_{\mathrm{I}}\sqrt{r}}{\sqrt{2\pi}} \tag{2.27}$$

其中，v 代表着 y 方向的位移分量。

当裂纹扩展时，裂纹尖端发生钝化和张开，裂纹尖端形成一个张开区。由式(2.20)可知，Irwin 对裂端塑性区的尺寸估计如下：

$$r_{\mathrm{p}}^{*}=\frac{K_{\mathrm{I}}^{2}}{2\pi\sigma_{\mathrm{s}}^{2}} \tag{2.28}$$

其中，σ_{s} 为材料屈服应力。利用 Irwin 塑性区修正，真正裂纹长度被有效裂纹长度取代，此时原点移到有效裂纹的端点，如图 2.7(a)所示，将式(2.28)代入式(2.27)，可得 Irwin 小范围屈服修正下的裂尖张开位移：

$$\delta=\frac{4K_{\mathrm{I}}^{2}}{\pi E\sigma_{\mathrm{s}}} \tag{2.29}$$

同样地，有效裂纹的长度也可用 Dugdale(1960)方法。利用 Dugdale 法求得的裂尖张开位移为

$$\delta=\frac{8\sigma_{\mathrm{s}}a}{\pi E}\ln\left[\sec\left(\frac{\pi\sigma}{2\sigma_{\mathrm{s}}}\right)\right] \tag{2.30}$$

其中，ln 为自然对数函数；sec 为正割三角函数；a 裂纹长度；σ 为远场拉伸载荷。

(2) 以变形后的裂纹尖端为顶点，对称于原裂纹作一个直角三角形，将直角边与上下裂纹表面的交点 B、B'之间的距离定义为裂尖张开位移，如图 2.7(b)所示。

除此之外，还有一些裂尖张开位移的其他定义，此处不再赘述。总之，裂尖张开位移的物理概念相对简单，已作为一个工程断裂指标广泛应用于各类材料。

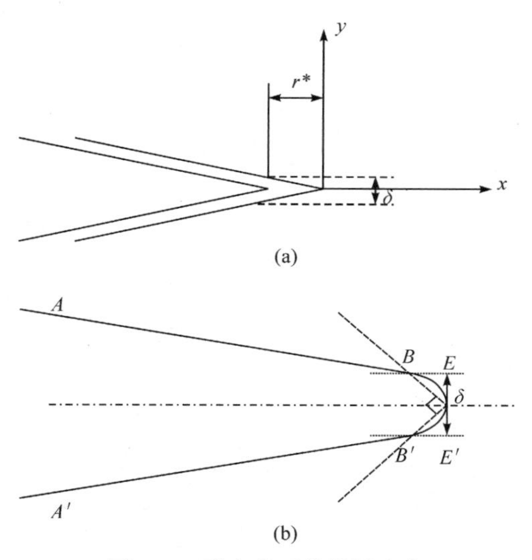

图 2.7　裂尖张开位移的定义

2.6　断裂韧度的试验测量

对于断裂韧性 K_{IC}、J_{IC}、δ_{C} 的标准试验测量，*Metallic materials—Unified method of test for the determination of quasistatic fracture toughness* (ISO 12315:2002，MOD)中有详细的规定，我国也颁布了《金属材料　准静态断裂韧

度的统一试验方法》(GB/T 21143—2014)。下面针对三点弯曲法测量断裂韧度K_{IC}进行详细介绍。断裂韧度K_{IC}的测量是通过试验获取施加临界载荷F_Q与裂纹缺口张开位移V的关系,利用相应的计算公式,获取K_{IC}的值,主要包括以下步骤。

1) 三点弯曲标准试件

三点弯曲标准试件如图 2.8 所示,其中,W为宽度,S为跨距,L为长度,B为厚度,$a=a_0+a_f$为裂纹总长度,a_0为试件初始裂纹长,a_f为预制疲劳裂纹长,F为施加载荷。为了避免加载点和支撑点附近的应力集中对裂纹附近区域的干扰,要求试件尺寸的$S:W:B=8:2:1$。裂纹缺口可采用切割或电火花加工,裂纹缺口处可加工一定尺寸的凹槽,以便引伸计的安装。裂纹长度一般取$a\approx0.45W$。

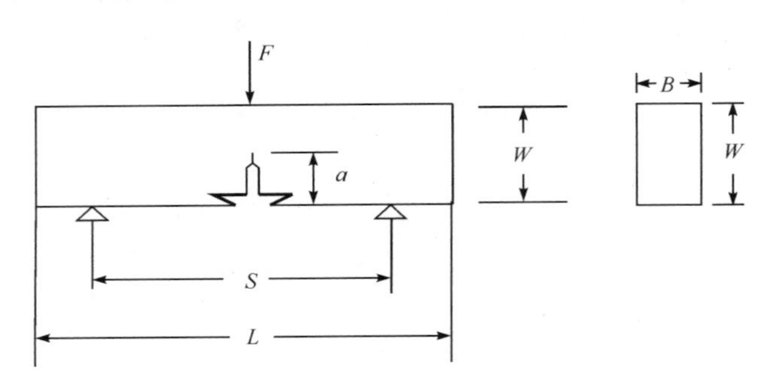

图 2.8　三点弯曲标准试件

2) 预制疲劳裂纹

(1) 观测疲劳裂纹标准线标定。在平台上,用高度尺对试样划三条水平平行线,第一条以a_0的端点为切线,然后隔 1mm 画一条线;再隔 0.5mm 再画一条线。

(2) 装好试样,调好跨度S,使机械切口对准$S/2$处。

(3) 按高频疲劳机操作步骤施加静载荷;选好共振频率,启动动载荷部分。

(4) 仔细观察疲劳裂纹的形成。最小的预制疲劳裂纹扩展量应大于 1.3mm 或试件宽度W的 2.5%。

(5) 预制裂纹过程中的降载方案。当裂纹扩展最后 1.3mm 阶段或 50%的预制裂纹扩展量时,对载荷进行逐级降载,每级载荷的下降率不超过 10%,一般取为 5%～10%,但要保持$R=F_{min}/F_{max}$不变。在每级载荷下,取裂纹扩展量为$\Delta a=$

0.25～0.50mm。

3）测量试样

试验前，沿着预期的裂纹扩展路径，至少在三个等间距处测量试样厚度 B，取其平均值。试样宽度的测量应沿厚度方向（裂纹平面）至少三个等间距位置测量。测量的平均值为宽度 W。测量精度要求±0.02mm，取其中较大值。

4）安装试样

安装三点弯曲试验底座，使加载线通过跨距 S 的中点，偏差在 $1\%S$ 以内。放置试样时应使缺口中心线正好落在跨距的中点，偏差也不得超过 $1\%S$，而且试样与支承辊的轴线应成直角，偏差在±2°以内。

5）接入引伸计

在裂纹张口处接入引伸计，测量裂纹张开量 V。

6）试验机加载

对试样缓慢而均匀地加载，试样加载速率应该使应力强度因子增加的速率在 0.5～3.0MPa·m$^{1/2}$/s 范围内。试验一直进行到试样所受力不再增加为止。标记和记录最大力（F_{max}）。记录力-位移曲线时，应调整记录仪的放大比，使力-位移曲线的初始斜率为 0.85～1.15。

7）裂纹长 a 的测量

试样在试验后应被打断，进行断口检查，测定原始裂纹长度 a。对于某些试验有必要在试样打断之前标记出稳定裂纹扩展的范围。a 值是通过先对距离两侧表面 $0.01B$ 位置取平均值，再和内部等间距的 7 个点测量长度取平均值得到：

$$a=\frac{1}{8}\left[\left(\frac{a_1+a_9}{2}\right)+\sum_{j=2}^{j=8}a_j\right] \tag{2.31}$$

8）临界载荷 F_Q 的测量

通过施加力与缺口张开位移（F-V）关系曲线获取临界载荷 F_Q，F-V 可能呈现如图 2.9 所示的Ⅰ、Ⅱ、Ⅲ类不同类型的曲线。从原点作直线 OF_d，该直线的斜率比记录曲线部分 OA 的斜率低 5%（对应于 F-V 曲线）。图中Ⅰ型和Ⅱ型曲线 F_d 之前的最大力是 F_Q，Ⅲ型曲线 $F_d=F_Q$。同时根据曲线记录试样所能承受的最大力 F_{max}。

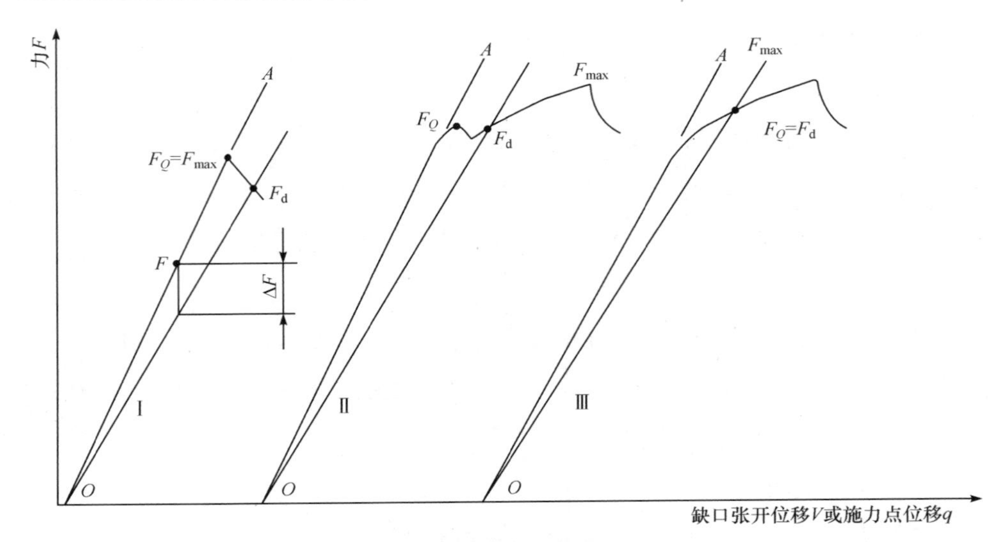

图 2.9　临界载荷 F_Q的定义

9）断裂韧度 K_{IC}的测量

计算比值 F_{max}/F_Q，其中 F_{max}为最大力。如果该比值不超过 1.10，则按下述方法计算 K_Q。

对于三点弯曲试样：

$$K_Q=\frac{F_Q S}{BW^{\frac{3}{2}}}g_1\left(\frac{a}{W}\right) \tag{2.32}$$

$$g_1\left(\frac{a}{W}\right)=\frac{3\,(a/W)^{\frac{1}{2}}\left\{1.99-\left(\frac{a}{W}\right)\left(1-\frac{a}{W}\right)\left[2.15-3.93\left(\frac{a}{W}\right)+2.7\,(a/W)^2\right]\right\}}{2\left(1+\frac{2a}{W}\right)\left(1-\frac{a}{W}\right)^{3/2}} \tag{2.33}$$

若 F_{max}/F_Q 比值大于 1.10，则该试验不是有效 K_{IC} 试验。计算 $2.5(K_Q/R_{p0.2})^2$，若这个值小于试样厚度、裂纹长度和韧带尺寸，则 K_Q 等于 K_{IC}。否则，该项试验不是有效的 K_{IC}试验。即试样的厚度(B)、裂纹长度(a)和韧带尺寸($W-a$)需要满足以下三个公式：

$$B\geqslant 2.5(K_{IC}/R_{p0.2})^2 \tag{2.34}$$

$$a\geqslant 2.5(K_{IC}/R_{p0.2})^2 \tag{2.35}$$

$$W-a\geqslant 2.5(K_{IC}/R_{p0.2})^2 \tag{2.36}$$

其中，$R_{p0.2}$为屈服应力。

2.7　复合型断裂

一般构件的受载情形是复杂的，萌生裂纹的位置和裂纹扩展方向受到应力分布的影响，有可能不是单独型裂纹，而是复合型裂纹。前面介绍的断裂力学中的准则(如 G、J、K、δ)，主要用于预测裂纹沿原裂纹面的扩展。但是对于复合型裂纹扩展问题，裂纹扩展时并不沿着原裂纹面，而是沿着一个新的方向，形成裂纹偏转。对于结构，其不仅承受拉伸载荷，还承受剪切与扭转载荷的复合型裂纹问题，因此，需要同时解决两个问题：①复合型载荷满足什么条件时，裂纹开始启裂扩展；②裂纹在复合型载荷作用下，启裂后向什么方向扩展。

2.7.1　最大环向应力

最大环向应力(maximum hoop stress)准则是具有代表性的复合型断裂理论之一(Erdogan et al.，1963)。在Ⅰ型、Ⅱ型复合加载情况下，裂尖奇异应力场的极坐标分量可表示为

$$\begin{cases}\sigma_r=\dfrac{K_{\mathrm{I}}}{2\sqrt{2\pi r}}(3-\cos\theta)\cos\dfrac{\theta}{2}+\dfrac{K_{\mathrm{II}}}{2\sqrt{2\pi r}}(3\cos\theta-1)\sin\dfrac{\theta}{2}\\ \sigma_\theta=\dfrac{K_{\mathrm{I}}}{2\sqrt{2\pi r}}(1+\cos\theta)\cos\dfrac{\theta}{2}-\dfrac{3K_{\mathrm{II}}}{2\sqrt{2\pi r}}\sin\theta\cos\dfrac{\theta}{2}\\ \sigma_{r\theta}=\dfrac{K_{\mathrm{I}}}{2\sqrt{2\pi r}}\sin\theta\cos\dfrac{\theta}{2}+\dfrac{K_{\mathrm{II}}}{2\sqrt{2\pi r}}(3\cos\theta-1)\cos\dfrac{\theta}{2}\end{cases} \tag{2.37}$$

同理，裂尖位移场的极坐标分量可表示为

$$\begin{cases}u_r=\dfrac{\sqrt{r}K_{\mathrm{I}}}{4\sqrt{2\pi}\mu}\left[(2\kappa-1)\cos\dfrac{\theta}{2}-\cos\dfrac{3\theta}{2}\right]-\dfrac{\sqrt{r}K_{\mathrm{II}}}{4\sqrt{2\pi}\mu}\left[(2\kappa-1)\sin\dfrac{\theta}{2}-3\sin\dfrac{3\theta}{2}\right]\\ u_\theta=\dfrac{\sqrt{r}K_{\mathrm{I}}}{4\sqrt{2\pi}\mu}\left[-(2\kappa+1)\sin\dfrac{\theta}{2}+\sin\dfrac{3\theta}{2}\right]-\dfrac{\sqrt{r}K_{\mathrm{II}}}{4\sqrt{2\pi}\mu}\left[(2\kappa+1)\cos\dfrac{\theta}{2}-3\cos\dfrac{3\theta}{2}\right]\end{cases} \tag{2.38}$$

最大环向应力准则预测复合型裂纹断裂，认为：

(1) 当$(\sigma_\theta)_{\max}$达到临界值σ_c时，裂纹开始启裂扩展；

(2) 裂纹沿着环向应力σ_θ最大方向启裂扩展，此时，沿此方向的剪应力等于零。裂纹的启裂方向θ可由式(2.39)确定：

$$\left.\frac{\partial\sigma_\theta}{\partial\theta}\right|_{\theta=\theta_0}=0,\quad \left.\frac{\partial^2\sigma_\theta}{\partial\theta^2}\right|_{\theta=\theta_0}<0 \tag{2.39}$$

如图2.10所示，斜裂纹在单轴拉伸载荷的情况下，Sih等(1968)给出：

$$K_{\mathrm{I}}=P\sqrt{\pi a}\sin^2\alpha,\quad K_{\mathrm{II}}=P\sqrt{\pi a}\sin\alpha\cos\alpha \tag{2.40}$$

于是，裂纹的启裂角θ_0可由式(2.41)确定：

$$\sin\theta_0+(3\cos\theta_0-1)\cot\alpha=0,\quad \alpha\neq 0 \tag{2.41}$$

由此可见，当$0<\alpha<\pi/2$时，总有$\theta_0<0$，即裂纹将沿图2.10中所示箭头方向扩展。而当$\alpha\to\pi/2$时，$\theta_0\to 0$，这意味着Ⅰ型裂纹的自相似扩展。

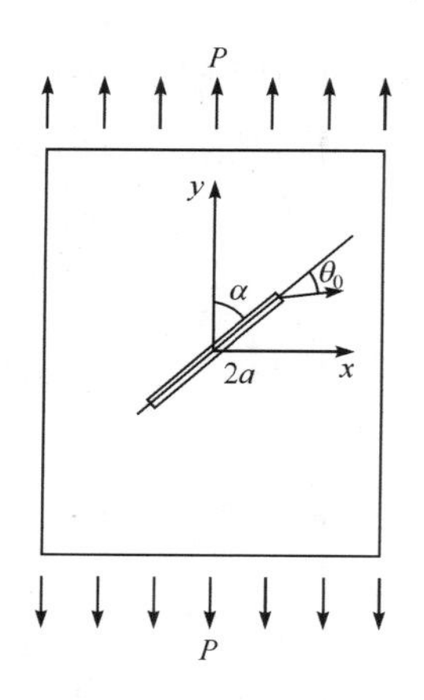

图2.10　无限大板斜裂纹问题

2.7.2　应变能密度因子

对于复合型断裂，另一个具有代表性的断裂准则是应变能密度因子(strain energy density factor)准则。这是Sih(1974)提出的一种基于局部应变能密度场的断裂理论，可以处理复合型裂纹的扩展问题。

对于弹性材料，在三维应力状态下，每单位体积 $dV=dxdydz$ 内所储存的应变能 dW 为

$$dW=\left[\frac{1}{2E}(\sigma_x^2+\sigma_y^2+\sigma_z^2)-\frac{\nu}{E}(\sigma_x\sigma_y+\sigma_y\sigma_z+\sigma_z\sigma_x)+\frac{1}{2G}(\tau_{xy}^2+\tau_{yz}^2+\tau_{xz}^2)\right]dV \tag{2.42}$$

将裂纹前缘的应力分量表达式代入式(2.42)，可得

$$\frac{dW}{dV}=\frac{1}{r}(a_{11}K_{\mathrm{I}}^2+2a_{12}K_{\mathrm{I}}K_{\mathrm{II}}+a_{22}K_{\mathrm{II}}^2+a_{33}K_{\mathrm{III}}^2)+\text{非奇异项} \tag{2.43}$$

式(2.43)表明应变能密度函数 dW/dV 在裂纹尖端具有 $1/r$ 奇异性。式(2.43)中的各系数为

$$\begin{cases}a_{11}=\dfrac{1}{16\pi G}[(3-4\nu-\cos\theta)(1+\cos\theta)]\\ a_{12}=\dfrac{1}{8\pi G}\sin\theta[\cos\theta-(1-2\nu)]\\ a_{22}=\dfrac{1}{16\pi G}[4(1-\nu)(1-\cos\theta)+(1+\cos\theta)(3\cos\theta-1)]\\ a_{33}=\dfrac{1}{4\pi G}\end{cases} \tag{2.44}$$

由式(2.43)可知，应变能密度不仅依赖材料弹性常数，还与方位角 θ 有关，同时具有 $1/r$ 奇异性。将应变能密度表示为

$$\frac{dW}{dV}=\frac{S}{r} \tag{2.45}$$

其中

$$S=a_{11}K_{\mathrm{I}}^2+2a_{12}K_{\mathrm{I}}K_{\mathrm{II}}+a_{22}K_{\mathrm{II}}^2+a_{33}K_{\mathrm{III}}^2 \tag{2.46}$$

S 即为应变能密度因子，其单位为 N/m。

应变能密度因子预测裂纹扩展的基本假设如下：

(1) 裂纹沿着应变能密度因子极小的方向扩展，其开裂角 θ_0 由如下条件确定：

$$\left.\frac{\partial S}{\partial\theta}\right|_{\theta=\theta_0}=0,\quad \left.\frac{\partial^2 S}{\partial\theta^2}\right|_{\theta=\theta_0}>0 \tag{2.47}$$

(2) 最小应变能密度因子 $S_{\min}$ 达到临界值 S_C 时，裂纹开始启裂扩展，即临界

状态为

$$S_{\min}=S_C \tag{2.48}$$

其中，S_C 是材料断裂韧性参数，由材料试验测定。

2.7.3 J_k积分

为了预测裂纹偏转，可依据材料构型力学中的 J_k积分的物理意义定义局部能量释放率，从而建立一个复合型裂纹的断裂准则。J_1 积分（即 J 积分）等效于裂纹扩展力，它定义为裂纹沿平行于裂纹方向扩展单位长度所需的总能量释放率；而 J_2 积分定义为裂纹沿垂直于裂纹面方向扩展单位长度所需的总能量释放率。

当裂纹沿相对裂纹面方向 θ 角启裂时，裂尖的局部能量释放率可写为（Herrmann et al.，1981）

$$G(\theta)=J_1\cos\theta+J_2\sin\theta \tag{2.49}$$

其中，J_1积分和 J_2积分分别定义为

$$\begin{aligned}J_1&=J=\oint_\Gamma(Wn_1-\sigma_{jk}u_{k,1}n_j)\mathrm{d}s\\J_2&=\oint_\Gamma(Wn_2-\sigma_{jk}u_{k,2}n_j)\mathrm{d}s\end{aligned} \tag{2.50}$$

J_k 积分断裂准则假设：

（1）裂纹的启裂方向为能量释放率 $G(\theta)$具有最大值（稳定值）的方向，即

$$\left.\frac{\partial G(\theta)}{\partial\theta}\right|_{\theta=\theta_0}=0,\quad \left.\frac{\partial^2 G(\theta)}{\partial\theta^2}\right|_{\theta=\theta_0}<0 \tag{2.51}$$

（2）这个方向上的能量释放率达到一个临界值时，裂纹启裂扩展，

$$G=G_C \tag{2.52}$$

其中，G_C 是材料断裂韧性参数，由材料试验测定。

在纯Ⅰ型断裂情况下，J_2的值几乎可以忽略不计，因此裂纹沿平行于裂纹面方向扩展。当在 J_1 和 J_2 相关的混合型加载情况下，裂纹将发生偏转，依据以上判据，裂纹将沿与裂纹面成 θ_0角度的方向扩展。

2.8　疲劳裂纹

疲劳(fatigue)载荷作用下的裂纹扩展，是实际工程结构最常见的失效形式之一。疲劳破坏过程比较复杂，受很多因素的影响，其失效历程主要分为：疲劳裂纹成核阶段、微观裂纹扩展阶段和宏观裂纹扩展断裂阶段。

在疲劳载荷作用下，裂纹的扩展速率即每一个载荷循环裂纹扩展的长度，用 da/dN 表示。它是疲劳裂纹扩展规律中最主要的特征量，其中 da 代表裂纹的扩展长度，dN 代表载荷的循环次数。高周疲劳时，裂纹尖端塑性区尺寸远小于裂纹长度，这说明线弹性断裂力学的应力强度因子 K 也是控制裂纹扩展速率的主要参量。

大量试验表明，疲劳裂纹扩展速率 da/dN 与应力强度因子变化幅值 $\Delta K=K_{max}-K_{min}$ 存在一定的函数关系。材料的等幅载荷试验表明，疲劳裂纹扩展速率 da/dN 随应力强度因子幅值 ΔK 的变化，在双对数坐标上可用 S 型曲线来描述，如图 2.11 所示。疲劳损伤在构件内逐渐积累，达到某一临界值时形成初始疲劳裂纹。然后，初始疲劳裂纹在循环应力及环境的共同作用下逐步扩展，即发生亚临界扩展。当裂纹长度达到其临界裂纹长度时，难以承受外载，裂纹发生快速扩展，以致断裂。典型的 S 型曲线包含了 3 个阶段。

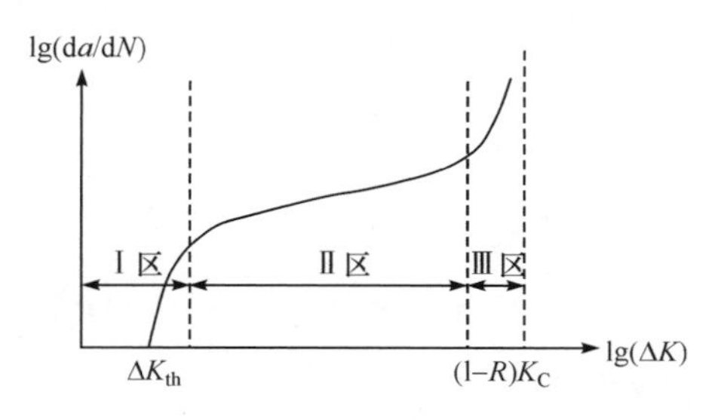

图 2.11　疲劳裂纹的三个扩展阶段

(1) 第Ⅰ阶段(Ⅰ区)。存在一个应力强度因子门槛值 ΔK_{th}，当应力强度因子范围低于门槛值即 $\Delta K \leqslant \Delta K_{th}$ 时，疲劳裂纹基本不扩展。这个阶段为疲劳裂纹的萌生阶段，由于疲劳裂纹萌生后的初始扩展阶段和裂纹的萌生阶段没有明显的界线，区分起来比较困难，因此把裂纹扩展的初始阶段也归入疲劳裂纹扩展的第Ⅰ阶段。

(2) 第Ⅱ阶段(Ⅱ区),裂纹的稳定扩展阶段(亚临界扩展阶段)。其应力强度因子范围大于 ΔK_{th}。在该区内,裂纹扩展速率 da/dN 与应力强度因子幅值服从特定的规律,对于此阶段,常用的裂纹扩展速率方程有 Paris 幂函数式、Forman 公式和 McEvily 公式等。

(3) 第Ⅲ阶段(Ⅲ区),裂纹快速扩展阶段。da/dN 很大,疲劳裂纹扩展寿命短,其对裂纹扩展寿命的贡献通常可以不考虑。断裂发生的条件是由 $K_{max} \geqslant K_C$ 控制的,而由换算关系 $\Delta K=(1-R)K_{max}$ 可知,$\Delta K=(1-R)K_C$,其中,K_C 为材料的断裂韧性,$R=\sigma_{min}/\sigma_{max}$ 为载荷应力比。

在工程实际应用中,一般主要以第Ⅱ阶段作为疲劳裂纹扩展寿命的研究区域。对于疲劳裂纹扩展规律,已有诸多研究,下面介绍几个最有代表性的判定准则。

(1) Paris 公式。Paris 认为,在疲劳裂纹的稳定扩展阶段,da/dN 与 ΔK 的 n 次方之间存在正比关系,其表达式为

$$\frac{da}{dN}=C(\Delta K)^n \tag{2.53}$$

其中,$\Delta K=K_{max}-K_{min}$ 为应力强度因子变化幅值;C 和 n 为材料常数。Paris 幂函数式可用于描述给定应力比时裂纹稳态扩展第Ⅱ阶段的裂纹扩展速率特性。

(2) Erdogan 公式。对于裂纹稳态扩展的第Ⅱ阶段,Erdogan 建议使用

$$\frac{da}{dN}=CK_{max}^m(\Delta K)^n \tag{2.54}$$

其中,C、m、n 为材料常数,通过试验测定。

(3) Forman 公式。同时考虑疲劳裂纹稳态阶段(第Ⅱ阶段)和快速扩展阶段(第Ⅲ阶段),Forman 建议使用

$$\frac{da}{dN}=\frac{C(\Delta K)^n K_{max}}{K_{IC}-K_{max}} \tag{2.55}$$

其中,K_{max} 为最大应力强度因子;K_{IC} 为材料的断裂韧性。Forman 公式描绘裂纹扩展性能中间段和快速扩展段。当应力强度因子接近临界值时,该公式反映了裂纹快速扩展特性。

(4) McEvily 公式。当考虑裂纹扩展的全过程时,McEvily 建议使用

$$\frac{\mathrm{d}a}{\mathrm{d}N}=C[(\Delta K)^2-(\Delta K_{\mathrm{th}})^2]\frac{(\Delta K)^n K_{\max}}{K_{\mathrm{IC}}-K_{\max}} \tag{2.56}$$

其中，C、n 为材料常数，通过试验测定。

对于已知裂纹扩展速率的某个工程结构，其疲劳裂纹寿命可通过积分获取。例如，假定 Griffith 裂纹受给定载荷 $\Delta\sigma$ 作用，材料常数 C、n 已知，初始裂纹长度为 a_i，断裂时的裂纹长度为 a_f，裂纹扩展遵守 Paris 幂函数形式，则疲劳寿命可通过对式(2.53)积分得到

$$N_f=\int_0^{N_f}\mathrm{d}N=\int_{a_i}^{a_f}\frac{\mathrm{d}a}{C\,(\Delta K)^n} \tag{2.57}$$

Griffith 裂纹的应力强度因子为

$$K=\sigma\sqrt{\pi a} \tag{2.58}$$

则疲劳裂纹的应力强度因子变化幅值为

$$\Delta K=\Delta\sigma\sqrt{\pi a} \tag{2.59}$$

将式(2.59)代入式(2.57)，可得疲劳裂纹寿命 N_f 为

$$N_f=\frac{2}{C\,(\Delta\sigma\sqrt{\pi})^n(2-n)}\left(a_f^{1-\frac{n}{2}}-a_i^{1-\frac{n}{2}}\right) \tag{2.60}$$

第 3 章　数学弹性力学基础

3.1　弹性力学的基本理论

3.1.1　基本力学量

1）位移

位移(displacement)为

$$\boldsymbol{u}=\begin{pmatrix} u_x \\ u_y \\ u_z \end{pmatrix} \tag{3.1}$$

其中，u_x、u_y、u_z分别表示质点沿 x、y、z 方向的位移。

2）应力

应力(stress)为

$$\boldsymbol{\sigma}=\begin{pmatrix} \sigma_x & \tau_{xy} & \tau_{xz} \\ \tau_{yx} & \sigma_y & \tau_{yz} \\ \tau_{zx} & \tau_{zy} & \sigma_z \end{pmatrix} \tag{3.2}$$

应力为一个二阶对称张量，满足剪应力互等定理：

$$\tau_{xy}=\tau_{yx},\quad \tau_{yz}=\tau_{zy},\quad \tau_{xz}=\tau_{zx} \tag{3.3}$$

二阶张量满足坐标转换关系，设新坐标系 $Ox'y'z'$ 与旧坐标系 $Oxyz$ 之间的方向余弦为 $n_{i'j}$，即两坐标系满足如下坐标转换关系：

$n_{i'j}$	x	y	z
x'	$l_1=\cos(x',x)$	$m_1=\cos(x',y)$	$n_1=\cos(x',z)$
y'	l_2	m_2	n_2
z'	l_3	m_3	n_3

(3.4)

则根据二阶张量的坐标转换关系应有

$$\sigma_{i'j'}=n_{i'j}n_{ij'}\sigma_{ij} \tag{3.5}$$

由式(3.5)可知，新坐标系 $Ox'y'z'$ 下的应力分量($\sigma_{x'}$、$\sigma_{y'}$、$\sigma_{z'}$、$\tau_{x'y'}$、$\tau_{y'z'}$、$\tau_{z'x'}$)与旧坐标系 $Oxyz$ 的应力分量(σ_x、σ_y、σ_z、τ_{xy}、τ_{yz}、τ_{zx})满足如下关系：

$$\begin{aligned}
\sigma_{x'}&=\sigma_x l_1^2+\sigma_y m_1^2+\sigma_z n_1^2+2(\tau_{xy}l_1m_1+\tau_{yz}m_1n_1+\tau_{zx}n_1l_1)\\
\sigma_{y'}&=\sigma_x l_2^2+\sigma_y m_2^2+\sigma_z n_2^2+2(\tau_{xy}l_2m_2+\tau_{yz}m_2n_2+\tau_{zx}n_2l_2)\\
\sigma_{z'}&=\sigma_x l_3^2+\sigma_y m_3^2+\sigma_z n_3^2+2(\tau_{xy}l_3m_3+\tau_{yz}m_3n_3+\tau_{zx}n_3l_3)\\
\tau_{x'y'}&=\sigma_x l_1l_2+\sigma_y m_1m_2+\sigma_z n_1n_2+\tau_{xy}(l_1m_2+l_2m_1)+\tau_{yz}(m_1n_2+m_2n_1)+\tau_{zx}(n_1l_2+n_2l_1)\\
\tau_{y'z'}&=\sigma_x l_2l_3+\sigma_y m_2m_3+\sigma_z n_2n_3+\tau_{xy}(l_3m_2+l_2m_3)+\tau_{yz}(m_3n_2+m_2n_3)+\tau_{zx}(n_3l_2+n_2l_3)\\
\tau_{z'x'}&=\sigma_x l_1l_3+\sigma_y m_1m_3+\sigma_z n_1n_3+\tau_{xy}(l_1m_3+l_3m_1)+\tau_{yz}(m_1n_3+m_3n_1)+\tau_{zx}(n_1l_3+n_3l_1)
\end{aligned} \tag{3.6}$$

在极坐标系下，设 θ 为矢径 r 与 x 轴的夹角，极坐标系与直角坐标系下应力和位移的转换公式为

$$\begin{cases}
\sigma_r=\sigma_x\cos^2\theta+\sigma_y\sin^2\theta+2\tau_{xy}\sin\theta\cos\theta\\
\sigma_\theta=\sigma_x\sin^2\theta+\sigma_y\cos^2\theta-2\tau_{xy}\sin\theta\cos\theta\\
\sigma_{r\theta}=(\sigma_y-\sigma_x)\sin\theta\cos\theta+\tau_{xy}\cos 2\theta
\end{cases} \tag{3.7}$$

$$u_r=u_x\cos\theta+u_y\sin\theta,\quad u_\theta=-u_x\sin\theta+u_y\cos\theta \tag{3.8}$$

且容易验证：

$$\begin{cases}
\sigma_r+\sigma_\theta=\sigma_x+\sigma_y\\
\sigma_\theta-\sigma_r+2\mathrm{i}\tau_{r\theta}=\mathrm{e}^{2\mathrm{i}\theta}(\sigma_y-\sigma_x+2\mathrm{i}\tau_{xy})\\
u_r+\mathrm{i}u_\theta=\mathrm{e}^{-\mathrm{i}\theta}(u_x+\mathrm{i}u_y)
\end{cases} \tag{3.9}$$

3）应变

应变(strain)为

$$\boldsymbol{\varepsilon}=\begin{pmatrix}\varepsilon_x & \varepsilon_{xy} & \varepsilon_{xz}\\ \varepsilon_{yx} & \varepsilon_y & \varepsilon_{yz}\\ \varepsilon_{zx} & \varepsilon_{zy} & \varepsilon_z\end{pmatrix} \tag{3.10}$$

应变为一个二阶对称张量，满足：

$$\varepsilon_{xy}=\varepsilon_{yx},\quad \varepsilon_{yz}=\varepsilon_{zy},\quad \varepsilon_{xz}=\varepsilon_{zx} \tag{3.11}$$

3.1.2 控制方程

1）几何方程

应变可通过对位移的微分求得，在小变形条件下，其满足几何方程（strain-displacement equation）：

$$
\begin{cases}
\varepsilon_x=\dfrac{\partial u}{\partial x}, \quad \varepsilon_y=\dfrac{\partial v}{\partial y}, \quad \varepsilon_z=\dfrac{\partial w}{\partial z} \\
\varepsilon_{xy}=\dfrac{1}{2}\left(\dfrac{\partial u}{\partial y}+\dfrac{\partial v}{\partial x}\right), \quad \varepsilon_{yz}=\dfrac{1}{2}\left(\dfrac{\partial v}{\partial z}+\dfrac{\partial w}{\partial y}\right), \quad \varepsilon_{zx}=\dfrac{1}{2}\left(\dfrac{\partial w}{\partial x}+\dfrac{\partial u}{\partial z}\right)
\end{cases}
\tag{3.12}
$$

2）物理（本构）方程

（1）各向异性（anisotropic）材料：应变与应力之间通过材料的物理（本构）方程（constitutive equation）联系，对于各向异性材料，其本构方程可写为

$$
\begin{Bmatrix} \sigma_x \\ \sigma_y \\ \sigma_z \\ \tau_{xy} \\ \tau_{yz} \\ \tau_{zx} \end{Bmatrix}
=
\begin{bmatrix}
C_{1111} & C_{1122} & C_{1133} & C_{1112} & C_{1123} & C_{1131} \\
 & C_{2222} & C_{2233} & C_{2212} & C_{2223} & C_{2231} \\
 & & C_{3333} & C_{3312} & C_{3323} & C_{3331} \\
 & & & C_{1212} & C_{1223} & C_{1231} \\
 & \text{对称} & & & C_{2323} & C_{2331} \\
 & & & & & C_{3131}
\end{bmatrix}
\begin{Bmatrix} \varepsilon_x \\ \varepsilon_y \\ \varepsilon_z \\ 2\varepsilon_{xy} \\ 2\varepsilon_{yz} \\ 2\varepsilon_{zx} \end{Bmatrix}
\tag{3.13}
$$

其中，C 为弹性常数，对于各向异性材料，有 21 个独立的材料常数。

（2）正交各向异性（orthotropic）材料：若物体各点均存在 3 个相互正交的材料性能对称平面，则称为正交各向异性材料，其独立的材料常数为 9 个。

$$
\begin{Bmatrix} \sigma_x \\ \sigma_y \\ \sigma_z \\ \tau_{xy} \\ \tau_{yz} \\ \tau_{zx} \end{Bmatrix}
=
\begin{bmatrix}
C_{1111} & C_{1122} & C_{1133} & 0 & 0 & 0 \\
 & C_{2222} & C_{2233} & 0 & 0 & 0 \\
 & & C_{3333} & 0 & 0 & 0 \\
 & & & C_{1212} & 0 & 0 \\
 & \text{对称} & & & C_{2323} & 0 \\
 & & & & & C_{3131}
\end{bmatrix}
\begin{Bmatrix} \varepsilon_x \\ \varepsilon_y \\ \varepsilon_z \\ 2\varepsilon_{xy} \\ 2\varepsilon_{yz} \\ 2\varepsilon_{zx} \end{Bmatrix}
\tag{3.14}
$$

（3）横观各向同性（transversely isotropic）材料：如果物体各点均有一个弹性

对称轴或有一个各向同性平面，则称为横观各向同性材料，其中有 5 个独立的材料常数。设弹性对称轴与 x_3 重合，则材料本构方程为

$$\begin{Bmatrix}\sigma_x\\ \sigma_y\\ \sigma_z\\ \tau_{xy}\\ \tau_{yz}\\ \tau_{zx}\end{Bmatrix}=\begin{bmatrix}C_{1111} & C_{1122} & C_{1133} & 0 & 0 & 0\\ & C_{1111} & C_{1133} & 0 & 0 & 0\\ & & C_{3333} & 0 & 0 & 0\\ & & & \dfrac{C_{1111}-C_{1122}}{2} & 0 & 0\\ & \text{对称} & & & C_{2323} & 0\\ & & & & & C_{2323}\end{bmatrix}\begin{Bmatrix}\varepsilon_x\\ \varepsilon_y\\ \varepsilon_z\\ 2\varepsilon_{xy}\\ 2\varepsilon_{yz}\\ 2\varepsilon_{zx}\end{Bmatrix} \tag{3.15}$$

(4) 各向同性(isotropic)材料：当物体内各个方向的弹性性质都相同时便为各向同性体。其有两个独立的材料常数，取 $C_{1122}=\lambda$，$C_{1212}=\mu$，其中，λ、μ 为拉梅弹性常数。其本构方程表示为

$$\begin{Bmatrix}\sigma_x\\ \sigma_y\\ \sigma_z\\ \tau_{xy}\\ \tau_{yz}\\ \tau_{zx}\end{Bmatrix}=\begin{bmatrix}\lambda+2\mu & \lambda & \lambda & 0 & 0 & 0\\ & \lambda+2\mu & \lambda & 0 & 0 & 0\\ & & \lambda+2\mu & 0 & 0 & 0\\ & & & \mu & 0 & 0\\ & \text{对称} & & & \mu & 0\\ & & & & & \mu\end{bmatrix}\begin{Bmatrix}\varepsilon_x\\ \varepsilon_y\\ \varepsilon_z\\ 2\varepsilon_{xy}\\ 2\varepsilon_{yz}\\ 2\varepsilon_{zx}\end{Bmatrix} \tag{3.16}$$

对应的本构方程也可写为如下简化的形式：

$$\begin{cases}\sigma_x=\lambda(\varepsilon_x+\varepsilon_y+\varepsilon_z)+2\mu\varepsilon_x\\ \sigma_y=\lambda(\varepsilon_x+\varepsilon_y+\varepsilon_z)+2\mu\varepsilon_y\\ \sigma_z=\lambda(\varepsilon_x+\varepsilon_y+\varepsilon_z)+2\mu\varepsilon_z\\ \tau_{xy}=2\mu\varepsilon_{xy}\\ \tau_{yz}=2\mu\varepsilon_{yz}\\ \tau_{zx}=2\mu\varepsilon_{zx}\end{cases} \tag{3.17}$$

拉梅常数(λ,μ)与弹性模量 E 和泊松比 ν 满足如下关系：

$$\lambda=\frac{E\nu}{(1+\nu)(1-2\nu)},\quad \mu=\frac{E}{2(1+\nu)} \tag{3.18}$$

则应力-应变关系也可写成如下分量的形式：

$$\begin{cases}\varepsilon_x=\dfrac{1}{E}[\sigma_x-\nu(\sigma_y+\sigma_z)]\\ \varepsilon_y=\dfrac{1}{E}[\sigma_y-\nu(\sigma_x+\sigma_z)]\\ \varepsilon_z=\dfrac{1}{E}[\sigma_z-\nu(\sigma_x+\sigma_y)]\\ \varepsilon_{xy}=\dfrac{1+\nu}{E}\tau_{xy}\\ \varepsilon_{yz}=\dfrac{1+\nu}{E}\tau_{yz}\\ \varepsilon_{zx}=\dfrac{1+\nu}{E}\tau_{zx}\end{cases} \tag{3.19}$$

3) 平衡方程

由于物体在外力作用下始终处于平衡状态，所以应力必须满足平衡方程(equilibrium equation)：

$$\begin{cases}\dfrac{\partial\sigma_x}{\partial x}+\dfrac{\partial\tau_{xy}}{\partial y}+\dfrac{\partial\tau_{xz}}{\partial z}+f_x=0\\ \dfrac{\partial\tau_{xy}}{\partial x}+\dfrac{\partial\sigma_y}{\partial y}+\dfrac{\partial\tau_{yz}}{\partial z}+f_y=0\\ \dfrac{\partial\tau_{zx}}{\partial x}+\dfrac{\partial\tau_{yz}}{\partial y}+\dfrac{\partial\sigma_z}{\partial z}+f_z=0\end{cases} \tag{3.20}$$

其中，f_x、f_y、f_z 为物体受到沿 x、y、z 方向的体力作用。

4) 边界条件

设物体在表面边界 S_σ 上的外力分量为 X_x、X_y、X_z；在边界 S_u 上的位移分量为 $\bar{u}_x$、$\bar{u}_y$、$\bar{u}_z$，则 S_σ 上的外力边界条件(boundary condition)可写为

$$\begin{cases}\sigma_x n_x+\tau_{xy}n_y+\tau_{xz}n_z=X_x\\ \tau_{yx}n_x+\sigma_y n_y+\tau_{yz}n_z=X_y\\ \tau_{zx}n_x+\tau_{zy}n_y+\sigma_z n_z=X_z\end{cases} \tag{3.21}$$

其中，n_x、n_y、n_z 为表面的单位外法向向量分量。则 S_u 上的位移边界条件为

$$u_x=\bar{u}_x,\quad u_y=\bar{u}_y,\quad u_z=\bar{u}_z \tag{3.22}$$

5）应变协调方程

根据位移单值连续条件，要求物体变形后仍能紧密贴合，即无裂隙出现，也不会发生相互掺和或嵌入现象，这就要求物体内各点的应变分量满足协调方程（compatibility equation），可表示为

$$\begin{cases}\dfrac{\partial^2 \varepsilon_x}{\partial y^2}+\dfrac{\partial^2 \varepsilon_y}{\partial x^2}-2\dfrac{\partial^2 \varepsilon_{xy}}{\partial x\partial y}=0\\[2mm] \dfrac{\partial^2 \varepsilon_y}{\partial z^2}+\dfrac{\partial^2 \varepsilon_z}{\partial y^2}-2\dfrac{\partial^2 \varepsilon_{yz}}{\partial y\partial z}=0\\[2mm] \dfrac{\partial^2 \varepsilon_z}{\partial x^2}+\dfrac{\partial^2 \varepsilon_x}{\partial z^2}-2\dfrac{\partial^2 \varepsilon_{zx}}{\partial z\partial x}=0\\[2mm] \dfrac{\partial}{\partial x}\left(-\dfrac{\partial \varepsilon_{yz}}{\partial x}+\dfrac{\partial \varepsilon_{zx}}{\partial y}+\dfrac{\partial \varepsilon_{xy}}{\partial z}\right)-\dfrac{\partial^2 \varepsilon_x}{\partial y\partial z}=0\\[2mm] \dfrac{\partial}{\partial y}\left(\dfrac{\partial \varepsilon_{yz}}{\partial x}-\dfrac{\partial \varepsilon_{zx}}{\partial y}+\dfrac{\partial \varepsilon_{xy}}{\partial z}\right)-\dfrac{\partial^2 \varepsilon_y}{\partial z\partial x}=0\\[2mm] \dfrac{\partial}{\partial z}\left(\dfrac{\partial \varepsilon_{yz}}{\partial x}+\dfrac{\partial \varepsilon_{zx}}{\partial y}-\dfrac{\partial \varepsilon_{xy}}{\partial z}\right)-\dfrac{\partial^2 \varepsilon_z}{\partial x\partial y}=0\end{cases} \tag{3.23}$$

3.1.3　基本方程的张量形式

弹性体中，应力和应变张量的分量可分别用 σ_{ij} 和 ε_{ij}（二维问题时 $i,j=1,2$；三维问题时 $i,j=1,2,3$）表示，位移和体积力的分量分别用 u_i 和 f_i 表示，则弹性理论的基本方程可写成以下简明的形式。

平衡方程：

$$\sigma_{ij,j}+f_i=0 \tag{3.24}$$

几何方程：

$$\varepsilon_{ij}=\frac{1}{2}(u_{i,j}+u_{j,i}+\underbrace{u_{m,i}u_{m,j}}_{\text{大变形}}) \tag{3.25}$$

物理方程：

$$\sigma_{ij}=C_{ijkl}\varepsilon_{kl} \tag{3.26}$$

对于各向同性材料，物理方程简化为

$$\sigma_{ij}=\frac{E}{1-2\nu}e\delta_{ij}+\frac{E}{1+\nu}\varepsilon'_{ij}\quad 或\quad \varepsilon_{ij}=\frac{1-2\nu}{E}\sigma_m\delta_{ij}+\frac{1+\nu}{E}\sigma'_{ij} \tag{3.27}$$

应变协调方程：

$$\varepsilon_{ij,kl}+\varepsilon_{kl,ij}-\varepsilon_{ik,jl}-\varepsilon_{jl,ik}=0 \tag{3.28}$$

边界条件：

$$\begin{aligned}&\sigma_{ij}n_j=X_i,\quad 在\ S_\sigma\ 上\\&u_i=\overline{u}_i,\quad 在\ S_u\ 上\end{aligned} \tag{3.29}$$

式(3.24)～式(3.29)中，C_{ijkl}为材料弹性常数，满足 $C_{ijkl}=C_{jikl}=C_{ijlk}=C_{klij}$；平均应变 $e=\varepsilon_{ii}/3$；平均应力 $\sigma_m=\sigma_{ii}/3$；应变偏张量 $\varepsilon'_{ij}=\varepsilon_{ij}-e$；应力偏张量 $\sigma'_{ij}=\sigma_{ij}-\sigma_m$；$X_i$为边界$S_\sigma$上的外力分量；$\overline{u_i}$为边界$S_u$上的位移分量；下角标“,”代表微分；$\delta_{ij}$为Kronecker 符号，其值为

$$\delta_{ij}=\begin{cases}1, & i=j\\0, & i\neq j\end{cases} \tag{3.30}$$

其中，张量记法中，重复下标需进行求和处理，举例如下：

$$\sigma_{ij,j}+f_i=0$$

$$\begin{cases}i=1,j=1,2,3; & \sigma_{11,1}+\sigma_{12,2}+\sigma_{13,3}+f_1=0\\i=2,j=1,2,3; & \sigma_{21,1}+\sigma_{22,2}+\sigma_{23,3}+f_2=0\\i=3,j=1,2,3; & \sigma_{31,1}+\sigma_{32,2}+\sigma_{33,3}+f_3=0\end{cases}$$

$$\sigma_{ij}n_j=X_i(在\ S_\sigma\ 上)$$

$$\begin{cases}i=1,j=1,2,3; & \sigma_{11}n_1+\sigma_{12}n_2+\sigma_{13}n_3=X_1\\i=2,j=1,2,3; & \sigma_{21}n_1+\sigma_{22}n_2+\sigma_{23}n_3=X_2\\i=3,j=1,2,3; & \sigma_{31}n_1+\sigma_{32}n_2+\sigma_{33}n_3=X_3\end{cases}$$

3.1.4　平面问题的弹性基本方程

如果弹性体的几何形状及所受的约束方式和外力分布规律均与某一坐标方向(如 z)无关，而且外力的方向垂直于 z 轴，则其内部将发生二维的变形或应力状态，这就是弹性力学的平面问题，具体可区分为平面应变和平面应力两种情况。

平面应变(plane strain)状态的定义。若弹性体各点位移分量 w 为零或为常数,而其他分量 u 和 v 都是 x 和 y 的函数,则称弹性体处于 Oxy 平面的平面应变状态。其中:

$$\begin{aligned}&u=u_x(x,y),\quad v=u_y(x,y),\quad w=u_z=0\\&\varepsilon_x=\varepsilon_x(x,y),\quad \varepsilon_y=\varepsilon_y(x,y),\quad \varepsilon_{xy}=\varepsilon_{xy}(x,y),\quad \varepsilon_z=\varepsilon_{zx}=\varepsilon_{yz}=0\end{aligned}\tag{3.31}$$

平面应力(plane stress)状态的定义。若弹性体各点 z 方向上的应力分量为零或为常数,则称弹性体处于 Oxy 平面的平面应力状态。其中:

$$\sigma_z=\sigma_{zx}=\sigma_{yz}=0\tag{3.32}$$

对于平面问题,其控制方程可简化为如下形式。

平衡方程(无体力):

$$\begin{cases}\dfrac{\partial\sigma_x}{\partial x}+\dfrac{\partial\tau_{xy}}{\partial y}=0\\[2ex]\dfrac{\partial\tau_{xy}}{\partial x}+\dfrac{\partial\sigma_y}{\partial y}=0\end{cases}\tag{3.33}$$

几何方程(小变形):

$$\varepsilon_x=\frac{\partial u}{\partial x},\quad \varepsilon_y=\frac{\partial v}{\partial y},\quad \varepsilon_{xy}=\frac{1}{2}\left(\frac{\partial u}{\partial y}+\frac{\partial v}{\partial x}\right)\tag{3.34}$$

物理方程(各向同性材料):

平面应力时为

$$\begin{cases}\varepsilon_x=\dfrac{1}{E}(\sigma_x-\nu\sigma_y)\\[2ex]\varepsilon_y=\dfrac{1}{E}(\sigma_y-\nu\sigma_x)\\[2ex]\varepsilon_{xy}=\dfrac{1+\nu}{E}\tau_{xy}\\[2ex]\varepsilon_z=-\dfrac{1}{1-\nu}(\varepsilon_x+\varepsilon_y)\end{cases}\tag{3.35}$$

平面应变时为

$$\begin{cases}\varepsilon_x=\dfrac{1-\nu^2}{E}\left(\sigma_x-\dfrac{\nu}{1-\nu}\sigma_y\right)\\ \varepsilon_y=\dfrac{1-\nu^2}{E}\left(\sigma_y-\dfrac{\nu}{1-\nu}\sigma_x\right)\\ \varepsilon_{xy}=\dfrac{(1+\nu)}{E}\tau_{xy}\\ \sigma_z=\nu(\sigma_x+\sigma_y)\end{cases}\tag{3.36}$$

协调方程：

$$\frac{\partial^2\varepsilon_x}{\partial y^2}+\frac{\partial^2\varepsilon_y}{\partial x^2}-2\frac{\partial^2\varepsilon_{xy}}{\partial x\partial y}=0\tag{3.37}$$

代入本构方程式(3.35)或式(3.36)，以应力形式表示的应变协调方程为

$$\frac{\partial^2(\sigma_x+\sigma_y)}{\partial y^2}+\frac{\partial^2(\sigma_x+\sigma_y)}{\partial x^2}=0\tag{3.38}$$

引入拉普拉斯微分算子：

$$\nabla^2=\frac{\partial^2}{\partial x^2}+\frac{\partial^2}{\partial y^2}\tag{3.39}$$

式(3.38)可简写为

$$\nabla^2(\sigma_x+\sigma_y)=0\tag{3.40}$$

3.2 弹性力学基本量的复函数表示

3.2.1 复变函数论基本概念

1) 复变函数的共轭运算

众所周知，复数 z 及其共轭 $\bar{z}$ 可以表示为

$$z=x+\mathrm{i}y,\quad \bar{z}=x-\mathrm{i}y\tag{3.41}$$

即一个复变量的共轭是将其虚部变量 y 换成 $-y$ 的结果。同样，一个复变函数及其共轭函数可表示为

$$f(z)=u(x,y)+\mathrm{i}v(x,y),\quad \overline{f(z)}=u(x,y)-\mathrm{i}v(x,y)\tag{3.42}$$

显然，复函数的共轭也是将其虚部函数 v 变为 $-v$ 的结果。若将式(3.42)中的自变量 z 换成 $\bar{z}$，则有

$$f(\bar{z})=u(x,-y)+\mathrm{i}v(x,-y) \tag{3.43}$$

在此新定义：

$$\overline{f(\bar{z})}=u(x,-y)-\mathrm{i}v(x,-y)\overset{\text{记作}}{\equiv}\bar{f}(z) \tag{3.44}$$

由(3.44)式定义的新函数 $\bar{f}(z)$表示在 $\bar{z}$ 点取到函数 $f(z)$的共轭值。而在实际运算中，$\bar{f}(z)$是在函数 $f(z)$中将自变量的系数取共轭后得到的一个新函数，例如：

$$f(z)=\sum_{k=0}^{n}a_k z^k \quad \Rightarrow \quad \bar{f}(z)=\overline{\sum_{k=0}^{n}a_k \bar{z}^k}=\sum_{k=0}^{n}\bar{a}_k z^k \tag{3.45}$$

若在式(3.44)中作变换 $z\to\bar{z}$，则可得到一个重要的关系式：

$$\overline{f(z)}=\bar{f}(\bar{z}) \tag{3.46}$$

2）共轭复变函数的导数

通常，复变函数 $f(z)$对其自变量 z 的导数(如果存在)可由下式计算：

$$\frac{\mathrm{d}f(z)}{\mathrm{d}z}=\lim_{\Delta z\to 0}\frac{f(z+\Delta z)-f(z)}{\Delta z}=\frac{\partial u}{\partial x}+\mathrm{i}\frac{\partial v}{\partial x}=\frac{\partial v}{\partial y}-\mathrm{i}\frac{\partial u}{\partial y}\equiv f'(z) \tag{3.47}$$

而导数存在的充分必要条件就是柯西-黎曼(Cauchy-Riemann)方程成立，即

$$\partial u/\partial x=\partial v/\partial y, \quad \partial v/\partial x=-\partial u/\partial y \tag{3.48}$$

在某一复数域中，处处满足式(3.48)的复函数称为该区域中的解析函数(analytical function)。如果这个解析函数在区域中处处是单值的，则称为区域中的全纯函数(holo-mophic function)。复变函数 $f(z)$是关于实变量 x、y 的二元函数，因此函数 f 本来应该可以写成 $f(z,\bar{z})$。然而可以证明，若 f 是解析函数，则它与 $\bar{z}$ 无关。由式(3.41)可解得

$$x=(z+\bar{z})/2, \quad y=(z-\bar{z})/(2\mathrm{i}) \tag{3.49}$$

则

$$\partial x/\partial z=1/2, \quad \partial x/\partial \bar{z}=1/2, \quad \partial y/\partial z=-\mathrm{i}/2, \quad \partial y/\partial \bar{z}=\mathrm{i}/2 \tag{3.50}$$

于是由求导数的链式法则和柯西-黎曼条件可得

$$\frac{\partial f}{\partial \bar{z}}=\frac{\partial f}{\partial x}\frac{\partial x}{\partial \bar{z}}+\frac{\partial f}{\partial y}\frac{\partial y}{\partial \bar{z}}=\frac{1}{2}\left[\left(\frac{\partial u}{\partial x}-\frac{\partial v}{\partial y}\right)+\mathrm{i}\left(\frac{\partial v}{\partial x}+\frac{\partial u}{\partial y}\right)\right]=0 \tag{3.51}$$

因此，解析函数必独立于复变量 $\bar{z}$ 而仅是复变量 z 的函数。或者说，解析函数就是只与一个复变量 z 相关的一类复函数，这是解析函数的一个重要性质。几乎

所有复变函数的优越性都来自这个性质。

由式(3.46)可知，$\overline{f(z)}$仅是 $\bar{z}$ 的函数，故与 z 无关，于是有

$$\partial \overline{f(z)}/\partial z=0 \tag{3.52}$$

又由链式法则和柯西-黎曼条件容易推得

$$\mathrm{d}\,\overline{f(z)}/\mathrm{d}\bar{z}=\mathrm{d}(u-\mathrm{i}v)/\mathrm{d}\bar{z}=\partial u/\partial x-\mathrm{i}\partial v/\partial x\equiv\overline{f'(z)} \tag{3.53}$$

式(3.47)、式(3.51)～式(3.53)是解析函数的基本导数运算公式。

3.2.2 应力、位移、应力主矢量的复函数表示

1）应力分量的复势函数表示

不计体力时，平面弹性力学问题归结为在适当边界条件下求解如下按应力写出的控制方程组(governing equations)：

$$\begin{cases}\dfrac{\partial \sigma_x}{\partial x}+\dfrac{\partial \tau_{xy}}{\partial y}=0\\[2mm] \dfrac{\partial \tau_{xy}}{\partial x}+\dfrac{\partial \sigma_y}{\partial y}=0\\[2mm] \nabla^2(\sigma_x+\sigma_y)=0\end{cases} \tag{3.54}$$

其中，前两个方程是应力平衡方程，第三个方程是以应力形式表示的位移协调方程。由平衡方程可以构造 Airy 应力函数 $F(x,y)$，所有的应力分量可由该应力函数表示如下：

$$\sigma_x=\partial^2 F/\partial y^2,\quad \sigma_y=\partial^2 F/\partial x^2,\quad \tau_{xy}=-\partial^2 F/(\partial x\partial y) \tag{3.55}$$

式(3.55)自动满足式(3.54)的应力平衡方程。将此式代入协调方程，可知应力函数 F 应满足如下双调和(biharmonic)方程：

$$\nabla^4 F\equiv\nabla^2\nabla^2 F=0 \tag{3.56}$$

其中，$\nabla^2=\partial^2/\partial x^2+\partial^2/\partial y^2$是拉普拉斯算子。式(3.56)表明：求解各向同性弹性材料的静力学问题已转化为求解一定边界条件下的双调和方程。一旦得到了应力函数 F，就可以很容易地获得相应的应力场、应变场和位移场。

为了利用复变函数理论求解弹性力学问题，先要将各种弹性力学物理量(如应力、应变、位移以及边界应力主矢量等)表示为复变量的函数。下面由应力函数入手，先寻求应力函数的复函数表示法。

在复数域中，将应力函数 F 看作 z 和 $\bar{z}$ 的函数，注意到

$$\partial/\partial x=\partial/\partial z+\partial/\partial\bar{z},\quad \partial/\partial y=\mathrm{i}(\partial/\partial z-\partial/\partial\bar{z}) \tag{3.57}$$

可以算得

$$\nabla^2 F=[(\partial/\partial z+\partial/\partial\bar{z})^2-(\partial/\partial z-\partial/\partial\bar{z})^2]F=4\partial^2F/(\partial z\partial\bar{z}) \tag{3.58}$$

于是双调和方程(3.56)成为

$$\nabla^2\nabla^2F=16\partial^4F/(\partial z^2\partial\bar{z}^2)=0\quad\Rightarrow\quad \partial^4F/(\partial z^2\partial\bar{z}^2)=0 \tag{3.59}$$

解此方程得

$$F(z,\bar{z})=f_1(z)+f_2(\bar{z})+zf_3(\bar{z})+\bar{z}f_4(z) \tag{3.60}$$

由于式(3.60)左边的应力函数 F 是实函数，所以右边也只能是成对的共轭复函数，所以只有两个复函数是独立的。可令

$$f_2(\bar{z})=\overline{f_1(z)},\quad f_3(\bar{z})=\overline{f_4(z)} \tag{3.61}$$

显然，$f_1(z)$和 $f_4(z)$都是 z 平面上的解析函数。再设 $\chi(z)=2f_1(z)$，$\varphi(z)=2f_4(z)$，就得到著名的 Goursat 公式：

$$F(z,\bar{z})=[\chi(z)+\overline{\chi(z)}+\bar{z}\varphi(z)+z\overline{\varphi(z)}]/2=\mathrm{Re}[\bar{z}\varphi(z)+\chi(z)] \tag{3.62}$$

式(3.62)表明：双调和的 Airy 应力函数可由两个全平面全纯函数来确定，由此，求解应力函数的问题就转化为求解满足给定边界条件的两个全纯函数问题。称全纯函数 $\chi(z)$和 $\varphi(z)$为复应力势函数，简称复势(complex potential)。

将应力函数 F 的复势函数表达式(3.62)代入应力分量的应力函数表达式(3.55)，即可得应力分量的复函数表达式为

$$\begin{aligned}&\sigma_x+\sigma_y=\nabla^2F=4\partial^2F/(\partial z\partial\bar{z})=2[\varphi'(z)+\overline{\varphi'(z)}]=4\mathrm{Re}[\varphi'(z)]\\&\sigma_y-\sigma_x+2\mathrm{i}\tau_{xy}=2[\bar{z}\varphi''(z)+\chi''(z)]\end{aligned} \tag{3.63}$$

这样，当求得复势 $\chi(z)$和 $\varphi(z)$后，即可由式(3.63)得到应力分量：将第二式取虚部可以得到剪切应力分量 τ_{xy}，而将第二式取实部后与第一式联立可解得正应力分量 σ_x 和 σ_y。

2) 位移分量的复势函数表示

对于平面应力问题，均匀各向同性弹性材料的本构关系可以写成

$$\varepsilon_x=(\sigma_x-\nu\sigma_y)/E,\quad \varepsilon_y=(\sigma_y-\nu\sigma_x)/E,\quad \varepsilon_{xy}=(1+\nu)\tau_{xy}/E \tag{3.64}$$

几何方程为

$$\varepsilon_{xx}=\partial u/\partial x,\quad \varepsilon_{yy}=\partial v/\partial y,\quad \varepsilon_{xy}=(\partial v/\partial x+\partial u/\partial y)/2 \tag{3.65}$$

而

$$\begin{aligned}\frac{\partial}{\partial \bar{z}}(u+\mathrm{i}v)&=\frac{\partial(u+\mathrm{i}v)}{\partial x}\frac{\partial x}{\partial \bar{z}}+\frac{\partial(u+\mathrm{i}v)}{\partial y}\frac{\partial y}{\partial \bar{z}}=\frac{1}{2}\left[\frac{\partial u}{\partial x}-\frac{\partial v}{\partial y}+\mathrm{i}\left(\frac{\partial v}{\partial x}+\frac{\partial u}{\partial y}\right)\right]\\&=(\varepsilon_x-\varepsilon_y+2\mathrm{i}\varepsilon_{xy})/2\end{aligned} \tag{3.66}$$

$$\partial(u+\mathrm{i}v)/\partial z=[\varepsilon_x+\varepsilon_y-\mathrm{i}(\partial u/\partial y-\partial v/\partial x)]/2$$

将本构关系式(3.64)代入式(3.66)并利用应力分量的复势表达式(3.63)得

$$\begin{aligned}\partial(u+\mathrm{i}v)/\partial \bar{z}&=[(\sigma_x-\nu\sigma_y)-(\sigma_y-\nu\sigma_x)+2\mathrm{i}(1+\nu)\tau_{xy}]/(2E)\\&=-(1+\nu)(\sigma_y-\sigma_x-2\mathrm{i}\tau_{xy})/(2E)\\&=-(1+\nu)(\overline{\sigma_y-\sigma_x+2\mathrm{i}\tau_{xy}})/(2E)\\&=-(1+\nu)[z\overline{\varphi''(z)}+\overline{\chi''(z)}]/E\end{aligned} \tag{3.67}$$

$$\partial(u+\mathrm{i}v)/\partial z=(1-\nu)[\varphi'(z)+\overline{\varphi'(z)}]/E-\mathrm{i}(\partial u/\partial y-\partial v/\partial x)/2 \tag{3.68}$$

将式(3.67)对 $\bar{z}$ 积分有

$$u+\mathrm{i}v=-(1+\nu)[z\overline{\varphi'(z)}+\overline{\chi'(z)}]/E+g(z) \tag{3.69}$$

其中,$g(z)$是任意函数。为确定未知函数 $g(z)$,将式(3.69)代入式(3.68),可得

$$-(1+\nu)\overline{\varphi'(z)}/E+g'(z)=(1-\nu)[\varphi'(z)+\overline{\varphi'(z)}]/E-\mathrm{i}(\partial u/\partial y-\partial v/\partial x)/2 \tag{3.70}$$

整理得

$$\mathrm{i}(\partial u/\partial y-\partial v/\partial x)/2=2\,\overline{\varphi'(z)}/E-[g'(z)-(1-\nu)\varphi'(z)/E] \tag{3.71}$$

因为 u、v 是实数,所以式(3.71)左边是纯虚数(这是复变函数理论中一种常用技巧),于是右边应满足:

$$g'(z)-(1-\nu)\varphi'(z)/E=\overline{2\,\overline{\varphi'(z)}/E}=2\varphi'(z)/E \tag{3.72}$$

由此得

$$g'(z)=(3-\nu)\varphi'(z)/E\quad\Rightarrow\quad g(z)=(3-\nu)\varphi(z)/E+c \tag{3.73}$$

将式(3.73)代入位移表达式(3.69),并将常数 c 归入 $\varphi(z)$得

$$E(u+\mathrm{i}v)/(1+\nu)=(3-\nu)\varphi(z)/(1+\nu)-z\overline{\varphi'(z)}-\overline{\chi'(z)} \tag{3.74}$$

或写成

$$2\mu(u+\mathrm{i}v)=\kappa\varphi(z)-z\overline{\varphi'(z)}-\overline{\chi'(z)} \tag{3.75}$$

其中，$\mu=E/2(1+\nu)$；对于平面应变问题有 $\kappa=3-4\nu$，对于平面应力问题则有 $\kappa=(3-\nu)/(1+\nu)$。式(3.75)就是位移分量的复势表达式。

上述表明，在弹性力学的复变函数理论中，应力张量和位移张量均可由两个解析函数 $\varphi(z)$ 和 $\chi(z)$ 来确定。因此，求解弹性应力应变场的问题就转化为寻找满足一定边界条件的两个解析函数的问题，这是数学弹性力学的一个重要思想。

3)边界应力主矢量的复势函数表示

定义如下函数：

$$f=\partial F/\partial x+\mathrm{i}\partial F/\partial y=\varphi(z)+z\overline{\varphi'(z)}+\overline{\chi'(z)} \tag{3.76}$$

现在考察由式(3.76)定义的函数 f 的物理意义。如图 3.1 所示，在平面区域 Ω 内任取弧线 AB，令 s 为此弧线的弧长参数。规定曲线的正向为沿 A 到 B 的方向。当观测者沿曲线正向前进时，令其左侧为“+”侧，右侧为“−”侧。弧线 AB 的法线 n 始终指向“−”侧。于是，法线 $\boldsymbol{n}=(l,m)$ 的方向余弦为

$$\begin{aligned} l&=\cos(n,x)=\cos(\tau,y)=\mathrm{d}y/\mathrm{d}s\\ m&=\cos(n,y)=-\cos(\tau,x)=-\mathrm{d}x/\mathrm{d}s \end{aligned} \tag{3.77}$$

而曲线 AB 弧“−”侧物体作用于“+”侧物体的应力主矢量 (X_n,Y_n) 为

$$\begin{aligned} X_n&=\sigma_{xx}l+\sigma_{xy}m=l\partial^2F/\partial y^2-m\partial^2F/(\partial x\partial y)=\mathrm{d}(\partial F/\partial y)/\mathrm{d}s\\ Y_n&=\sigma_{xy}l+\sigma_{yy}m=-l\partial^2F/\partial x\partial y+m\partial^2F/\partial y^2=-\mathrm{d}(\partial F/\partial x)/\mathrm{d}s \end{aligned} \tag{3.78}$$

于是

$$X_n+\mathrm{i}Y_n=\mathrm{d}(\partial F/\partial y-\mathrm{i}\partial F/\partial x)/\mathrm{d}s=-\mathrm{i}\mathrm{d}f/\mathrm{d}s \tag{3.79}$$

令 $P=X_n+\mathrm{i}Y_n$，并注意到函数 f 的表达式(3.76)，式(3.79)还可写成

$$\mathrm{d}P=P\mathrm{d}s\equiv(X_n+\mathrm{i}Y_n)\mathrm{d}s=-\mathrm{i}\mathrm{d}f=-\mathrm{i}\mathrm{d}[\varphi(z)+z\overline{\varphi'(z)}+\overline{\chi'(z)}] \tag{3.80}$$

沿弧 AB 积分式(3.80)，可得作用于 AB 弧“+”侧的应力主矢量为

$$P=\int_{AB}(X_n+\mathrm{i}Y_n)\mathrm{d}s=-\mathrm{i}\,[f]_A^B=-\mathrm{i}\,[\varphi(z)+z\overline{\varphi'(z)}+\overline{\chi'(z)}]_A^B \tag{3.81}$$

若固定 A 点，使 B 点变动，可以得到

$$f=\varphi(z)+z\overline{\varphi'(z)}+\overline{\chi'(z)}=\mathrm{i}\int_{AB}(X_n+\mathrm{i}Y_n)\mathrm{d}s+\text{常数}=\mathrm{i}(X+\mathrm{i}Y)+\text{常数} \tag{3.82}$$

其中

$$X = \int_{AB} X_n \mathrm{d}s, \quad Y = \int_{AB} Y_n \mathrm{d}s \tag{3.83}$$

分别表示作用于弧线 AB 上的应力主矢量沿 x 轴和 y 轴的分量。由式(3.82)可见，函数 f 表示 AB 弧线“－”侧物体沿 AB 作用于曲线“＋”侧物体的应力主矢量。

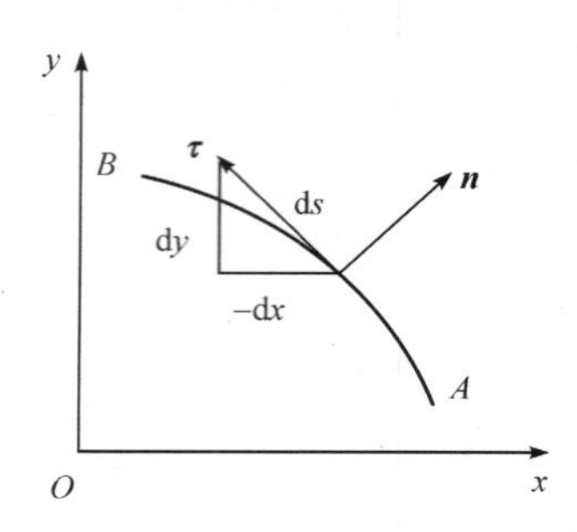

图 3.1 弧线的方向余弦示意图

3.3 复势函数的确定程度

前面已经看到，应力函数、应力分量、位移分量及应力的主矢量都可以借助于两个解析函数 $\varphi(z)$和 $\psi(z)=\chi'(z)$来表示。现在讨论如果给定物体内的应力、位移和主矢量，这些函数能确定到什么程度。

1) 给定应力分量时 $\varphi(z)$、$\psi(z)$的确定程度

当应力分量确定时，设有两组复势函数 $\varphi_1(z)$、$\psi_1(z)$和 $\varphi_2(z)$、$\psi_2(z)$都满足应力分量的复势表达式(3.63)，也就是说，两组复势表达着同样的应力分量，则有

$$\mathrm{Re}[\varphi_1'(z)]=\mathrm{Re}[\varphi_2'(z)], \quad \bar{z}\varphi_1''(z)+\psi_1'(z)=\bar{z}\varphi_2''(z)+\psi_2'(z) \tag{3.84}$$

由其中第一式知 $\varphi_1'(z)$、$\varphi_2'(z)$具有相同的实部，因而

$$\varphi_2'(z)=\varphi_1'(z)+\mathrm{i}c, \quad \varphi_2''(z)=\varphi_1''(z) \tag{3.85}$$

其中，c 为实常数。对式(3.85)中的第一式求积分得

$$\varphi_2(z)=\varphi_1(z)+\mathrm{i}cz+\gamma \tag{3.86}$$

其中，$\gamma=\alpha+\mathrm{i}\beta$ 是任意复常数。再将式(3.85)中的第二式代入式(3.84)中的第二式可得

$$\psi_2'(z)=\psi_1'(z) \tag{3.87}$$

从而

$$\psi_2(z)=\psi_1(z)+\gamma' \tag{3.88}$$

其中,$\gamma'=\alpha'+\mathrm{i}\beta'$为任意复常数。归结起来,在给定应力分量的情况下,函数$\varphi_1(z)$和 $\psi_1(z)$有如下的确定程度:

$$\begin{aligned}&\varphi_2(z)=\varphi_1(z)+\mathrm{i}cz+\gamma,\quad \varphi_2'(z)=\varphi_1'(z)+\mathrm{i}c\\&\psi_2(z)=\psi_1(z)+\gamma',\quad \psi_2'(z)=\psi_1'(z)\end{aligned} \tag{3.89}$$

若有两组复势满足式(3.89),则当用 $\varphi_2(z)$、$\psi_2(z)$替换 $\varphi_1(z)$、$\psi_1(z)$时,物体内的应力场保持不变。由式(3.89)可以看出:$\varphi(z)$间可以相差 $\mathrm{i}cz$ 的一次多项式但不会影响到应力场,而 $\psi(z)$间则可相差一个复常数。给定 3 个任意常数 c、γ 和 γ'的值,则复势函数就被唯一确定。

2) 给定位移分量时 $\varphi(z)$、$\psi(z)$的确定程度

当给定位移分量时,应力分量即被完全确定。因此,在给定位移分量时,式(3.89)仍然满足。然而,由于位移分量的确定,又给式(3.89)附加了进一步的限制。设两组复势 $\varphi_1(z)$、$\psi_1(z)$和 $\varphi_2(z)$、$\psi_2(z)$都给出相同的位移分量,则由位移表达式(3.75)和式(3.89)可得

$$\begin{aligned}\kappa\varphi_1(z)-z\overline{\varphi_1'(z)}-\overline{\psi_1(z)}&=\kappa\varphi_2(z)-z\overline{\varphi_2'(z)}-\overline{\psi_2(z)}\\&=\kappa\varphi_1(z)-z\overline{\varphi_1'(z)}-\overline{\psi_1(z)}+(\kappa+1)\mathrm{i}cz+(\kappa\gamma-\overline{\gamma}')\end{aligned} \tag{3.90}$$

从而(考察关于 z 的一次项和零次项的系数)

$$(\kappa+1)c\mathrm{i}=0,\quad \kappa\gamma-\overline{\gamma}'=0\quad\Rightarrow\quad c=0,\quad \overline{\gamma}'=\kappa\gamma \tag{3.91}$$

将式(3.91)代入式(3.89),即得在给定位移分量时,复势函数的确定程度:

$$\begin{aligned}&\varphi_2(z)=\varphi_1(z)+\gamma,\quad \varphi_2'(z)=\varphi_1'(z)\\&\psi_2(z)=\psi_1(z)+\kappa\overline{\gamma},\quad \psi_2'(z)=\psi_1'(z)\end{aligned} \tag{3.92}$$

同样,将式(3.92)中两组复势互相替换时,物体中的位移场保持不变。由式(3.92)可以看出,确定的位移对复势函数的确定程度的确有了更大的限制,此时只存在一个任意常数 γ。

3) 给定应力主矢量时 $\varphi(z)$、$\psi(z)$的确定程度

此时，应力分量仍然是给定的，所以由应力主矢量表达式(3.82)和式(3.89)可得

$$
\begin{aligned}
f=\varphi_1(z)+z\overline{\varphi_1'(z)}+\overline{\psi_1(z)}&=\varphi_2(z)+z\overline{\varphi_2'(z)}+\overline{\psi_2(z)}\\
&=\varphi_1(z)+z\overline{\varphi_1'(z)}+\overline{\psi_1(z)}+\gamma+\bar{\gamma}'
\end{aligned}
\tag{3.93}
$$

从而

$$\gamma+\bar{\gamma}'=0 \tag{3.94}$$

将式(3.94)代入式(3.89)，就得到给定应力主矢量时复势函数的确定程度：

$$
\begin{aligned}
&\varphi_2(z)=\varphi_1(z)+\mathrm{i}cz+\gamma, \quad \varphi_2'(z)=\varphi_1'(z)+\mathrm{i}c\\
&\psi_2(z)=\psi_1(z)-\bar{\gamma}, \quad \psi_2'(z)=\psi_1'(z)
\end{aligned}
\tag{3.95}
$$

同样，将式(3.95)中两组复势互相替换时，物体中的应力主矢量保持不变。注意，这里存在两个任意常数 c 和 γ。

4) 任意常数的确定

通常为方便起见，可以指定式(3.89)、式(3.92)和式(3.95)中的任意常数，以消除复势函数的任意性。设坐标原点取在区域 Ω 的内部，可确定这些常数如下。

(1) 对于给定应力分量或应力主矢的情况，由式(3.89)可知，可由如下条件分别确定常数 γ、c 和 γ'：

$$\varphi_1(0)=0, \quad \mathrm{Im}\varphi_1'(0)=0, \quad \psi_1(0)=0 \tag{3.96}$$

(2) 对于给定应力主矢的情况，由式(3.95)可知，可由如下条件分别确定常数 c 和 γ：

$$\varphi_1(0)=0 \quad \text{或} \quad \psi_1(0)=0, \quad \mathrm{Im}\varphi_1'(0)=0 \tag{3.97}$$

(3) 对于给定位移分量的情况，由式(3.92)可知，可选择 γ 或 γ' 使得

$$\varphi_1(0)=0 \quad \text{或} \quad \psi_1(0)=0 \tag{3.98}$$

一旦按上述方式选择了常数，则复势函数就完全被确定了。

3.4　多连通域内复势函数的表达式

在单连通域中，应力分量和位移分量都是单值函数。然而，在多连通域中，复

势函数却可能是多值的，本节给出多连通域中复势函数的一般表达式。

3.4.1　有限多连通域

设物体所占区域 Ω 是多连通域，如图 3.2 所示，所有的边界曲线 $\Gamma_k(k=0,1,2,\cdots,m)$ 都是光滑的且互不相交，并且 $\Gamma_k(k=1,2,\cdots,m)$ 都包含在 Γ_0 的内部。每条边界的正向规定为当观察者沿其正向前进时，区域 Ω 总保持在观察者的左侧。

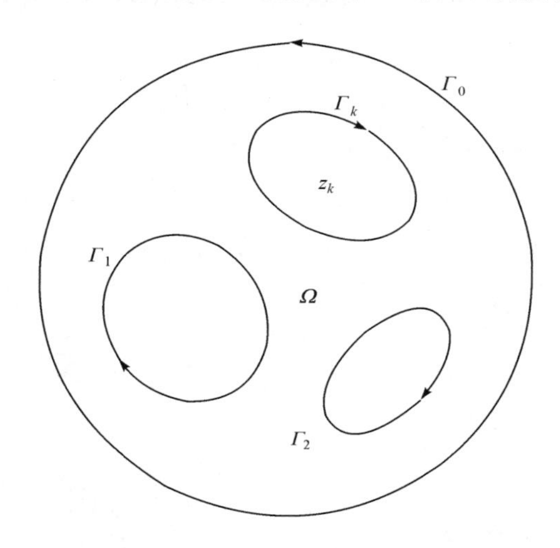

图 3.2　多连通域

为保证应力、位移单值，在有限多连通域 Ω 内，复势函数的一般表达式为

$$\begin{aligned}\varphi(z) &= -\frac{1}{2\pi(1+\kappa)}\sum_{k=1}^{m}(X_k+\mathrm{i}Y_k)\ln(z-z_k)+\varphi^*(z)\\ \psi(z) &= \frac{\kappa}{2\pi(1+\kappa)}\sum_{k=1}^{k}(X_k-\mathrm{i}Y_k)\ln(z-z_k)+\psi^*(z)\end{aligned}\tag{3.99}$$

其中，$\varphi^*(z)$、$\psi^*(z)$ 是 Ω 内的单值解析函数；z_k 是 Γ_k 所围区域中的任意一点，$z_k\notin\Omega$；X_k、Y_k 表示从 Γ_k 外法线一侧作用于该围线的应力主矢，即

$$X_k+\mathrm{i}Y_k=\int_{\Gamma_k^+}(X_n+\mathrm{i}Y_n)\mathrm{d}s\tag{3.100}$$

3.4.2　无限大多连通域

对于无限大多连通域，视无穷远处的边界条件分为以下两种情况。

1)无穷远处应力有界

对于无穷远处应力有界的情况,复势函数的一般表达式为

$$
\begin{aligned}
&\varphi(z)=-(X+\mathrm{i}Y)(\ln z)/[2\pi(1+\kappa)]+\Gamma z+\varphi_2(z)\\
&\psi(z)=\kappa(X-\mathrm{i}Y)(\ln z)/[2\pi(1+\kappa)]+\Gamma' z+\psi_2(z)\\
&\Gamma=B+\mathrm{i}C,\quad \Gamma'=B'+\mathrm{i}C'
\end{aligned}
\tag{3.101}
$$

其中,$\varphi_2(z)$、$\psi_2(z)$是某一半径圆域外包含无穷远点在内的单值解析函数,且

$$
X=\sum_{k=1}^{m}X_k,\quad Y=\sum_{k=1}^{m}Y_k \tag{3.102}
$$

可以证明,常数 C 只与无穷远处的刚性转动有关。例如,对于平面应力状态,物体的刚性转动为 $\omega_z=\partial v/\partial x-\partial u/\partial y=4[\varphi'(z)-\overline{\varphi'(z)}]/(Ei)$,于是当 $z\to\infty$时,有 $\omega_z=8C/E$,它不影响应力场,故可取 $C=0$。其余常数则与无穷远处应力状态有关:

$$
\begin{aligned}
&\sigma_x^\infty=2B-B',\quad \sigma_y^\infty=2B+B',\quad \sigma_{xy}^\infty=C'\\
&B=(\sigma_x^\infty+\sigma_y^\infty)/4,\quad B'=(\sigma_y^\infty-\sigma_x^\infty)/2,\quad C'=\sigma_{xy}^\infty
\end{aligned}
\tag{3.103}
$$

或用无穷远处主应力表示,有

$$
B=(\sigma_1^\infty+\sigma_2^\infty)/4,\quad B'+\mathrm{i}C'=(\sigma_2^\infty-\sigma_1^\infty)\mathrm{e}^{-2\mathrm{i}\alpha}/2 \tag{3.104}
$$

其中,σ_1^∞ 和 σ_2^∞ 为无穷远处主应力;α 是σ_1^∞、σ_x^∞ 间的夹角。

2) 无穷远处位移有界

可以证明,无穷远处位移有界的充要条件是

$$
X=Y=0,\quad \Gamma=\Gamma'=0 \tag{3.105}
$$

这表明,为了使无穷远处的位移有界,下面 3 个条件必须同时成立,即

(1) 作用于所围线上的应力主矢之和为零,即 $X=Y=0$;

(2) 无穷远处应力为零,即 $B=B'=C'=0$;

(3) 无穷远处的旋度为零,即 $C=0$。

3.5 复势函数的解析开拓

3.5.1 基本概念

对于实变量可微函数,由它的定义域内某一部分的函数值,无法确定这个函

数在其定义域内其他部分的函数值。然而，对于解析函数，如果已知它在定义域内某些部分的函数值，那么，这个函数在定义域内部其他部分的函数值就完全确定了，这是解析函数与实变函数间的根本差别之一。原则上说，由于解析函数的实部和虚部必须满足柯西-黎曼方程，所以函数的不确定性受到了一定程度的限制，使其具有了实变函数不可比拟的优越性。

在复变函数应用中，往往是已知复平面上某一区域 D 中的一个解析函数 $f(z)$，寻找一个更大区域上的解析函数。那么，能否通过 $f(z)$ 构造出一个在与区域 D 相交且比 D 更大的区域上的解析函数呢？对于实函数来说，这显然是不可能的。但对于复变函数而言，这却是可行的。而完成这一任务的有效工具就是复变函数的解析开拓理论。所谓复变函数的解析开拓就是指将一个较小区域上的解析函数开拓到更大的区域上去，或者说，利用一个较小区域上的解析函数去构造一个更大区域上的解析函数。解析开拓理论的基础就是下面给出的唯一性定理。

1) 唯一性定理

下面直接给出唯一性定理及其相关推论，这些在复变函数解析开拓中具有重要的地位，相关的证明可以在许多关于复变函数的教科书中找到。

唯一性定理　如果某区域 G 内的两个解析函数 $f(z)$ 和 $g(z)$ 在一系列互不相同的无限点列 $\alpha_1,\alpha_2,\cdots,\alpha_k,\cdots$ 上的函数值相等，并且该点列以 G 中某点 α 为极限，则这两个函数在区域 G 中恒等，即 $f(z)\equiv g(z), z\in G$。

推论 1　设 $f(z)$ 是区域 G 内的解析函数，α 是 G 内一点。若在一串以 α 为极限但不等于 α 的点列上 $f(z)=0$，则在区域 G 内 $f(z)\equiv 0, z\in G$。

推论 2　如果区域 G 内的两个解析函数 $f(z)$ 和 $g(z)$ 在 G 中任意一条曲线或一块面积上相等，则有 $f(z)\equiv g(z), z\in G$。

2) 复变函数的解析开拓

设在复平面上两个区域 G_1 和 G_2 是相交的，令 $g=G_1\cap G_2$；设 $f_1(z)$ 在 G_1 中解析，而 $f_2(z)$ 在 G_2 中解析。若在 g 中有 $f_1(z)=f_2(z)$，则称 $f_2(z)$ 为 $f_1(z)$ 在 G_2 中的解析开拓。反过来，$f_1(z)$ 也是 $f_2(z)$ 在 G_1 中的解析开拓。

显然，根据唯一性定理，这样的函数 $f_2(z)$（如果存在）被 $f_1(z)$ 完全确定，反之亦然。现在可以定义一个新的函数 $f(z)$：

$$f(z)=\begin{cases} f_1(z), & z\in G_1 \\ f_2(z), & z\in G_2 \end{cases} \tag{3.106}$$

这样就得到了一个由区域 G_1 和 G_2 组成的更大的区域 $G=G_1\cup G_2$ 上的解析函数 $f(z)$，它是 $f_1(z)$ 或 $f_2(z)$ 在 G 中的解析开拓。

3.5.2 半平面上复势函数的解析开拓

设 $F(z)$ 是定义在上半平面的解析函数，则 $F(\bar{z})$ 就定义在下半平面上。此外，由唯一性定理不难证明，若函数 $F(z)$ 在某一区域 Ω 内全纯，则函数 $\overline{F}(z)$ 在区域 $\overline{\Omega}$ 内全纯。这里 $\overline{\Omega}$ 为 Ω 关于实轴的镜像，所以 $\overline{F}(z)$ 是定义在下半平面上的全纯函数。事实上，设

$$F(z)=u(x,y)+\mathrm{i}v(x,y) \tag{3.107}$$

则

$$\overline{F}(z)=u(x,-y)-\mathrm{i}v(x,-y)\equiv u_1(x,y)+\mathrm{i}v_1(x,y)$$

即有 $u_1(x,y)=u(x,-y)$ 和 $v_1(x,y)=-v(x,-y)$，于是

$$\frac{\partial u_1}{\partial x}=\frac{\partial u}{\partial x},\quad \frac{\partial u_1}{\partial y}=-\frac{\partial u}{\partial y},\quad \frac{\partial v_1}{\partial x}=-\frac{\partial v}{\partial x},\quad \frac{\partial v_1}{\partial y}=\frac{\partial v}{\partial y}$$

而 $F(z)$ 是解析的，故函数 $u(x,y)$ 和 $v(x,y)$ 满足柯西-黎曼方程，则由上式可直接验证函数 $u_1(x,y)$ 和 $v_1(x,y)$ 也满足柯西-黎曼方程，于是函数 $\overline{F}(z)$ 解析。

若当 z 保持在上半平面中趋于 t^+（t 是实轴上的一点）时有边值 $F^+(t)$ 存在，则当 z 保持在下半平面中趋于 t^- 时也存在边值 $\overline{F}^-(t)$，且有

$$\overline{F}^-(t)=\lim_{z\to t^-}\overline{F(\bar{z})}=\lim_{z\to t^+}\overline{F(z)}=\overline{F^+(t)} \tag{3.108}$$

现在考虑半平面问题，如图 3.3 所示，设材料占据着整个上半空间 $z\in S^+$。于是，上半空间的应力场和位移场将由两个解析的复势函数 $\varphi(z)$、$\psi(z)$ 完全确定，即

$$\begin{aligned} &\sigma_x+\sigma_y=4\mathrm{Re}[\varphi'(z)],\quad \sigma_y-\sigma_x+2\mathrm{i}\tau_{xy}=2[\bar{z}\varphi''(z)+\psi'(z)] \\ &2\mu(u+\mathrm{i}v)=\kappa\varphi(z)-z\overline{\varphi'(z)}-\overline{\psi(z)} \end{aligned} \tag{3.109}$$

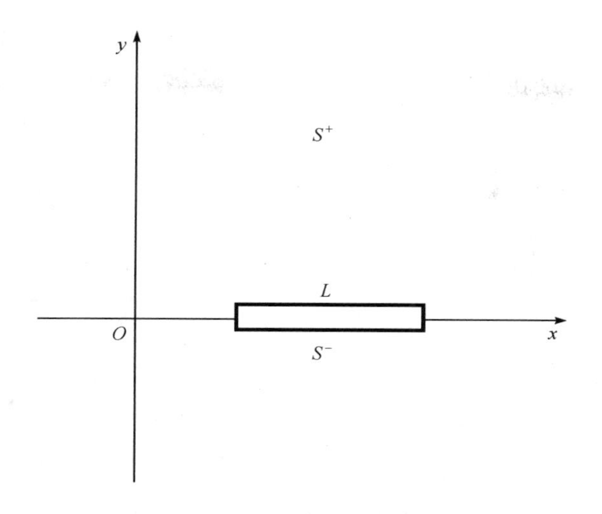

图 3.3　复变函数的解析开拓

注意,此时式中的复势函数 $\varphi(z)$、$\psi(z)$定义在上半平面$z\in S^+$。显然,可以任意指定复势函数 $\varphi(z)$、$\psi(z)$在下半平面 $z\in S^-$ 上的值而不至于影响到 S^+ 域中的应力场和位移场。这一事实使得有可能借助于复势解析开拓的方法简化许多问题的解的表达式。例如,可以设法用定义在 S^- 上的某一解析函数来取代 S^+ 上的 $\psi(z)$等,此时,S^+ 上的弹性状态就可用定义在整个复平面上的一个复势函数$\varphi(z)$来表达,因此简化了应力场和位移场的表达式。

将定义在上半平面上的复势函数 $\varphi(z)$拓展到下半平面 S^- 上去的方法很多,通常是要求使边界条件的表达式越简单越好。在此给出一种最常用的开拓方法。

由应力和位移的复势表达式(3.109)可得

$$\sigma_y-\mathrm{i}\tau_{xy}=\varphi'(z)+\overline{\varphi'(z)}+z\,\overline{\varphi''(z)}+\overline{\psi'(z)} \tag{3.110}$$

设 x 轴上的某一区间 L 是应力自由的,对式(3.110)取 x 轴的边值,得

$$\lim_{y\to0^+}(\sigma_y-\mathrm{i}\tau_{xy})=0=\varphi'^+(x)+\overline{\varphi'^+(x)}+x\,\overline{\varphi''^+(x)}+\overline{\psi'^+(x)} \tag{3.111}$$

其中,记

$$\lim_{y\to0^+}\varphi'(z)=\varphi'^+(x) \tag{3.112}$$

由此得

$$\varphi'^+(x)=-\overline{\varphi'^+(x)}-x\,\overline{\varphi''^+(x)}-\overline{\psi'^+(x)} \tag{3.113}$$

可以看出,式(3.113)的左端是$\varphi'(z)$在边界L的上边值。如果右端是某一个定义在下半平面上的复函数在边界L的下边值,问题就解决了。注意到对于任意复函数有

$$\lim_{y\to 0^-}\overline{F(\bar{z})}=\lim_{y\to 0^+}\overline{F(z)}=\overline{F^+(x)} \tag{3.114}$$

则式(3.113)可以写成

$$\varphi'^+(x)=\lim_{y\to 0^-}\left[-\overline{\varphi'(\bar{z})}-z\overline{\varphi''(\bar{z})}-\overline{\psi'(\bar{z})}\right]=\lim_{y\to 0^-}\left[-\bar{\varphi}'(z)-z\bar{\varphi}''(z)-\bar{\psi}'(z)\right] \tag{3.115}$$

注意,式(3.115)的等号右端各项均为定义在下半平面S^-上的解析函数。于是该式表明:S^+上的解析函数$\varphi'(z)$和S^-上的解析函数$-\bar{\psi}'(z)-z\bar{\psi}''(z)-\bar{\psi}'(z)$在边界$L$上具有相同的边值。因此,由复变函数的解析开拓原理可知,它们互为解析开拓。于是可以定义一个新的函数:

$$\Phi'(z)=\begin{cases}\varphi'(z), & z\in S^+\\ -\bar{\varphi}'(z)-z\bar{\varphi}''(z)-\bar{\psi}'(z), & z\in S^-\end{cases} \tag{3.116}$$

这个函数就成为整个复平面上的解析函数,并且在应力自由边界L上恒有

$$\Phi'^+(t)=\Phi'^-(t),\quad t\in L \tag{3.117}$$

积分式(3.116)可得

$$\Phi(z)=\begin{cases}\varphi(z), & z\in S^+\\ -z\bar{\varphi}'(z)-\bar{\psi}(z), & z\in S^-\end{cases} \tag{3.118}$$

对式中第二式取双共轭并整理得

$$\psi(z)=-\bar{\Phi}(z)-z\varphi'(z)=-\bar{\Phi}(z)-z\Phi'(z),\quad z\in S^+ \tag{3.119}$$

将式(3.119)代入式(3.109),就得到用定义在整个复平面上的复势函数$\Phi(z)$表达的应力场和位移场:

$$\begin{aligned}&\sigma_x+\sigma_y=2\left[\Phi'(z)+\overline{\Phi'(z)}\right]\\ &\sigma_y-\sigma_x+2\mathrm{i}\tau_{xy}=2\left[(\bar{z}-z)\Phi''(z)-\Phi'(z)-\bar{\Phi}'(z)\right]\\ &2\mu(u+\mathrm{i}v)=\kappa\Phi(z)+\Phi(\bar{z})-(z-\bar{z})\overline{\Phi''(z)}\end{aligned} \tag{3.120}$$

而式(3.110)可以写成

$$\sigma_y-\mathrm{i}\tau_{xy}=\Phi'(z)-\Phi'(\bar{z})+(z-\bar{z})\overline{\Phi''(z)} \tag{3.121}$$

式(3.121)以后会经常用到,尤其对界面裂纹会更加方便。需要注意的是,式(3.120)和式(3.121)只对上半平面有效,并且还需要沿实轴某一部分区间的应力自由条件。显然,对于一个沿实轴分布的裂纹问题恰好满足上述条件。因而可以想象,这两组表达式对处理某些裂纹问题一定是有用的。

3.5.3　圆域中复势函数的解析开拓

1) 复势函数沿圆周的边值

如图 3.4 所示,对于复平面上一个圆心在原点、半径为 R 的圆周 Γ 而言,如果平面上任意两点 z_1、z_2满足关系:

$$z_1\bar{z}_2=R^2,\quad z_2=R^2/\bar{z}_1 \tag{3.122}$$

则称这两个点关于圆周 Γ 互为对称。也就是说,对于半径为 R 的圆域中的点 z,它关于圆周的对称点是 $R^2/\bar{z}$。令 $z_1=r_1\mathrm{e}^{\mathrm{i}\theta_1}$,$z_2=r_2\mathrm{e}^{\mathrm{i}\theta_2}$,代入式(3.122)可得

$$r_1r_2\mathrm{e}^{\mathrm{i}(\theta_1-\theta_2)}=R^2\quad\Rightarrow\quad r_1r_2=R^2,\quad \theta_1=\theta_2 \tag{3.123}$$

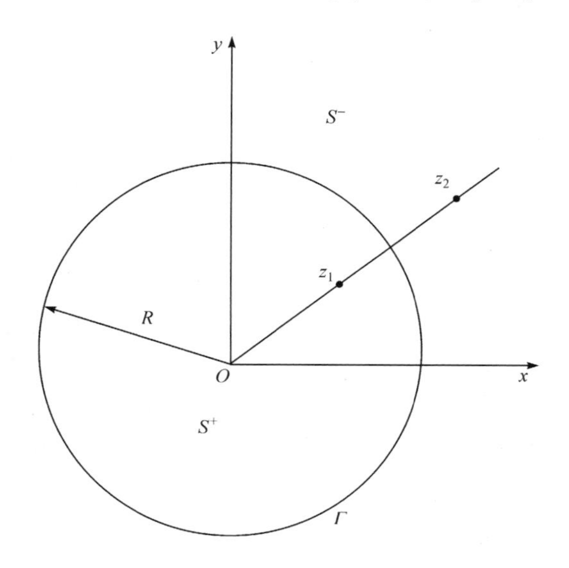

图 3.4　圆域中复势函数的解析开拓

由此可知,关于圆周 Γ 对称的两个点具有以下两个基本性质:①z_1 和 z_2 点位于从原点出发的同一条射线上;②若 $r_1<R$,则必有 $r_2>R$。于是,当 z_1 取到 $|z|<R(S^+)$域中的所有点时,z_2 必取到 $|z|>R(S^-)$域中的所有点,并且 $z_1=0$ 对应着

$z_2=\infty$。这样就建立了两个域 S^+ 和 S^- 之间的对应关系，并且是双方单值的一一对应关系。容易看出，若令 $R=1$，就建立了单位圆内部区域与外部区域双方单值的一一对应关系。

设 $F(z)$是定义在 S^+ 上的复变函数，现在来考察定义在 S^- 中的复变函数：

$$F_*(z)=\overline{F}(R^2/z)=\overline{F(R^2/\overline{z})} \tag{3.124}$$

即函数 $F_*(z)$取到函数 $F(z)$在 z 关于圆周 Γ 的对称点 $R^2/\overline{z}$ 处值的共轭值。与半平面的情况类似，可以证明，若函数 $F(z)$是 S^+ 内的全纯函数，则函数 $F_*(z)$在 S^- 内全纯；反之，函数 $F_*(z)$在 S^- 内全纯，则函数 $F(z)$是 S^+ 内的全纯函数。可以和半平面的情况做比较：当 $F(z)$是定义在上半平面时，构造了一个在下半平面的解析函数 $\overline{F}(z)=\overline{F(\overline{z})}$。在此，下半平面可以看作上半平面沿实轴的对称区域，$\overline{z}$ 则是 z 相对于实轴的对称点。而对于定义在圆域$|z|<R$ 中的解析函数 $F(z)$，圆域中点 z 相对于圆周的对称点是 $R^2/\overline{z}$。因此也定义此点处函数 $F(R^2/\overline{z})$的共轭为一新函数，这就是 $F_*(z)$。可见，虽然具体的函数表达式不同，但两种对称区域构造的思想和做法是一致的。关于函数 $F_*(z)$的导数，有

$$\mathrm{d}F_*(z)/\mathrm{d}z=\mathrm{d}\overline{F}(R^2/z)/\mathrm{d}z=-R^2\overline{F}'(R^2/z)/z^2 \tag{3.125}$$

这和通常的微分过程是一样的。举例如下：若函数 $F(z)$在半径为 R 的圆域内全纯，则可展开成在此域内的绝对收敛级数：

$$F(z)=a_0+a_1z+a_2z^2+\cdots \tag{3.126}$$

则 $F_*(z)$就是此圆域外的全纯函数，也可在圆外展开成绝对收敛级数：

$$F_*(z)=\overline{F}(R^2/z)=\overline{a}_0+\overline{a}_1(R^2/z)+\overline{a}_2(R^2/z)^2+\cdots \tag{3.127}$$

若定义于 S^+ 的函数 $F(z)$当 $z\to t$ 时存在边值 $F^+(t)$，此处 t 是圆周上的点。于是，由式(3.124)可知，定义于 S^- 的函数 $F_*(z)$也存在边界值 $F_*^-(t)$，并且

$$F_*^-(t)=\lim_{z\to t^-}\overline{F}(R^2/z)=\lim_{z\to t^-}\overline{F(R^2/\overline{z})}=\lim_{z\to t^+}\overline{F(z)}=\overline{F^+(t)} \tag{3.128}$$

可以看出，式(3.128)与半平面的边值表达式(3.108)在形式上是一致的。

2) 圆域中的复势函数的解析开拓

如图 3.5 所示，记 Γ 为$|z|=a$ 的圆周，t 是圆周上的任意一点，满足 $t=a\mathrm{e}^{\mathrm{i}\theta}$，$t\overline{t}=a^2$。极坐标系下应力和位移的复势函数表达式为

$$
\begin{aligned}
&\sigma_r+\sigma_\theta=2[\varphi'(z)+\overline{\varphi'(z)}]\\
&\sigma_r-\sigma_\theta+2\mathrm{i}\sigma_{r\theta}=-2\bar{z}[\overline{\varphi''(z)}+\overline{\psi'(z)}/z]\\
&2\mu(u_r+\mathrm{i}u_\theta)=\mathrm{e}^{-\mathrm{i}\theta}[\kappa\varphi(z)-z\overline{\varphi'(z)}-\overline{\psi(z)}]
\end{aligned}
\tag{3.129}
$$

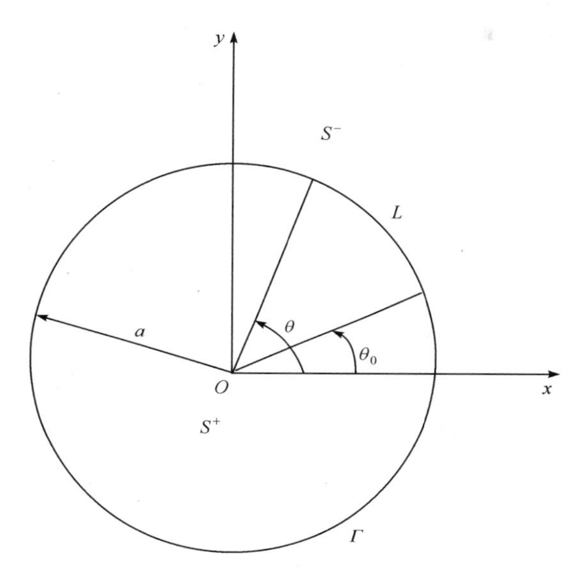

图 3.5　圆域复势函数的解析开拓

且从某弧段 t_0t 外侧作用于该弧段的应力主矢 $P(t)$ 为

$$
[\varphi(z)+z\overline{\varphi'(z)}+\overline{\psi(z)}]_{t_0}^{t}=\mathrm{i}P(t)=\mathrm{i}\int_{\theta_0}^{\theta}(\sigma_r+\mathrm{i}\sigma_{r\theta})\mathrm{e}^{\mathrm{i}\theta}a\,\mathrm{d}\theta \tag{3.130}
$$

若介质占据区域 S^+，则其变形场可由定义在 S^+ 上的两个复势函数 $\varphi(z)$、$\psi(z)$完全确定。

设在圆周 Γ 上某段 L 应力自由，$P=0$，则由式(3.130)取沿圆周内侧的边值得

$$
\varphi^+(t)+t\overline{\varphi'^+(t)}+\overline{\psi^+(t)}=0 \tag{3.131}
$$

注意，此时在区域 $z\in S^-$ 中，函数 $\bar{\varphi}(a^2/z)$、$\bar{\psi}(a^2/z)$是全纯的，且

$$
\begin{aligned}
&\lim_{z\to t^-}\bar{\varphi}(a^2/z)=\lim_{z\to t^-}\overline{\varphi(a^2/\bar{z})}=\lim_{z\to t^+}\overline{\varphi(z)}=\overline{\varphi^+(t)}\\
&\lim_{z\to t^-}\bar{\psi}(a^2/z)=\lim_{z\to t^-}\overline{\psi(a^2/\bar{z})}=\lim_{z\to t^+}\overline{\psi(z)}=\overline{\psi^+(t)}
\end{aligned}
\tag{3.132}
$$

于是式(3.131)可以写成

$$\varphi^{+}(t)=\lim_{z\to t^{-}}[-z\overline{\varphi'(a^{2}/\bar{z})}-\overline{\psi(a^{2}/\bar{z})}]=\lim_{z\to t^{-}}[-z\bar{\varphi}'(a^{2}/z)-\bar{\psi}(a^{2}/z)] \tag{3.133}$$

注意，在边界 t 处，变量 z 本身是连续的，即 $z\to t^{+}=t$，且当 $z\to t^{-}$ 时，$a^{2}/\bar{z}\to a^{2}/\bar{t}=t$。因此，当考虑边值时，函数 z 是可以不变的，并且对所有跨过边界连续的函数都是如此。然而，复势函数 $\varphi(z)$ 和 $\psi(z)$ 跨过边界时是间断的。因此，当区域变化时，它们也必须进行相应的变换。由式(3.133)可以构造一个全平面全纯函数：

$$\Phi(z)=\begin{cases}\varphi(z), & z\in S^{+}\\ -z\bar{\varphi}'(a^{2}/z)-\bar{\psi}(a^{2}/z), & z\in S^{-}\end{cases} \tag{3.134}$$

在 L 上满足

$$\Phi^{+}(t)=\Phi^{-}(t),\quad t\in L \tag{3.135}$$

这样，就完成了圆域上复势函数的解析开拓。

由式(3.134)中的第二式有

$$\bar{\psi}(a^{2}/z)=-\Phi(z)-z\bar{\varphi}'(a^{2}/z),\quad z\in S^{-} \tag{3.136}$$

取共轭得

$$\psi(z)=-\bar{\Phi}(a^{2}/z)-a^{2}\Phi'(z)/z,\quad z\in S^{+} \tag{3.137}$$

将式(3.137)代入应力分量和位移分量的复势表达式(3.129)即得

$$\begin{aligned}&\sigma_{r}+\sigma_{\theta}=2[\Phi'(z)+\overline{\Phi'(z)}]\\&\sigma_{r}-\sigma_{\theta}+2\mathrm{i}\sigma_{r\theta}=-2\left\{\left(1-\frac{a^{2}}{z\bar{z}}\right)\overline{z\Phi''(z)}+a^{2}[\Phi'(a^{2}/\bar{z})+\overline{\Phi'(z)}]/(z\bar{z})\right\}\\&2\mu(u_{r}+\mathrm{i}u_{\theta})=\mathrm{e}^{\mathrm{i}\theta}\left[\kappa\Phi(z)-\left(1-\frac{a^{2}}{z\bar{z}}\right)z\,\overline{\Phi'(z)}+\Phi(a^{2}/\bar{z})\right]\end{aligned} \tag{3.138}$$

这样，圆域中的应力位移场就被一个全平面上的解析函数 $\Phi(z)$ 完全确定了。这里再次指出，与式(3.120)类似，式(3.138)只是在区域 $|z|<R$ 中成立，并且要求沿圆周上某段圆弧必须满足应力自由条件。由此也可以看出，式(3.138)一定可以在处理圆弧形裂纹问题中发挥作用。

3.6　保角变换与曲线坐标

3.6.1　保角变换

如图 3.6 所示，设 z 平面上的点 $z\in\Omega$ 与 ζ 平面上的点 $\zeta\in\Omega'$ 通过映射

$$z=\omega(\zeta) \tag{3.139}$$

相联系，其中 $\omega(\zeta)$ 是 ζ 平面上区域 Ω' 内的全纯函数。如果有

$$\omega'(\zeta)\neq 0,\quad \zeta\in\Omega' \tag{3.140}$$

则式(3.139)就确定了区域 Ω 与区域 Ω' 之间的一个双方单值的保角变换。即若 c_1 和 c_2 是过点 $\zeta\in\Omega'$ 的两条曲线，其夹角为 α（按反时针方向旋转），则通过变换式(3.139)，与 ζ 对应的点为 $z\in\Omega$，曲线 $c_i(i=1,2)$ 变成过 z 点的两条曲线 $L_i(i=1,2)$，并且它们的夹角相同，同时有相同的转向。在此给出两个最基本的保角变换。

(1) 有限域 Ω' 到无限域 Ω 的保角变换：

$$z=\omega(\zeta)=c/\zeta+\omega_0(\zeta) \tag{3.141}$$

其中，c 为常数；$\zeta=0$ 变换到 $z=\infty$；$\omega_0(\zeta)$ 是 Ω' 内的解析函数。

(2) 无限域 Ω' 到无限域 Ω 的保角变换：

$$z=\omega(\zeta)=R\zeta+\omega_1(\zeta) \tag{3.142}$$

其中，R 为常数；$\zeta=\infty$ 变换到 $z=\infty$；$\omega_1(\zeta)$ 是 Ω' 内包括无穷远点在内的解析函数。

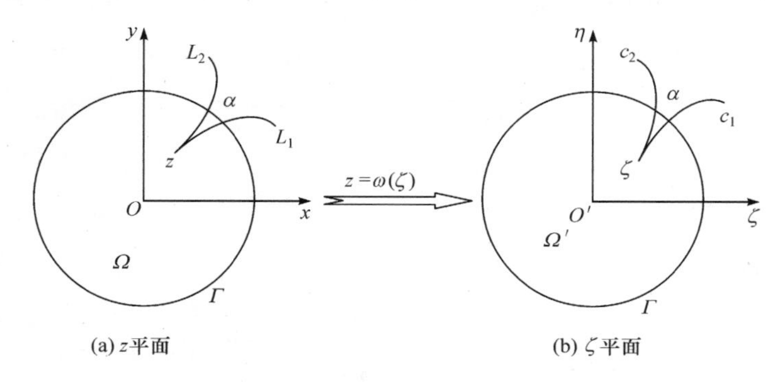

图 3.6　保角变换的坐标映射

3.6.2 曲线坐标

在此，只讨论区域Ω'为单位圆或带圆孔的无限大平面的情况，并假定圆心与ζ平面上的坐标原点重合。则在ζ平面上采用极坐标(ρ,θ)更加方便，即

$$\zeta=\rho e^{i\theta} \tag{3.143}$$

显然，由式(3.139)，ζ平面上的任意圆周$\rho=\rho_0$与射线$\theta=\theta_0$将映射为z平面上的两条曲线，如图3.7所示。并且，由于这个变换是保角的，这两条曲线还是正交的。事实上，设$z=\omega(\zeta)$的逆变换为$\zeta=f(z)$，可令

$$f(z)=f_1(x,y)e^{if_2(x,y)}=\zeta=\rho e^{i\theta} \tag{3.144}$$

于是

$$f_1(x,y)=\rho,\quad f_2(x,y)=\theta \tag{3.145}$$

由此可得如下变换关系：

$$\begin{matrix}\rho=\rho_0 \\ \theta=\theta_0\end{matrix} \quad \Leftrightarrow \quad \begin{matrix}f_1(x,y)=\rho_0 \\ f_2(x,y)=\theta_0\end{matrix} \tag{3.146}$$

其中，式(3.146)就代表着z平面上的两条曲线。并且，这两条曲线的交点P就对应着ζ平面上的点(ρ_0,θ_0)。或者说，对应于每一对给定的值(ρ,θ)，在z平面上就能找到对应的两条曲线[式(3.145)]，由这两条曲线的交点就可确定z平面上的一点$z=x+iy$，反之亦然。因此，就把ρ和θ称作点z的曲线坐标，这两条曲线称作该曲线坐标的坐标线。在坐标线$f_1(x,y)=\rho=\text{const}$上，不同的点对应着不同的$\theta$值。而在坐标线$f_2(x,y)=\theta=\text{const}$上，不同的点对应着不同的$\rho$值。于是，保角变换$z=\omega(\zeta)$可看作坐标变换，这相当于在$z$平面上建立了一个正交曲线坐标系：

$$x+iy=\omega(\zeta)=\omega(\rho e^{i\theta}) \quad 或 \quad x=\text{Re}[\omega(\rho e^{i\theta})],\quad y=\text{Im}[\omega(\rho e^{i\theta})] \tag{3.147}$$

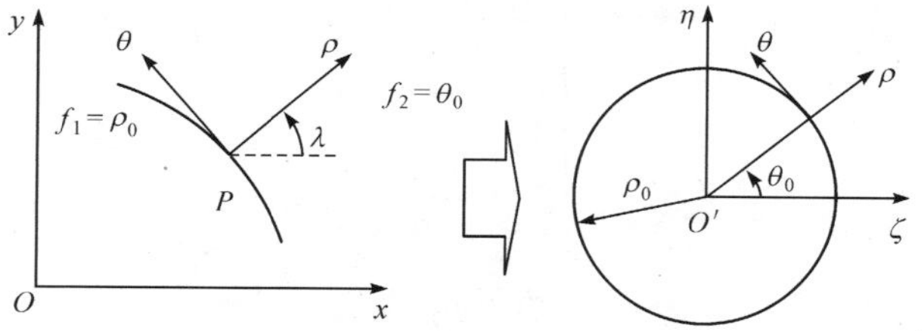

图 3.7 曲线坐标

1) 边界应力主矢的表达式

在保角变换 $z=\omega(\zeta)$下，令

$$\begin{aligned}&\varphi(z)=\varphi[\omega(\zeta)]=\varphi(\zeta),\quad \psi(z)=\psi[\omega(\zeta)]=\psi(\zeta)\\&t=\omega(\sigma),\quad f(t)=f[\omega(\sigma)]=f(\sigma)\end{aligned}\tag{3.148}$$

其中，t 是 z 平面中区域Ω 的边界点；σ 是ζ 平面上区域Ω'的边界点；f 是边界上的应力主矢。

由式(3.148)有

$$\varphi'(z)=\varphi'(\zeta)\cdot \mathrm{d}\zeta/\mathrm{d}z=\varphi'(\zeta)/\omega'(\zeta),\quad \psi'(z)=\psi'(\zeta)/\omega'(\zeta)\tag{3.149}$$

于是，将式(3.148)和式(3.149)代入式(3.82)，可得边界应力主矢 f 在曲线坐标系中的表达式为

$$f=\varphi(\sigma)+\omega(\sigma)\overline{\varphi'(\sigma)}/\overline{\omega'(\sigma)}+\overline{\psi(\sigma)}\tag{3.150}$$

2) 位移分量的表达式

如图3.8所示，设ρ轴与x 轴的夹角为λ，则位移分量满足坐标变换公式

$$u_\rho=u\cos\lambda+v\sin\lambda,\quad u_\theta=-u\sin\lambda+v\cos\lambda\tag{3.151}$$

由此可得

$$u_\rho+\mathrm{i}u_\theta=(u+\mathrm{i}v)\mathrm{e}^{-\mathrm{i}\lambda}\tag{3.152}$$

式(3.152)对任意的曲线坐标系都成立。夹角λ可借助保角变换函数$\omega(\zeta)$来表示。如图3.8所示，设A点是A'点的映像。在ζ平面上沿过A'点的ρ轴方向取一长度为$|\mathrm{d}\zeta|$的微线段$A'B'$，它可以表示为

$$\mathrm{d}\zeta=|\mathrm{d}\zeta|\mathrm{e}^{\mathrm{i}\theta}\tag{3.153}$$

其映像AB必位于过A点的ρ曲线$\theta=\text{const}$上，因此有

$$|AB|=\mathrm{d}z=|\mathrm{d}z|\mathrm{e}^{\mathrm{i}\lambda}\tag{3.154}$$

由式(3.153)和式(3.154)可得

$$\mathrm{e}^{\mathrm{i}\lambda}=\frac{\mathrm{d}z}{|\mathrm{d}z|}=\frac{\omega'(\zeta)\mathrm{d}\zeta}{|\omega'(\zeta)\mathrm{d}\zeta|}=\frac{\omega'(\zeta)}{|\omega'(\zeta)|}\mathrm{e}^{\mathrm{i}\theta}=\frac{\zeta}{\rho}\frac{\omega'(\zeta)}{|\omega'(\zeta)|}\tag{3.155}$$

将式(3.155)代入式(3.152)即得

$$u_\rho+\mathrm{i}u_\theta=[\overline{\zeta\omega'(\zeta)}/\rho|\omega'(\zeta)|](u+\mathrm{i}v) \tag{3.156}$$

于是,位移分量的表达式为

$$2\mu(u_\rho+\mathrm{i}u_\theta)=\frac{\zeta}{\rho}\frac{\overline{\omega'(\zeta)}}{|\omega'(\zeta)|}\left[\kappa\varphi(\zeta)-\frac{\omega(\zeta)}{\overline{\omega'(\zeta)}}\overline{\varphi'(\zeta)}-\overline{\psi(\zeta)}\right] \tag{3.157}$$

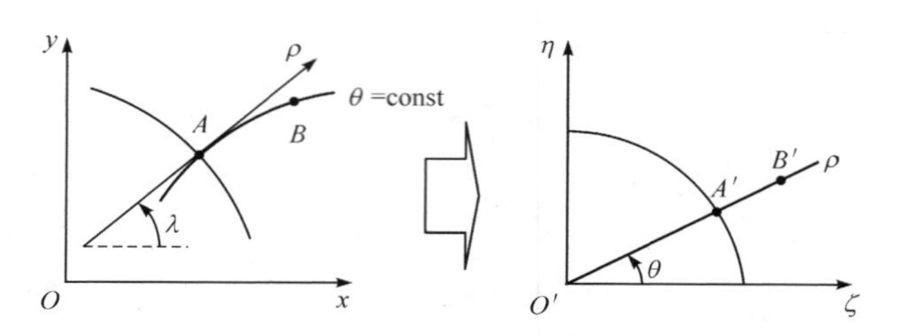

图 3.8　曲线坐标系的映像

3）应力分量的表达式

与前同理,由应力转轴公式

$$\begin{aligned}
&\sigma_\rho=(\sigma_x+\sigma_y)/2+(\sigma_x-\sigma_y)(\cos2\lambda)/2+\tau_{xy}\sin2\lambda\\
&\sigma_\theta=(\sigma_x+\sigma_y)/2-(\sigma_x-\sigma_y)(\cos2\lambda)/2-\tau_{xy}\sin2\lambda\\
&\sigma_{\rho\theta}=-(\sigma_x-\sigma_y)(\sin2\lambda)/2+\tau_{xy}\cos2\lambda
\end{aligned} \tag{3.158}$$

可以推出

$$\sigma_\rho+\sigma_\theta=\sigma_x+\sigma_y,\quad \sigma_\theta-\sigma_\rho+2\mathrm{i}\sigma_{\rho\theta}=(\sigma_y-\sigma_x+2\mathrm{i}\tau_{xy})\mathrm{e}^{2\mathrm{i}\lambda} \tag{3.159}$$

注意到

$$\mathrm{e}^{2\mathrm{i}\lambda}=(\zeta^2/\rho^2)\frac{\omega'^2(\zeta)}{\omega'(\zeta)\overline{\omega'(\zeta)}} \tag{3.160}$$

于是,应力分量的表达式为

$$\begin{aligned}
&\sigma_\rho+\sigma_\theta=2[\varphi'(\zeta)+\overline{\varphi'(\zeta)}]\\
&\sigma_\theta-\sigma_\rho+2\mathrm{i}\sigma_{\rho\theta}=2\zeta^2[\overline{\omega(\zeta)}\varphi''(\zeta)+\psi'(\xi)]/[\rho^2\,\overline{\omega'(\zeta)}]
\end{aligned} \tag{3.161}$$

由此还可推得如下常用表达式:

$$\sigma_\rho-\mathrm{i}\sigma_{\rho\theta}=\varphi'(\zeta)+\overline{\varphi'(\zeta)}-\zeta^2[\overline{\omega(\zeta)}\varphi''(\zeta)+\psi'(\xi)]/[\rho^2\,\overline{\omega'(\zeta)}] \tag{3.162}$$

以上给出了边界应力主矢、位移分量和应力分量在曲线坐标系下的表达式。这里需要强调的是:通过式(3.157)和式(3.161),已将 z 平面上的位移分量和应力分量用 ζ 平面上的复势函数 $\varphi'(\zeta)$、$\psi'(\zeta)$ 表示出来。这意味着一旦得到 ζ 平面上的复势函数 $\varphi'(\zeta)$、$\psi'(\zeta)$,就可以直接通过式(3.157)和式(3.161)求得 z 平面的解,而无须先求逆变换 $\zeta=\omega^{-1}(z)$,有时,这种逆变换的求解是非常困难的。

第 4 章　Williams 特征展开理论

4.1　Williams 特征展开式

为了解决断裂力学问题，首先必须求解含裂纹体中的应力场和位移场，尤其是裂尖附近的应力场和位移场。一般有如下两种常用的求解方法：

(1) 先求得满足全部边界条件的定解问题的精确解，然后将精确解向裂尖逼近，进而得到裂尖的渐近场；

(2) 直接考虑裂尖渐近场，先求满足部分边界条件(如裂纹面边界条件)的定解问题的通解(通常将导致一个特征值问题)，然后用外场边界条件来确定通解中的任意常数，进而得到原问题的解。

显然，由于第二种方法先由部分边界条件入手，相对来说会简单一些。下面要介绍的 Williams 特征展开理论就属于这一类。

Williams(1957)特征展开方法是断裂力学中求解裂纹体中应力应变场的一种行之有效的方法。借助于特征展开的某些性质，可以求解一些断裂参数，如应力强度因子、T 应力和各种守恒积分，如 J 积分、M 积分和 L 积分等；建立在 Williams 特征展开理论基础之上的各种权函数方法也在断裂力学中有着极其广泛的应用；Williams 特征展开理论不仅适用于线弹性断裂力学，而且在复合材料断裂力学、界面断裂力学及压电材料断裂力学中也是适用的，只是在形式上有所区别而已。

Williams 特征展开理论的主要思想可以概括为：将复势函数展开为具有待定常数的无穷级数，利用裂面应力自由(traction free)条件和裂尖位移有界条件确定这些待定常数，进而得到复势函数的通解。

考虑如图 4.1 所示的半无限裂纹，在极坐标系中，其裂面应力自由条件为

$$\sigma_{\theta}\big|_{\theta=\pm\pi}=0,\quad \sigma_{r\theta}\big|_{\theta=\pm\pi}=0 \tag{4.1}$$

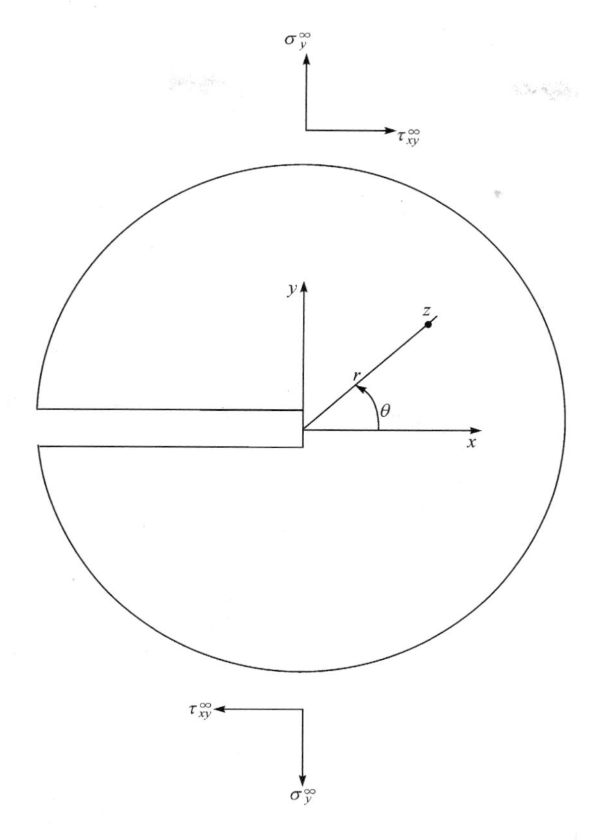

图4.1 半无限裂纹

由位移分量的复势表达式(3.75)可以看出,复势函数 $\chi(z)$ 的幂次应比 $\varphi(z)$ 高一次,因此可令其展开式(Williams,1957)为

$$\varphi(z)=\sum A_n z^{\lambda_n},\quad \chi(z)=\sum B_n z^{\lambda_n+1} \tag{4.2}$$

其中,λ_n 是实的待定特征值。注意,这种展开既不是 Taylor 级数展开,也不是 Laurent 级数展开,而是满足裂面边界应力自由条件的一种特征展开。由极坐标与直角坐标系之间应力转换公式(3.9)中的前两式相加并整理得

$$\sigma_\theta+\mathrm{i}\sigma_{r\theta}=\frac{1}{2}[\sigma_x+\sigma_y+\mathrm{e}^{2\mathrm{i}\theta}(\sigma_y-\sigma_x+2\mathrm{i}\tau_{xy})] \tag{4.3}$$

将应力分量的复势表达式(3.63)和式(4.2)代入式(4.3),有

$$\sigma_\theta+\mathrm{i}\sigma_{r\theta}=\varphi'(z)+\overline{\varphi'(z)}+[\bar{z}\varphi''(z)+\chi''(z)]\mathrm{e}^{2\mathrm{i}\theta}$$

$$= \sum A_n\lambda_n z^{\lambda_n-1} + \sum \overline{A}_n\lambda_n \overline{z}^{\lambda_n-1} + [\overline{z}\sum A_n\lambda_n(\lambda_n-1)z^{\lambda_n-2}$$
$$+ \sum B_n(\lambda_n+1)\lambda_n z^{\lambda_n-1}]\mathrm{e}^{2\mathrm{i}\theta}$$
$$= \sum A_n\lambda_n r^{\lambda_n-1}\mathrm{e}^{\mathrm{i}(\lambda_n-1)\theta} + \sum \overline{A}_n\lambda_n r^{\lambda_n-1}\mathrm{e}^{-\mathrm{i}(\lambda_n-1)\theta}$$
$$+ [r\mathrm{e}^{-\mathrm{i}\theta}\sum A_n\lambda_n(\lambda_n-1)r^{\lambda_n-2}\mathrm{e}^{\mathrm{i}(\lambda_n-2)\theta} + \sum B_n(\lambda_n+1)\lambda_n r^{\lambda_n-1}\mathrm{e}^{\mathrm{i}(\lambda_n-1)\theta}]\mathrm{e}^{2\mathrm{i}\theta}$$
$$= \sum r^{\lambda_n-1}[A_n\lambda_n^2\mathrm{e}^{\mathrm{i}(\lambda_n-1)\theta} + \overline{A}_n\lambda_n\mathrm{e}^{-\mathrm{i}(\lambda_n-1)\theta} + B_n(\lambda_n+1)\lambda_n\mathrm{e}^{\mathrm{i}(\lambda_n+1)\theta}]$$
$$= \sum r^{\lambda_n-1}\lambda_n[A_n\lambda_n + \overline{A}_n\mathrm{e}^{-2\mathrm{i}\lambda_n\theta}\mathrm{e}^{2\mathrm{i}\theta} + B_n(\lambda_n+1)\mathrm{e}^{2\mathrm{i}\theta}]\mathrm{e}^{\mathrm{i}(\lambda_n-1)\theta} \tag{4.4}$$

将式(4.4)代入边界条件式(4.1)中,注意到 $\mathrm{e}^{(\pm 2\pi\mathrm{i})}=1$,可得关于特征值 λ_n 的线性齐次代数方程组:

$$\begin{cases} A_n\lambda_n + \overline{A}_n\mathrm{e}^{-2\mathrm{i}\lambda_n\pi} + B_n(\lambda_n+1)=0, & \theta=\pi \\ A_n\lambda_n + \overline{A}_n\mathrm{e}^{2\mathrm{i}\lambda_n\pi} + B_n(\lambda_n+1)=0, & \theta=-\pi \end{cases} \tag{4.5}$$

两式相减得

$$\overline{A}_n(\mathrm{e}^{2\mathrm{i}\lambda_n\pi} - \mathrm{e}^{-2\mathrm{i}\lambda_n\pi}) = 2\mathrm{i}\overline{A}_n\sin(2\lambda_n\pi)=0 \tag{4.6}$$

因为 $\overline{A}_n\neq 0$,所以

$$\sin(2\lambda_n\pi)=0 \tag{4.7}$$

于是有

$$\lambda_n=\frac{n}{2}, \quad n=\pm 0,1,2,\cdots \tag{4.8}$$

因而,满足裂面应力自由条件的应力复势函数可以写成如下一般形式:

$$\varphi(z) = \sum_{n=-\infty}^{+\infty} A_n z^{n/2}, \quad \chi(z) = \sum_{n=-\infty}^{+\infty} B_n z^{n/2+1} \tag{4.9}$$

由位移分量的复势表达式(3.75)可以看出,位移分量和复势函数 $\varphi(z)$ 是同阶的,于是对于负的特征值 $\lambda_n<0$ 而言,当 $r\to 0$ 时有 u、$v\to\infty$,即此时裂尖位移趋于无穷,这在物理上不现实。另外,还可以证明,裂尖应变能有界的条件也将要求特征值大于零。事实上,考察以裂纹尖端为中心的某一区域的应变能 V:

$$V = \int_0^r\int_0^{2\pi} Wr\,\mathrm{d}r\mathrm{d}\theta \tag{4.10}$$

其中,W 是应变能密度(即单位体积的应变能)。而

$$\sigma_{ij}\propto\varphi'(z)=r^{\lambda-1}S(\theta) \quad\Rightarrow\quad W\propto\sigma_{ij}^2\propto r^{2\lambda-2}S^2(\theta) \tag{4.11}$$

令

$$\int_0^{2\pi} S^2(\theta)\,\mathrm{d}\theta = S_0 = \mathrm{const} \tag{4.12}$$

则

$$V = S_0\int_0^r r^{2\lambda-1}\mathrm{d}r = \begin{cases} S_0 r, & 2\lambda-1=0 \\ S_0\,[\ln r]_0^r, & 2\lambda-1=-1 \\ S_0 r^{2\lambda}/(2\lambda), & \text{其他} \end{cases} \tag{4.13}$$

由此可见，若要求当 $r\to 0$ 时应变能有界，需要 $2\lambda>0 \Rightarrow \lambda>0$。因此，由于负特征值使裂尖位移和应变能无界，在物理上是不现实的，应舍去。但以后会看到，负特征值在权函数方法中是十分有用的。本节先取 $n=1,2,\cdots$，则满足裂面应力自由条件的应力复势函数为

$$\varphi(z) = \sum_{n=1}^{\infty} A_n z^{n/2}, \quad \chi(z) = \sum_{n=1}^{\infty} B_n z^{n/2+1} \tag{4.14}$$

需要注意 A_n、B_n 之间是相关的。将特征值式(4.8)代入式(4.5)中的任一式可解得

$$B_n = -\frac{1}{n+2}\left[nA_n + 2\,(-1)^n \overline{A}_n\right] \tag{4.15}$$

式(4.15)表明，虽然任意两个复势函数 $\varphi(z)$、$\chi(z)$ 可以决定一个应力场，但若还需要应力场满足裂面应力自由条件，则这两个复势函数就是相关的，其关系由式(4.15)给出。

式(4.15)中的第一项非常重要：

$$B_1 = -\frac{1}{3}(A_1 - 2\overline{A}_1) \quad \text{或} \quad 3B_1 + A_1 - 2\overline{A}_1 = 0 \tag{4.16}$$

它对应着 $\lambda_n = 1/2$ 的奇异应力项，又称“支配项”(dominant item)。当 $r\to 0$ 时(即裂尖附近)，这一项起支配作用，其余 $n>1$ 的诸项皆可忽略。令 $n=1$，则复势函数的主项为

$$\varphi(z) = A_1 z^{1/2}, \quad \chi(z) = -\frac{1}{3}(A_1 - 2\overline{A}_1) z^{3/2} \tag{4.17}$$

将式(4.17)代入应力分量的复势表达式(3.63),并令

$$K_{\mathrm{I}}=\sqrt{2\pi}\mathrm{Re}(A_1),\quad K_{\mathrm{II}}=-\sqrt{2\pi}\mathrm{Im}(A_1) \tag{4.18}$$

可得支配项产生的经典裂尖奇异应力表达式为

$$\begin{cases}\sigma_x=\dfrac{K_{\mathrm{I}}}{\sqrt{2\pi r}}\cos\dfrac{\theta}{2}\left(1-\sin\dfrac{\theta}{2}\sin\dfrac{3\theta}{2}\right)-\dfrac{K_{\mathrm{II}}}{\sqrt{2\pi r}}\sin\dfrac{\theta}{2}\left(2+\cos\dfrac{\theta}{2}\cos\dfrac{3\theta}{2}\right)\\ \sigma_y=\dfrac{K_{\mathrm{I}}}{\sqrt{2\pi r}}\cos\dfrac{\theta}{2}\left(1+\sin\dfrac{\theta}{2}\sin\dfrac{3\theta}{2}\right)+\dfrac{K_{\mathrm{II}}}{\sqrt{2\pi r}}\sin\dfrac{\theta}{2}\cos\dfrac{\theta}{2}\cos\dfrac{3\theta}{2}\\ \tau_{xy}=\dfrac{K_{\mathrm{I}}}{\sqrt{2\pi r}}\sin\dfrac{\theta}{2}\cos\dfrac{\theta}{2}\cos\dfrac{3\theta}{2}+\dfrac{K_{\mathrm{II}}}{\sqrt{2\pi r}}\cos\dfrac{\theta}{2}\left(1-\sin\dfrac{\theta}{2}\sin\dfrac{3\theta}{2}\right)\end{cases} \tag{4.19}$$

而由位移分量的复势表达式(3.75)可得裂尖位移场表达式为

$$\begin{cases}u=\dfrac{K_{\mathrm{I}}}{8\mu}\dfrac{\sqrt{2r}}{\sqrt{\pi}}\left[(2\kappa-1)\cos\dfrac{\theta}{2}-\cos\dfrac{3\theta}{2}\right]+\dfrac{K_{\mathrm{II}}}{8\mu}\dfrac{\sqrt{2r}}{\sqrt{\pi}}\left[(2\kappa+3)\sin\dfrac{\theta}{2}+\sin\dfrac{3\theta}{2}\right]\\ v=\dfrac{K_{\mathrm{I}}}{8\mu}\dfrac{\sqrt{2r}}{\sqrt{\pi}}\left[(2\kappa+1)\sin\dfrac{\theta}{2}-\sin\dfrac{3\theta}{2}\right]-\dfrac{K_{\mathrm{II}}}{8\mu}\dfrac{\sqrt{2r}}{\sqrt{\pi}}\left[(2\kappa-3)\cos\dfrac{\theta}{2}+\cos\dfrac{3\theta}{2}\right]\end{cases} \tag{4.20}$$

式(4.19)和式(4.20)中的 K_{I} 和 K_{II} 为应力强度因子,可由远场边界条件来确定。

至此,用特征展开方法得到了裂尖应力场和位移场通解。值得指出的是,到目前为止,这一特征值级数展开的收敛性还没有得到证明,然而这是一个实用的方法,后面还会用这个方法讨论界面裂纹的奇异性。

为了今后推导方便,定义复应力强度因子为

$$K=K_{\mathrm{I}}-\mathrm{i}K_{\mathrm{II}} \tag{4.21}$$

而在裂尖处,$z\to0(r\to0)$,由式(4.19)有

$$\begin{aligned}\sigma_x+\sigma_y&=\sqrt{\frac{2}{\pi r}}[K_{\mathrm{I}}\cos(\theta/2)-K_{\mathrm{II}}\sin(\theta/2)]\\ &=\sqrt{\frac{2}{\pi r}}\mathrm{Re}\{(K_{\mathrm{I}}-\mathrm{i}K_{\mathrm{II}})[\cos(\theta/2)-\mathrm{i}\sin(\theta/2)]\}=2\mathrm{Re}(K/\sqrt{2\pi z})\end{aligned} \tag{4.22}$$

式(4.22)将应力强度因子与裂尖应力场联系起来，即可由裂尖应力场求解复应力强度因子。此外，

$$\varphi'(z)=\frac{1}{2}\sum_{n=1}^{\infty}A_n n z^{n/2-1}=\frac{1}{2}A_1 z^{-1/2}+O(z^{1/2}) \tag{4.23}$$

故

$$A_1=\lim_{|z|\to 0}[2\sqrt{z}\varphi'(z)] \tag{4.24}$$

于是

$$K=K_{\mathrm{I}}-\mathrm{i}K_{\mathrm{II}}=\sqrt{2\pi}A_1=\lim_{|z|\to 0}2\sqrt{2\pi z}\varphi'(z) \tag{4.25}$$

由式(4.25)可知，可用复势函数直接确定断裂参数。

综上所述，线弹性断裂力学的基本问题归结为求解一个单参数，即复应力强度因子。许多学者采用解析方法和数值方法做了大量的工作，出版了不断更新的应力强度因子手册供设计者使用。尽管如此，当涉及板壳结构中的裂纹、界面裂纹以及多裂纹干涉等问题时，求解应力强度因子仍然是极其复杂的。在后面的章节中，将对 Williams 特征展开理论求解断裂参数进行详细阐述。

4.2　高阶奇异项与小范围屈服

线弹性断裂力学最后归结为计算 Irwin 提出的应力强度因子。对于平面应变Ⅰ型载荷，裂尖附近的应力场可写成

$$\begin{aligned}\sigma_{ij}&=\sum_{-\infty}^{\infty}a_n r^{n/2}f_{ij}^{(n)}(\theta)=\cdots+a_{-3}r^{-3/2}f_{ij}^{(-3)}(\theta)+a_{-2}r^{-1}f_{ij}^{(-2)}(\theta)\\&\quad+(K_{\mathrm{I}}/\sqrt{2\pi r})f_{ij}^{(-1)}(\theta)+a_0+a_1 r^{1/2}f_{ij}^{(1)}(\theta)+\cdots\end{aligned} \tag{4.26}$$

通常，式(4.26)中的负特征值项(高阶奇异项)被舍去，其理由如下：

(1) 裂尖位移有界；

(2) 裂尖应变能有界；

(3) 引入高阶项将使裂尖弹性解不唯一；

(4) 将裂纹看作椭圆退化的极限结果,其弹性解中不存在高阶奇异项。

1995 年,美国康奈尔大学的 Hui 等(1995)指出高阶奇异项不应该舍去,对上述 4 条物理上的依据进行了如下解释。在线弹性力学中,奇异解处处可见,如半空间表面作用线载荷问题、空间域中集中力作用的问题和位错问题等都是如此(3 个问题的应变能均无界,而前两个问题的位移也无界)。但是,这些解也都很好地描述了相应的物理现象。其关键在于这些解并不用于描述奇点处的行为,而是用于描述距奇点某个给定距离以外的区域中的物理现象,在这个外部区域中不存在奇点,也就没有奇异性问题,在断裂力学中也不例外。因为真实材料都不可能在任意大载荷下还保持着线弹性,当然也不可能经历无限大应变。所以,如图 4.2 所示,在裂尖周围必定存在一个区域 Ω,也称为过程区(process zone),在该区域中,材料早已偏离了线弹性,使该域中的材料行为表现出位移和应变能都有界的结果。而在这个区域之外,线弹性解不存在奇点。因为在讨论线弹性解时,$r\to 0$ 这个条件是有问题的,应该是 $r\to\delta>0$,所以由前述两个理由舍去高阶奇异项是不合适的。除此之外,因为现在只考虑将弹性解用于过程区之外,所以弹性解的唯一性也是不成问题的,于是第 3 个理由自然没有了。此外,尽管可以将裂纹看作椭圆退化的结果,但并不是说一条真实裂纹就一定可以由这种极限过程来很好地描述。事实上,数学概念上的一条尖锐裂纹可以是许多非奇异场的极限结果。而当非线性区域尺寸趋于零时,许多场的极限过程都会导致高阶奇异项。因此,如果将裂纹看作这样一种场的极限结果时,就会引入高阶奇异项,所以第 4 个理由也是不太合理的。

那么,高阶奇异项的确存在于过程区 Ω 的外部吗?是否应该用完整的特征展开级数来描述过程区外部的材料行为?并且,如果用完整的特征展开级数来描述过程区外部的材料行为,那么当过程区的尺寸趋于零时,或者说裂纹越来越像一个数学概念上的尖锐裂纹时,高阶奇异项会导致什么结果呢?

要回答上面提出的问题,就必须注意到小范围屈服的概念了。Rice(1968)是这样描述小范围屈服的概念的:"弹性应力分析之所以有效,关键在于各种构型中裂尖应力分布的相似性。假定材料行为只在与材料特征尺寸相比非常小的区域(小范围屈服区)中偏离线弹性,则弹性应力强度因子控制着局部变形场。也就是

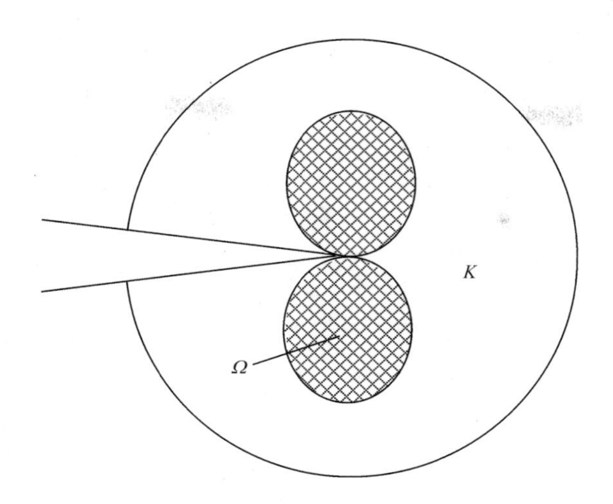

图 4.2　裂尖塑性区

说，两个受不同载荷的不同尺寸和形状的裂纹体，只要裂尖应力强度因子相同，它们就具有相同的裂尖变形场。这样，在小范围屈服假设下，应力强度因子就唯一表征着裂尖载荷的特性，成为在局部给定加载条件、温度、环境和板厚等因素下控制裂纹扩展的临界值，并且还表征着此前的变形历史。”

可以这样思考，如果已知包围裂尖某一环域边界 Γ 上的应力分布，如图 4.3 所示，则此环域内部的全部应力场（包括非线性、有限变形和间断等）就应该被完全确定下来，即可以假设裂尖材料行为具有某种唯一性。而小范围屈服的本质就是：在裂纹体中距裂尖一定距离处总存在一个包围着裂尖的内表面 Γ，其上的应力可以由 K 场完全确定。若某个区域中的应力场完全由 K 场决定，就称为 K 主导。如果应力场是 K 主导的，则在相同的远场边界条件下，两个相同材料的裂纹体内部距裂尖相同距离的位置上一定存在上述内表面。所以，小范围屈服的概念依赖于以下两个条件。

(1) K 场在 Ω 外环绕裂尖的某个区域中支配着级数中的其他项，包括非奇异项和高阶奇异项。

(2) 在小范围屈服假设下比较两个不同的试件，则它们必须拥有非零的相交 K 场，即存在一个半径 r_k，使得在两个试件中这个半径处的应力场由 K 场支配。

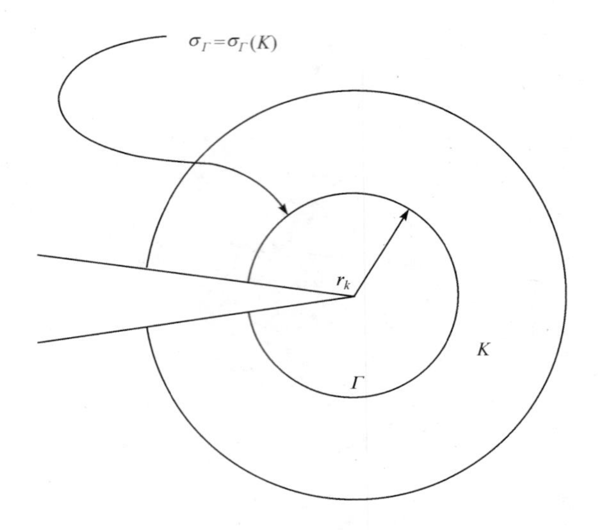

图 4.3　小范围屈服区

明确了小范围屈服的概念后，Hui 等(1985)讨论了含高阶奇异项时的Ⅲ型裂纹问题(图 4.4)。将此问题分成 4 个子问题的叠加，即：

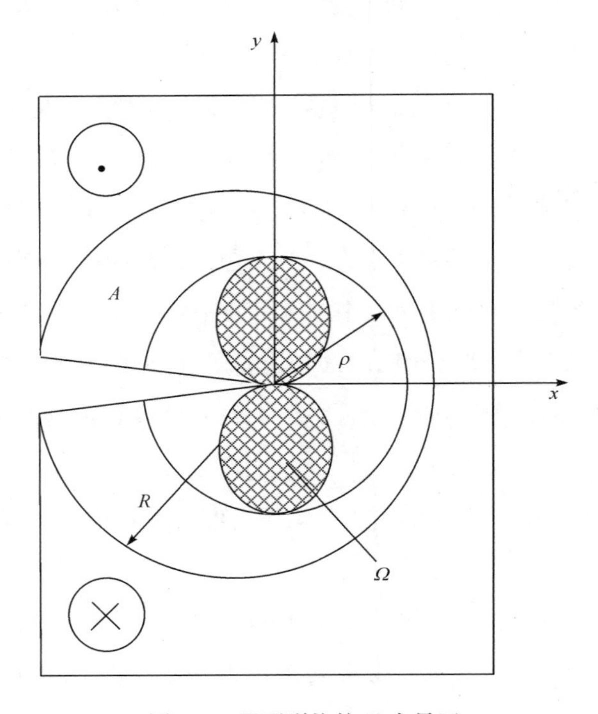

图 4.4　Ⅲ型裂纹的 K 主导区

(1) 反对称力载荷,内表面应力自由(AI);

(2) 反对称力载荷,外表面应力自由(AO);

(3) 对称力载荷,内表面应力自由(SI);

(4) 对称力载荷,外表面应力自由(SO)。

然后求解区域 A 中的应力场。A 中的控制方程为

$$
\begin{aligned}
&(1/r)\partial(r\partial\varphi/\partial r)/\partial r+(1/r^2)\partial^2\varphi/\partial\theta^2=0 && \text{(Laplace 方程)}\\
&\tau_r=-(1/r)\partial\varphi/\partial\theta,\quad \tau_\theta=\partial\varphi/\partial r && \text{(应力函数)}\\
&\tau_r(R,\theta)=f(\theta)=\tau_a F(\theta) && \text{(外边界条件)}\\
&\tau_r(\rho,\theta)=h(\theta)=\tau_0 H(\theta) && \text{(内边界条件)}\\
&\tau_r(r,\pm\pi)=0,\quad \rho<r<R && \text{(裂面应力自由条件)}
\end{aligned}
\tag{4.27}
$$

求解该控制方程组可得区域 A 中的应力场,从而得到如下结论。

(1) 在小范围屈服成立的条件下,K 场的应力表达式为式(4.26),高阶奇异项不能省略;

(2) 小范围屈服的定量描述为

$$\varepsilon=\rho/R\ll 1 \tag{4.28}$$

(3) 所有满足这一条件的试件都一定存在一个 K 主导区 Ω_1'。

4.3 Williams 特征展开的性质

中国学者 Chen(1985)证明了复势函数 Williams 特征展开形式的一系列重要性质,特别是类似于正交函数系的正交关系,即复势函数 Williams 特征展开形式的伪正交特性(pseudo orthogonal properties);利用这些性质及 Betti 功互等定理(Betti work reciprocal theorem),所有裂尖 Williams 特征展开项的系数,包括 K_{I}、K_{II} 和 K_{III} 等,都可以由相应的路径无关积分表示出来;同时还指出,将 Betti 功互等定理应用于两个特殊的平面弹性变形状态,即 u_i 和 $\partial u_i/\partial x$,可直接得到 J 积分,进而揭示了 J 积分来源于 Betti 互等定理的本质。这些重要性质的发现,也奠定了 Bueckner-Rice 功共轭积分和高阶权函数应用的理论基础。

复势函数的 Williams 特征展开式可写为

$$\varphi(z)=\sum_{-\infty}^{\infty}\varphi^{(n)}(z)=\sum_{-\infty}^{\infty}A_n z^{n/2} \tag{4.29}$$

$$\psi(z)=\chi'(z)=\sum_{-\infty}^{\infty}\psi^{(n)}(z)=\sum_{-\infty}^{\infty}D_n z^{n/2} \tag{4.30}$$

其中，系数之间的关系为

$$D_n=-[nA_n/2+(-1)^n\overline{A}_n] \tag{4.31}$$

其中，$n\geqslant 0$ 的复势函数在包括裂尖在内的区域内有意义；$n=0$ 的复势函数对应着刚体位移；$n\leqslant 0$ 的复势函数则在以 ρ 为半径的小圆之外有意义。

1) 性质 1(微分特性)

设 u_x、u_y 是由复势函数 $\varphi^{(n)}(z)$、$\psi^{(n)}(z)$ 确定的对应于特征值 $\lambda=n/2$ 的位移，则 $u_x^*=\partial u_x/\partial x, u_y^*=\partial u_y/\partial x$ 就是由复势函数 $\varphi^{(n-2)}(z)$、$\psi^{(n-2)}(z)$ 引起的对应着特征值 $\lambda^*=(n-2)/2$ 的位移，唯一的例外是 $n=0$。

证明如下。

因为 u_x、u_y 是由复势函数 $\varphi^{(n)}(z)$、$\psi^{(n)}(z)$ 引起的位移，且 $\lambda=n/2$，故有

$$2\mu(u_x+\mathrm{i}u_y)=\kappa\varphi^{(n)}(z)-z\overline{\varphi^{(n)\prime}(z)}-\overline{\psi^{(n)}(z)} \tag{4.32}$$

将式(4.32)对 x 求偏导数得

$$\begin{aligned}2\mu(u_x^*+\mathrm{i}u_y^*)&=\kappa\varphi^{(n)\prime}(z)-\overline{\varphi^{(n)\prime}(z)}-z\overline{\varphi^{(n)\prime\prime}(z)}-\overline{\psi^{(n)\prime}(z)}\\&\overset{令}{\equiv}\kappa\varphi^*(z)-z\overline{\varphi^{*\prime}(z)}-\overline{\psi^*(z)}\end{aligned} \tag{4.33}$$

于是

$$\varphi^*(z)=\varphi^{(n)\prime}(z)=\frac{n}{2}A_n z^{n/2-1}\overset{令}{\equiv}A_{n-2}^*z^{(n-2)/2}\quad\Rightarrow\quad A_{n-2}^*=\frac{n}{2}A_n \tag{4.34}$$

$$\psi^*(z)=\varphi^{(n)\prime}(z)+\psi^{(n)\prime}(z)=\frac{n}{2}(A_n+D_n)z^{(n-2)/2}\overset{令}{\equiv}D_{n-2}^*z^{(n-2)/2} \tag{4.35}$$

由式(4.34)和式(4.35)中的恒等关系得

$$\begin{aligned}D_{n-2}^*&=n(A_n+D_n)/2=n[A_n-nA_n/2-(-1)^n\overline{A}_n]/2\\&=A_{n-2}^*-nA_{n-2}^*/2-(-1)^n\overline{A}_{n-2}^*=-[(n-2)A_{n-2}^*/2+(-1)^{n-2}\overline{A}_{n-2}^*]\end{aligned} \tag{4.36}$$

亦即 $\varphi^*(z)$、$\psi^*(z)$ 的系数满足 $\lambda=(n-2)/2$ 时的复势系数相关关系式(4.31)，它们满足裂面应力自由条件的解，是 Williams 特征展开式中对应着 $(n-2)/2$ 特征值的项。

2) 性质 2(Bueckner 积分及其路径无关性)

任意给定两组平面弹性变形状态,记为 $u_r^{(\mathrm{I})}$、$u_\theta^{(\mathrm{I})}$ 和 $u_r^{(\mathrm{II})}$、$u_\theta^{(\mathrm{II})}$,它们定义在围线 $DABCF$ 的外部区域中,如图 4.5 所示。定义沿围线 ABC 的积分为

$$
\begin{aligned}
& I_\gamma(u_r^{(\mathrm{I})}, u_\theta^{(\mathrm{I})}, u_r^{(\mathrm{II})}, u_\theta^{(\mathrm{II})}) \\
= & \oint_\gamma (u_i^{(\mathrm{I})}\sigma_{ij}^{(\mathrm{II})} - u_i^{(\mathrm{II})}\sigma_{ij}^{(\mathrm{I})}) n_j \mathrm{d}s \\
= & \mathrm{Re}\oint_\gamma [(u_r^{(\mathrm{I})} + \mathrm{i}u_\theta^{(\mathrm{I})})(\sigma_r^{(\mathrm{II})} - \mathrm{i}\sigma_{r\theta}^{(\mathrm{II})}) - (u_r^{(\mathrm{II})} + \mathrm{i}u_\theta^{(\mathrm{II})})(\sigma_r^{(\mathrm{I})} - \mathrm{i}\sigma_{r\theta}^{(\mathrm{I})})]\rho \mathrm{d}\theta
\end{aligned}
\tag{4.37}
$$

称为 Bueckner(1973)功共轭积分(Bueckner work conjugate integral)。

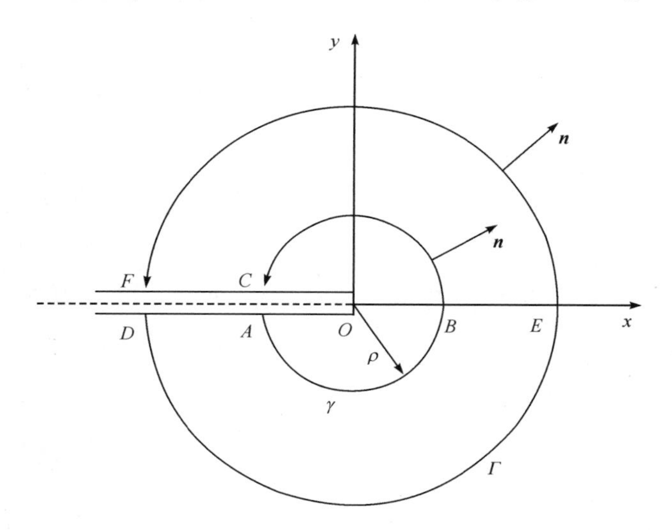

图 4.5　Bueckner 积分路径选取

可以证明该积分是路径无关的,证明如下。

因为围线 $ABCFEDA$ 所围区域是不包含裂尖的单连通区域,故由 Betti 功互等定理(Sokolinikoff,1956)可知,对此区域中的任意两个位移场及应力场 $u_i^{(\mathrm{I})}$、$\sigma_{ij}^{(\mathrm{I})}$ 和 $u_i^{(\mathrm{II})}$、$\sigma_{ij}^{(\mathrm{II})}$ 恒成立:

$$
\oint_{ABCFEDA} u_i^{(\mathrm{I})}\sigma_{ij}^{(\mathrm{II})} n_j \mathrm{d}s = \oint_{ABCFEDA} u_i^{(\mathrm{II})}\sigma_{ij}^{(\mathrm{I})} n_j \mathrm{d}s \tag{4.38}
$$

注意到积分路径的关系和裂面应力自由条件,有

$$\oint_{ABCFEDA} u_i^{(\mathrm{I})}\sigma_{ij}^{(\mathrm{II})}n_j\mathrm{d}s=\oint_{\gamma} u_i^{(\mathrm{I})}\sigma_{ij}^{(\mathrm{II})}n_j\mathrm{d}s-\oint_{\Gamma} u_i^{(\mathrm{I})}\sigma_{ij}^{(\mathrm{II})}n_j\mathrm{d}s \tag{4.39}$$

$$\oint_{ABCFEDA} u_i^{(\mathrm{II})}\sigma_{ij}^{(\mathrm{I})}n_j\mathrm{d}s=\oint_{\gamma} u_i^{(\mathrm{II})}\sigma_{ij}^{(\mathrm{I})}n_j\mathrm{d}s-\oint_{\Gamma} u_i^{(\mathrm{II})}\sigma_{ij}^{(\mathrm{I})}n_j\mathrm{d}s$$

将式(4.39)代入式(4.38)，可以得到

$$\oint_{\gamma}(u_i^{(\mathrm{I})}\sigma_{ij}^{(\mathrm{II})}n_j-u_i^{(\mathrm{II})}\sigma_{ij}^{(\mathrm{I})}n_j)\mathrm{d}s=\oint_{\Gamma}(u_i^{(\mathrm{I})}\sigma_{ij}^{(\mathrm{II})}n_j-u_i^{(\mathrm{II})}\sigma_{ij}^{(\mathrm{I})}n_j)\mathrm{d}s \tag{4.40}$$

即该积分是路径无关的，$I_\gamma=I_\Gamma$。而

$$\begin{aligned}&(u_r+\mathrm{i}u_\theta)(\sigma_r-\mathrm{i}\sigma_{r\theta})\\&=\mathrm{e}^{-\mathrm{i}\theta}(u+\mathrm{i}v)[\sigma_x+\sigma_y-\mathrm{e}^{2\mathrm{i}\theta}(\sigma_y-\sigma_x+2\mathrm{i}\tau_{xy})]/2\\&=(u+\mathrm{i}v)[(\sigma_x\cos\theta+\tau_{xy}\sin\theta)-\mathrm{i}(\sigma_y\sin\theta+\tau_{xy}\cos\theta)]\end{aligned} \tag{4.41}$$

注意到 $n_x=\cos\theta, n_y=\sin\theta$，得

$$\begin{aligned}&\mathrm{Re}[(u_r+\mathrm{i}u_\theta)(\sigma_r-\mathrm{i}\sigma_{r\theta})]\\&=u\sigma_x n_x+u\tau_{xy}n_y+v\sigma_y n_y+v\tau_{yx}n_x=u_i\sigma_{ij}n_j\end{aligned} \tag{4.42}$$

可证明 Bueckner 的直角坐标和极坐标关系式如式(4.37)所示。

3) 性质 3(特征展开形式的伪正交特性)

设给定两组位移应力状态，其中 $u_r^{(k)}$、$u_\theta^{(k)}$、$\sigma_r^{(k)}$、$\sigma_{r\theta}^{(k)}$ 来自复势函数

$$\varphi^{(k)}(z)=A_k z^{k/2},\quad \psi^{(k)}(z)=-[(k/2)A_k+(-1)^k\overline{A}_k]z^{k/2} \tag{4.43}$$

而 $u_r^{(l)}$、$u_\theta^{(l)}$、$\sigma_r^{(l)}$、$\sigma_{r\theta}^{(l)}$ 来自复势函数

$$\varphi^{(l)}(z)=B_l z^{l/2},\quad \psi^{(l)}(z)=-[(l/2)B_l+(-1)^l\overline{B}_l]z^{l/2} \tag{4.44}$$

则由这两组场构造的 Bueckner 积分有

$$\begin{aligned}I_\gamma&=\mathrm{Re}\oint_\gamma[(u_r^{(k)}+\mathrm{i}u_\theta^{(k)})(\sigma_r^{(l)}-\mathrm{i}\sigma_{r\theta}^{(l)})-(u_r^{(l)}+\mathrm{i}u_\theta^{(l)})(\sigma_r^{(k)}-\mathrm{i}\sigma_{r\theta}^{(k)})]\rho\mathrm{d}\theta\\&=\begin{cases}\pi(\kappa+1)(-1)^{k+1}k\mathrm{Re}[A_k\overline{B}_l]/\mu, & k+l=0\\0, & k+l\neq0\end{cases}\end{aligned} \tag{4.45}$$

证明思路如下。

由特征值 k 和 l 引起的复势函数分别由式(4.43)和式(4.44)给出，而由坐标变换可以得到

$$2\mu(u_r+\mathrm{i}u_\theta)=\mathrm{e}^{-\mathrm{i}\theta}[\kappa\varphi(z)-z\overline{\varphi'(z)}-\overline{\psi(z)}] \tag{4.46}$$

$$\sigma_r-\mathrm{i}\sigma_{r\theta}=\varphi'(z)+\overline{\varphi'(z)}-\mathrm{e}^{2\mathrm{i}\theta}[\bar{z}\varphi''(z)+\psi'(z)] \tag{4.47}$$

注意到在小圆 γ(图 4.5)上有

$$z=\rho e^{i\theta}, \quad \bar{z}=\rho e^{-i\theta}, \quad d\theta=-idz/z \tag{4.48}$$

将式(4.43)、式(4.44)和式(4.46)、式(4.47)及式(4.48)代入 Bueckner 积分的定义式,再注意到三角函数系的正交特性

$$\oint e^{im\theta} e^{in\theta} d\theta = \begin{cases} 2\pi, & m+n=0 \\ 0, & m+n\neq 0 \end{cases} \tag{4.49}$$

即可得到式(4.45)。

由式(4.45)可以看出,在多数情况下,对两个物理场所做的 Bueckner 积分将仅与少数几个复势特征展开形式的系数相联系。而已经知道,这些系数都是与裂尖断裂参数相关的。因此,借助这个伪正交特性,有可能将求解裂尖断裂参数的问题转换成为计算某些特定的 Bueckner 积分的问题。而当应力场确定时,Bueckner 积分总是可以计算的,因而也就可以确定给定应力场的各类裂尖断裂参数,这也正是伪正交特性的意义所在。此外,由于 Bueckner 积分是路径无关的,因此可以选择远离裂尖的积分环路来计算该积分。这样就可以在不涉及复杂的裂尖应力、位移场的情况下,直接计算裂尖断裂参数。由此可以看出,裂尖应力复势特征展开形式的伪正交特性在断裂力学中具有非常重要的意义。

4) 性质 4(Bueckner 功共轭积分与 J 积分)

由式(4.37)定义的 Bueckner 功共轭积分与应力强度因子和 J 积分有如下简单的关系:

$$I_\Gamma=\frac{\kappa+1}{4\mu}(K_{\mathrm{I}}^2+K_{\mathrm{II}}^2)=2J \tag{4.50}$$

证明如下。

设 $u_i^{(\mathrm{I})}=u_i$、$\sigma_{ij}^{(\mathrm{I})}=\sigma_{ij}$ 是由裂纹体边界载荷引起的真实位移应力场,它们满足裂面应力自由条件,则

$$\varphi^{(\mathrm{I})}(z)=\sum_{n=1}^{\infty}A_n z^{n/2}, \quad \psi^{(\mathrm{I})}(z)=\sum_{n=1}^{\infty}-\left[\frac{n}{2}A_n+(-1)^n\overline{A}_n\right]z^{n/2} \tag{4.51}$$

且

$$2\mu(u_x^{(\mathrm{I})}+iu_y^{(\mathrm{I})})=\kappa\varphi^{(\mathrm{I})}(z)-z\overline{\varphi^{(\mathrm{I})\prime}(z)}-\overline{\psi^{(\mathrm{I})}(z)} \tag{4.52}$$

再定义另一种变形状态(这是由性质 1 保证的)的位移场和应力场:

$$u_i^{(\mathrm{II})}=\partial u_i^{(\mathrm{I})}/\partial x,\quad \sigma_{ij}^{(\mathrm{II})}=\partial\sigma_{ij}^{(\mathrm{I})}/\partial x \tag{4.53}$$

则有

$$\varphi^{(\mathrm{II})}(z)=\varphi^{(\mathrm{I})\prime}(z)=\sum_{n=1}^{\infty}\frac{n}{2}A_n z^{(n-2)/2}=\sum_{n=-1}^{\infty}\frac{n+2}{2}A_{n+2}z^{n/2} \tag{4.54}$$

$$\psi^{(\mathrm{II})}(z)=\varphi^{(\mathrm{I})\prime}(z)+\psi^{(\mathrm{I})\prime}(z)=\sum_{n=-1}^{\infty}-\frac{n+2}{2}\left[\frac{n}{2}A_{n+2}+(-1)^n\bar{A}_{n+2}\right]z^{n/2} \tag{4.55}$$

注意此时 $\varphi^{(\mathrm{II})}(z)$、$\psi^{(\mathrm{II})}(z)$对应着特征值$-1/2,0,1/2,1,\cdots$。将式(4.51)和式(4.55)代入式(4.37)，由伪正交特性可以看出，只有第一种状态的 $n=1$ 项($\lambda=1/2$)和第二种状态的 $n=-1$ 项($\lambda=-1/2$)对积分有贡献(由式(4.54)和式(4.55)可看出$B_{-1}=A_1/2$)，可得

$$\begin{aligned}I_\Gamma&=\int_\Gamma\left(u_i\frac{\partial\sigma_{ij}}{\partial x}-\sigma_{ij}\frac{\partial u_i}{\partial x}\right)n_j\,\mathrm{d}s=\frac{\pi(\kappa+1)}{\mu}(-1)^{k+1}k\mathrm{Re}(A_k\bar{B}_l)\\&\overset{k=1,l=-1}{=}\frac{\pi(\kappa+1)}{2\mu}A_1\bar{A}_1\end{aligned} \tag{4.56}$$

而 $K_{\mathrm{I}}=\sqrt{2\pi}\mathrm{Re}(A_1)$，$K_{\mathrm{II}}=-\sqrt{2\pi}\mathrm{Im}(A_1)$，由此可得

$$A_1=(K_{\mathrm{I}}-\mathrm{i}K_{\mathrm{II}})/\sqrt{2\pi},\quad A_1\bar{A}_1=(K_{\mathrm{I}}^2+K_{\mathrm{II}}^2)/(2\pi) \tag{4.57}$$

将式(4.57)代入式(4.56)即得式(4.50)中的第一个等式。而 J 积分的定义为

$$J=\int_\Gamma\left(W\mathrm{d}y-\frac{\partial u_i}{\partial x}\sigma_{ij}n_j\,\mathrm{d}s\right) \tag{4.58}$$

其中，W 是应变能密度。由式(4.56)和式(4.58)有

$$\begin{aligned}I_\Gamma-2J&=\int_\Gamma\left[\left(u_i\frac{\partial\sigma_{ij}}{\partial x}-\sigma_{ij}\frac{\partial u_i}{\partial x}\right)n_j\,\mathrm{d}s+2\sigma_{ij}\frac{\partial u_i}{\partial x}n_j\,\mathrm{d}s-2W\mathrm{d}y\right]\\&=\int_\Gamma\left[\frac{\partial}{\partial x}(u_i\sigma_{ij})n_j\,\mathrm{d}s-2W\mathrm{d}y\right]\end{aligned} \tag{4.59}$$

而由裂面应力自由条件和平衡方程可得

$$\int_\Gamma\frac{\partial}{\partial x}(u_i\sigma_{ij})n_j\,\mathrm{d}s=\int_\Gamma\sigma_{ij}\varepsilon_{ij}\,\mathrm{d}y=\int_\Gamma 2W\mathrm{d}y \tag{4.60}$$

将此结果代入式(4.59)即得式(4.50)中的第二个等式。

4.4 Bueckner-Rice 权函数方法

前面已经提到，按照 Griffith-Irwin 断裂理论，线弹性断裂力学归结为求解裂尖应力强度因子 K_{I}、K_{II}。性质 4 中虽然得到了 Bueckner 积分和应力强度因子的关系，但是无法将 K_{I}、K_{II} 分开。当然可以利用式(4.25)，即由已知的复势函数来求应力强度因子。然而，寻求复势函数并不是一件容易的事情，尤其是在裂尖附近的屈服区域中计算应力应变场则更加困难。在这种背景下，人们开始寻找其他计算应力强度因子的有效途径。Bueckner(1970)提出了计算应力强度因子的权函数(weight function)方法；Rice(1972)又对其进行了补充和扩展，发展成为 Bueckner-Rice 权函数方法。所谓权函数方法，其实质就是将所要计算的物理量看作另外一个物理量在某一区域中的加权平均值。后面就会看到，权函数方法计算应力强度因子就是将其看作应力分量沿某一路径的位移加权平均，即

$$K = \int_{\Gamma} \boldsymbol{T} \cdot \boldsymbol{u} \mathrm{d}s \tag{4.61}$$

其中，$\boldsymbol{T}$ 是沿积分路径的主应力；$\boldsymbol{u}$ 表示另一个位移场，也就是权函数。显然，如果式(4.61)还是路径无关的，问题就更好解决了，由于可以在远区任意选择积分路径，这样就可以避开裂尖复杂的塑性屈服区，而只利用其外部的弹性场计算应力强度因子。复势函数 Williams 特征展开形式重要性质的发现，为权函数方法的应用提供了广泛的前景，也使前面提到的、因无物理意义而被舍去的负特征值，有了计算上的作用。

和前面一样，仍取 $u_i^{(\mathrm{I})} = u_i$、$\sigma_{ij}^{(\mathrm{I})} = \sigma_{ij}$ 为真实的物理场，其复势函数由式(4.51)给出。取一辅助复势函数为

$$\varphi^{(\mathrm{II})}(z) = z^{-k/2}, \quad \psi^{(\mathrm{II})}(z) = [k/2 - (-1)^k] z^{-k/2}, \quad k = 1, 2, \cdots \tag{4.62}$$

由此辅助势函数引起的辅助位移场和应力场记为 $u_i^{(\mathrm{II})}$、$\sigma_{ij}^{(\mathrm{II})}$。做这两个场的 Bueckner 积分，并利用特征展开的伪正交特性式(4.45)，有

$$I_{\Gamma} = \int_{\Gamma} [u_i \sigma_{ij}^{(\mathrm{II})} - u_i^{(\mathrm{II})} \sigma_{ij}] n_j \mathrm{d}s = \frac{\pi(\kappa + 1)}{\mu} (-1)^{k+1} k \mathrm{Re}(A_k) \tag{4.63}$$

令 $k=1$，并注意到 K_{I} 与系数 A_1 的关系，得

$$K_{\mathrm{I}}=\sqrt{\frac{2}{\pi}}\frac{\mu}{\kappa+1}\int_{\Gamma}[u_i\sigma_{ij}^{(\mathrm{II})}-u_i^{(\mathrm{II})}\sigma_{ij}]n_j\mathrm{d}s \tag{4.64}$$

其中，Γ 可取远离裂尖的闭合曲线，而真实的物理场可用常规有限元方法得到，辅助场则由解析获得，于是由式(4.64)即可得到应力强度因子 K_{I}。

同理，仍取真实物理场如式(4.51)所示，而取辅助场为

$$\varphi^{(\mathrm{II})}(z)=\mathrm{i}z^{-k/2},\quad \psi^{(\mathrm{II})}(z)=\mathrm{i}[k/2+(-1)^k]z^{-k/2},\quad k=1,2,\cdots \tag{4.65}$$

做这两个场的 Bueckner 积分，利用特征展开的伪正交特性，并令 $k=1$。注意到 K_{II} 与系数 A_1 的关系，可得

$$K_{\mathrm{II}}=-\sqrt{\frac{2}{\pi}}\frac{\mu}{\kappa+1}\int_{\Gamma}[u_i\sigma_{ij}^{(\mathrm{II})}-u_i^{(\mathrm{II})}\sigma_{ij}]n_j\mathrm{d}s \tag{4.66}$$

式(4.64)和式(4.66)表示一种广义的权函数方法，由于所取复势函数对应着 $k=1$ 的负特征值 $-1/2$，常被称为一阶权函数方法。可以看出，采用权函数方法，无须求解复势，利用数值方法求解 Bueckner 积分即可直接解决问题，这是该方法的重要意义所在。

不难得到 Bueckner 提出的严格意义上的权函数，令

$$\varphi^{(\mathrm{II})}(z)=\varphi_s^{(\mathrm{II})}(z)+\varphi_r^{(\mathrm{II})}(z),\quad \psi^{(\mathrm{II})}(z)=\psi_s^{(\mathrm{II})}(z)+\psi_r^{(\mathrm{II})}(z) \tag{4.67}$$

其中

$$\varphi_s^{(\mathrm{II})}(z)=B_{-1}z^{-1/2},\quad \psi_s^{(\mathrm{II})}(z)=(B_{-1}/2+\bar{B}_{-1})z^{-1/2} \tag{4.68}$$

使由 $\varphi_r^{(\mathrm{II})}$、$\psi_r^{(\mathrm{II})}$ 引起的应力场与由 $\varphi_s^{(\mathrm{II})}$、$\psi_s^{(\mathrm{II})}$ 引起的应力场在积分路径上相互抵消。也就是说，沿积分路径有 $\sigma_{ij}^{(\mathrm{II})}=0$。将此辅助场与真实物理场式(4.51)做 Bueckner 积分，利用特征展开的伪正交特性及式(4.57)，得

$$\mathrm{Re}[(K_{\mathrm{I}}-\mathrm{i}K_{\mathrm{II}})\bar{B}_{-1}]=-\sqrt{\frac{2}{\pi}}\frac{\mu}{\kappa+1}\int_{\Gamma}u_i^{(\mathrm{II})}\sigma_{ij}n_j\mathrm{d}s \tag{4.69}$$

如果令 $B_{-1}=1$，则

$$K_{\mathrm{I}}=-\sqrt{\frac{2}{\pi}}\frac{\mu}{\kappa+1}\int_{\Gamma}u_i^{(\mathrm{II})}\sigma_{ij}n_j\mathrm{d}s \tag{4.70}$$

如果令 $B_{-1}=i$，则

$$K_{\mathrm{II}}=\sqrt{\frac{2}{\pi}}\frac{\mu}{\kappa+1}\int_{\Gamma}u_i^{(\mathrm{II})}\sigma_{ij}n_j\mathrm{d}s \tag{4.71}$$

显然,式(4.70)和式(4.71)中的辅助位移场 $u_i^{(\mathrm{II})}$ 就是权函数。

4.5 环绕平面直线裂纹的路径无关积分

前面讨论了环绕裂尖的路径无关积分,本节讨论环绕整个直线裂纹的路径无关积分。和前面一样,仍假定裂面是应力自由的。对定义在由裂纹边界,环路 γ_1、γ_2 及 Γ 所围区域中(图 4.6)的两个位移和应力场($u_i^{(\mathrm{I})}$、$\sigma_{ij}^{(\mathrm{I})}$)和($u_i^{(\mathrm{II})}$、$\sigma_{ij}^{(\mathrm{II})}$),应用 Betti 功互等定理,则有

$$I_\Gamma = I_{\gamma_1} + I_{\gamma_2} \tag{4.72}$$

其中

$$\begin{cases} I_\Gamma = \int_\Gamma [u_i^{(\mathrm{I})}\sigma_{ij}^{(\mathrm{II})} - u_i^{(\mathrm{II})}\sigma_{ij}^{(\mathrm{I})}] n_j \mathrm{d}s \\ I_{\gamma_1} = \int_{\gamma_1} [u_i^{(\mathrm{I})}\sigma_{ij}^{(\mathrm{II})} - u_i^{(\mathrm{II})}\sigma_{ij}^{(\mathrm{I})}] n_j \mathrm{d}s \\ I_{\gamma_2} = \int_{\gamma_2} [u_i^{(\mathrm{I})}\sigma_{ij}^{(\mathrm{II})} - u_i^{(\mathrm{II})}\sigma_{ij}^{(\mathrm{I})}] n_j \mathrm{d}s \end{cases} \tag{4.73}$$

显然,式(4.73)中的第一个积分是路径无关的。由式(4.72)可知,若对某些位移、应力场可以算出 $I_{\gamma 1}$、$I_{\gamma 2}$,则可得到路径无关积分 I_Γ。下面给出几个重要的路径无关积分。

(1) 取 $u_i^{(\mathrm{I})} = u_i$,$\sigma_{ij}^{(\mathrm{I})} = \sigma_{ij}$ 为由裂纹体边界载荷引起的真实物理场,它们满足裂面应力自由条件。而取辅助场如式(4.53)所示,则由性质 4 可得

$$I_{\gamma_1} = (\kappa+1)(K_{\mathrm{I}A}^2 + K_{\mathrm{II}A}^2)/(4\mu) = J_A \tag{4.74}$$

$$I_{\gamma_2} = -(\kappa+1)(K_{\mathrm{I}B}^2 + K_{\mathrm{II}B}^2)/(4\mu) = J_B \tag{4.75}$$

其中,$K_{\mathrm{I}A}$、$\mathrm{i}K_{\mathrm{II}A}$ 和 $K_{\mathrm{I}B}$、$\mathrm{i}K_{\mathrm{II}B}$ 分别为右、左裂尖的应力强度因子。于是由式(4.72)可以得到一个路径无关积分:

$$\begin{aligned} I_\Gamma &= \int_\Gamma [u_i^{(\mathrm{I})}\sigma_{ij}^{(\mathrm{II})} - u_i^{(\mathrm{II})}\sigma_{ij}^{(\mathrm{I})}] n_j \mathrm{d}s \\ &= (\kappa+1)(K_{\mathrm{I}A}^2 + K_{\mathrm{II}A}^2 - K_{\mathrm{I}B}^2 - K_{\mathrm{II}B}^2)/(4\mu) \overset{\Gamma\to\infty}{=} J_\infty \end{aligned} \tag{4.76}$$

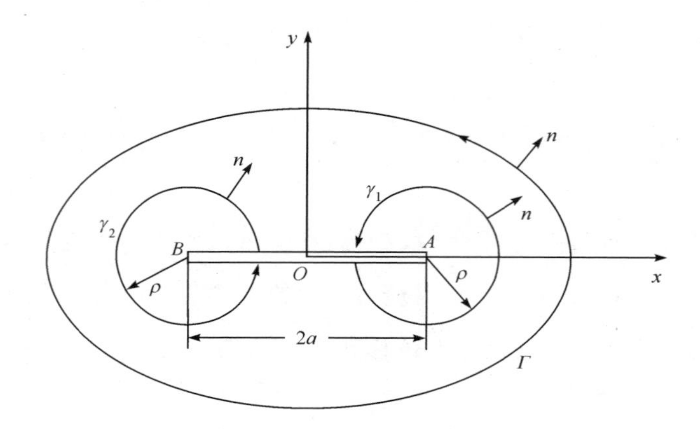

图 4.6　环绕平面直线裂纹的路径无关积分

由式(4.74)～式(4.76)还可得到

$$J_{\infty}=J_A+J_B \tag{4.77}$$

这正是 J 积分的再分配关系，这一关系式在多裂纹干涉及微裂纹损伤问题的研究中具有重要的意义。

(2) 仍取 $u_i^{(\mathrm{I})}=u_i$、$\sigma_{ij}^{(\mathrm{I})}=\sigma_{ij}$ 为由裂纹体边界载荷引起的真实物理场，它们满足裂面应力自由条件，并设此真实物理场所对应的复势函数为 $\varphi(z)$、$\psi(z)$。而取辅助复势函数为

$$\varphi^{(\mathrm{II})}(z)=z\varphi'(z),\quad \psi^{(\mathrm{II})}(z)=z\psi'(z) \tag{4.78}$$

可以推出它所对应的位移、应力场为

$$u_i^{(\mathrm{II})}=x_j u_{i,j},\quad \sigma_{ij}^{(\mathrm{II})}=\sigma_{ij}+x_l\sigma_{ij,l} \tag{4.79}$$

注意到沿裂纹面 $y=0$ 总有$\partial\sigma_y/\partial x=0$ 和$\partial\sigma_{xy}/\partial x=0$，所以 $\sigma_{ij}^{(\mathrm{II})}$ 满足裂面应力自由条件。于是可做这两个场的 Bueckner 积分并利用特征展开的伪正交特性得

$$\begin{aligned}I_\Gamma &= \int_\Gamma [u_i^{(\mathrm{I})}\sigma_{ij}^{(\mathrm{II})}-u_i^{(\mathrm{II})}\sigma_{ij}^{(\mathrm{I})}]n_j\mathrm{d}s=\int_\Gamma[(u_i\sigma_{ij,l}-u_{i,l}\sigma_{ij})x_l+\sigma_{ij}u_i]n_j\mathrm{d}s\\ &=(\kappa+1)a(K_{\mathrm{I}A}^2+K_{\mathrm{II}A}^2+K_{\mathrm{I}B}^2+K_{\mathrm{II}B}^2)/4\mu\\ &=2M\end{aligned} \tag{4.80}$$

其中，M 积分定义为 $M=\int_\Gamma(\sigma_{ik}u_{j,k}x_in_i/2-u_{i,l}\sigma_{ij}x_{lnj})\mathrm{d}s$，这样利用特立的辅助场(4.79) 可以建立 Bueckuer 积分与 M 积分的关系。

4.6　弹性 T 项及其权函数的求解方法

4.6.1　弹性 T 项的基本概念

将线弹性断裂力学的解应用于弹塑性材料时隐含着一个基本假设：裂尖附近的塑性变形是由弹性应力奇异性的强度，也就是应力强度因子 K 控制的。通常认为，当塑性区尺寸与问题的其他特征尺寸（如裂纹半长度 a）相比很小时，上述假设是合理的。此时，塑性区的范围（r_p）可以表示成

$$r_p = \alpha_1 (K/Y)^2 \tag{4.81}$$

其中，Y 是拉伸屈服强度；α_1 为材料常数。例如，在平面应变Ⅰ型载荷作用下，塑性区的范围可由下式计算：

$$r_p = (K/Y)^2/(6\pi) \tag{4.82}$$

作为小范围屈服的要求，ASTM 标准对最大应力强度因子规定了如下限制：

$$K < Y\sqrt{a}/\sqrt{2.5} \approx 0.632Y\sqrt{a} \tag{4.83}$$

以保证塑性区尺寸远小于裂纹长度。而在小范围屈服成立的情况下，裂尖附近的应力场为

$$\sigma_{ij} = (K/\sqrt{2\pi r}) f_{ij}(\theta) + \text{非奇异项} \tag{4.84}$$

然而，Larsson 等（1973）通过试验发现：对于不同的试件（中心裂纹、双边裂纹、三点弯曲和紧凑拉伸试件），即使在明显低于 ASTM 标准的载荷水平下，裂尖应力状态也无法仅借助应力强度因子 K 和式(4.84)对应起来；对于不同的试件，屈服开始时对应着不同的 K 值，或者说，对应于相同的 K 值，不同试件的塑性区尺寸 R 是不同的。有限元计算表明，若将塑性区尺寸 R 按应力强度因子与屈服极限之比展开成级数：

$$R = \alpha_1 (K/Y)^2 + \cdots \tag{4.85}$$

结果表明，当外载荷接近 ASTM 极限时，紧凑拉伸试验和中心裂纹试验得到的系数 α_1 相差 2 倍多。实际上，当 R 接近 $0.015a$ 时，主导项以外的其他项已经变得重要起来。进而，他们提出：应该在线弹性解中引入第二项，即表征沿 x 方向正应力的非奇异项（弹性 T 项）。这样，裂尖应力场可表示为如下形式：

$$\sigma_{ij}=(K/\sqrt{2\pi r})f_{ij}(\theta)+T_x+\text{非奇异项} \tag{4.86}$$

或写成如下分量形式:

$$\begin{bmatrix}\sigma_x & \tau_{xy}\\ \tau_{yx} & \sigma_y\end{bmatrix}=\frac{K}{\sqrt{r}}\begin{bmatrix}f_{xx}(\theta) & f_{xy}(\theta)\\ f_{yx}(\theta) & f_{yy}(\theta)\end{bmatrix}+\begin{bmatrix}T & 0\\ 0 & 0\end{bmatrix}+\text{非奇异项} \tag{4.87}$$

对于不同形状和尺寸的裂纹问题,尽管 K 值是相同的,但其弹性 T 项是很不一样的,Larsson 等用有限元方法计算了各种不同形状的裂纹体试件的弹性 T 项(表 4.1)。这样,对不同的实际问题采用 K-T 双参数描述,才可得到比较一致的结果。Larsson 等的研究工作表明:尽管弹性 T 项对裂尖奇异应力没有影响,然而它显著地影响着裂尖塑性屈服区的大小,进而影响着线弹性解(或小范围屈服假设)的适用范围。也就是说,控制裂尖塑性屈服区大小的参数不仅有应力强度因子 K,还应包括弹性 T 项的影响。并且,弹性 T 项反映了裂纹体几何构型对裂尖屈服区大小的影响,而 K 只表征着裂尖应力场奇异强度对裂尖屈服区的影响。

表 4.1　不同试件的弹性 *T* 项

试件类型	中心裂纹	双边裂纹	三点弯曲	紧凑拉伸
弹性 T 项(MN/m^2)	−0.589	−0.144	0.033	0.291

4.6.2　弹性 *T* 项对裂尖屈服区的影响

首先介绍平面应变屈服模型,它是小范围屈服假设下的一个常用模型。设在与裂面夹角为 $\pm\varphi$ 的两个面上,由于滑移导致了塑性松弛。设滑移面上的松弛剪应力为 τ_0,而滑移面的长度就是沿该方向的塑性区尺寸 r_p。先将滑移面看作一个Ⅱ型裂纹,设其应力强度因子为 $K^{(s)}$,则其弹性场为

$$\sigma_{yx}^{(s)}=K^{(s)}/\sqrt{2\pi r}+\cdots \tag{4.88}$$

这个剪应力作用在裂尖前方的裂面上。假设这一剪应力对应着材料的屈服应力 τ_0,则由 Dugdale(1960)模型可以估算塑性区的尺寸为

$$r_p^{(s)}=(\pi/8)[K^{(s)}/\tau_0]^2 \tag{4.89}$$

而对于Ⅰ型裂纹的情况,弹性场沿 $\pm\varphi$ 的剪应力为

$$\sigma_{\varphi r}=\sin\varphi\cos(\varphi/2)K_{\mathrm{I}}/2\sqrt{2\pi r}+\cdots \tag{4.90}$$

将式(4.90)与式(4.88)比较可得

$$K^{(s)}=(1/2)\sin\varphi\cos(\varphi/2)K_{\mathrm{I}} \tag{4.91}$$

将式(4.91)代入式(4.89)，则在小范围屈服条件下，塑性屈服区尺寸可估算如下：

$$r_p\approx r_p^{(s)}=\frac{\pi}{64\tau_0^2}\sin^2\varphi(1+\cos\varphi)K_{\mathrm{I}}^2 \tag{4.92}$$

若选取 φ 值使塑性区最大，可令 $\mathrm{d}r_p/\mathrm{d}\varphi=0$，并注意到对于非硬化的 Von Mises 材料，$\sigma_0=\sqrt{3}\tau_0$ 成立，得

$$\varphi_{\max}=70.6^\circ \tag{4.93}$$

$$r_{p\max}=(\pi/18)(K_{\mathrm{I}}/\sqrt{3}\tau_0)^2=(\pi/18)(K_{\mathrm{I}}/Y)^2\approx 0.17\,(K_{\mathrm{I}}/Y)^2 \tag{4.94}$$

对于一般屈服的情况，这个结果是实际场很好的近似，而在外载荷较小时，屈服区的形状和数值解结果符合得很好。

当考虑弹性 T 项时，均匀应力场 $\sigma_x=T$ 将在滑移面上导致均匀的剪应力：

$$\sigma_{\varphi r}=-T\sin\varphi\cos\varphi \tag{4.95}$$

这个剪应力是作用在与裂面夹角为 φ 的平面上。因为它是均匀的，若做替换

$$\tau_0\rightarrow\tau_0+T\sin\varphi\cos\varphi \tag{4.96}$$

即可由 $T=0$ 时的屈服模型解直接得出 $T\neq 0$ 时问题的解。这样，Dugdale(1960)给出考虑了弹性 T 项裂尖塑性区的尺寸为

$$r_p=\pi\sin^2\varphi(1+\cos\varphi)K_{\mathrm{I}}^2/[64\,(\tau_0+T\sin\varphi\cos\varphi)^2] \tag{4.97}$$

考察式(4.97)，将其在 $T=0$ 点展开，可得最大塑性区(沿 $\varphi_{\max}=70.6^\circ$方向)的尺寸为

$$r_{p\max}=(\pi/18)[K_{\mathrm{I}}/(\sqrt{3}\tau_0)]^2\left[1-\frac{4}{3}\sqrt{\frac{2}{3}}\frac{T}{\sqrt{3}\tau_0}+\cdots\right] \tag{4.98}$$

这一结论与塑性区的实测结果吻合得很好。将式(4.98)与式(4.94)相比较可以看出，式(4.98)中方括号内的项即代表着弹性 T 项的影响。由于出现了 T 的一次项，所以弹性 T 项可以使塑性区相对原来小范围屈服的预测结果有所增大。当然，也可能使其缩小，根据视载荷和裂纹体的形状和尺寸而定。

除此之外，Rice(1974)还考察了弹性 T 项对裂尖参数如 J 积分、裂尖张开位

移等的影响。研究表明:弹性 T 项对 J 积分没有影响,对裂尖张开位移的影响也不大。

4.6.3 用二阶权函数计算弹性 T 项

注意 Williams 特征展开中的第二项,$n=2,\lambda_n=n/2=1$,于是

$$\varphi_2(z)=A_2 z,\quad \psi_2(z)=D_2 z \tag{4.99}$$

且系数之间的关系为

$$D_2=-2\mathrm{Re}(A_2) \tag{4.100}$$

于是

$$\begin{cases}\sigma_x+\sigma_y=4\mathrm{Re}[\varphi'(z)]=4\mathrm{Re}(A_2)\\ \sigma_y-\sigma_x+2\mathrm{i}\tau_{xy}=2[\bar{z}\varphi''(z)+\psi'(z)]=-4\mathrm{Re}(A_2)\end{cases} \tag{4.101}$$

由此可解出

$$\sigma_x=4\mathrm{Re}(A_2)\equiv T,\quad \sigma_y=\tau_{xy}=0 \tag{4.102}$$

即弹性 T 项代表着作用于裂尖附近平行于裂面的均匀正应力。

类似于一阶权函数的应用,取 $u_i^{(\mathrm{I})}=u_i$、$\sigma_{ij}^{(\mathrm{I})}=\sigma_{ij}$ 为真实的物理场,其势函数如式(4.51)所示,而辅助势函数由式(4.62)给出。由此辅助势函数引起的辅助位移场和应力场记为 $u_i^{(\mathrm{II})}$ 和 $\sigma_{ij}^{(\mathrm{II})}$。做这两个场的 Bueckner 积分,并利用特征展开的伪正交特性式(4.45),可得式(4.63)。在式(4.63)中令 $k=2$,则

$$T=-\frac{2\mu}{\pi(\kappa+1)}\int_{\Gamma}(u_i\sigma_{ij}^{(\mathrm{II})}-u_i^{(\mathrm{II})}\sigma_{ij})n_j\mathrm{d}s \tag{4.103}$$

式(4.103)对应着 $k=2$ 的特征值,故称这一方法为二阶权函数方法。关于这个问题更详细的讨论,可参阅 Sham(1991)的论文。

4.7 特征展开式中高阶项对 J 积分的作用

应力强度因子是线弹性断裂力学中的重要概念,它通常由 Williams 特征展开式在裂尖的渐近应力场中引入。目前大多数学者认为因为裂尖区的位移和应变能有界,所以 Williams 特征展开式中的高阶奇异项,如 $r^{-3/2},r^{-5/2},\cdots$应该舍去。

因此对于一个给定的裂纹问题，要描述其裂尖场，只需要知道 Williams 特征展开式中 $r^{-1/2}$ 奇异项和弹性 T 项即可，这就是所谓的双参数断裂理论。该理论在断裂力学中得到了广泛的应用。

然而，如果裂尖附近存在非线性区，那么以裂尖为圆心作圆，使非线性区完全被包围在圆内，则圆外弹性变形部分的完备解应包括 Williams 特征展开式中的高阶奇异项。这样，特征展开式中的高阶奇异项将对断裂参数（如 J 积分）产生重要的影响。下面将对特征展开式中高阶项对 J 积分的贡献进行阐述。

考虑处于平面应变状态下的半无限裂纹问题，假定裂尖周围有一个塑性区，那么对于塑性区以外的弹性区域，其弹性状态可以由完备的 Williams 特征展开式表示，势函数为

$$\begin{aligned}\Phi^{(\mathrm{I})}(z) &= \sum_{n=-\infty}^{\infty}\varphi^{(n)}(z) = \sum_{n=-\infty}^{\infty}A_n z^{n/2}\\ \Psi^{(\mathrm{I})}(z) &= \sum_{n=-\infty}^{\infty}\psi^{(n)}(z) = \sum_{n=-\infty}^{\infty}B_n z^{n/2}\end{aligned}\tag{4.104}$$

其中，n 取值范围为 $-\infty\sim+\infty$；复系数 A_n、B_n 的关系为

$$B_n=-\left[\frac{1}{2}nA_n+(-1)^n\overline{A}_n\right]\tag{4.105}$$

把式(4.104)看作第一变形状态，式(4.104)对 x 的微分看作第二变形状态，由微分特性可知，第二变形状态对应 Williams 特征展开式中特征值为 $n/2-1$ 的诸项，势函数为

$$\begin{aligned}\Phi^{(\mathrm{II})}(z) &= \sum_{n=-\infty}^{\infty}C_n z^{n/2}\\ \Psi^{(\mathrm{II})}(z) &= \sum_{n=-\infty}^{\infty}D_n z^{n/2}\end{aligned}\tag{4.106}$$

则

$$\begin{aligned}C_n&=\frac{1}{2}(n+2)A_{n+2}\\ D_n&=\frac{1}{2}(n+2)\left\{\left[1-\frac{1}{2}(n+2)\right]A_{n+2}-(-1)^{n+2}\overline{A}_{n+2}\right\}\end{aligned}\tag{4.107}$$

利用特征展开式的伪正交特性，Ⅰ场和Ⅱ构成的 Bueckner 积分可以写成

$$
\begin{aligned}
I_\gamma &= \int_\gamma \left(u_i^{(\mathrm{I})}\sigma_{ij}^{(\mathrm{II})} - u_i^{(\mathrm{II})}\sigma_{ij}^{(\mathrm{I})}\right) n_j \mathrm{d}s \\
&= \sum_{k=1}^{\infty} \frac{\pi(\kappa+1)}{\mu}(-1)^{k+1} k \mathrm{Re}(A_k \overline{C}_{-k}) + \sum_{k=1}^{\infty} \frac{\pi(\kappa+1)}{\mu}(-1)^k k \mathrm{Re}(A_{-k}\overline{C}_k)
\end{aligned}
\tag{4.108}
$$

由于 Bueckner 功共轭积分与 J 积分满足 $I_\gamma=2J$，再由式(4.108)可得

$$
J = I_\gamma/2 = \frac{\pi(\kappa+1)}{4\mu}\mathrm{Re}(A_1\overline{A}_1) + \sum_{k=2}^{\infty}\frac{\pi(\kappa+1)}{2\mu}(-1)^k k(k+2)\mathrm{Re}(A_{-k}\overline{A}_{k+2})
\tag{4.109}
$$

从式(4.109)可以看出 J 积分由两部分组成，一部分来自经典的 $r^{-1/2}$ 奇异项；另一部分来自高阶奇异项和非奇异项的相互作用。

为方便起见，记传统 $r^{-1/2}$ 奇异项对 J 积分的贡献为

$$
J_{-1/2} = \frac{\pi(\kappa+1)}{4\mu}\mathrm{Re}(A_1\overline{A}_1)
\tag{4.110}
$$

则高阶奇异项对 J 积分的贡献为

$$
J_h = \sum_{k=2}^{\infty}\frac{\pi(\kappa+1)}{2\mu}(-1)^k k(k+2)\mathrm{Re}(A_{-k}\overline{A}_{k+2})
\tag{4.111}
$$

通过以上分析，可以得出结论：在裂尖塑性区以外的弹性区域，沿绕裂尖的路径求 J 积分时，结果应由两部分组成，一部分来自 Williams 特征展开式中的 $r^{-1/2}$ 奇异项；另一部分则来自高阶奇异项和非奇异项的相互作用。当载荷较小时，Williams 特征展开式中的高阶项对 J 积分的影响可以忽略不计；但当载荷大到一定程度时，必须考虑高阶项对 J 积分的贡献。

第 5 章　柯西型积分和黎曼-希尔伯特问题

5.1　柯西型积分的基本概念

1）简单光滑曲线 L

设 L 为由 a 到 b 的一条有向平面曲线，并以由 a 到 b 的方向作为曲线 L 的正向（a 和 b 称为曲线 L 的端点），如图 5.1 所示，$t=x+\mathrm{i}y$ 为 L 上的任意一点。若用弧长 s 作为参数（可任意选取 L 上某一确定点作为计算弧长的起点，且以曲线的正向作为 s 增加的方向，因而带有确定的符号），则曲线 L 的参数方程可表示为

$$x=x(s),\quad y=y(s),\quad s_a\leqslant s\leqslant s_b \tag{5.1}$$

其中，参数 s 称为曲线 L 上点的弧坐标。对应于弧坐标 s 的点，可用 $t(s)$ 表示，或简单地用 t 表示。若在 $[s_a,s_b]$ 上，导数 $x'(s)$、$y'(s)$ 存在且连续，在端点 s_a 和 s_b 处的微商应理解为 $x'(s_a+0)$、$y'(s_a+0)$ 及 $x'(s_b-0)$、$y'(s_b-0)$，则称 L 为光滑曲线。若沿曲线 L，上述两个导数还是单值的，则称此曲线为简单光滑曲线。以下仅讨论这样的曲线，并将其简称为光滑曲线。若有 $s_a=s_b$，则称此曲线为闭围线，否则称开口弧。

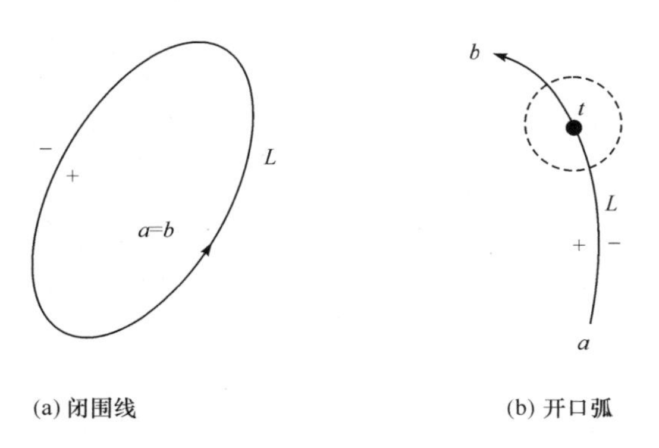

(a) 闭围线　　(b) 开口弧

图 5.1　简单光滑曲线

对于光滑曲线，若用θ表示其切线正向与Ox轴间的夹角，则

$$x'(s)=\mathrm{d}x/\mathrm{d}s=\cos\theta,\quad y'(s)=\mathrm{d}y/\mathrm{d}s=\sin\theta \tag{5.2}$$

于是有

$$[x'(s)]^2+[y'(s)]^2=1 \tag{5.3}$$

$$t'(s)=\mathrm{d}t/\mathrm{d}s=\mathrm{d}x/\mathrm{d}s+\mathrm{i}\mathrm{d}y/\mathrm{d}s=\mathrm{e}^{\mathrm{i}\theta},\quad |t'(s)|=1 \tag{5.4}$$

今后，将L表示为平面Oxy上的简单光滑闭围线、简单有限光滑弧、有限个分离的开口弧与闭围线的集合。

本书认为在L上选定了确定的正方向，其正方向选取符合右手法则。当L是由几个分离部分组成时，则在每一部分上都选定了正方向。若绕曲线L上非端点的任意一点，作半径相当小的圆，则此圆被曲线L分为两部分，其中一部分位于曲线的左侧，另一部分位于右侧(对沿L上已选定的正向前进的观察者而言)。这样，在L上非端点的每一点t的邻域可分为“左”和“右”两部分，例如，点t的左邻域就是以t为中心所作半径充分小的圆的左部分不属于L的点所构成的域。本书将用符号“+”与“−”来区别左邻域与右邻域。

2) 分段连续函数

设复函数$F(z)$为在曲线L的邻域内，但不在曲线上(即定义在$S^{+}+S^{-}$上)的一个任意连续函数。t为曲线L上的(非端点，如果有)一点。当z保持在L的左(右)侧沿着任意路径趋于t时，$F(z)$有确定的极限，则称$F(z)$从左(右)侧可连续延展到点t上，并将此极限记为

$$F^{+}(t)=\lim_{z\to t^{+}}F(z),\quad F^{-}(t)=\lim_{z\to t^{-}}F(z) \tag{5.5}$$

分别称为函数$F(z)$的左、右边值。若$F^{+}(t)\neq F^{-}(t)$，则称$F(z)$在t点处是分段连续的。

设L'为曲线L的某一部分，其端点(如果有)不与L的端点重合。若对于L'上所有的点t，极限$F^{+}(t)$(或$F^{-}(t)$)都存在，则称$F(z)$从左(或右)侧可连续延展到L'上。

可以证明：若函数$F(z)$从左(或右)侧可连续延展到L'上，则函数$F^{+}(t)$(或$F^{-}(t)$)在L'上连续。

事实上，以$F^{+}(t)$为例，因为$F^{+}(t)$是$F(z)$当$z\to t$时的极限，故$\forall\varepsilon_1>0$，$\exists\delta_1>$

0，当$|z-t|<\delta_1$时，有$|F(z)-F^+(t)|<\varepsilon_1$；同理，令$t'$是$L$上邻近$t$的另一点，$\forall\varepsilon_2>0$，$\exists\delta_2>0$，当$|z-t'|<\delta_2$时，有$|F(z)-F^+(t')|<\varepsilon_2$；于是当

$$|t'-t|=|t'-z+z-t|\leqslant|z-t'|+|z-t|<\delta_2+\delta_1=\delta \tag{5.6}$$

时，有

$$|F^+(t')-F^+(t)|\leqslant|F(z)-F^+(t')|+|F(z)-F^+(t)|<\varepsilon_2+\varepsilon_1=\varepsilon \tag{5.7}$$

这样就证明了$F^+(t)$的连续性。由此可知：若将曲线L'自身与其左（或右）邻域合并，并将$F^+(t)$（或$F^-(t)$）算作$F(z)$在L'上的值，则函数$F(z)$将在包含曲线L'在内的左（或右）邻域内是连续的。若还有$F^+(t)=F^-(t)$，则函数$F(z)$就是全平面上的连续函数。

3) 分区全纯函数

用S_L表示从全平面除掉属于曲线L的点所得到的平面，设$F(z)$为在S_L中定义的某个复函数，若满足以下条件：

(1) 全纯条件，函数$F(z)$在S_L内处处全纯，在$z=\infty$处至多有一个k阶极点；

(2) 可延展条件，它从左、右都可连续延展到L上的各点，但端点除外；

(3) 端点处的弱奇异性条件，在端点c的邻域内，不等式

$$|F(z)|<A/|z-c|^{\mu},\quad 0\leqslant\mu<1 \tag{5.8}$$

成立，其中，A为正的常数；μ为满足指定条件的常数，则称函数$F(z)$在全平面上是分区全纯(partial holomorphic)的。曲线L称为函数$F(z)$的跳跃曲线(jumping curve)或界线(boundary curve)。

4) Hölder 条件

设$f(t)$是定义在曲线L上的复函数，若对于曲线L上任意两点t_1、t_2都有

$$|f(t_2)-f(t_1)|\leqslant A\ |t_2-t_1|^{\mu} \tag{5.9}$$

其中，A是正常数(Hölder 常数)，且$0\leqslant\mu\leqslant1$(Hölder 指数)，则称函数$f(t)$在L上满足 Hölder 条件，简称 H 条件。

5) 柯西型积分

设$f(t)$为定义在L上绝对可积的复函数，称其沿曲线L的下述形式的积分

$$F(z)=\frac{1}{2\pi\mathrm{i}}\int_L\frac{f(t)\mathrm{d}t}{t-z} \tag{5.10}$$

是以 $f(t)$为核密度的柯西型积分，其中，z 是全平面上的任意一点。

可以看出，当 $z\notin L$ 时，$F(z)$在除 L 以外的全平面全纯。若曲线 L 是闭曲线，上述论断应该理解为函数 $F(z)$在被曲线 L 所分割出的平面的每一部分的内部全纯，即此时有

$$F(z)=\begin{cases}F_1(z), & z\in S^+\\ F_2(z), & z\in S^-\end{cases} \tag{5.11}$$

而 $F_1(z)$ 和 $F_2(z)$ 分别为区域 S^+ 和 S^- 中的全纯函数。此外，还可以看出式(5.12)总是成立的：

$$\lim_{z\to\infty}F(z)=0 \tag{5.12}$$

需要特别注意的是：即使 L 是闭围线，且 L 的正侧包围着一个有限区域 D，柯西型积分和通常所说的区域 D 的边界 L 上的柯西积分也是不同的。后者的定义是：如果 $f(z)$在 D 内全纯，在 $\overline{D}=D+L$ 上连续，则

$$\frac{1}{2\pi i}\int_L\frac{f(t)\,dt}{t-z},\quad z\notin L \tag{5.13}$$

称为 $f(t)$在 L 上的柯西积分，且下述柯西积分公式成立：

$$f(z)=\frac{1}{2\pi i}\int_L\frac{f(t)\,dt}{t-z},\quad z\in D \tag{5.14}$$

这也就是通常所说的一个域内解析且边界连续的函数 $f(z)$可由其边值 $f(t)$确定。而柯西型积分与柯西积分的差别就在于：前者的 $f(t)$只是定义在 L 上，而并不知道它是否为 D 中某一全纯函数连续延展到 L 上的极限值，当然也就更谈不上式(5.14)成立。

6) 柯西型积分主值

设柯西型积分 $F(z)$中的点 z 与曲线 L 上的某点 t_0 重合，考虑积分

$$\frac{1}{2\pi i}\int_L\frac{f(t)\,dt}{t-t_0} \tag{5.15}$$

若 $f(t_0)\neq 0$，则在一般意义下这个积分是不存在的。然而，式(5.15)在关于核函数 $f(z)$的某些假定之下却能给以完全确定的意义。假定 t_0不与曲线 L 的任一端点(如果有)重合，靠近 t_0从 L 上分出充分小的弧 t_1t_2，使之包含着 t_0并且使 t_1 与 t_2

到 t_0 的距离相等，即

$$|t_1-t_0|=|t_2-t_0| \tag{5.16}$$

用 l 表示弧 t_1t_2，而用 $L-l$ 表示曲线 L 的其余部分。于是积分

$$\frac{1}{2\pi \mathrm{i}}\int_{L-l}\frac{f(t)\mathrm{d}t}{t-t_0} \tag{5.17}$$

就具有完全确定的意义，由于当 t 经历积分路线 $L-l$ 时永远有 $|t-t_0|\geqslant\delta$，其中 δ 为某个正数。令 t_1 与 t_2 在式(5.16)下趋于 t_0，若式(5.17)趋于确定的极限，则称为式(5.15)的柯西型积分主值，记为

$$F(t_0)=\frac{1}{2\pi \mathrm{i}}\int_{L}\frac{f(t)\mathrm{d}t}{t-t_0}=\lim_{l\to 0}\frac{1}{2\pi \mathrm{i}}\int_{L-l}\frac{f(t)\mathrm{d}t}{t-t_0} \tag{5.18}$$

可以证明：Hölder 条件是柯西型积分主值存在的充分条件。

7) 柯西型积分的边值及 Plemelj 公式

可以证明，若 $f(t)$ 在曲线 L 上 t_0 点的邻域内满足 Hölder 条件，则柯西型积分 $F(z)$ 的边值 $F^+(t_0)$、$F^-(t_0)$ 都存在(但不一定相等)，且成立如下形式的 Plemelj 公式：

$$\begin{cases} F^+(t_0)=\dfrac{1}{2}f(t_0)+\dfrac{1}{2\pi \mathrm{i}}\displaystyle\int_{L}\frac{f(t)\mathrm{d}t}{t-t_0} \\ F^-(t_0)=-\dfrac{1}{2}f(t_0)+\dfrac{1}{2\pi \mathrm{i}}\displaystyle\int_{L}\frac{f(t)\mathrm{d}t}{t-t_0} \end{cases},\quad t_0\in L \tag{5.19}$$

或写成如下更常见的形式：

$$\begin{cases} F^+(t_0)-F^-(t_0)=f(t_0) \\ F^+(t_0)+F^-(t_0)=\dfrac{1}{\pi \mathrm{i}}\displaystyle\int_{L}\frac{f(t)\mathrm{d}t}{t-t_0}, \quad t_0\in L \end{cases} \tag{5.20}$$

Plemelj 公式表明：由定义在曲线 L 上满足 Hölder 条件的函数可以确定其邻域中一个解析函数的边界值。

5.2　黎曼-希尔伯特边值问题

设 L 为已知光滑曲线，黎曼-希尔伯特(简称 R-H)边值问题就是：寻求以曲线

L 为跳跃曲线,左、右边值满足条件

$$F^{+}(t)=F^{-}(t)g(t)+f(t), \quad t\in L \tag{5.21}$$

(端点除外)的分区全纯函数 $F(z)$。其中,$f(t)$ 和 $g(t)$ 为在 L 上给定的满足 H 条件的函数,且 $g(t)\neq 0$。当 $f(t)=0$ 时,称为齐次 R-H 问题,当 $f(t)\neq 0$ 时,称为非齐次 R-H 问题。

5.2.1 按给定的跳跃确定分区全纯函数

这是最简单的 R-H 问题。当 $g(t)\equiv 1$ 时,R-H 问题归结为按给定在 L 上的跳跃 $f(t)$:

$$F^{+}(t)-F^{-}(t)=f(t), \quad t\in L \tag{5.22}$$

确定分区全纯函数 $F(z)$ 的问题。

考察柯西型积分:

$$F_0(z)=\frac{1}{2\pi i}\int_L \frac{f(t)\,dt}{t-z} \tag{5.23}$$

由 Plemelj 公式可知 $F_0(z)$ 是式(5.22)的一个特解,即满足

$$F_0^{+}(t)-F_0^{-}(t)=f(t), \quad t\in L \tag{5.24}$$

现在求问题的通解 $F(z)$。令

$$F(z)=F_0(z)+G(z) \tag{5.25}$$

由式(5.22)和式(5.24)有

$$G^{+}(t)-G^{-}(t)=0, \quad t\in L \tag{5.26}$$

因此,$G(z)$ 在除 L 的端点外的全平面全纯。又由分区全纯函数的定义,在曲线 L 的端点,式(5.27)成立:

$$|G(z)|<A/|z-c|^{\mu}, \quad 0\leqslant\mu<1 \tag{5.27}$$

显然,端点 c 是可去奇点。因而 $G(z)$ 可看作全平面全纯。依据 Liouville 定理,在全平面上,$G(z)$ 为常数。于是,问题的通解可写成

$$F(z)=\frac{1}{2\pi i}\int_L \frac{f(t)\,dt}{t-z}+C, \quad t\in L \tag{5.28}$$

其中,C 为任意常数。如果还要求 $F(\infty)=0$,则有 $C=0$。

同理,若假定所求的函数 $F(z)$ 到处分区全纯,但无穷远点除外,在无穷远点,

函数有 m 级极点。由广义 Liouville 定理(若函数 $F(z)$在全平面上除 $z=\infty$外全纯,且当 $z\to\infty$时,$F(z)=O(z^m)$,其中 m 为正整数,则 $F(z)$为不高于 m 次的多项式)可以得到

$$F(z)=\frac{1}{2\pi\mathrm{i}}\int_L\frac{f(t)\mathrm{d}t}{t-z}+P_m(z),\quad P_m(z)=\sum_{k=0}^{m}c_kz^k \tag{5.29}$$

如果所求解的物理问题还要求 $F(\infty)=0$,则有 $P(\infty)=0\Rightarrow P(z)\equiv 0$。

最后,如果假定解函数 $F(z)$在给定的点 $z_1,z_2,\cdots,z_l$ 和∞处分别为 $m_1,m_2,\cdots,m_l$和 m 级极点,则由广义 Liouville 定理可得

$$F(z)=\frac{1}{2\pi\mathrm{i}}\int_L\frac{f(t)\mathrm{d}t}{t-z}+R(z) \tag{5.30}$$

其中

$$R(z)=\sum_{j=1}^{l}\left[\frac{c_{j1}}{z-z_j}+\frac{c_{j2}}{(z-z_j)^2}+\cdots+\frac{c_{jm_j}}{(z-z_j)^{m_j}}\right]+\sum_{k=0}^{m}c_kz^k \tag{5.31}$$

5.2.2 第一类柯西积分方程

形如

$$\frac{1}{\pi\mathrm{i}}\int_L\frac{\varphi(t)\mathrm{d}t}{t-t_0}=\psi(t_0),\quad t_0\in L \tag{5.32}$$

的积分方程称为第一类柯西积分方程。其中,$\psi(t_0)$是在曲线 L 上满足 H 条件的已知函数,而 $\varphi(t)$是需求解的未知函数,这里也要求它满足 H 条件。

记除掉曲线 L 的复平面为 S,而记曲线 L 的左、右区域分别为 S^+ 和 S^-,即有 $S=S^++S^-$。为求解式(5.32),定义 S 中的全纯函数:

$$\Phi(z)=\frac{1}{2\pi\mathrm{i}}\int_L\frac{\varphi(t)\mathrm{d}t}{t-z},\quad z\in S \tag{5.33}$$

利用 Plemelj 公式,函数 $\Phi(z)$的边值满足:

$$\begin{cases}\Phi^+(t_0)-\Phi^-(t_0)=\varphi(t_0),\quad t_0\in L\\ \Phi^+(t_0)+\Phi^-(t_0)=\dfrac{1}{\pi\mathrm{i}}\displaystyle\int_L\frac{\varphi(t)\mathrm{d}t}{t-t_0}=\psi(t_0),\quad t_0\in L\end{cases} \tag{5.34}$$

再定义一个 S 中的全纯函数

$$F(z)=\begin{cases}\Phi(z), & z\in S^{+}\\ -\Phi(z), & z\in S^{-}\end{cases} \tag{5.35}$$

将式(5.35)代入式(5.34)中的第二式得

$$F^{+}(t_0)-F^{-}(t_0)=\psi(t_0),\quad t_0\in L \tag{5.36}$$

利用式(5.20)中的第二式和式(5.36)可得

$$F^{+}(t_0)+F^{-}(t_0)=\frac{1}{\pi \mathrm{i}}\int_L \frac{\psi(t)\mathrm{d}t}{t-t_0},\quad t_0\in L \tag{5.37}$$

再由 Plemelj 公式可得

$$F(z)=\frac{1}{2\pi \mathrm{i}}\int_L \frac{\psi(t)\mathrm{d}t}{t-z}+P(z) \tag{5.38}$$

$\varphi(t)$满足 H 条件，则 $\Phi(\infty)=0 \Rightarrow F(\infty)=0 \Rightarrow P(z)\equiv 0$。另外，将 $F(z)$的定义式(5.35)代入式(5.34)有

$$F^{+}(t_0)+F^{-}(t_0)=\varphi(t_0) \tag{5.39}$$

对比式(5.37)和式(5.39)即得

$$\varphi(t_0)=\frac{1}{\pi \mathrm{i}}\int_L \frac{\psi(t)\mathrm{d}t}{t-t_0},\quad t_0\in L \tag{5.40}$$

这就是第一类柯西积分方程的闭合解。比较式(5.32)和式(5.40)可以看出，这是一对结构形式对称的积分变换，常被称作希尔伯特变换。

5.2.3 第二类柯西积分方程

形如

$$a\varphi(t_0)+\frac{b}{\pi}\int_L \frac{\varphi(t)\mathrm{d}t}{t-t_0}=\psi(t_0),\quad t_0\in L \tag{5.41}$$

的积分方程称第二类柯西积分方程。其中，a 和 b 是任意给定的复常数；$\psi(t)$是给定在曲线 L 上的已知函数，而 $\varphi(t)$是需求解的未知函数，也要求它满足 H 条件。显然，当 $a=0$ 时，该方程转化为第一类柯西积分方程。

与前同理，记除掉曲线 L 的复平面为 S，而记曲线 L 的左、右区域分别为 S^{+}和 S^{-}，即有 $S=S^{+}+S^{-}$。为求解第二类柯西积分方程(5.41)，定义 S 中的全纯函数

$$\Phi(z)=\frac{1}{2\pi \mathrm{i}}\int_L \frac{\varphi(t)\mathrm{d}t}{t-z},\quad z\in S \tag{5.42}$$

注意：这在形式上和对第一类柯西积分方程的处理是一样的。利用 Plemelj 公式，函数 $\Phi(z)$ 的边值满足

$$\Phi^+(t_0)-\Phi^-(t_0)=\varphi(t_0),\quad t_0\in L \tag{5.43}$$

$$\Phi^+(t_0)+\Phi^-(t_0)=\frac{1}{\pi \mathrm{i}}\int_L \frac{\varphi(t)\mathrm{d}t}{t-t_0},\quad t_0\in L \tag{5.44}$$

将式(5.44)代入式(5.41)（即将函数 $\varphi(t)$ 以及相应的积分用函数边值 $\Phi^+(t)$ 和 $\Phi^-(t)$ 来表示）可得

$$a[\Phi^+(t_0)-\Phi^-(t_0)]+\mathrm{i}b[\Phi^+(t_0)+\Phi^-(t_0)]=\psi(t_0),\quad t_0\in L \tag{5.45}$$

整理得

$$\Phi^+(t_0)-[(a-\mathrm{i}b)/(a+\mathrm{i}b)]\Phi^-(t_0)=\psi(t_0)/(a+\mathrm{i}b),\quad t_0\in L \tag{5.46}$$

这样，第二类柯西积分方程就归结为式(5.46)所示的 R-H 问题，注意此时 $g=(a-\mathrm{i}b)/(a+\mathrm{i}b)\neq 1$。为求解边值问题(5.46)，再定义一个 S 上的分区全纯函数

$$F(z)=\begin{cases}\Phi(z), & z\in S^+\\ [(a-\mathrm{i}b)/(a+\mathrm{i}b)]\Phi(z), & z\in S^-\end{cases} \tag{5.47}$$

则边值问题(5.46)成为

$$F^+(t_0)-F^-(t_0)=\psi(t_0)/(a+\mathrm{i}b),\quad t_0\in L \tag{5.48}$$

这已成为 $g=1$ 的 R-H 问题，它的解前面已讨论过，可解得

$$F(z)=\frac{1}{2\pi \mathrm{i}}\int_L \frac{\psi(t)}{a+\mathrm{i}b}\frac{\mathrm{d}t}{t-z}+P(z) \tag{5.49}$$

同样，由于 $\varphi(t)$ 满足 H 条件，所以 $\Phi(\infty)=0\Rightarrow F(\infty)=0\Rightarrow P(z)\equiv 0$。于是，由式(5.43)和式(5.48)可得

$$\varphi(t_0)=\Phi^+(t_0)-\Phi^-(t_0)=F^+(t_0)-[(a+\mathrm{i}b)/(a-\mathrm{i}b)]F^-(t_0) \tag{5.50}$$

利用 Plemelj 公式及式(5.48)可得

$$\Phi^+(t_0)=F^+(t_0)=\frac{1}{2}\frac{\psi(t_0)}{a+\mathrm{i}b}+\frac{1}{2\pi \mathrm{i}}\int_L \frac{\psi(t)}{a+\mathrm{i}b}\frac{\mathrm{d}t}{t-t_0} \tag{5.51}$$

$$\Phi^{-}(t_0)=\frac{a+\mathrm{i}b}{a-\mathrm{i}b}F^{-}(t_0)=\frac{a+\mathrm{i}b}{a-\mathrm{i}b}\left[-\frac{1}{2}\frac{\psi(t_0)}{a+\mathrm{i}b}+\frac{1}{2\pi\mathrm{i}}\int_L\frac{\psi(t)}{a+\mathrm{i}b}\frac{\mathrm{d}t}{t-t_0}\right] \tag{5.52}$$

将式(5.51)和式(5.52)代入式(5.50)得

$$\begin{aligned}\varphi(t_0)&=\frac{1}{2}\left(\frac{1}{a+\mathrm{i}b}+\frac{1}{a-\mathrm{i}b}\right)\psi(t_0)+\frac{1}{2\pi\mathrm{i}}\left(\frac{1}{a+\mathrm{i}b}+\frac{1}{a-\mathrm{i}b}\right)\int_L\frac{\psi(t)\mathrm{d}t}{t-t_0}\\&=\frac{a}{a^2+b^2}\psi(t_0)-\frac{b}{\pi(a^2+b^2)}\int_L\frac{\psi(t)\mathrm{d}t}{t-t_0},\quad t_0\in L\end{aligned} \tag{5.53}$$

这就是第二类柯西积分方程的封闭解。

5.2.4 齐次黎曼-希尔伯特问题

对于如下形式的齐次黎曼-希尔伯特(R-H)问题：

$$F^{+}(t)-g(t)F^{-}(t)=0,\quad t\in L \tag{5.54}$$

其中，L 是复平面上的简单光滑曲线；$g(t)$是定义在 L 上的已知函数。在此只讨论 $g(t)$为常数的情况。

当 $g(t)=1$ 时，$F^{+}(t)=F^{-}(t)$，即 $F(z)$是整个复平面上的全纯函数，$F(z)=P(z)$。当 $g(t)\neq 1$ 时，$F(z)$分区全纯。但依据前面求解第一、二类柯西积分方程那样，使用 Plemelj 公式将是失败的，因为齐次 R-H 问题中等号右端的已知函数项为零，所以无法找到问题的非零解。

为求解齐次 R-H 问题，考虑如下分支函数：

$$X_0(z)=\prod_{k=1}^{n}(z-a_k)^{-\gamma}(z-b_k)^{\gamma-1} \tag{5.55}$$

其中，$\gamma=\alpha+\mathrm{i}\beta$ 是复常数，有时也称为 R-H 问题的指标；(a_k,b_k)为复平面上简单光滑曲线 $L_R(k=1,2,\cdots,n)$的端点。现在来求 $X_0^{+}(t)$和$X_0^{-}(t)_0$。如图 5.2 所示，以 $z=a_k$为中心来考察：

$$(z-a_k)^{-\gamma}=\mathrm{e}^{-\gamma\ln(z-a_k)}=\mathrm{e}^{-\gamma\ln|z-a_k|}\mathrm{e}^{-\mathrm{i}\gamma\theta} \tag{5.56}$$

取定单值分支后，令 $z\to t^{\pm}$，由式(5.56)可得

$$\lim_{z\to t^{+}}(z-a_k)^{-\gamma}=[(z-a_k)^{-\gamma}]^{+}=\mathrm{e}^{-\gamma\ln|z-a_k|}\mathrm{e}^{-\mathrm{i}\gamma\theta_{k1}} \tag{5.57}$$

$$\lim_{z\to t^{-}}(z-a_k)^{-\gamma}=[(z-a_k)^{-\gamma}]^{-}=\mathrm{e}^{-\gamma\ln|z-a_k|}\mathrm{e}^{-\mathrm{i}\gamma(\theta_{k1}+2\pi)} \tag{5.58}$$

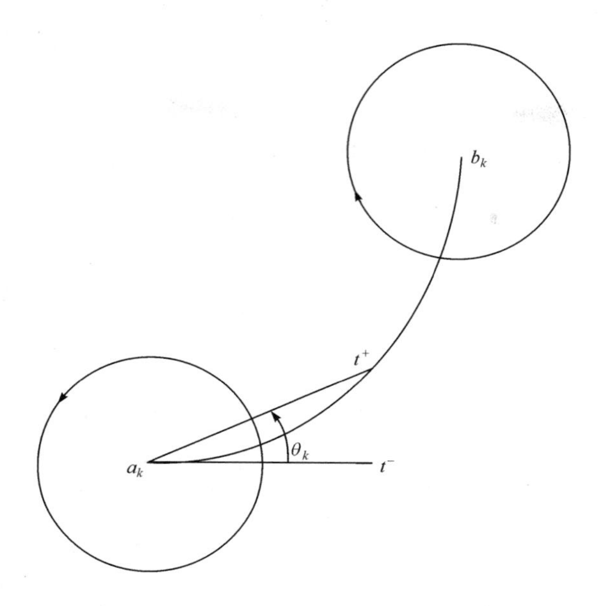

图 5.2　齐次 R-H 问题的分支函数

由式(5.57)、式(5.58)相除得

$$[(z-a_k)^{-\gamma}]^- = \mathrm{e}^{-2\pi i\gamma}[(z-a_k)^{-\gamma}]^+ \tag{5.59}$$

而对于式(5.55)中的其余各项，由于 $a_i \neq a_k$，则在 a_k 的邻域内 $(z-a_i)^{-\gamma}$ 是全纯的。同样，此时的 $(z-b_i)^{-\gamma}$ 也是全纯的。再以 $z=b_k$ 为中心来考察：

$$(z-b_k)^{\gamma-1} = \mathrm{e}^{(\gamma-1)\ln|z-b_k|}\,\mathrm{e}^{(\gamma-1)i\theta} \tag{5.60}$$

$$[(z-b_k)^{\gamma-1}]^+ = \mathrm{e}^{(\gamma-1)\ln|z-b_k|}\,\mathrm{e}^{(\gamma-1)i\theta_{k2}} \tag{5.61}$$

$$[(z-b_k)^{\gamma-1}]^- = \mathrm{e}^{(\gamma-1)\ln|z-b_k|}\,\mathrm{e}^{(\gamma-1)i(\theta_{k2}-2\pi)} \tag{5.62}$$

由式(5.61)和式(5.62)可得

$$[(z-b_k)^{\gamma-1}]^- = \mathrm{e}^{-2\pi i\gamma}[(z-b_k)^{\gamma-1}]^+ \tag{5.63}$$

同样，对于式(5.55)中 $b_i \neq b_k$ 的其余各项，在 b_k 的邻域内恒有 $(z-b_i)^{\gamma-1}$ 和 $(z-a_i)^{-\gamma}$ 全纯。综合式(5.59)和式(5.63)可得

$$X_0^+(t) = \mathrm{e}^{2\pi i\gamma}X_0^-(t) \quad \Rightarrow \quad X_0^+(t) - gX_0^-(t) = 0 \tag{5.64}$$

其中

$$g = \mathrm{e}^{2\pi i\gamma} = X_0^+(t)/X_0^-(t) \tag{5.65}$$

也就是说，$X_0(z)$ 是 $g=\mathrm{e}^{2\pi i\gamma}$ 时的齐次 H-R 问题的一个解，称为基本解，也常被

称作 Plemelj 基函数。特别是当 $g=-1$ 时对应着 $\gamma=1/2$。现在考虑一般形式的齐次 H-R 问题,即式(5.54),将式(5.65)代入式(5.54)得

$$F^{+}(t)-[X_0^{+}(t)/X_0^{-}(t)]F^{-}(t)=0 \tag{5.66}$$

即

$$F^{+}(t)/X_0^{+}(t)-F^{-}(t)/X_0^{-}(t)=0 \tag{5.67}$$

由此可见,函数 $F(z)/X_0(z)$ 在整个复平面上全纯,可以展开成多项式,于是,得到齐次 R-H 问题的通解为

$$F(z)=P_n(z)X_0(Z),\quad P_n(z)=\sum_{k=0}^{n}c_k z^k \tag{5.68}$$

特别地,当 $g=-1$ 时,齐次 R-H 问题的通解为

$$X_0(z)=\prod_{k=1}^{n}(z-a_k)^{-1/2}(z-b_k)^{-1/2} \tag{5.69}$$

5.2.5 非齐次黎曼-希尔伯特问题

非齐次 R-H 问题可写成如下形式(考虑 $g(t)$ 为常数情况):

$$F^{+}(t)-gF^{-}(t)=f(t) \tag{5.70}$$

类似于齐次问题的求解,将式(5.65)代入式(5.70)整理得

$$F^{+}(t)/X_0^{+}(t)-F^{-}(t)/X_0^{-}(t)=f(t)/X_0^{+}(t),\quad t\in L \tag{5.71}$$

于是,由 Plemelj 公式可得

$$\frac{F(z)}{X_0(z)}=\frac{1}{2\pi i}\int_L\frac{f(t)\mathrm{d}t}{X_0^{+}(t)(t-z)}+P_n(z) \tag{5.72}$$

最后,得到非齐次 R-H 问题的通解为

$$F(z)=\frac{X_0(z)}{2\pi i}\int_L\frac{f(t)\mathrm{d}t}{X_0^{+}(t)(t-z)}+P_n(z)X_0(z) \tag{5.73}$$

5.2.6 一个常用线积分的计算

求解非齐次 R-H 问题时,常常需要计算如下线积分:

$$I(z)=\int_L\frac{f(t)\mathrm{d}t}{X^{+}(t)(t-z)} \tag{5.74}$$

其中,$L=L_1+L_2+\cdots+L_n$ 是复平面上的简单光滑曲线;$X(t)$ 是 Plemelj 基函数如

式(5.55)所示，它在 L 上满足

$$X^{+}(t)=gX^{-}(t) \tag{5.75}$$

本节介绍这个积分的计算方法。

如图 5.3 所示，设定义在 L 上的函数 $f(t)$ 可以由定义在 L 邻域中的某个全纯函数 $f(z)$ 在 L 上的值来确定，那么，$f(t)$ 沿每一个 L_k 的线积分就可以由 $f(z)$ 沿每一个环绕 L_k 的围线 C_k 的积分来确定，而沿围线的积分则可由留数定理来计算。

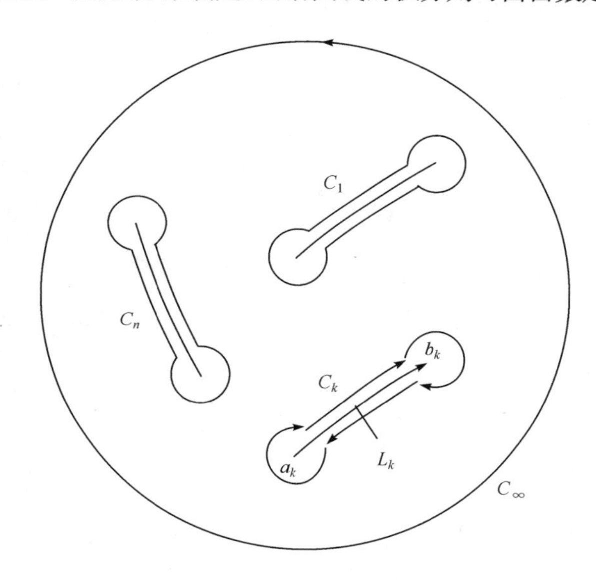

图 5.3　一个常用线积分的计算

考虑沿一条围线 C_k 的积分，有

$$\int_{C_k}\frac{f(\zeta)\mathrm{d}\zeta}{X(\zeta)(\zeta-z)}=\int_{L_k}\frac{f(t)\mathrm{d}t}{X^{+}(t)(t-z)}+\lim_{\rho\to0}\int_{|z-b_k|=\rho}\frac{f(\zeta)\mathrm{d}\zeta}{X(\zeta)(\zeta-z)}$$
$$-\int_{L_k}\frac{f(t)\mathrm{d}t}{X^{-}(t)(t-z)}+\lim_{\rho\to0}\int_{|z-a_k|=\rho}\frac{f(\zeta)\mathrm{d}\zeta}{X(\zeta)(\zeta-z)} \tag{5.76}$$

设 $f(z)$ 在 L_k 的端点处有界，则式(5.76)中等号右边的第二和第四项积分为零，于是有

$$\int_{C_k}\frac{f(\zeta)\mathrm{d}\zeta}{X(\zeta)(\zeta-z)}=\int_{L_k}\frac{f(t)}{(t-z)}\left[\frac{1}{X^{+}(t)}-\frac{1}{X^{-}(t)}\right]\mathrm{d}t=(1-g)\int_{L_k}\frac{f(t)\mathrm{d}t}{X^{+}(t)(t-z)} \tag{5.77}$$

故线积分(5.74)可以表示成

$$I(z)=\int_L \frac{f(t)\mathrm{d}t}{X^+(t)(t-z)}=\frac{1}{1-g}\int_C \frac{f(\zeta)\mathrm{d}\zeta}{X(\zeta)(\zeta-z)} \tag{5.78}$$

其中，$C=C_1+C_2+\cdots+C_k$。而积分式(5.78)可以用沿一个无穷大半径 R 的反时针方向的围线 C_∞ 的积分来表达，即

$$I(z)=\frac{1}{1-g}\left[2\pi\mathrm{i}S-\int_{C_\infty}\frac{f(\zeta)\mathrm{d}\zeta}{X(\zeta)(\zeta-z)}\right] \tag{5.79}$$

其中，S 是函数 $f(\zeta)/[X(\zeta)(\zeta-z)]$ 在 C 与 C_∞ 之间区域中极点的留数。如果 $f(z)$ 是多项式，则

$$I(z)=\frac{1}{1-g}\left[2\pi\mathrm{i}\frac{f(z)}{X(z)}-\lim_{R\to\infty}\int_0^{2\pi}\frac{f(R\mathrm{e}^{\mathrm{i}\theta})R\mathrm{e}^{\mathrm{i}\theta}\mathrm{i}\mathrm{d}\theta}{X(R\mathrm{e}^{\mathrm{i}\theta})(R\mathrm{e}^{\mathrm{i}\theta}-z)}\right] \tag{5.80}$$

可以看出，只有那些与 $R\mathrm{e}^{\mathrm{i}\theta}$ 无关的项才对积分有贡献。

例如，若 $f(t)=1$，$X(z)=(z+a)^{-\gamma}(z-a)^{\gamma-1}$，$g=\mathrm{e}^{2\pi\mathrm{i}\gamma}$，将 $X(z)$ 在无穷远处展开得

$$1/X(\zeta)=(\zeta+a)^{\gamma}(\zeta-a)^{1-\gamma}=\zeta[1+(2\gamma-1)a/\zeta+\cdots] \tag{5.81}$$

于是

$$\begin{aligned}I(z)&=\frac{1}{1-g}\left\{\frac{2\pi\mathrm{i}}{X(z)}-\lim_{R\to\infty}\int_0^{2\pi}R\cdot\mathrm{e}^{\mathrm{i}\theta}\left[1+(2\gamma-1)\frac{a}{R\cdot\mathrm{e}^{\mathrm{i}\theta}}+\cdots\right]\cdot\frac{R\cdot\mathrm{e}^{\mathrm{i}\theta}\mathrm{i}\mathrm{d}\theta}{(R\cdot\mathrm{e}^{\mathrm{i}\theta}-z)}\right\}\\&=\frac{1}{1-g}\left\{\frac{2\pi\mathrm{i}}{X(z)}-\lim_{R\to\infty}\int_0^{2\pi}[R\cdot\mathrm{e}^{\mathrm{i}\theta}+(2\gamma-1)a+O(R^{-1})]\left(1-\frac{z}{R\cdot\mathrm{e}^{\mathrm{i}\theta}}\right)^{-1}\mathrm{i}\mathrm{d}\theta\right\}\\&=\frac{1}{1-g}\left\{\frac{2\pi\mathrm{i}}{X(z)}-\int_0^{2\pi}[z+(2\gamma-1)a]\mathrm{i}\mathrm{d}\theta\right\}=\frac{2\pi\mathrm{i}}{1-g}\left[\frac{1}{X(z)}-z-(2\gamma-1)a\right]\end{aligned} \tag{5.82}$$

特别地，若 $g=-1$，那么 $\gamma=1/2$，则式(5.82)给出

$$I_{1/2}(z)=\pi\mathrm{i}(\sqrt{z^2-a^2}-z) \tag{5.83}$$

5.3　无限大平面有限裂纹问题求解

柯西型积分和 R-H 问题的解法在线弹性断裂力学中有着广泛的应用，本节讨

论如图 5.4 所示的无限大平面内有限长裂纹受自平衡集中力系作用的问题。

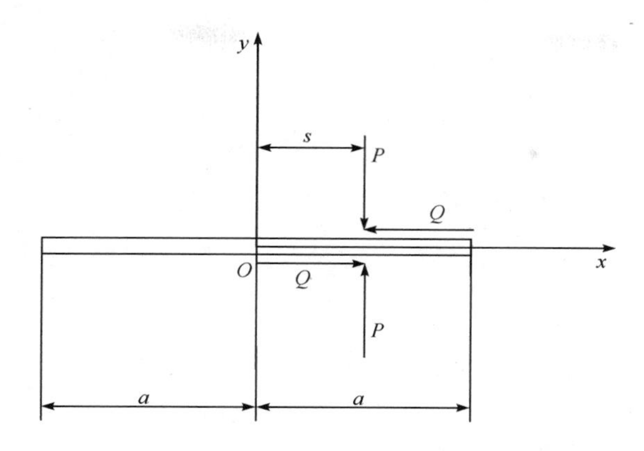

图 5.4　无限大平面有限裂纹受集中载荷问题

此时,裂面条件为

$$\begin{cases}\sigma_y^+=\sigma_y^-=P\delta(\tau-s)\\ \sigma_{xy}^+=\sigma_{xy}^-=Q\delta(\tau-s)\end{cases},\quad -a\leqslant\tau\leqslant a \tag{5.84}$$

为方便起见,定义复势函数

$$\Phi(z)=\varphi'(z),\quad \rho(z)=\psi(z)+z\Phi(z) \tag{5.85}$$

应力复势函数表达式成为

$$\begin{cases}\sigma_x+\sigma_y=2[\Phi(z)+\overline{\Phi(z)}]\\ \sigma_y-\sigma_x+2\mathrm{i}\sigma_{xy}=2[(\bar{z}-z)\Phi'(z)-\Phi(z)+\rho'(z)]\end{cases} \tag{5.86}$$

令 $\Psi(\bar{z})=\overline{\rho'(z)}=\bar{\rho}'(\bar{z})$,由式(5.86)可得

$$\sigma_y-\mathrm{i}\sigma_{xy}=\Phi(z)+\Psi(\bar{z})+(z-\bar{z})\overline{\Phi'(z)} \tag{5.87}$$

将式(5.87)代入裂面条件(5.84)得

$$\begin{cases}\Phi^+(t)+\Psi^-(t)=(P-\mathrm{i}Q)\delta(t-s)\\ \Phi^-(t)+\Psi^+(t)=(P-\mathrm{i}Q)\delta(t-s)\end{cases},\quad -a\leqslant t\leqslant a \tag{5.88}$$

式(5.88)中的两式分别相加减有

$$[\Phi(t)+\Psi(t)]^++[\Phi(t)+\Psi(t)]^-=2(P-\mathrm{i}Q)\delta(t-s) \tag{5.89}$$

$$[\Phi(t)-\Psi(t)]^+-[\Phi(t)-\Psi(t)]^-=0 \tag{5.90}$$

由式(5.90)可以看出,函数 $\Phi(z)-\Psi(z)$ 在全平面全纯。并且,由于本问题中

远场应力为零,所以有

$$\Phi(z)-\Psi(z)=0 \quad \Rightarrow \quad \Phi(z)=\Psi(z) \tag{5.91}$$

将式(5.91)代入式(5.89)得

$$\Phi^{+}(t)+\Phi^{-}(t)=(P-\mathrm{i}Q)\delta(t-s) \tag{5.92}$$

这是一个 $g=-1$ 的非齐次 R-H 问题。由式(5.55)可得

$$\gamma=1/2, \quad X_0(z)=(z-a)^{-1/2}(z+a)^{-1/2}=1/\sqrt{z^2-a^2} \tag{5.93}$$

于是式(5.92)可以写成

$$[\Phi(t)/X_0(t)]^{+}-[\Phi(t)/X_0(t)]^{-}=(P-\mathrm{i}Q)\delta(t-s)/X_0^{+}(t) \tag{5.94}$$

再由 Plemelj 公式得

$$\frac{\Phi(z)}{X_0(z)}=\frac{1}{2\pi\mathrm{i}}\int_L \frac{(P-\mathrm{i}Q)\delta(t-s)}{X_0^{+}(t)(t-z)}\mathrm{d}t=\frac{1}{2\pi\mathrm{i}}\frac{P-\mathrm{i}Q}{X_0(s)(s-z)} \tag{5.95}$$

最后得

$$\Phi(z)=\frac{1}{2\pi\mathrm{i}}\frac{(P-\mathrm{i}Q)X_0(z)}{X_0(s)(z-s)}=\frac{-(P-\mathrm{i}Q)\sqrt{a^2-s^2}}{2\pi(z-s)\sqrt{z^2-a^2}} \tag{5.96}$$

这样,裂纹的右裂尖复应力强度因子为

$$K_{\mathrm{R}}=K_{\mathrm{I}}^{\mathrm{R}}-\mathrm{i}K_{\mathrm{II}}^{\mathrm{R}}=\lim_{z\to a}2\sqrt{2\pi(z-a)}\Phi(z)=\frac{-(P-\mathrm{i}Q)}{\sqrt{\pi a}}\sqrt{\frac{a+s}{a-s}} \tag{5.97}$$

显然,可以将式(5.96)看作一个基本解。对于裂面受自平衡分布力密度$P(s)$、$Q(s)$作用的问题,其解可由式(5.96)的积分得到,即

$$\Phi(z)=\frac{1}{2\pi\mathrm{i}}\int_{-a}^{a}\frac{[P(s)-\mathrm{i}Q(s)]X_0(z)}{X_0(s)(z-s)}\mathrm{d}s \tag{5.98}$$

第 6 章　积分变换方法

积分变换方法是求解微分方程和积分方程的一种常用方法。其基本思路是：通过积分变换，可将常微分方程和积分方程直接转化为代数方程，将偏微分方程的自变量个数减少一个。通常，积分变换的选择取决于待解方程的类型和边界条件。对于第一类和第二类边值问题，其解可以通过反演积分表示成封闭的形式。而对于第三类边值问题（混合边值问题），将导出一组对偶积分方程。

积分变换在求解弹性力学混合边值问题中有着广泛的应用。早在 20 世纪 40 年代，英国学者 Sneddon（1946）就用这种方法求解了裂纹问题；之后，Erdogan（1978）等又做了大量的工作。目前，这种方法已渐成熟。尤其是在求解三维裂纹问题时，其是一种强有力的工具。

6.1　积分变换的基本概念

6.1.1　积分变换的定义

一般地，积分变换就是从具体问题出发，合理地选择一个核函数，通过积分，把一个函数变换成另一个函数。或者说，是用含参变量的积分定义一个新的积分函数：

$$F(s) \equiv T[f(x)] = \int_a^b k(s,x) f(x) \mathrm{d}x \tag{6.1}$$

其中，$k(s,x)$是 s、x 的已知函数，称为积分变换的核；$F(s)$称为象函数；而 $f(x)$称为象原函数。如果积分限 a、b 是有限的，则称 $F(s)$是 $f(x)$的有限积分变换。不同的核对应着不同的积分变换。

Laplace 变换：

$$k(s,x) = \mathrm{e}^{-sx} \tag{6.2}$$

Fourier 变换：

$$k(s,x)=\mathrm{e}^{-\mathrm{i}sx} \tag{6.3}$$

Melin 变换：

$$k(s,x)=x^{(s-1)} \tag{6.4}$$

Hankel 变换：

$$k(s,x)=sJ_v(sx) \tag{6.5}$$

其中，$J_v(sx)$是第一类 ν 阶 Bessel 函数。

6.1.2　Fourier 变换及其性质

Fourier 变换是核函数为 $k(\alpha,t)=\mathrm{e}^{-\mathrm{i}\alpha t}$ 的一种无限积分变换。设函数 $f(t)$在区间$(-\infty,\infty)$上绝对可积，即有

$$\int_{-\infty}^{\infty}|f(t)|\mathrm{d}t<\infty \tag{6.6}$$

则其 Fourier 变换定义为

$$F(\alpha)\equiv T[f(t)]=\int_{-\infty}^{\infty}f(t)\mathrm{e}^{-\mathrm{i}\alpha t}\mathrm{d}t \tag{6.7}$$

它的逆变换为

$$f(t)\equiv T^{-1}[F(\alpha)]=\frac{1}{2\pi}\int_{-\infty}^{\infty}F(\alpha)\mathrm{e}^{\mathrm{i}\alpha t}\mathrm{d}\alpha \tag{6.8}$$

也可定义函数 $f(t)$的 Fourier 余弦变换[$k(\alpha,t)=\cos(\alpha t)$]和正弦变换[$k(\alpha,t)=\sin(\alpha t)$]。设函数 $f(t)$在区间$(0,\infty)$上绝对可积，即

$$\int_{0}^{\infty}|f(t)|\mathrm{d}t<\infty \tag{6.9}$$

有界，则

$$F_{\mathrm{c}}(\alpha)=\int_{0}^{\infty}f(t)\cos(\alpha t)\mathrm{d}t,\quad f(t)=\int_{0}^{\infty}F_{\mathrm{c}}(\alpha)\cos(\alpha t)\mathrm{d}\alpha \tag{6.10}$$

$$F_{\mathrm{s}}(\alpha)=\int_{0}^{\infty}f(t)\sin(\alpha t)\mathrm{d}t,\quad f(t)=\int_{0}^{\infty}F_{\mathrm{s}}(\alpha)\sin(\alpha t)\mathrm{d}\alpha \tag{6.11}$$

由此可以看出，选择何种变换，依赖于函数的定义区间，即若函数 $f(t)$定义在$(-\infty,\infty)$上，则可选择通常的 Fourier 积分变换；若函数 $f(t)$定义在$(0,\infty)$上，则应该选择 Fourier 余弦或正弦变换。

Fourier 变换的微分特性如下。设 $f(t)$直到其 n 阶导数都可进行 Fourier 变

换，且

$$f^{(n-1)}(\pm\infty)=f^{(n-2)}(\pm\infty)=\cdots=f'(\pm\infty)=f(\pm\infty)=0 \tag{6.12}$$

则有

$$F[f^{(n)}(t)]=(-\mathrm{i}\alpha)^n F[f(t)] \tag{6.13}$$

即函数 $f(t)$ 的 n 阶导数的 Fourier 变换等于其自身的 Fourier 变换乘以因子 $(-\mathrm{i}\alpha)^n$。也正是因为这个特性，才使得原来的各阶导数通过变换直接与函数本身联系起来，达到简化原方程的目的。可以想象，无论何种积分变换，必须具有类似于式(6.13)的某种形式的微分特性，才能用于简化原微分或积分方程。

6.1.3　Hankel 变换

Hankel 变换的核函数为 $k(\rho,r)=rJ_v(\rho r)$，其中 $J_v(\rho r)$ 是第一类 v 阶 Bessel 函数；r 是积分变量。设 $\sqrt{r}f(r)$ 在区间 $(0,\infty)$ 上绝对可积，即有

$$\int_0^\infty \sqrt{r}\,|f(r)|\,\mathrm{d}r<\infty \tag{6.14}$$

则函数 $f(r)$ 的 Hankel 变换定义为

$$\begin{cases} H_\nu(\rho)\equiv H_\nu[f(r)]=\displaystyle\int_0^\infty f(r)J_\nu(\rho r)r\mathrm{d}r \\ f(r)\equiv H_\nu^{-1}[H_\nu(\rho)]=\displaystyle\int_0^\infty H_\nu(\rho)J_\nu(\rho r)\rho\mathrm{d}\rho \end{cases} \tag{6.15}$$

Hankel 变换也具有良好的微分性质。设函数 $f(r)$ 满足：

$$\lim_{r\to 0} rf(r)=0,\quad \lim_{r\to\infty} rf(r)=0 \tag{6.16}$$

则可证明下式成立：

$$H_\nu[f'(r)]=\int_0^\infty r\frac{\mathrm{d}f}{\mathrm{d}r}J_\nu(\rho r)\mathrm{d}r=-\rho\left[\frac{\nu+1}{2\nu}H_{\nu-1}(f)-\frac{\nu-1}{2\nu}H_{\nu+1}(f)\right] \tag{6.17}$$

此外，零阶 Bessel 函数的一个 Fourier 变换可记为

$$\int_0^\infty J_0(tr)\cos(tx)\mathrm{d}t=\begin{cases} 1/\sqrt{r^2-x^2}, & r>x \\ 0, & r<x \end{cases} \tag{6.18}$$

$$\int_0^\infty J_0(tr)\sin(tx)\mathrm{d}t=\begin{cases} 0, & r>x \\ 1/\sqrt{r^2-x^2}, & r<x \end{cases} \tag{6.19}$$

其反变换公式为

$$J_0(tr)=\frac{2}{\pi}\int_0^r\frac{\cos(tx)}{\sqrt{r^2-x^2}}\mathrm{d}x,\quad J_0(tr)=\frac{2}{\pi}\int_r^\infty\frac{\sin(tx)}{\sqrt{x^2-r^2}}\mathrm{d}x \tag{6.20}$$

6.2　裂纹的混合边值问题

6.2.1　Ⅲ型裂纹问题

如图 6.1 所示，考虑沿 x 轴的一组共线裂纹的Ⅲ型载荷问题。由对称性可将该问题看作已知 x 轴边界条件的半平面问题。此时，沿 z 轴方向的位移 $w(x,y)$ 满足拉普拉斯方程，其定解问题如下：

$$\begin{cases}\nabla^2 w=0\\ w(x,0)=f(x)/(2\pi),\quad x\in L'\\ \partial w(x,0)/\partial y=g(x)/(2\pi),\quad x\in L\end{cases} \tag{6.21}$$

其中，$f(x)$、$g(x)$是给定区间上的已知函数；$L=\sum L_k$；$L'=(-\infty,\infty)-L$。注意到 $\gamma_{yz}=\partial w/\partial y$ 是应变，而对应的应力为 $\sigma_{yz}=\mu\gamma_{yz}=\mu\partial w/\partial y$，所以式(6.21)中的边界条件表示在 L' 上给定位移边值，而在 L 上给定应力边值，这就是通常在弹性力学中所谓的混合边界条件。

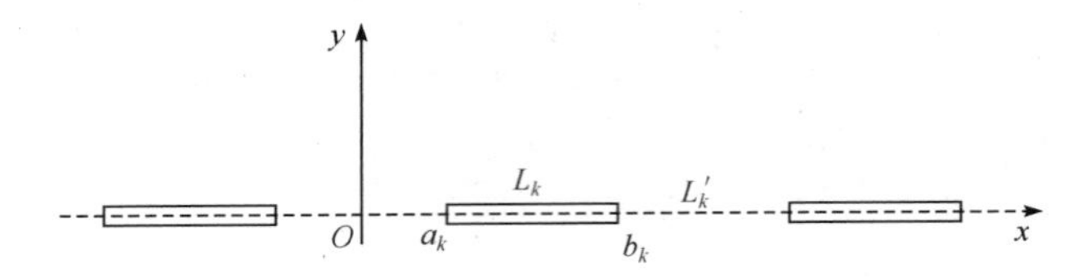

图 6.1　共线裂纹的Ⅲ型载荷问题

1）定解方程的通解

令 $w(x,y)$是区间$(-\infty<x<\infty)$上某个函数 $F(x,y)$的 Fourier 逆变换，即

$$w(x,y)=\frac{1}{2\pi}\int_{-\infty}^{\infty}F(\alpha,y)\mathrm{e}^{\mathrm{i}\alpha x}\mathrm{d}\alpha \tag{6.22}$$

于是

$$\frac{\partial^2 w}{\partial x^2}=\frac{1}{2\pi}\int_{-\infty}^{\infty}(\mathrm{i}\alpha)^2F(\alpha,y)\mathrm{e}^{\mathrm{i}\alpha x}\mathrm{d}\alpha,\quad \frac{\partial^2 w}{\partial y^2}=\frac{1}{2\pi}\int_{-\infty}^{\infty}\frac{\partial^2 F(\alpha,y)}{\partial y^2}\mathrm{e}^{\mathrm{i}\alpha x}\mathrm{d}\alpha \tag{6.23}$$

将式(6.23)代入定解方程(6.21)得

$$\int_{-\infty}^{\infty}\left[\frac{\partial^2 F(\alpha,y)}{\partial y^2}-\alpha^2 F(\alpha,y)\right]\mathrm{e}^{\mathrm{i}\alpha x}\mathrm{d}\alpha=0 \tag{6.24}$$

于是(将 α 看作参数)：

$$\partial^2 F(\alpha,y)/\partial y^2-\alpha^2 F(\alpha,y)=0 \tag{6.25}$$

此方程的通解为

$$F(\alpha,y)=A(\alpha)\exp(-|\alpha|y)+B(\alpha)\exp(|\alpha|y) \tag{6.26}$$

设当 $y\to\infty$ 时，$w(x,y)$ 有界，则 $B(\alpha)\equiv 0$。这样，原定解方程的通解可表示为

$$w(x,y)=\frac{1}{2\pi}\int_{-\infty}^{\infty}A(\alpha)\mathrm{e}^{-|\alpha|y}\mathrm{e}^{\mathrm{i}\alpha x}\mathrm{d}\alpha \tag{6.27}$$

其中，待定函数 $A(\alpha)$ 应由边界条件来确定。

2) 满足裂面条件的特解

所谓寻找满足裂面条件的特解，即用裂面条件来确定 $A(\alpha)$。将通解(6.27)代入式(6.21)中的边界条件可得

$$\begin{cases}\int_{-\infty}^{\infty}A(\alpha)\mathrm{e}^{\mathrm{i}\alpha x}\mathrm{d}\alpha=f(x), & x\in L' \\ -\int_{-\infty}^{\infty}|\alpha|A(\alpha)\mathrm{e}^{\mathrm{i}\alpha x}\mathrm{d}\alpha=g(x), & x\in L\end{cases} \tag{6.28}$$

这就构成了所谓的对偶积分方程(dual integral equations)，其一般形式为

$$\begin{cases}\int_{-\infty}^{\infty}A(\alpha)K_1(\alpha,x)\mathrm{d}\alpha=f(x), & x\in L' \\ \int_{-\infty}^{\infty}A(\alpha)K_2(\alpha,x)\mathrm{d}\alpha=g(x), & x\in L\end{cases} \tag{6.29}$$

其中，$K_1(\alpha,x)$ 和 $K_2(\alpha,x)$ 称为对偶积分方程的核函数。一般形式的对偶积分方程没有通解。但在断裂力学中遇到的对偶积分方程一般总是可化为柯西型积分方程或 Fredholm 积分方程来求解。下面介绍对偶积分方程化为柯西型积分方程的推导过程。令

$$\varphi(x)=\partial w(x,0)/\partial x,\quad x\in(-\infty,\infty)\equiv L+L' \tag{6.30}$$

(注意：这里不能将式(6.30)直接作 Fourier 变换，因为 $f(x)$ 在 L 上是未知的)则有

$$\varphi(x)=\begin{cases}\varphi_1(x)=\dfrac{1}{2\pi}\displaystyle\int_{-\infty}^{\infty}(\mathrm{i}\alpha)A(\alpha)\mathrm{e}^{\mathrm{i}\alpha x}\mathrm{d}\alpha=\dfrac{f'(x)}{2\pi}, & x\in L'\\ \varphi_2(x), \quad x\in L\end{cases} \tag{6.31}$$

式(6.31)中第一式的 Foueier 变换为

$$A(\alpha)=\mathrm{i}\int_{-\infty}^{\infty}\frac{\varphi(x)\mathrm{e}^{-\mathrm{i}\alpha x}}{\alpha}\mathrm{d}x=\mathrm{i}\left[\int_{L'}\frac{\varphi_1(x)\mathrm{e}^{-\mathrm{i}\alpha x}}{\alpha}+\int_{L}\frac{\varphi_2(x)\mathrm{e}^{-\mathrm{i}\alpha x}}{\alpha}\right]\mathrm{d}x \tag{6.32}$$

注意,这里的 $\varphi_2(x)$是定义在 L 上的未知函数,应由同样定义在 L 上的给定边界条件 $g(x)$来确定。而由式(6.28)有

$$\frac{g(x)}{2\pi}=\frac{\partial w(x,0)}{\partial y}=\lim_{y\to 0^+}\frac{1}{2\pi}\int_{-\infty}^{\infty}-|\alpha|A(\alpha)\mathrm{e}^{-|\alpha|y}\mathrm{e}^{\mathrm{i}\alpha x}\mathrm{d}\alpha, \quad x\in L \tag{6.33}$$

将式(6.32)代入式(6.33),可得

$$\frac{g(x)}{2\pi}=\frac{1}{\pi}\int_{L}\frac{\varphi_1(t)\mathrm{d}t}{t-x}+\frac{1}{\pi}\int_{L}\frac{\varphi_2(t)\mathrm{d}t}{t-x}, \quad x\in L \tag{6.34}$$

故有

$$\frac{1}{\pi}\int_{L}\frac{\varphi_2(t)\mathrm{d}t}{t-x}=\frac{g(x)}{2\pi}-\frac{1}{\pi}\int_{L}\frac{\varphi_1(t)\mathrm{d}t}{t-x}\overset{令}{=}\psi(x), \quad x\in L \tag{6.35}$$

注意,这是一个第一类柯西型积分方程(其中 $\psi(x)$为已知函数),由希尔伯特变换解得

$$\varphi_2(x)=\frac{1}{\pi\mathrm{i}}\int_{L}\frac{\psi(t)\mathrm{d}t}{\mathrm{i}(t-x)}=-\frac{1}{\pi}\int_{L}\frac{\psi(t)\mathrm{d}t}{(t-x)}, \quad x\in L \tag{6.36}$$

于是,可由式(6.32)求得 $A(\alpha)$,再由式(6.27)即可得到所需的解 $w(x,y)$。

6.2.2 矩形边界的平面应变裂纹问题

平面应变问题按位移解法给出的 Navier 方程可写为

$$\begin{cases}(\kappa+1)\partial^2 u/\partial x^2+2\partial^2 v/(\partial x\partial y)+(\kappa-1)\partial^2 u/\partial y^2=0\\(\kappa+1)\partial^2 v/\partial y^2+2\partial^2 u/(\partial x\partial y)+(\kappa-1)\partial^2 v/\partial x^2=0\end{cases} \tag{6.37}$$

其中,u 是沿 x 方向的位移;v 是沿 y 方向的位移。

对于矩形区域,边界条件无论用位移还是应力给出,应该有 8 个条件(即四条边,每边两个边界条件)。在采用积分变换方法求解时,应该给出 8 个待定函数,结合 8 个边界条件求解。设位移分量可以表示成两个函数的余弦和正弦变换,即

$$u(x,y)=\frac{2}{\pi}\int_0^{\infty} f(x,t)\cos(ty)\mathrm{d}t,\quad v(x,y)=\frac{2}{\pi}\int_0^{\infty} g(x,t)\sin(ty)\mathrm{d}t \tag{6.38}$$

这是对变量 y 所作的变换，因此对应着沿 y 轴的边值。将式(6.38)代入原方程(6.37)可得如下常微分方程组：

$$\begin{cases}(\kappa+1)d^2 f/\mathrm{d}x^2+2t\mathrm{d}g/\mathrm{d}x-(\kappa-1)t^2 f=0 & (6.39)\\ -(\kappa+1)t^2 g-2t\mathrm{d}f/\mathrm{d}x+(\kappa-1)\mathrm{d}^2 g/\mathrm{d}x^2=0 & (6.40)\end{cases}$$

用增加微商阶数的方法消去 $g(x,y)$，可得

$$\mathrm{d}^4 f/\mathrm{d}x^4-2t^2\mathrm{d}^2 f/\mathrm{d}x^2+t^4 f=0 \tag{6.41}$$

该方程的特征方程为

$$m^4-2t^2 m^2+t^4=0 \tag{6.42}$$

其解为

$$m=\pm t(\text{均为二重根}) \tag{6.43}$$

于是式(6.41)的通解为 e^{tx}、e^{-tx}、$x\mathrm{e}^{tx}$ 和 $x\mathrm{e}^{-tx}$ 的线性组合。为方便起见，可将通解($\mathrm{sh}x=(\mathrm{e}^x-\mathrm{e}^{-x})/2$，$\mathrm{ch}x=(\mathrm{e}^x+\mathrm{e}^{-x})/2$)写成

$$f(t,x)=[A(t)+xB(t)]\mathrm{sh}(tx)+[C(t)+xD(t)]\mathrm{ch}(tx) \tag{6.44}$$

或写成

$$\begin{aligned}f(t,x)=&-(1/t)\{[E(t)-(\kappa-1)G(t)/2+txH(t)]\mathrm{sh}(tx)\\&+[F(t)-(\kappa-1)H(t)/2+txG(t)]\mathrm{ch}(xt)\}\end{aligned} \tag{6.45}$$

同样，函数 $g(t,x)$ 也可写成类似的形式：

$$\begin{aligned}g(t,x)=&(1/t)\{[F(t)+(\kappa+1)H(t)/2+txG(t)]\mathrm{sh}(tx)\\&+[E(t)+(\kappa+1)G(t)/2+txH(t)]\mathrm{ch}(tx)\}\end{aligned} \tag{6.46}$$

这里包含 4 个待定函数 $E(t)$、$F(t)$、$G(t)$ 和 $H(t)$。其中式(6.44)～式(6.46)中的函数间满足如下关系：

$$\begin{cases}A=-E/t+(\kappa-1)G/2t\\ B=-H\\ C=-F/t+(\kappa-1)H/2t\\ D=-G\end{cases}\quad\text{或}\quad\begin{cases}E=-t[A+(\kappa-1)D/2]\\ F=-t[C+(\kappa-1)B/2]\\ G=-D\\ H=-B\end{cases} \tag{6.47}$$

如果再设

$$u(x,y)=\frac{2}{\pi}\int_0^{\infty}h(t,y)\sin(tx)\mathrm{d}t \tag{6.48}$$

$$v(x,y)=\frac{2}{\pi}\int_0^{\infty}k(t,y)\cos(tx)\mathrm{d}t \tag{6.49}$$

这是关于变量 x 的变换,对应着沿 x 轴的边值。这样,和前面一样,也可得到描述 $h(t,y)$和 $k(t,y)$的另外 4 个待定函数。于是一共有 8 个待定常数,正好对应着 8 个边界条件。因此,从理论上说,矩形问题已经解决了。

6.3 无限大平面中的 Griffith 裂纹问题

考虑图 6.2 所示的 Girffith 裂纹问题,由于需要用到 $y=0^{\pm}$ 的裂面条件,令位移分量如式(6.48)和式(6.49)所示,利用前述方法,并考虑到位移的有界性(即要求 e^{ty} 前的系数为零),可得

$$h(t,y)=[C(t)+tyD(t)]e^{-ty} \tag{6.50}$$

$$k(t,y)=[C(t)+\kappa D(t)+tyD(t)]e^{-ty} \tag{6.51}$$

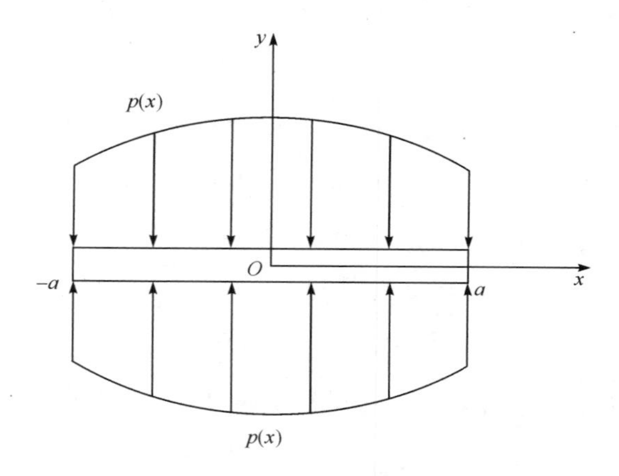

图 6.2 无限大平面中的 Griffith 裂纹问题

由边界条件和连接条件给出(由于只有Ⅰ型载荷)

$$\sigma_{xy}(x,0^{\pm})=(\partial u/\partial y+\partial v/\partial x)_{y=0^{\pm}}=0 \tag{6.52}$$

将位移分量表达式(6.48)和式(6.49)代入式(6.52)得

$$[\mathrm{d}h(t,y)/\mathrm{d}y - tk(t,y)]_{y=0^{\pm}} = 0 \tag{6.53}$$

再将式(6.50)和式(6.51)代入可解得

$$C(t) = -(\kappa-1)D(t)/2 \tag{6.54}$$

为方便起见,令 $A(t)=tD(t)$,并考虑到式(6.54),则式(6.50)和式(6.51)可写成

$$h(t,y) = -[A(t)/t][(\kappa-1)/2 - ty]\mathrm{e}^{-ty} \tag{6.55}$$

$$k(t,y) = [A(t)/t][(\kappa+1)/2 + ty]\mathrm{e}^{-ty} \tag{6.56}$$

将式(6.55)和式(6.56)代入位移分量表达式(6.48)和式(6.49)中可得

$$u(x,y) = -\frac{2}{\pi}\int_0^{\infty}\frac{A(t)}{t}\left(\frac{\kappa-1}{2} - ty\right)\mathrm{e}^{-ty}\sin(tx)\,\mathrm{d}t \tag{6.57}$$

$$v(x,y) = \frac{2}{\pi}\int_0^{\infty}\frac{A(t)}{t}\left(\frac{\kappa+1}{2} + ty\right)\mathrm{e}^{-ty}\cos(tx)\,\mathrm{d}t \tag{6.58}$$

再由平面应变本构关系:

$$\begin{cases} \sigma_x = 2\mu[(1-\nu)/(1-2\nu)][\varepsilon_x + \nu\varepsilon_y/(1-\nu)] \\ \sigma_y = 2\mu[(1-\nu)/(1-2\nu)][\varepsilon_y + \nu\varepsilon_x/(1-\nu)] \\ \tau_{xy} = \mu\gamma_{xy} \end{cases} \tag{6.59}$$

可得到应力分量:

$$\begin{cases} \sigma_x = -\dfrac{4\mu}{\pi}\displaystyle\int_0^{\infty}(1-ty)A(t)\mathrm{e}^{-ty}\cos(tx)\,\mathrm{d}t \\ \sigma_y = -\dfrac{4\mu}{\pi}\displaystyle\int_0^{\infty}(1+ty)A(t)\mathrm{e}^{-ty}\cos(tx)\,\mathrm{d}t \\ \tau_{xy} = -\dfrac{4\mu}{\pi}\displaystyle\int_0^{\infty}tyA(t)\mathrm{e}^{-ty}\sin(tx)\,\mathrm{d}t \end{cases} \tag{6.60}$$

这就是该问题的形式解,问题转化为利用裂面条件确定未知函数 $A(t)$。

下面讨论如何确定 $A(t)$。引入裂面条件:

$$\sigma_y(x,0^{\pm}) = p(x),\quad -a<x<a \tag{6.61}$$

$$v(x,0^{\pm}) = 0,\quad x>a \text{ 或 } x<-a \tag{6.62}$$

考虑无穷远处应力位移有界条件,设 $(x^2+y^2)^{1/2}\to\infty$ 时有 $\sigma_{ij}, u_i\to 0$。将式(6.60)和式(6.58)代入边界条件式(6.61)和式(6.62)中,并令 $B(t)=-A(t)/$

$2t, L+L'=(-\infty,\infty), L=(-a,a)$，可得

$$\int_0^\infty B(t)\cos(tx)\mathrm{d}t = 0, \quad x\in L' \tag{6.63}$$

$$\frac{2}{\pi}\int_0^\infty tB(t)\cos(tx)\mathrm{d}t = \frac{p(x)}{4\mu}, \quad x\in L \tag{6.64}$$

和前面一样，式(6.63)和式(6.64)也构成一组对偶积分方程。前面已经介绍过将其化为柯西型积分方程的解法。这里再介绍一种方法，即 Hankel 变换方法。

将式(6.64)两边乘以 $1/(r^2-x^2)^{1/2}$ 并在区间 $(0,r)$ 上积分得

$$\frac{2}{\pi}\int_0^r \frac{\mathrm{d}x}{\sqrt{r^2-x^2}}\int_0^\infty tB(t)\cos(tx)\mathrm{d}t = \frac{1}{4\mu}\int_0^r \frac{p(x)\mathrm{d}x}{\sqrt{r^2-x^2}} \overset{令}{=} P(r) \tag{6.65}$$

这里仅考虑 1/4 平面，则 $x\in(0,a)$，$r\in(x,a)$。设被积函数在研究区域中一致连续，交换积分次序得

$$\frac{2}{\pi}\int_0^\infty tB(t)\mathrm{d}t\int_0^r \frac{\cos(tx)\mathrm{d}x}{\sqrt{r^2-x^2}} = \int_0^\infty tB(t)J_0(tr)\mathrm{d}r = P(r), \quad 0<x<a, x<r<a \tag{6.66}$$

再将式(6.63)对 x 求微商，并乘以 $1/(x^2-r^2)^{1/2}$，而后做区间 (r,∞) 上的积分有

$$\int_r^\infty \frac{\mathrm{d}x}{\sqrt{x^2-r^2}}\int_0^\infty tB(t)\sin(tx)\mathrm{d}t = 0 \tag{6.67}$$

交换积分次序可得

$$\int_0^\infty tB(t)\mathrm{d}t\int_r^\infty \frac{\sin(tx)\mathrm{d}x}{\sqrt{x^2-r^2}} = \int_0^\infty tB(t)J_0(tr)\mathrm{d}t = 0, \quad r>a \tag{6.68}$$

结合式(6.66)和式(6.68)有

$$\int_0^\infty tB(t)J_0(tr)r\mathrm{d}r = f(r) \equiv \begin{cases} P(r), & 0<r<a \\ 0, & r>a \end{cases} \tag{6.69}$$

再利用 Hankel 反变换得

$$B(t) = \int_0^\infty f(r)J_0(tr)r\mathrm{d}r = \int_0^a P(r)J_0(tr)r\mathrm{d}r \tag{6.70}$$

注意到 $B(t)=-A(t)/(2t)$，这样就得到了该问题的解。

下面讨论裂面载荷为 $p(x)=-p_0$ 时裂尖附近的情况。此时容易算得 $P(r)=$

$-\pi p_0/(8\mu)$，于是，由应力分量表达式(6.60)和 $B(t)$表达式(6.70)可以解得

$$\frac{\sigma_y(x,0)}{4\mu}=\frac{2}{\pi}\int_0^\infty tB(t)\cos(tx)\mathrm{d}t=\frac{2}{\pi}\int_0^\infty t\cos(tx)\mathrm{d}t\int_0^a\left(-\frac{\pi p_0}{8\mu}\right)J_0(tr)r\mathrm{d}r$$

$$\overset{\text{交换积分次序}}{=}\frac{2}{\pi}\int_0^a\left(-\frac{r\pi p_0}{8\mu}\right)\mathrm{d}r\int_0^\infty J_0(tr)t\cos(tx)\mathrm{d}t$$

$$=\frac{2}{\pi}\int_0^a\left(-\frac{r\pi p_0}{8\mu}\right)\mathrm{d}r\cdot\frac{\mathrm{d}}{\mathrm{d}x}\int_0^\infty J_0(tr)\sin(tx)\mathrm{d}t$$

$$=\frac{2}{\pi}\int_0^a\left(-\frac{r\pi p_0}{8\mu}\right)\mathrm{d}r\cdot\frac{\mathrm{d}}{\mathrm{d}x}(1/\sqrt{x^2-r^2})=\frac{p_0}{4\mu}\left[\frac{x}{\sqrt{x^2-a^2}}-1\right]\tag{6.71}$$

故有

$$\sigma_y(x,0)=p_0(x/\sqrt{x^2-a^2}-1)\tag{6.72}$$

而应力强度因子为

$$K_{\mathrm{I}}=\lim_{x\to a^+}\sqrt{2\pi(x-a)}\sigma_y(x,0)=p_0\sqrt{\pi a}\tag{6.73}$$

用同样的方法可以得到裂纹表面上的 y 方向的位移分量：

$$v(x,0^+)=(\kappa+1)p_0\sqrt{a^2-x^2}/(4\mu)\tag{6.74}$$

以上 Hankel 变换解法中，最重要的是选择 Bessel 函数做重积分，然后交换积分次序以得到显函数表达的被积函数，最后得到核函数的闭合解。

下面用将对偶积分方程化为柯西奇异积分方程的方法，求解式(6.63)和式(6.64)。注意到 $A(t)=-2tB(t)$，由 y 方向位移分量的表达式(6.58)可写出

$$v(x,y)=-\frac{2}{\pi}\int_0^\infty[(\kappa+1)+2ty]B(t)\mathrm{e}^{-ty}\cos(tx)\mathrm{d}t\tag{6.75}$$

定义一个新函数

$$\varphi(x)=\frac{\partial v(x,0^+)}{\partial x}=\begin{cases}\varphi_1(x), & 0<x<a\\ 0, & x>a\end{cases}\tag{6.76}$$

则

$$\varphi(x)=\frac{2}{\pi}\int_0^\infty t[(\kappa+1)+2ty]B(t)\sin(tx)\mathrm{d}t\bigg|_{y=0^+}=\frac{2}{\pi}\int_0^\infty t(\kappa+1)B(t)\sin(tx)\mathrm{d}t\tag{6.77}$$

于是，求解 $B(t)$ 的问题就转化为求解函数 $\varphi(x)$ 的问题。由 Fourier 逆变换得

$$tB(t)=\frac{1}{\kappa+1}\int_0^{\infty}\varphi(\alpha)\sin(t\alpha)\mathrm{d}\alpha=\frac{1}{\kappa+1}\int_0^{a}\varphi_1(\alpha)\sin(t\alpha)\mathrm{d}\alpha \tag{6.78}$$

注意，式中的 $\varphi_1(\alpha)$ 待定。将式(6.78)代入应力分量表达式(6.64)中，有

$$\begin{aligned}\frac{\sigma_y}{4\mu}&=\frac{2}{\pi}\int_0^{\infty}t(1+ty)B(t)\mathrm{e}^{-ty}\cos(tx)\mathrm{d}t\\&=\frac{2}{\pi}\int_0^{\infty}(1+ty)\cdot\frac{1}{\kappa+1}\int_0^{a}\varphi_1(\alpha)\sin(t\alpha)\mathrm{d}\alpha\cdot\mathrm{e}^{-ty}\cos(tx)\mathrm{d}t\\&\overset{\text{交换积分次序}}{=}\frac{2}{\pi(\kappa+1)}\int_0^{a}\varphi_1(\alpha)\mathrm{d}\alpha\int_0^{\infty}(1+ty)\mathrm{e}^{-ty}\cos(tx)\sin(t\alpha)\mathrm{d}t\end{aligned} \tag{6.79}$$

其中，$x\in(0,a)$。将式(6.79)代入裂面条件(6.61)中，可得

$$\begin{aligned}\frac{\sigma_y(x,0^+)}{4\mu}&=\frac{2}{\pi(\kappa+1)}\int_0^{a}\varphi_1(\alpha)\mathrm{d}\alpha\int_0^{\infty}(1+ty)\mathrm{e}^{-ty}\cos(tx)\sin(t\alpha)\mathrm{d}t\Big|_{y=0^+}\\&=\frac{2}{\pi(\kappa+1)}\int_0^{a}\varphi_1(\alpha)\mathrm{d}\alpha\cdot\lim_{y\to0^+}\int_0^{\infty}\mathrm{e}^{-ty}\cos(tx)\sin(ty)\mathrm{d}t\\&=\frac{1}{\pi(\kappa+1)}\int_0^{a}\varphi_1(\alpha)\mathrm{d}\alpha\cdot\lim_{y\to0^+}\left[\frac{\alpha+x}{(\alpha+x)^2+y^2}+\frac{\alpha-x}{(\alpha-x)^2+y^2}\right]\\&=\frac{1}{\pi(\kappa+1)}\int_0^{a}\varphi_1(\alpha)\mathrm{d}\alpha\left(\frac{1}{\alpha+x}+\frac{1}{\alpha-x}\right)=\frac{p(x)}{4\mu}\end{aligned} \tag{6.80}$$

整理得

$$\int_0^{a}\left(\frac{1}{\alpha+x}+\frac{1}{\alpha-x}\right)\varphi_1(\alpha)\mathrm{d}\alpha=\frac{\pi(\kappa+1)p(x)}{4\mu} \tag{6.81}$$

由于 v 关于 y 轴对称，即 $v(x,0^+)=v(-x,0^+)$，则它的导数是奇函数，即 $\varphi_1(x)=-\varphi_1(-x)$，于是由变量代换 $s=-\alpha$ 易得

$$\int_0^{a}\frac{\varphi_1(\alpha)\mathrm{d}\alpha}{\alpha+x}=\int_{-a}^{0}\frac{\varphi_1(s)\mathrm{d}s}{s-x}=\int_{-a}^{0}\frac{\varphi_1(\alpha)\mathrm{d}\alpha}{\alpha-x} \tag{6.82}$$

而式(6.81)可写成

$$\int_{-a}^{a}\frac{\varphi_1(\alpha)\mathrm{d}\alpha}{\alpha-x}=\frac{\pi(\kappa+1)p(x)}{4\mu} \tag{6.83}$$

这是第一类柯西积分方程，前面已经讨论过它的解法。这样，$\varphi_1(x)$的解已经找到，可利用式(6.78)最终求得 $B(t)$，此解即为对偶积分方程式(6.63)和式(6.64)的解。

第7章　界面断裂力学问题

前面讨论了单相材料断裂力学。然而，许多新材料，如高强度合金、陶瓷和复合材料等都是由不同相物质组成的材料，各相之间存在界面。由两种不同性质的介质沿界面组合成一体的材料称为双材料(bimaterial)。若沿界面存在裂纹，就称为界面裂纹(interface crack)。研究界面裂纹的断裂行为属于界面断裂力学的中心任务。

界面裂纹问题与单相材料的裂纹问题大不相同。早在20世纪20年代，研究人员就发现了界面裂纹裂尖应力场的振荡奇异性，从单相材料断裂力学的基本概念出发去研究界面裂纹的重大困难几乎都来自这个振荡奇性。Williams(1959)采用特征展开方法研究界面裂纹问题，得到了裂尖应力场具有 $r^{-1/2+i\varepsilon}$ 奇异性的结果。但他的展开式是不完备的，Symington(1987)给出了其完备的展开式。England(1965)采用求解R-H问题的方法获得了有限界面裂纹的全场解，并最早认识到裂尖振荡奇性将导致近尖附近裂面相互重叠和楔入这一物理上的不真实性，并且预言这个交叠和楔入区的尺寸约为 10^{-4} 裂纹长量级。由此，如何定义裂尖的启裂支配参数成为一个的重要研究课题。Comninou(1977)提出了著名的闭合区理论，用数值方法证明了裂尖附近接触区的尺寸在纯拉伸载荷下为 10^{-7} 量级，而对纯剪载荷则可高达0.66。这一发现导致人们对界面裂纹问题产生了如下认识：

(1) 界面裂纹的失稳不能区分为纯Ⅰ型或纯Ⅱ型；

(2) 复合载荷下的解不能再用叠加原理通过Ⅰ型、Ⅱ型裂纹的基本解得到；

(3) 纯拉伸型裂纹失稳与其说是受拉引起，还不如说是受剪切引起的，即界面裂纹失稳是滑移型的。

总之，人们开始认识到，界面裂纹尖端的变形场不能用单一参数来描述。但随之而来的 K_{II} 和闭合区尺寸确定上的困难，使得Comninou闭合区理论的应用价值十分有限，界面断裂力学理论发展陷入一段时间的停滞。直到十多年后，由于计算机集成电路的发展和陶瓷材料科学的需求，界面裂纹问题才又引起了人们广泛的兴趣。Rice(1988)对这一问题进行了详细的讨论，提出了小范围接触区和小范围非线性区的基本假设以及界面裂纹的复应力强度因子概念。尽管这一新的理论还存在着标定上的缺陷，但它却使得“不值得重视”的线弹性解在小范围接触区和非线性区假设下获得实际应用的可能。

7.1　界面裂纹解析解

7.1.1　界面裂纹的 R-H 问题解

本节介绍 England(1965)采用 R-H 方法得到的界面裂纹变形场的解析解。考虑黏接在一起的两个不同的均匀各向同性弹性材料间的界面裂纹问题，如图 7.1 所示。设裂面受到自相平衡的Ⅰ型分布载荷 $p(x)$。

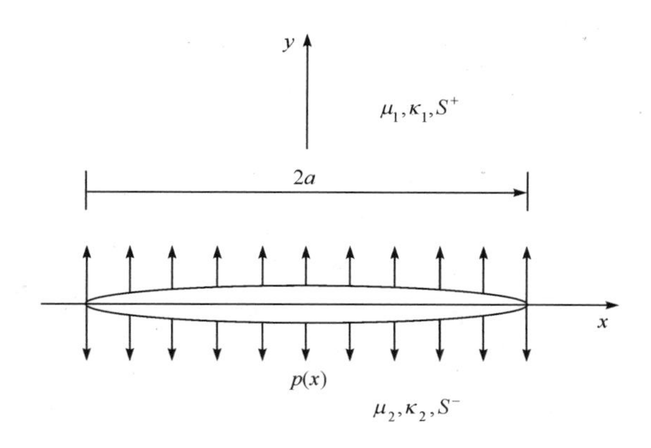

图 7.1　界面裂纹问题

裂面应力边界条件为

$$\begin{cases}\sigma_{1y}-\mathrm{i}\tau_{1xy}=-p(x), & y=0^+,|x|\leqslant a\\ \sigma_{2y}-\mathrm{i}\tau_{2xy}=-p(x), & y=0^-,|x|\leqslant a\end{cases} \tag{7.1}$$

界面位移与应力连接条件为

$$u_{1x}+\mathrm{i}u_{1y}=u_{2x}+\mathrm{i}u_{2y},\quad y=0,|x|>a \tag{7.2}$$

$$\sigma_{1y}-\mathrm{i}\tau_{1xy}=\sigma_{2y}-\mathrm{i}\tau_{2xy},\quad y=0,|x|>a \tag{7.3}$$

此时，由 Muskhelishvili 复势理论，S^+、S^- 区域中的位移及应力可分别写成

$$\begin{cases}2\mu_1(u_{1x}+\mathrm{i}u_{1y})=\kappa_1\varphi_1(z)-z\overline{\varphi_1'(z)}-\overline{\psi_1(z)}\\ \sigma_{1y}-\mathrm{i}\tau_{1xy}=2[\varphi_1'(z)+\overline{\varphi_1'(z)}+z\overline{\varphi_1''(z)}+\overline{\psi_1'(z)}]\end{cases}\tag{7.4}$$

和

$$\begin{cases}2\mu_2(u_{2x}+\mathrm{i}u_{2y})=\kappa_2\varphi_2(z)-z\overline{\varphi_2'(z)}-\overline{\psi_2(z)}\\ \sigma_{2y}-\mathrm{i}\tau_{2xy}=2[\varphi_2'(z)+\overline{\varphi_2'(z)}+z\overline{\varphi_2''(z)}+\overline{\psi_2'(z)}]\end{cases}\tag{7.5}$$

将式(7.4)和式(7.5)中的位移表达式代入界面位移连接条件(7.2)，得

$$\begin{aligned}&(1/\mu_1)[\kappa_1\varphi_1^+(x)-x\bar{\varphi}'^-_1(x)-\bar{\psi}_1^-(x)]\\ =&(1/\mu_2)[\kappa_2\varphi_2^-(x)-x\bar{\varphi}'^+_2(x)-\bar{\psi}_2^+(x)],\quad |x|\geqslant a\end{aligned}\tag{7.6}$$

整理(将“＋”项移至等号的左边，“－”项移至右边)得

$$\begin{aligned}&\mu_2\kappa_1\varphi_1^+(x)+\mu_1x\bar{\varphi}'^+_2(x)+\mu_1\bar{\psi}_2^+(x)\\ =&\mu_1\kappa_2\varphi_2^-(x)+\mu_2x\bar{\varphi}'^-_1(x)+\mu_2\bar{\psi}_1^-(x),\quad |x|\geqslant a\end{aligned}\tag{7.7}$$

由此，可以定义一个分区全纯函数：

$$\eta(z)=\begin{cases}\mu_2\kappa_1\varphi_1(z)+\mu_1z\bar{\varphi}_2'(z)+\mu_1\bar{\psi}_2'(z),\quad z\in S^+\\ \mu_1\kappa_2\varphi_2(z)+\mu_2z\bar{\varphi}_1'(z)+\mu_2\bar{\psi}_1'(z),\quad z\in S^-\end{cases}\tag{7.8}$$

满足

$$\eta^+(x)=\eta^-(x),\quad |x|>a\tag{7.9}$$

同理，由界面应力的连续性式(7.3)，也可定义另一个分区全纯函数：

$$\theta(z)=\begin{cases}\varphi_1'(z)-\bar{\varphi}_2'(z)-z\bar{\varphi}_2''(z)-\bar{\psi}_2'(z),\quad z\in S^+\\ \varphi_2'(z)-\bar{\varphi}_1'(z)-z\bar{\varphi}_1''(z)-\bar{\psi}_1'(z),\quad z\in S^-\end{cases}\tag{7.10}$$

满足

$$\theta^+(x)=\theta^-(x),\quad |x|>a\tag{7.11}$$

这里需要注意的是，式(7.11)不是在区域 S^+ 与 S^- 的全部界面上成立，因此，$\theta(z)$还只是分区全纯的。由式(7.8)和式(7.10)可以解出

$$\begin{cases}(\mu_1+\mu_2\kappa_1)\varphi_1'(z)=\mu_1\theta(z)+\eta'(z),\quad z\in S^+\\ (\mu_2+\mu_1\kappa_2)\varphi_2'(z)=\mu_2\theta(z)+\eta'(z),\quad z\in S^-\end{cases}\tag{7.12}$$

由此可见，复势函数 $\varphi_1(z)$和 $\varphi_2(z)$可由函数 $\theta(z)$和 $\eta(z)$来确定。同理，借助

式(7.12)，由式(7.8)和式(7.10)可将 $\psi_1(z)$、$\psi_2(z)$也表达为 $\theta(z)$、$\eta(z)$的函数。设无穷远处应力和旋转为零，则有 $\eta'(z)=O(1/z^2)$，$\theta(z)=O(1/z^2)$。这样，就找到了两个分区全纯函数 $\theta(z)$、$\eta(z)$，它们满足界面位移和应力连续条件。借助这两个分区全纯函数，可以完全确定复势函数 $\varphi_i(z)$和 $\psi_i(z)$ $(i=1,2)$。进而，整个应力场和变形场也就被确定了。因此，问题就归结为寻求两个分区全纯函数 $\theta(z)$和$\eta(z)$，它们满足裂面边界条件式(7.1)。将式(7.12)代入应力分量表达式(7.4)和式(7.5)，再代入裂面应力边界条件式(7.1)可得

$$
\begin{aligned}
&[\mu_1/(\mu_1+\mu_2\kappa_1)]\theta^+(x)-[\mu_1\kappa_2/(\mu_2+\mu_1\kappa_2)]\theta^-(x)\\
&+[1/(\mu_1+\mu_2\kappa_1)]\eta'^+(x)+[1/(\mu_2+\mu_1\kappa_2)]\eta'^-(x)=-p(x)/2,\quad |x|\leqslant a
\end{aligned}
\tag{7.13}
$$

$$
\begin{aligned}
&-[\mu_2\kappa_1/(\mu_1+\mu_2\kappa_1)]\theta^+(x)+[\mu_2/(\mu_2+\mu_1\kappa_2)]\theta^-(x)\\
&+[1/(\mu_1+\mu_2\kappa_1)]\eta'^+(x)+[1/(\mu_2+\mu_1\kappa_2)]\eta'^-(x)=-p(x)/2,\quad |x|\leqslant a
\end{aligned}
\tag{7.14}
$$

两式相减得

$$
\theta^+(x)-\theta^-(x)=0,\quad |x|\leqslant a \tag{7.15}
$$

结合式(7.11)和式(7.15)可知，$\theta(z)$是包含整个实轴在内的全平面全纯函数。由无穷远处应力自由条件可知 $\theta(z)\equiv 0$。于是，式(7.13)和式(7.14)归结为如下形式的 R-H 问题：

$$
\eta'^+(x)+\alpha\eta'^-(x)=-(\mu_1+\mu_2\kappa_1)p(x)/2,\quad |x|\leqslant a \tag{7.16}
$$

其中

$$
\alpha=(\mu_1+\mu_2\kappa_1)/(\mu_2+\mu_1\kappa_2) \tag{7.17}
$$

求解式(7.16)，设 $g=-\alpha=\exp(2\pi i\gamma)$，由此得

$$
\gamma=\frac{1}{2\pi i}\ln(-\alpha)=\frac{1}{2\pi i}[\ln(e^{\pi i})+\ln\alpha]=1/2-i\varepsilon \tag{7.18}
$$

$$
\varepsilon=\frac{1}{2\pi}\ln\alpha=\frac{1}{2\pi}\ln[(\mu_1+\mu_2\kappa_1)/(\mu_2+\mu_1\kappa_2)] \tag{7.19}
$$

而 Plemelj 基函数为

$$
X_0(z)=(z+a)^{-1/2+i\varepsilon}(z-a)^{-1/2-i\varepsilon} \tag{7.20}
$$

这样，该 R-H 问题可写成

$$[\eta'(z)/X_0(z)]^+ - [\eta'(z)/X_0(z)]^- = -(\mu_1+\mu_2\kappa_1)p(x)/[2X_0^+(x)] \quad (7.21)$$

由 Plemelj 公式可解得

$$\frac{\eta'(z)}{X_0(z)} = \frac{1}{2\pi i}\int_{-a}^{a}\left[-\frac{(\mu_1+\mu_2\kappa_1)p(x)}{2X_0^+(x)}\right]\frac{dx}{x-z} + P(z) \quad (7.22)$$

整理后可得本问题的解析解为

$$\eta'(z) = -\frac{\mu_1+\mu_2\kappa_1}{2}\frac{[R_0(z)]^{i\varepsilon}}{2\pi i[R(z)]^{1/2}}\int_{-a}^{a}\frac{p(x)[R(x)]^{1/2}}{(x-z)[R_0(x)]^{i\varepsilon}}dx + \frac{[R(z)]^{i\varepsilon}}{[R_0(z)]^{1/2}}P(z) \quad (7.23)$$

其中，$R_0(z)=(z+a)/(z-a)$；$R(z)=z^2-a^2$。又因为 $\eta'(z)=O(1/z^2)$，所以 $P(z)\equiv 0$。

7.1.2　裂尖变形场及其特征

下面用一个具体的算例来考察界面裂纹尖端变形场的特征。设 $p(x)$ 为均布压力 T，求解式(7.23)中的积分并整理可得

$$\eta'(z)=\Gamma\{1-(z-2ia\varepsilon)[(z+a)/(z-a)]^{i\varepsilon}/\sqrt{z^2-a^2}\} \quad (7.24)$$

其中

$$\Gamma=-(\mu_1+\mu_2\kappa_1)(\mu_2+\mu_1\kappa_2)T/[2(\mu_1+\mu_2+\mu_2\kappa_1+\mu_1\kappa_2)] \quad (7.25)$$

将式(7.24)再积分一次得

$$\eta(z)=\Gamma\{z-[(z+a)/(z-a)]^{i\varepsilon}\sqrt{z^2-a^2}\} \quad (7.26)$$

其中，积分常数项只与系统的刚体位移有关，故略去不计。有了 $\eta(z)$ 之后，就可以求解位移应力场。

1) 裂尖应力场的振荡奇异性

现在分析裂尖附近应力场的特征。注意到 $\sigma_{ij}\propto\eta'(z)$，而由式(7.24)可知，在裂尖有

$$\sigma_{ij}\propto r^{-1/2+i\varepsilon}=r^{-1/2}[\cos(\varepsilon\ln r)+i\sin(\varepsilon\ln r)] \quad (7.27)$$

由此可以看出，当 $r\to 0$ 时，σ_{ij} 中 $\cos(\varepsilon\ln r)$ 的存在导致其振荡发散。这就是所谓的界面裂纹裂尖应力场的振荡奇异性(oscillating singularity)，这和均匀各向同

性弹性体中裂尖应力场的特征差别极大。

在裂尖前方($\theta=0$)有

$$(\sigma_y+\mathrm{i}\sigma_{xy})_{\theta=0}=Kr^{\mathrm{i}\varepsilon}/\sqrt{2\pi r} \tag{7.28}$$

由此可以看出,复应力强度因子为

$$K=K_{\mathrm{I}}+\mathrm{i}K_{\mathrm{II}}=\lim_{r\to 0}\sqrt{2\pi r}[\sigma_y(r,0)+\mathrm{i}\sigma_{xy}(r,0)]/r^{\mathrm{i}\varepsilon} \tag{7.29}$$

显然,由 $r^{\mathrm{i}\varepsilon}$ 的存在,Ⅰ型裂纹和Ⅱ型裂纹是耦合的。也就是说,即使只有 σ_y,也会同时产生 K_{I} 和 K_{II};反之,若仅有 σ_{xy},也同样会产生 K_{I} 和 K_{II}。这表明此时 K_{I} 和 K_{II} 并不对应于Ⅰ型和Ⅱ型裂纹的应力强度因子 K_{I} 和 K_{II}。只有当 $\varepsilon=0$ 时,才有 $K=K_{\mathrm{I}}+\mathrm{i}K_{\mathrm{II}}$。

2) 裂尖折叠区

由位移分量的复势表达式(7.4)有

$$2\mu_1(u_{1x}+\mathrm{i}u_{1y})_{y=0}=\kappa_1\varphi_1^+(x)-x\bar{\varphi}'^-_1(x)-\bar{\psi}_1^-(x) \tag{7.30}$$

而由式(7.8)中的第二式有

$$\eta^-(x)=\mu_1\kappa_2\varphi_2^-(x)+\mu_2x\bar{\varphi}'^-_1(x)+\mu_2\bar{\psi}_1^-(x) \tag{7.31}$$

整理得

$$x\bar{\varphi}'^-_1(x)+\bar{\psi}_1^-(x)=[\eta^-(x)-\mu_1\kappa_2\varphi_2^-(x)]/\mu_2 \tag{7.32}$$

将式(7.32)代入式(7.30)得

$$2\mu_1(u_{1x}+\mathrm{i}u_{1y})_{y=0}=\kappa_1\varphi_1^+(x)-[\eta^-(x)-\mu_1\kappa_2\varphi_2^-(x)]/\mu_2 \tag{7.33}$$

再由式(7.12)积分(注意 $\theta(z)\equiv 0$,略去积分常数项)可得

$$\varphi_1^+(x)=\eta^+(x)/(\mu_1+\mu_2\kappa_1),\quad \varphi_2^-(x)=\eta^-(x)/(\mu_2+\mu_1\kappa_2) \tag{7.34}$$

将式(7.34)代入式(7.33)(即将函数 $\varphi_1^+(x)$ 和 $\varphi_2^-(x)$ 用函数 $\eta^+(x)$ 和 $\eta^-(x)$ 来表示),可得

$$2\mu_1(u_{1x}+\mathrm{i}u_{1y})_{y=0}=\kappa_1\eta^+(x)/(\mu_1+\mu_2\kappa_1)-\eta^-(x)/(\mu_2+\mu_1\kappa_2) \tag{7.35}$$

同理,类似可得

$$2\mu_2(u_{2x}+\mathrm{i}u_{2y})_{y=0}=\kappa_2\eta^-(x)/(\mu_2+\mu_1\kappa_2)-\eta^+(x)/(\mu_1+\mu_2\kappa_1) \tag{7.36}$$

注意,函数 $\eta(z)$ 的边值满足式(7.16),积分式(7.36)并略去常数项($p(x)=T$)得

$$\eta^+(x)+\alpha\eta^-(x)=-(\mu_1+\mu_2\kappa_1)Tx/2,\quad |x|\leqslant a \tag{7.37}$$

将式(7.26)和式(7.37)代入式(7.35)和式(7.36)可得到裂面法向位移为

$$u_{1y}=\frac{T(1+\kappa_1)\sqrt{\alpha}}{2\mu_1(1+\alpha)}\sqrt{a^2-x^2}\cos\left(\varepsilon\ln\frac{a+x}{a-x}\right),\quad y=0^+,|x|\leqslant a \tag{7.38}$$

$$u_{2y}=\frac{T(1+\kappa_2)\sqrt{\alpha}}{2\mu_2(1+\alpha)}\sqrt{a^2-x^2}\cos\left(\varepsilon\ln\frac{a+x}{a-x}\right),\quad y=0^-,|x|\leqslant a \tag{7.39}$$

而裂面张开位移为

$$u_{1y}-u_{2y}=\frac{T\sqrt{\alpha}}{2(1+\alpha)}\left(\frac{1+\kappa_1}{\mu_1}+\frac{1+\kappa_2}{\mu_2}\right)\sqrt{a^2-x^2}\cos\left(\varepsilon\ln\frac{a+x}{a-x}\right),\quad |x|\leqslant a \tag{7.40}$$

由此可以看出，当 $x\to\pm a$ 时(即在右、左裂尖)，有

$$\varepsilon\ln[(a+x)/(a-x)]\to\mp\infty \tag{7.41}$$

这样，在靠近左、右裂尖附近，存在无穷多个 x 值使得

$$\cos\{\varepsilon\ln[(a+x)/(a-x)]\}<0 \quad\Rightarrow\quad u_{1y}-u_{2y}<0 \tag{7.42}$$

式(7.42)表明裂尖附近的裂面存在负张开位移，这意味着裂面相互楔入(wrinkle)和折叠(overlap)，这在物理上是不真实的。一种可能的解释是近尖裂面的接触闭合，因此需要提供附加的裂面条件来代替式(7.1)，这个问题将在后面讨论。

England 初步估算了裂尖折叠区的尺寸。令 $u_{1y}-u_{2y}=0$，由式(7.40)可得

$$\varepsilon\ln[(a+x)/(a-x)]=\pm\pi/2 \tag{7.43}$$

令 $\delta=a-x$，如图 7.2 所示，则式(7.43)为

$$\ln[(2a-\delta)/\delta]=\pm\pi^2/\ln\alpha \tag{7.44}$$

通常，工程材料的参数满足 $\alpha\in(1/3,3)$，于是可得

$$\delta_{\max}/(2a)\approx1.26\times10^{-4} \tag{7.45}$$

式(7.45)表明：折叠区尺寸远小于裂长。需要指出的是，这个结果是在纯拉伸载荷下得到的，并且，式(7.45)并不是接触闭合区的尺寸。后面将会看到，在纯拉伸载荷作用下的接触区尺寸远比式(7.45)小。而在纯剪切情况下，接触区尺寸则大得惊人。

以上介绍了 England 关于界面裂纹问题的结果。总而言之，裂尖附近出现了裂面折叠和应力振荡奇性。这可能是由两个原因造成的：一是裂面边界条件的物

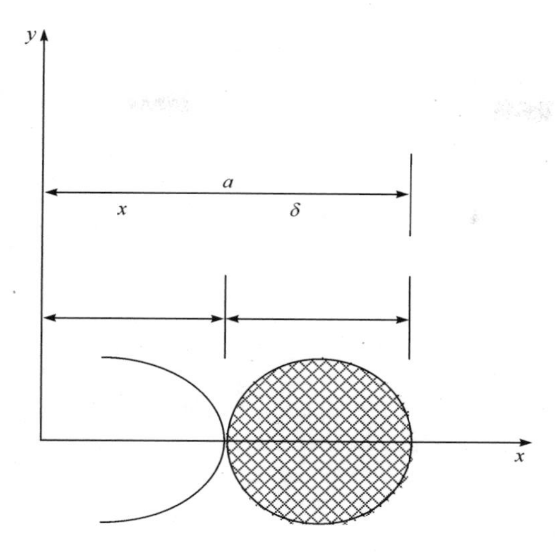

图 7.2　裂尖折叠区尺寸

理模型过于理想化；二是采用了经典的线弹性理论。然而，已经证明，应力振荡奇异行为被限制在裂尖附近非常小的区域中。

3) 裂尖楔入区尺寸的确定

下面以无限大双材料中长度为 L 的界面裂纹在无穷远处受均匀应力 σ_y^∞ 和 τ_{xy}^∞ 作用的问题为例(图 7.3)来进一步说明如何确定楔入区的尺寸。

求解图 7.3 所示问题可得，在裂纹面上，裂面之间的位移差为

$$(u_y+\mathrm{i}u_x)_{\theta=\pi}-(u_y+\mathrm{i}u_x)_{\theta=-\pi}=(c_1+c_2)Kr^{\mathrm{i}\varepsilon}\sqrt{r}/[2\sqrt{2\pi}(1+2\mathrm{i}\varepsilon)\mathrm{ch}(\pi\varepsilon)] \tag{7.46}$$

由此可以看出，当 $r\to 0$ 时，裂纹面会发生折叠和楔入现象。

利用前述的复势方法可解得复应力强度因子(注意，处理具体问题时，是解一个非齐次的 R-H 问题，自由项中含有外载荷)为

$$K=(\sigma_y^\infty+\mathrm{i}\sigma_{xy}^\infty)(1+2\mathrm{i}\varepsilon)L^{-\mathrm{i}\varepsilon}\sqrt{\pi L/2} \tag{7.47}$$

令

$$\sigma_y^\infty+\mathrm{i}\sigma_{xy}^\infty=T\mathrm{e}^{\mathrm{i}\psi} \tag{7.48}$$

其中，T 表示无穷远处外力矢量 $\boldsymbol{T}$ 的幅值；ψ 是 $\boldsymbol{T}$ 与 σ_y^∞ 间的夹角，$\psi=0$ 对应着拉伸载荷，$\psi=\pm\pi/2$ 对应着沿 x 轴的剪切载荷。楔入区尺寸就是使裂面 y 方向位移

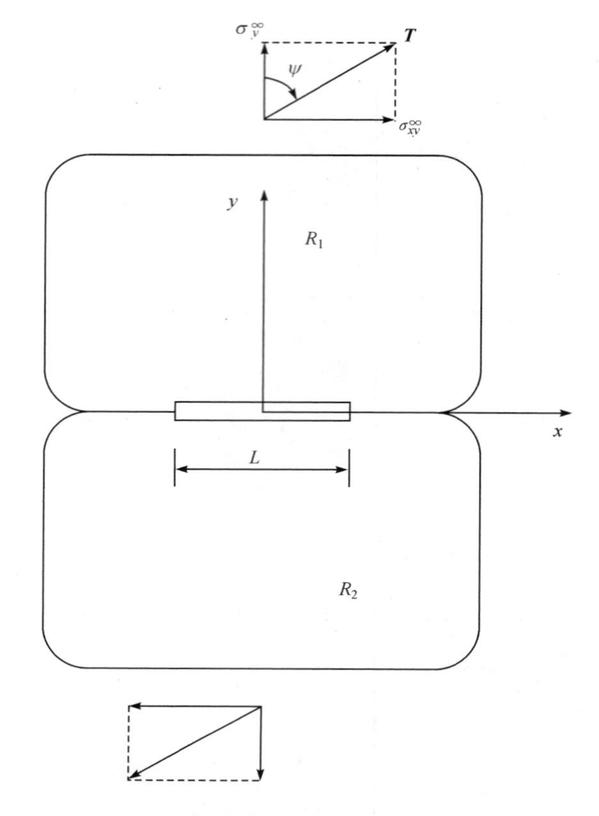

图 7.3　界面裂纹裂尖楔入区尺寸的确定

差为零的最大 r 值，即满足 $[u_y]_{\theta=\pi}-[u_y]_{\theta=-\pi}=0$ 的最大 r 值。于是由式(7.46)可得

$$\mathrm{Re}[Kr^{\mathrm{i}\varepsilon}/(1+2\mathrm{i}\varepsilon)]=0 \tag{7.49}$$

再将式(7.47)、式(7.48)代入式(7.49)中可得

$$\mathrm{Re}[\mathrm{e}^{\mathrm{i}\psi}(r/L)^{\mathrm{i}\varepsilon}]=\cos[\psi+\varepsilon\ln(r/L)]=0 \tag{7.50}$$

即有

$$\psi+\varepsilon\ln(r/L)=\pm\pi/2 \tag{7.51}$$

令 $\varepsilon>0$(这总是可以由交换材料 1 和 2 来做到)，$-\pi/2<\psi<\pi/2$，则当式(7.51)中右端取正号时将导致 $r>L$，应舍去；而取负号时，可得

$$r_c=r_{\max}=L\mathrm{e}^{-(\psi+\pi/2)/\varepsilon} \tag{7.52}$$

这就是楔入区尺寸的估算值。对于常用的双材料界面，$\varepsilon\ll1$，因此 r_c 是非常

小的。还可看出，当 ψ 接近 $-\pi/2$ 时，楔入区尺寸会很大。Hutchinson 等(1987)曾给出一些常用的双材料界面的 ε 值，如表 7.1 所示。

表 7.1 常用双材料界面的 ε 值

材料	Ti/Al_2O_3	Cu/Al_2O_3	Nb/Al_2O_3	Si/Cu	MgO/Ni	Au/MgO
ε	0.039	0.028	0.019	0.011	0.005	0.004

如果采用 $r_c/L<0.01$ 作为对 r_c 的一个适当限制，则可引入小范围楔入区的概念。亦即裂尖场可由复应力强度因子 K 来表征，此时应满足如下条件：

$$\psi>-\pi/2+4.605\varepsilon \tag{7.53}$$

这样，线弹性断裂力学在下述范围内是有效的：

$$\varepsilon=0.15,\psi>-50°;\quad \varepsilon=0.05,\psi>-77°;\quad \varepsilon=0.01,\psi>-87° \tag{7.54}$$

这些条件通常都是可以实现的。

4) 尺度耦合与载荷角漂移

考察复应力强度因子 K 的表达式(7.47)可以看出，由于 $L^{-i\varepsilon}$ 项的存在，应力强度因子和试件裂纹尺寸是耦合的，这同时造成了载荷角的漂移。

设含长度为 L 的界面裂纹的双材料在远场受到载荷角为 ψ 的均布外载荷 $\boldsymbol{T}$ 的作用时，其裂尖应力强度因子为 K。而对于另一个长度为 L' 的裂纹来说，如果欲使其裂尖状态与前一个状态相同，即如果想得到和裂长 L 的裂纹裂尖同样的支配参数 K，仅改变外载荷的大小是不行的，还需要改变载荷角 ψ(称为载荷角漂移)。将式(7.47)写成

$$K=Te^{i\psi}(1+2i\varepsilon)L'^{-i\varepsilon}\sqrt{\pi L'/2} \tag{7.55}$$

而对于相同材料中含长度为 L' 的界面裂纹有

$$K'=T'e^{i\psi'}(1+2i\varepsilon)L'^{-i\varepsilon}\sqrt{\pi L'/2} \tag{7.56}$$

若要得到相同的支配参数，即 $K=K'$，有

$$T'e^{i\psi'}L'^{-i\varepsilon}\sqrt{L'}=Te^{i\psi}L^{-i\varepsilon}\sqrt{L} \tag{7.57}$$

由此得

$$T'=T\sqrt{L/L'},\quad \psi'=\psi+\varepsilon\ln(L'/L) \tag{7.58}$$

这给试验载荷的标定带来困难，使真实裂尖状态无法在实验室小试件上精确

再现。所幸的是，载荷角的漂移量并不大，有时是可以忽略的。表 7.2 给出两组不同尺寸耦合下的载荷偏移角。

表 7.2　$L'/L=10$ 和 $L'/L=100$ 下的载荷角偏移

尺寸比例	ε	0.011	0.075	0.175
$L'/L=10$	$\psi'-\psi=2.3\varepsilon$	1.4°	10°	23°
$L'/L=100$	$\psi'-\psi=4.6\varepsilon$	2.8°	20°	46°

除了界面裂纹的尺寸耦合和载荷角漂移特性外，复应力强度因子 K 的量纲也是需要注意的问题。当分别用 MPa 和 m 作为应力和长度的量纲单位时，K 值可以写成

$$K=C\cdot \mathrm{MPa}\cdot \sqrt{\mathrm{m}}\cdot \mathrm{m}^{-i\varepsilon} \tag{7.59}$$

其中，C 是无量纲复数，表示 K 值的大小。如果将长度单位改为 mm，则不仅 C 的大小要增加 $1000^{1/2}\approx 32$ 倍，且相位角的变化为：$-\varepsilon\ln(1000)\approx -6.9\varepsilon$（例如，$\varepsilon=0.05$ 时，相位角的变化为 $-20°$）。这意味着，即使在某一单位制下，C 为实数，也不能认为其对应的 K 值是Ⅰ型断裂的 K_{I}，由于 C 在其他单位制中并不始终保持为一个实数。由此得到一个结论：在界面裂尖附近，拉伸和剪切效应被固有地耦合在一起了，因而也无法明确地指出某一给定外载是属于Ⅰ型载荷或是Ⅱ型载荷。这是界面裂纹与均匀弹性体裂纹两种应力强度因子之间的重要差别。

5）小 ε 值与经典型应力强度因子

前面的 England 解是界面问题早期研究的典型结论。其预言在纯拉伸载荷下的折叠区尺寸与裂纹长度之比的量级为 10^{-4}。尽管他们未能解决这一问题，但数量级的研究使 Rice(1988)得出结论：在界面裂纹尖端小范围接触区和小范围非线性区假设下，线弹性解尽管引起裂尖应力的振荡奇性，但仍然提供了一个适当的特征参数——复应力强度因子。显然，$r^{i\varepsilon}$ 项的存在，使界面裂纹复应力强度因子与均匀各向同性弹性体的复应力强度因子具有重大差别，本小节主要介绍这一理论。

尽管前面讨论了界面裂纹裂尖拉伸和剪切场的耦合效应，然而对于大多数人们感兴趣的应用材料组合而言，ε 值通常都是很小的，其量级大多为 0.01～0.03。

而在此情况下，若 L 的变化为10倍，其相位角变化仅为1.3°～4.0°。因此，在这种情况下可以考虑忽略相位角的变化，寻求一个合适的特征参数以避免 K 的这种复杂性。

注意到对于任意界面裂纹问题，复因子 K 都可以写成如下形式：

$$K=\Lambda T\sqrt{L}L^{-\mathrm{i}\varepsilon} \tag{7.60}$$

其中，T 是外载荷主矢的大小；L 是某个几何长度（如某个裂纹长度、韧带宽度或裂尖到外载荷作用点的距离等）；Λ 是一个依赖于外载荷相位角 ψ、结构特征长度、材料常数的复数。在描述任何裂尖奇异应力场和位移场时，总可将 K 写成 $Kr^{\mathrm{i}\varepsilon}$ 的形式，即有

$$Kr^{\mathrm{i}\varepsilon}=\Lambda T\sqrt{L}(r/L)^{\mathrm{i}\varepsilon}=\Lambda T\sqrt{L}\,\mathrm{e}^{-\mathrm{i}\varepsilon\ln(L/r)} \tag{7.61}$$

显然，这个量不会因为量纲的变化导致相位角发生变化，并且，如果令

$$K_{\mathrm{I}}+\mathrm{i}K_{\mathrm{II}}=Kr^{\mathrm{i}\varepsilon} \tag{7.62}$$

将式(7.62)代入裂尖前方应力表达式(7.28)有

$$\sigma_y+\mathrm{i}\tau_{xy}=(K_{\mathrm{I}}+\mathrm{i}K_{\mathrm{II}})/\sqrt{2\pi r} \tag{7.63}$$

式(7.63)与均匀裂纹体的裂尖前方应力场表达式在形式上是一致的。

注意，r 的变化只影响 $Kr^{\mathrm{i}\varepsilon}$ 的相位角，并且对于常用的材料组合而言，这个相位角的变化可以忽略。因此，可以在一定程度上将 $Kr^{\mathrm{i}\varepsilon}$ 看作与 r 无关。于是可在这一范围内选择一个固定的 r 值 $\hat{r}$，并由此定义一个经典型应力强度因子：

$$K_{\mathrm{I}}+\mathrm{i}K_{\mathrm{II}}=K\hat{r}^{\mathrm{i}\varepsilon}=\Lambda T\sqrt{L}(\hat{r}/L)^{\mathrm{i}\varepsilon} \tag{7.64}$$

来表征界面裂纹的裂尖应力场。

那么，怎样选择 $\hat{r}$ 呢？其实对于小 ε 值而言，这在很大的范围内几乎是无关紧要的。例如，考虑选择两个相差10倍的 $\hat{r}$，当 $\varepsilon=0.01\sim0.03$ 时，两个由式(7.64)定义的经典型应力强度因子的比值为

$$10^{\mathrm{i}\varepsilon}=\mathrm{e}^{2.3\mathrm{i}\varepsilon}=(0.9997+0.0230\mathrm{i})\sim(0.9976+0.0689\mathrm{i}) \tag{7.65}$$

亦即这个比值是足够接近1的。这表明即使所选的 $\hat{r}$ 相差10倍，对经典型应力强度因子的影响在小 ε 值时也是不大的。事实上，对于小 ε 值而言，即使选择 $\hat{r}=L$ 也是可行的，此时有

$$K_{\mathrm{I}}+\mathrm{i}K_{\mathrm{II}}=\Lambda T\sqrt{L} \tag{7.66}$$

7.2 界面裂纹的 Comninou 模型

为了克服前面 England 解中的裂尖近区材料相互楔入和折叠的问题，Comninou(1977)提出了带有裂尖附近闭合区的界面裂纹模型，以期得到物理真实的数学解。由于本模型是建立在位错模型基础之上的，并且在断裂力学中，位错的概念十分重要，下面先对位错理论进行简单介绍。

7.2.1 断裂力学位错理论简介

位错(dislocation)是晶体物理学中的一个基本概念，它表征着物体中的一个二维微观缺陷。在连续介质力学中，常常用这一概念把物体中存在的宏观缺陷看作位错的某种组合。这样，位错就相当于基本解，而宏观缺陷的解可由位错解的积分得到。

1) 刃型位错与螺型位错

位错变形如图 7.4 所示。设想一个中空的圆柱体，用一个与圆柱的母线平行的半平面沿径向将圆柱体切开。施加外载荷使割痕的两侧发生相对位移，然后再将两侧黏合在一起并除去外载荷。此时，若割痕两侧相对位移使两侧间出现缝隙[图 7.4(c)]，则选用相同的材料将缝隙填满；若相对位移使两侧发生折叠[图 7.4(a)和图 7.4(b)]，则切去多余的部分。经过这样的处理之后，得到圆柱体的一个特殊应力状态。其中，应力场和应变场都是连续且单值的，并且没有外力作用；然而，沿任意一条包围圆柱轴线(通常称为位错线)的周线跨过割痕时，割痕两侧的位移将相差一个常数。也就是说，跨过割痕时位移是多值的，割痕所在的平面是位移奇异面。在图 7.4 中，对应于图 7.4(a)的位移称为螺型位错(screw dislocation)，可以看出，螺型位错的割痕两侧相对位移位于切割面内且垂直于切割方向。对应于图 7.4(b)和图 7.4(c)情况的位移统称刃型位错(edge dislocation)。其中，图 7.4(b)所示的情况又称作滑移型位错(slip dislocation)，其割痕两侧相对位移也位于切割面内，但其方向与切割方向是平行的；而图 7.4(c)则称作张开型位错(open dislocation)，其相对位移垂直于切割平面。

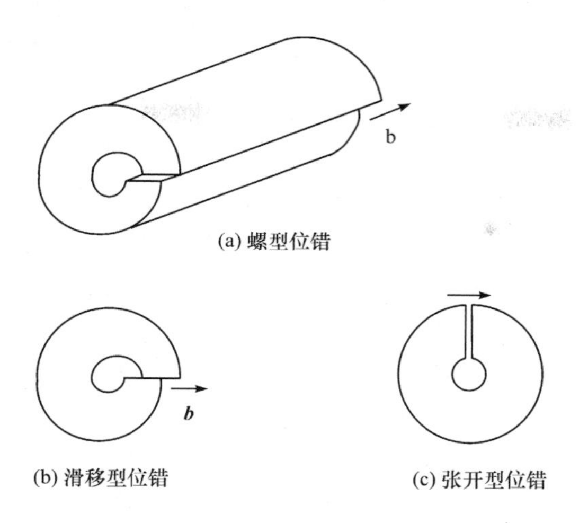

(a) 螺型位错

(b) 滑移型位错　(c) 张开型位错

图 7.4　位错的基本类型

2）位错的 Burgers 矢量及位错条件

前面说过，沿围绕位错线的任意周线，跨过割痕时的位移差是个常数，通常把这个常数称作位错的 Burgers 矢量（常记作 $\boldsymbol{b}$）。并做如下规定：首先规定一个沿位错线方向的单位矢量 $\boldsymbol{\xi}$，而取围线的正向与 $\boldsymbol{\xi}$ 成右手系，于是，当沿围线正向环绕位错线一周回到起点时，终点位移与起点位移的差就等于该位错的 Burgers 矢量，即

$$\boldsymbol{u}_{\text{final}}-\boldsymbol{u}_{\text{initial}}=\boldsymbol{b} \tag{7.67}$$

一般情况下，位错可以是上述三种位错的组合，于是，位错条件通常写作

$$\oint_C \mathrm{d}\boldsymbol{u}=\oint_C \frac{\partial \boldsymbol{u}}{\partial x_i}\mathrm{d}x_i=\boldsymbol{b} \tag{7.68}$$

其中，C 是环绕位错线的闭围线。

3）均匀弹性介质中的刃型位错势函数

既然位错代表着一种特殊的应力状态，且位错问题中既无体力，也无外力。因此，这一应力状态必存在应力势函数。考虑图 7.5 所示的位于原点处的单个刃型位错，设其 Burgers 矢量为 $\boldsymbol{b}$，且

$$\boldsymbol{b}=b_x+\mathrm{i}b_y \tag{7.69}$$

本问题中无穷远处应力、转动均为零。需注意，位移是多值的，因此其复势函数的一般形式可写成

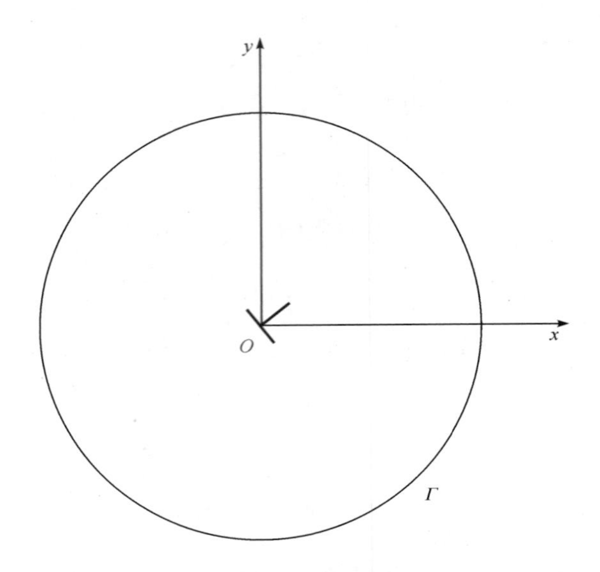

图 7.5　位于坐标原点的单个刃型位错

$$\varphi(z)=(Az+B)\ln z,\quad \psi(z)=C\ln z \tag{7.70}$$

其中,A 是实常数;B、C 是复常数。位移的复势表达式为

$$2\mu u=2\mu(u_x+\mathrm{i}u_y)=\kappa\varphi(z)-z\overline{\varphi'(z)}-\overline{\psi(z)} \tag{7.71}$$

按位错条件式(7.68),沿环绕位错线的任意围线 Γ 正向绕行一周时,位移增量为其 Burgers 矢量 $\boldsymbol{b}$。据此,由式(7.70)和式(7.71)可得

$$\begin{aligned}2\mu(b_x+\mathrm{i}b_y)&=(2\mu u)_{\Gamma^+}\\&=\left[\kappa(Az+B)\ln z-z\left(A\,\overline{\ln z}+\frac{A\bar{z}+\bar{B}}{\bar{z}}\right)-\overline{C\ln z}\right]\Gamma^+\\&=\kappa(Az+B)\cdot 2\pi\mathrm{i}-zA\cdot\overline{2\pi\mathrm{i}}-\bar{C}\cdot\overline{2\pi\mathrm{i}}\\&=2\pi\mathrm{i}[(\kappa+1)Az+(\kappa B+\bar{C})]\end{aligned} \tag{7.72}$$

因为式中左端为常数,所以(z 的系数为零)

$$A=0 \tag{7.73}$$

这样,式(7.70)表示的复势函数 $\varphi(z)$和 $\psi(z)$可写成

$$\varphi(z)=B\ln z,\quad \psi(z)=C\ln z \tag{7.74}$$

而位移表达式为

$$\mu(b_x+\mathrm{i}b_y)=\pi\mathrm{i}(\kappa B+\bar{C}) \tag{7.75}$$

又因为物体处于平衡状态，所以从围线 Γ 的外侧作用于 Γ 的应力主矢应为零，故有

$$[\varphi(z)+z\overline{\varphi'(z)}+\overline{\psi(z)}]_{\Gamma^+}=\left(B\ln z+\frac{\overline{B}z}{\overline{z}}+\overline{C\ln z}\right)_{\Gamma^+}=2\pi\mathrm{i}(B-\overline{C})=0 \quad (7.76)$$

由此得

$$B=\overline{C} \quad (7.77)$$

代入式(7.75)可得

$$B=\left[\frac{\mu}{\pi\mathrm{i}(\kappa+1)}\right](b_x+\mathrm{i}b_y) \quad (7.78)$$

于是得到位于原点处的任意单个刃型位错的复势函数为

$$\varphi(z)=B\ln z,\quad \psi(z)=\overline{B}\ln z \quad (7.79)$$

其中，系数 B 如式(7.78)所示。

若单个刃型位错位于平面上任意一点 s，如图 7.6 所示，需注意此时复势函数满足坐标平移转换关系

$$\varphi(z)=\varphi_*(z-s),\quad \psi(z)=\psi_*(z-s)-\overline{s}\varphi'_*(z-s) \quad (7.80)$$

其中，$\varphi_*(z-s)$，$\psi_*(z-s)$是原点位于 $z=s$ 处的新平移坐标系中的复势函数，其形式与 $\varphi(z)$和 $\psi(z)$是相同的。于是，位于平面中任意一点 s 处的单个刃型位错的复势函数为

$$\varphi(z)=B\ln(z-s),\quad \psi(z)=\overline{B}\ln(z-s)-B\overline{s}/(z-s) \quad (7.81)$$

同样，若令

$$\Phi(z)=\varphi'(z),\quad \Omega(z)=[z\varphi'(z)+\psi(z)]' \quad (7.82)$$

则容易得到其坐标转换关系为

$$\Phi(z)=\Phi_*(z-s),\quad \Omega(z)=\Omega_*(z-s)+(s-\overline{s})\Phi'_*(z-s) \quad (7.83)$$

于是，平面上点 s 处的单个刃型位错的复势函数又可以写成

$$\Phi_0(z)=B/(z-s),\quad \Omega_0(z)=B(\overline{s}-s)/(z-s)^2+\overline{B}/(z-s) \quad (7.84)$$

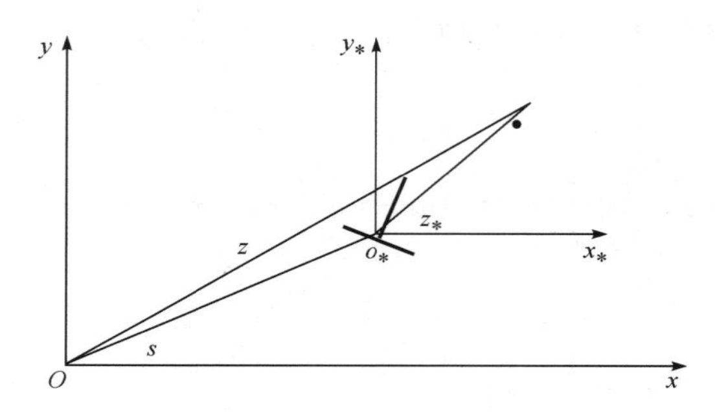

图 7.6 复势函数的坐标转换

4）均匀各向同性双材料中刃型位错的势函数

设一个刃型位错位于区域 S_2 中的 s 点处，如图 7.7 所示。注意，此时由于存在界面，刃型位错的复势函数已不再如式(7.84)所示。设此时的复势函数为

$$\Phi(z)=\begin{cases}\Phi^1(z)+\Phi_0(z), & z\in S_1\\ \Phi^2(z)+\Phi_0(z), & z\in S_2\end{cases}$$
$$\Omega(z)=\begin{cases}\Omega^1(z)+\Omega_0(z), & z\in S_1\\ \Omega^2(z)+\Omega_0(z), & z\in S_2\end{cases} \tag{7.85}$$

其中，$\Phi_0(z)$和 $\Omega_0(z)$是 S_2 材料中单个刃型位错在无限大区域中的复势函数，它们在界面处是连续的，即有 $\Phi_0^+(x)=\Phi_0^-(x)$，$\Omega_0^+(x)=\Omega_0^-(x)$。下面来确定式(7.85)中的未知复势函数 $\Phi^1(z)$、$\Phi^2(z)$、$\Omega^1(z)$和 $\Omega^2(z)$。对应于复势函数 $\Phi(z)$、$\Omega(z)$的应力、位移表达式可写成

$$\begin{aligned}&\sigma_y+\sigma_x=2[\Phi(z)+\overline{\Phi(z)}]\\&\sigma_y+\mathrm{i}\tau_{xy}=\overline{\Phi(z)}+\Omega(z)+(\bar{z}-z)\Phi'(z)\\&-2\mathrm{i}\mu\partial(u+\mathrm{i}v)/\partial x=\kappa\overline{\Phi(z)}-\Omega(z)-(\bar{z}-z)\Phi'(z)\end{aligned} \tag{7.86}$$

将式(7.85)和式(7.86)代入界面应力连续条件有

$$\overline{\Phi^1}^-(x)+\Omega^{1+}(x)=\overline{\Phi^2}^+(x)+\Omega^{2-}(x) \tag{7.87}$$

整理得

$$\Omega^{1+}(x)-\overline{\Phi^2}^+(x)=\Omega^{2-}(x)-\overline{\Phi^1}^-(x) \tag{7.88}$$

故存在一个全平面解析函数

$$\eta(z)=\begin{cases}\Omega^{1}(z)-\overline{\Phi^{2}}(z), & z\in S_{1}\\ \Omega^{2}(z)-\overline{\Phi^{1}}(z), & z\in S_{2}\end{cases} \tag{7.89}$$

由于远场应力载荷 $\sigma_{ij}^{\infty}=0$，可知 $\eta(z)=0$，于是得

$$\begin{cases}\overline{\Phi^{2}}(z)=\Omega^{1}(z), & z\in S_{1}\\ \overline{\Phi^{1}}(z)=\Omega^{2}(z), & z\in S_{2}\end{cases} \tag{7.90}$$

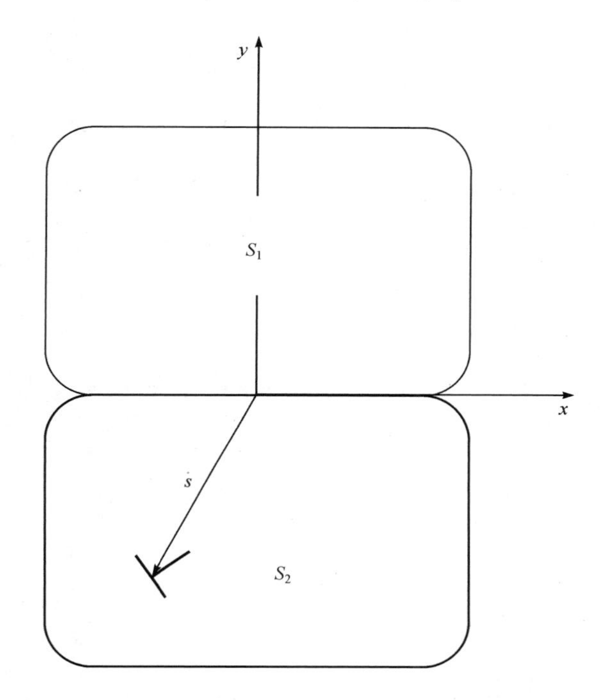

图 7.7　均匀各向同性双材料中刃型位错

同理，由界面位移连续条件可得

$$(1-\beta)\Omega^{2-}(x)-(\alpha+\beta)\overline{\Phi}_{0}(x)=(1+\beta)\Omega^{1+}(x)-(\alpha-\beta)\Omega_{0}(x) \tag{7.91}$$

其中

$$\alpha=\frac{\Gamma(\kappa_{2}+1)-(\kappa_{1}+1)}{\Gamma(\kappa_{2}+1)+(\kappa_{1}+1)},\quad \beta=\frac{\Gamma(\kappa_{2}-1)-(\kappa_{1}-1)}{\Gamma(\kappa_{2}+1)+(\kappa_{1}+1)},\quad \Gamma=\frac{\mu_{1}}{\mu_{2}} \tag{7.92}$$

其中，α 和 β 分别是 Dundurs 第一、第二参数。由标准的解析开拓方法可得

$$\begin{cases}\Omega^{2}(z)=\Lambda\overline{\Phi_{0}}(z), & z\in S_{2}\\ \Omega^{1}(z)=\Pi\Omega_{0}(z), & z\in S_{1}\end{cases} \tag{7.93}$$

其中

$$\Lambda=(\alpha+\beta)/(1-\beta),\quad \Pi=(\alpha-\beta)/(1+\beta) \tag{7.94}$$

这样，由式(7.85)、式(7.90)和式(7.93)可得均匀各向同性双材料中刃型位错的复势函数为

$$\Phi(z)=\begin{cases}(1+\Lambda)\Phi_0(z) \\ \Phi_0(z)+\Pi\overline{\Omega_0}(z)\end{cases},\quad \Omega(z)=\begin{cases}(1+\Pi)\Omega_0(z), & z\in S_1 \\ \Omega_0(z)+\Lambda\overline{\Phi_0}(z), & z\in S_2\end{cases} \tag{7.95}$$

7.2.2 Comninou 模型问题解

如图 7.8 所示，两弹性介质半平面的界面上有一条长度为 $2L$ 的界面裂纹。记上、下半平面介质的剪切模量和泊松比分别为 μ_1、ν_1 和 μ_2、ν_2。远场受均匀Ⅰ型载荷 T 作用。设裂纹在区间$(-a,a)$中是张开的，a 是一个待求解的未知量。并且假定裂纹在区间$(-L,-a)$和(a,L)中是闭合的光滑接触。这样，应力边界条件就成为沿整个裂纹$(-L,L)$剪应力为零，以及沿裂纹地张开部分$(-a,a)$正应力为零。为了模拟这种裂面应力自由条件，Comninou 把裂纹看作由密度为$B_x(x)=\mathrm{d}b_x/\mathrm{d}x$，分布在整个裂纹$(-L,L)$上的一组滑移位错；以及密度为$B_y(x)=\mathrm{d}b_y/\mathrm{d}x$，分布在裂纹张开部分$(-a,a)$上的一组张开型位错构成的。

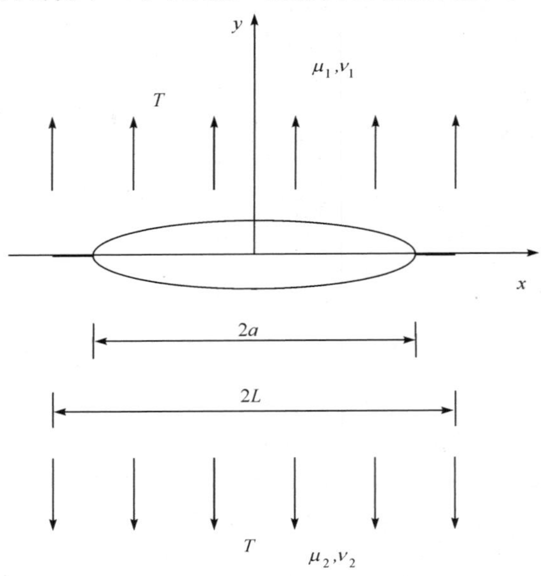

图 7.8 界面裂纹的 Comninou 模型

位于界面上 $x=\xi$ 处的一个滑移位错或张开型位错产生的应力场分别为

$$\tau_{xy}(x,0)=(C/\pi)b_x/(x-\xi),\quad \sigma_y(x,0)=-\beta Cb_x\delta(x-\xi) \tag{7.96}$$

$$\tau_{xy}(x,0)=\beta Cb_y\delta(x-\xi),\quad \sigma_y(x,0)=(C/\pi)b_y/(x-\xi) \tag{7.97}$$

其中,$\delta(x)$是 Dirac Delta 函数;b_x、b_y 是 Burgers 矢量沿相应轴方向的分量;β 是 Dunders 参数,如式(7.92)所示;而 C 是依赖于材料参数的常数:

$$C=2\mu_1(1+\alpha)/[(\kappa_1+1)(1-\beta^2)]=2\mu_2(1-\alpha)/[(\kappa_2+1)(1-\beta^2)] \tag{7.98}$$

Comninou 模型的边界条件为

$$\begin{cases}\tau_{xy}(x,0)=0, & |x|\leqslant L,\\ \sigma_y(x,0)=0, & |x|\leqslant a\end{cases} \tag{7.99}$$

于是,沿整个裂面剪应力为零的边界条件可以写成

$$\int_{-L}^{L}\frac{C}{\pi}\frac{B_x(\xi)}{x-\xi}\mathrm{d}\xi+\int_{-a}^{a}\beta CB_y(\xi)\delta(x-\xi)\mathrm{d}\xi=0,\quad |x|\leqslant L \tag{7.100}$$

其中,等号左边第一项是滑移位错产生的剪力;第二项是张开型位错产生的剪力。整理可得第一个定解方程:

$$\beta B_y(x)[H(x+a)-H(x-a)]-\frac{1}{\pi}\int_{-L}^{L}\frac{B_x(\xi)}{\xi-x}\mathrm{d}\xi=0,\quad |x|\leqslant L \tag{7.101}$$

其中,$H(x-x_0)$是 Hevaiside 单位阶跃函数,即

$$H(x-x_0)\equiv\int_0^x\delta(x-x_0)\mathrm{d}x=\begin{cases}1, & x>x_0\\ 0, & x\leqslant x_0\end{cases} \tag{7.102}$$

并具有如下性质:

$$\int_a^b f(\xi)\delta(\xi-x)\mathrm{d}\xi=f(x)[H(x-a)-H(x-b)] \tag{7.103}$$

同理,由沿界面法向应力为零的边界条件有

$$T+\left[-\int_{-L}^{L}\beta CB_x(\xi)\delta(x-\xi)\mathrm{d}\xi+\int_{-a}^{a}\frac{C}{\pi}\frac{B_y(\xi)}{x-\xi}\mathrm{d}\xi\right]=0,\quad |x|\leqslant a \tag{7.104}$$

其中,等号左边中括号中的第一项是滑移位错产生的法向应力;第二项是张开型位错产生的法向应力。整理可得第二个定解方程:

$$T - C\left[\beta B_x(x) + \frac{1}{\pi}\int_{-a}^{a} \frac{B_y(\xi)}{x-\xi}\mathrm{d}\xi\right] = 0, \quad |x| \leqslant a \tag{7.105}$$

以下的任务就是求解这两个定解方程中的未知函数 $B_x(x)$ 和 $B_y(x)$，并确定参数 a。另外，为了保证位移的单值性，分布位错的总 Burgers 矢量必须为零，即有

$$\int_{-L}^{L} B_x(\xi)\mathrm{d}\xi = 0, \quad \int_{-a}^{a} B_y(\xi)\mathrm{d}\xi = 0 \tag{7.106}$$

注意到 b_y 关于 y 轴对称，因此 $B_y(x) = \mathrm{d}b_y/\mathrm{d}x$ 关于 y 轴是反对称的，即 $B_y(-x) = -B_y(x)$。这样，式(7.106)中的第二式自动满足，以后只要考虑第一式即可。记裂面间的间距为 $g(x)$，裂面相对滑移为 $h(x)$，即

$$g(x) = u_y^2(x,0) - u_y^1(x,0) = -b_y, \quad h(x) = u_x^2(x,0) - u_x^1(x,0) = -b_x \tag{7.107}$$

并注意到

$$B_x(x) = -\mathrm{d}h(x)/\mathrm{d}x, \quad B_y(x) = -\mathrm{d}g(x)/\mathrm{d}x \tag{7.108}$$

可以认为 $B_y(x)$ 在区间 $(-a,a)$ 上是连续的，并且在端点 $-a$ 和 a 处是有界的。这样，第一个定解方程式(7.101)可看作关于未知函数 $B_x(x)$ 的一个柯西奇异积分方程。将 $B_y(x)$ 看成已知的，则可求解 $B_x(x)$。为此，令

$$F(z) = \frac{1}{2\pi\mathrm{i}}\int_{-L}^{L} \frac{B_x(\xi)\mathrm{d}\xi}{\xi - z} \tag{7.109}$$

由 Plemelj 公式有

$$F^+(x) - F^-(x) = B_x(x), \quad F^+(x) + F^-(x) = \frac{1}{\pi\mathrm{i}}\int_{-L}^{L} \frac{B_x(\xi)\mathrm{d}\xi}{\xi - x} \tag{7.110}$$

将式(7.110)中的第二式代入式(7.101)可得

$$F^+(x) + F^-(x) = -\mathrm{i}\beta B_y(x)[H(x+a) - H(x-a)], \quad |x| \leqslant L \tag{7.111}$$

解此非齐次 R-H 问题可得

$$F(z) = -\frac{X_0(z)}{2\pi}\int_{-L}^{L} \frac{\beta B_y(x)[H(x+a) - H(x-a)]}{X_0^+(x)(x-z)}\mathrm{d}x \tag{7.112}$$

其中

$$X_0(z) = (z+L)^{-1/2}(z-L)^{-1/2} = (z^2 - L^2)^{-1/2} \tag{7.113}$$

注意到此时有 $g = -1$，从而 $X_0^-(x) = -X_0^+(x)$，则由式(7.110)的第一式

可得

$$B_x(x)=F^+(x)-F^-(x)$$
$$=-\frac{\beta}{2\pi}[X_0^+(x)-X_0^-(x)]\int_{-L}^{L}\frac{B_y(t)[H(t+a)-H(t-a)]}{X_0^+(t)(t-x)}dt$$
$$=-\frac{\beta X_0(x)}{\pi}\int_{-L}^{L}\frac{B_y(t)[H(t+a)-H(t-a)]}{X_0^+(t)(t-x)}dt \tag{7.114}$$

引入无量纲参数 s、r，作变量代换 $s=x/L$，$r=t/L$，并令 $\gamma=a/L$，式(7.114)成为

$$B_x(s)=-\frac{\beta}{\pi}w(s)\int_{-1}^{1}\frac{B_y(r)[H(r+\gamma)-H(r-\gamma)]}{w(r)(r-s)}dr$$
$$=-\frac{\beta}{\pi}w(s)\int_{-\gamma}^{\gamma}\frac{B_y(r)}{w(r)(r-s)}dr,\quad -1<s<1 \tag{7.115}$$

其中

$$H(r+\gamma)-H(r-\gamma)=\begin{cases}1, & |r|<\gamma\\ 0, & |r|>\gamma\end{cases} \tag{7.116}$$

$$w(s)=(1-s^2)^{-1/2} \tag{7.117}$$

注意，此处 $s=1$ 对应着 $x=L$，即右裂尖；$s=-1$ 则对应 $x=-L$，即左裂尖。式(7.115)给出了 B_x 与 B_y 之间的关系。

现在考察式(7.106)中的第一式是否可以满足。由于

$$\int_{-L}^{L}B_x(\xi)d\xi=L\int_{-1}^{1}B_x(s)ds=-\frac{\beta L}{\pi}\int_{-1}^{1}w(s)ds\int_{-\gamma}^{\gamma}\frac{B_y(r)dr}{\omega(r)(r-s)}$$
$$\overset{\text{交换积分次序}}{=}-\frac{\beta L}{\pi}\int_{-\gamma}^{\gamma}(1-r^2)^{1/2}B_y(r)dr\int_{-1}^{1}\frac{ds}{(1-s^2)^{1/2}(r-s)}\overset{\text{后一积分等于零}}{=}0 \tag{7.118}$$

可见式(7.106)的第一式是满足的。

将表达 B_x 与 B_y 之间关系的式(7.115)代入第二个定解方程式(7.105)可得

$$-\beta^2w(s)\int_{-\gamma}^{\gamma}\frac{B_y(r)dr}{w(r)(r-s)}+\int_{-\gamma}^{\gamma}\frac{B_y(r)dr}{r-s}=\frac{\pi T}{C},\quad -\gamma<s<\gamma \tag{7.119}$$

这是一个广义柯西奇异积分方程。利用 $s=\gamma\zeta$ 和 $r=\gamma\omega$ 将区间$(-\gamma,\gamma)$归一化，分离柯西核后可得

$$(1-\beta^2)\int_{-1}^{1}\frac{B_y(\omega)}{\omega-\zeta}\mathrm{d}\omega-\beta^2\int_{-1}^{1}k(\omega,\zeta)B_y(\omega)\mathrm{d}\omega=\frac{\pi T}{C},\quad -1<\zeta<1 \tag{7.120}$$

其中

$$k(\omega,\zeta)=[1/(\omega-\zeta)]\{[(1-\gamma^2\omega^2)/(1-\gamma^2\zeta^2)]^{1/2}-1\} \tag{7.121}$$

是个有界核。式(7.120)可以利用 Gauss-Chebyshev 积分公式进行数值求解(Erdogan et al,1972)。根据奇异积分方程理论,由于 $B_y(x)$在端点$-a$ 和 a 点处有界,应有 $B_y(-a)=B_y(a)=0$,这导致了裂纹的光滑闭合。此外,这样的解 $B_y(\omega)$还必须满足如下位错塞积群条件:

$$-\beta^2\int_{-1}^{1}(1-\zeta^2)^{-1/2}\int_{-1}^{1}k(\omega,\zeta)B_y(\omega)\mathrm{d}\omega\mathrm{d}\zeta=\frac{\pi^2 T}{C} \tag{7.122}$$

或者,将式(7.121)代入式(7.122)写成

$$\int_{-1}^{1}(1-\gamma^2\omega^2)^{1/2}B_y(\omega)\int_{-1}^{1}\frac{\mathrm{d}\zeta}{(1-\zeta^2)^{1/2}(1-\gamma^2\zeta^2)^{1/2}}\mathrm{d}\omega=-\frac{\pi^2 T}{\beta^2 C} \tag{7.123}$$

这一条件可用来求出待定的未知量 a。

1) 裂尖应力场的奇异性

注意到当$|x|>L>a$ 时,$H(x+a)-H(x-a)=0$,于是由式(7.96)~式(7.98)可得界面应力分量表达式为

$$\begin{aligned}\tau_{xy}(x,0)&=\int_{-L}^{L}\frac{CB_x(\xi)}{\pi(x-\xi)}\mathrm{d}\xi+\int_{-a}^{a}\beta CB_y(\xi)\delta(x-\xi)\mathrm{d}\xi\\&=-\frac{C}{\pi}\int_{-L}^{L}\frac{B_x(\xi)}{\xi-x}\mathrm{d}\xi+\beta B_y(x)[H(x+a)-H(x-a)]\\&=-\frac{C}{\pi}\int_{-L}^{L}\frac{B_x(\xi)}{\xi-x}\mathrm{d}\xi,\quad |x|>L\end{aligned} \tag{7.124}$$

$$\sigma_y(x,0)=T-C\left[\beta B_x(x)+\frac{1}{\pi}\int_{-a}^{a}\frac{B_y(\xi)}{\xi-x}\mathrm{d}\xi\right],\quad |x|>a \tag{7.125}$$

由于 $B_x(x)$在 L 和$-L$ 点处具有 $r^{-1/2}$奇异性,则由柯西积分式(7.124)可以看出 τ_{xy} 在此两点处也具有 $r^{-1/2}$ 奇异性。事实上,利用无量纲变量 s、r 及式(7.115)可得

$$\tau_{xy}(s,0)=-\frac{\beta C}{\pi}\frac{\mathrm{sgn}(s)}{(s^2-1)^{1/2}}\int_{-\gamma}^{\gamma}\frac{B_y(r)(1-r^2)^{1/2}}{r-s}\mathrm{d}r,\quad |s|>1 \tag{7.126}$$

因为式(7.126)中 $B_y(r)$有界，所以积分有界。于是可知 $\tau_{xy}(s,0)$在点 L 和 $-L$ 处的确具有 $r^{-1/2}$奇异性。

又由于当$|x|>L$ 时，$B_x(x)=0$，于是由式(7.125)可得

$$\sigma_y(x,0) = T - \frac{C}{\pi}\int_{-a}^{a} \frac{B_y(\xi)}{\xi - x}\mathrm{d}\xi, \quad |x| > L \tag{7.127}$$

由于 $B_y(\xi)$是一个有界函数，可知 $\sigma_y(x,0)$是有界的(在 $x=\pm L^+$)。又对于 $a<|x|<L$来说，式(7.125)中的积分是有界的；但注意到 $B_x(x)$在 $x=\pm L$ 处是 $r^{-1/2}$奇异的，因此，$\sigma_y(x,0)$在 $x=\pm a$ 处是有界的，而在 $x=\pm L^-$处具有 $r^{-1/2}$奇异性。

2) 应力强度因子

根据应力强度因子的定义有

$$K_{\text{II}} = \lim_{x\to L}[\sqrt{2(x-L)}\tau_{xy}(x,0)] = CL^{1/2}\lim_{s\to 1}[\sqrt{2(1-s)}B_x(s)] \tag{7.128}$$

$$K_{\text{I}} = \lim_{x\to L^-}[\sqrt{2(L-x)}\sigma_y(x,0)] = -\beta K_{\text{II}} \tag{7.129}$$

3) 应变能释放率

设裂纹由 a 扩展到 $a+\delta a$，而 L 扩展到 $L+\delta L$，则总势能变化为

$$\delta E = -\frac{1}{2}\int_{a}^{a+\delta a}\sigma_y(x,0,L)g(x,L+\delta L)\mathrm{d}x - \frac{1}{2}\int_{L}^{L+\delta L}\tau_{xy}(x,0,L)h(x,L+\delta L)\mathrm{d}x \tag{7.130}$$

由于 σ_y 在 a 附近有界，第一个积分对 δE 没有贡献。而在第二个积分中，注意到 τ_{xy}和 h 在 $x=L$ 处的渐近行式为

$$\tau_{xy}(x,0,L) \propto K_{\text{II}}/\sqrt{2(x-L)} \tag{7.131}$$

$$h(x,L+\delta L) \propto K_{\text{II}}\sqrt{2(L+\delta L-x)}/C \tag{7.132}$$

则

$$\delta E = -\pi K_{\text{II}}^2\delta L/(4C) \tag{7.133}$$

于是

$$G = -\partial E/\partial L = \pi K_{\text{II}}^2/(4C) \tag{7.134}$$

Comninou 用数值方法求解了式(7.120)，结果表明：

(1) 在区域$|x|<a$ 中，$g(x)\geqslant 0$，因而去掉了裂面的相互折叠和楔入；

(2) $(L-a)/L$ 的最大值为 1×10^{-4}，其变化范围是 $1\times10^{-4}\sim1\times10^{-7}$；

(3) 在上述范围内，β 从 0.4854 减至 0.4239；

(4) $K_{\mathrm{II}}/TL^{1/2}$ 从 1.050 减至 1.008，这表明 $K_{\mathrm{I}}<0$；

(5) 与 England 解相比，除在极近裂尖区域外，裂面曲率、法向应力和切向应力相互一致，这表明，尽管两种解的物理机制不同，但只要在没有发生振荡奇异性的区域，England 的应力结果还是准确的；

(6) 与 England 解进行比较可知，在所有的情况下都有 $c/L<\delta/L$。

由上述结果可以得到如下结论。

(1) 在纯拉伸载荷作用下，界面裂纹存在着裂尖闭合区。然而，闭合区的长度与裂纹长度相比是很小的，甚至可以忽略。这恰恰导致了 Rice 的小范围接触区和小范围非线性区假设。

(2) 在闭合裂尖处的应力奇异性与振荡奇异性极不相同。裂尖前方的法向应力是拉伸应力但有限，而此处的剪应力却是奇异的。这表明界面裂纹扩展更多是由剪切造成的，因而混合载荷下，叠加原理是无效的。

(3) 应力场的总体性质(除裂尖区域外)与 England 解吻合。

(4) 界面裂纹扩展的支配参数是应变能释放率。

7.3 界面裂纹端部应力渐近场

考虑如图 7.9 所示的界面裂纹问题，记上、下半平面域分别为 R_1、R_2；记除裂面外的全平面为 $R(=R_1+R_2)$。

均匀各向同性弹性介质二维问题应力场和位移场的 Muskhelishvili 复势表达式为

$$\begin{cases}\sigma_x+\sigma_y=4\mathrm{Re}[\varphi'(z)]\\ \sigma_y-\sigma_x+2\mathrm{i}\tau_{xy}=2[\bar{z}\varphi''(z)+\psi'(z)]\\ 2\mu(u_x+\mathrm{i}u_y)=\kappa\varphi(z)-z\overline{\varphi'(z)}-\overline{\psi(z)}\end{cases}\tag{7.135}$$

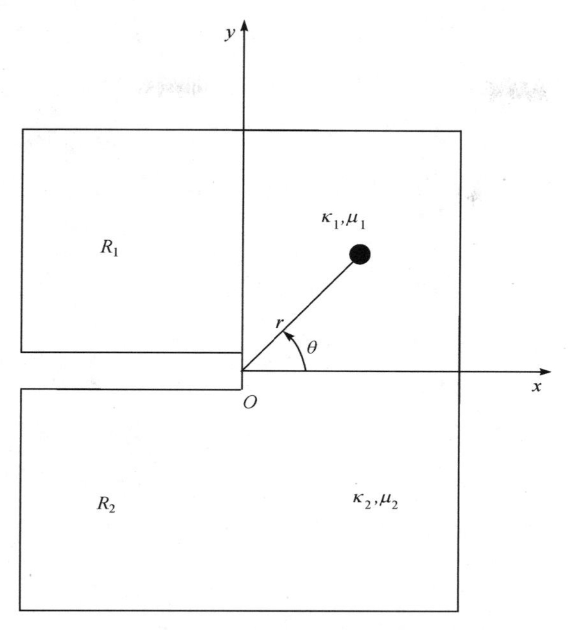

图 7.9　半无限界面裂纹模型

令

$$\Omega(z)=z\varphi'(z)+\psi(z) \tag{7.136}$$

式(7.135)可写成

$$\begin{cases}\sigma_x+\sigma_y=4\mathrm{Re}[\varphi'(z)]\\ \sigma_y-\sigma_x+2\mathrm{i}\tau_{xy}=2[(\bar{z}-z)\varphi''(z)-\varphi'(z)+\Omega'(z)]\\ 2\mu(u_x+\mathrm{i}u_y)=\kappa\varphi(z)+(\bar{z}-z)\overline{\varphi'(z)}-\overline{\Omega(z)}\end{cases} \tag{7.137}$$

将式(7.137)中的第三式对 x 求微商得

$$2\mu(\partial u_x/\partial x+\mathrm{i}\partial u_y/\partial x)=\kappa\varphi'(z)+(\bar{z}-z)\overline{\varphi''(z)}-\overline{\Omega'(z)} \tag{7.138}$$

而由式(7.137)的前两式可得

$$\sigma_y-\mathrm{i}\tau_{xy}=\varphi'(z)+\overline{\Omega'(z)}+(\bar{z}-z)\overline{\varphi''(z)} \tag{7.139}$$

现在来考察边界条件。

(1) 沿整个 x 轴(包括裂面和界面)应力连续,即

$$(\sigma_y-\mathrm{i}\tau_{xy})_1=(\sigma_y-\mathrm{i}\tau_{xy})_2,\quad -\infty<x<\infty,\quad y=0 \tag{7.140}$$

将式(7.139)代入式(7.140)并整理可得

$$\varphi_1'^{+}(x)-\bar{\Omega}_2'^{+}(x)=\varphi_2'^{-}(x)-\bar{\Omega}_1'^{-}(x) \tag{7.141}$$

按定义,$\varphi_1(z)$和 $\Omega_1(z)$在上半平面 R_1 中解析,$\varphi_2(z)$和 $\Omega_2(z)$在下半平面 R_2 中解析。因此,$\bar{\varphi}_1(z)$和$\bar{\Omega}_1(z)$在下半平面解析,而$\bar{\varphi}_2(z)$和$\bar{\Omega}_2(z)$在上半平面解析。于是,式(7.141)中的左端表示某一在 R_1 中解析的函数沿 x 轴的边值,而右端则表示某个在 R_2 中解析的函数沿 x 轴的边值。由此可定义一个全平面的全纯函数 $g(z)$如下:

$$\varphi_1'(z)-\bar{\Omega}_2'(z)=\varphi_2'(z)-\bar{\Omega}_1'(z)=2g(z), \quad z\in R \tag{7.142}$$

(2) 沿界面($y=0,x>0$)位移是连续的,即

$$(u_x+\mathrm{i}u_y)_1=(u_x+\mathrm{i}u_y)_2, \quad x>0,\ y=0 \tag{7.143}$$

将该边界条件对 x 求导数,再将式(7.138)代入并整理得

$$\kappa_1\varphi_1'^{+}(x)/\mu_1+\bar{\Omega}_2'^{+}(x)/\mu_2=\kappa_2\varphi_2'^{-}(x)/\mu_2+\bar{\Omega}_1'^{-}(x)/\mu_1 \tag{7.144}$$

与前同理,这意味着双方互为解析开拓,即有

$$\kappa_1\varphi_1'(z)/\mu_1+\bar{\Omega}_2'(z)/\mu_2=\kappa_2\varphi_2'(z)/\mu_2+\bar{\Omega}_1'(z)/\mu_1, \quad z\in R \tag{7.145}$$

由式(7.142)和式(7.145)可解得

$$\bar{\Omega}_2'(z)=\varphi_1'(z)-2g(z), \quad \varphi_2'(z)=2g(z)+\bar{\Omega}_1'(z) \tag{7.146}$$

$$\bar{\Omega}_1'(z)=\frac{\mu_2\kappa_1+\mu_1}{\mu_1\kappa_2+\mu_2}\varphi_1'(z)-\frac{2\mu_1(\kappa_2+1)}{\mu_1\kappa_2+\mu_2}g(z) \tag{7.147}$$

式(7.146)和式(7.147)表明:函数 $\Omega_1'(z)$、$\Omega_2'(z)$和 $\varphi_2'(z)$都可由 $\varphi_1'(z)$和$g(z)$表示出来。因此,问题归结为求解函数 $\varphi_1'(z)$和 $g(z)$。

(3) 沿裂面($y=0,x<0$)应力自由,即

$$\varphi_1'^{+}(x)+\bar{\Omega}_1'^{-}(x)=0 \tag{7.148}$$

将式(7.147)代入式(7.148),即可得关于 $\varphi_1'(z)$的 R-H 问题:

$$(\kappa_2/\mu_2+1/\mu_1)\varphi_1'^{+}(x)+(\kappa_1/\mu_1+1/\mu_2)\varphi_1'^{-}(x)=2(\kappa_2+1)g(x)/\mu_2 \tag{7.149}$$

这是对应于 $g=-(\kappa_1/\mu_1+1/\mu_2)/(\kappa_2/\mu_2+1/\mu_1)$的非齐次 R-H 问题,其 Plemelj 基函数为

$$X_0(z)=z^{-1/2-\mathrm{i}\varepsilon} \tag{7.150}$$

其中

$$\varepsilon=\frac{1}{2\pi}\ln[(\kappa_1/\mu_1+1/\mu_2)/(\kappa_2/\mu_2+1/\mu_1)] \tag{7.151}$$

于是，齐次 R-H 问题(7.149)的通解为

$$\varphi'_{1*}(z)=X_0(z)P(z)=\mathrm{e}^{-\pi\varepsilon}z^{-1/2-\mathrm{i}\varepsilon}f(z) \tag{7.152}$$

其中，$f(z)$是 R 中的任意全纯函数。另外，容易验证，非齐次方程(7.149)的一个特解是

$$\varphi'_{1**}(z)=2c_2g(z)/(c_1+c_2) \tag{7.153}$$

其中

$$c_1=(\kappa_1+1)/\mu_1,\quad c_2=(\kappa_2+1)/\mu_2 \tag{7.154}$$

这样，就得到式(7.149)的解的一般表达式为

$$\varphi'_1(z)=\mathrm{e}^{-\pi\varepsilon}z^{-1/2-\mathrm{i}\varepsilon}f(z)+2c_2g(z)/(c_1-c_2) \tag{7.155}$$

也就是说，可以用两个全平面全纯函数来描述界面裂纹体的应力场，这和均匀弹性体的情况是类似的。再由式(7.146)和式(7.147)可得

$$\Omega'_1(z)=\mathrm{e}^{\pi\varepsilon}z^{-1/2+\mathrm{i}\varepsilon}\overline{f}(z)-2c_2\overline{g}(z)/(c_1+c_2) \tag{7.156}$$

$$\varphi'_2(z)=\mathrm{e}^{\pi\varepsilon}z^{-1/2-\mathrm{i}\varepsilon}f(z)+2c_1g(z)/(c_1+c_2) \tag{7.157}$$

$$\Omega'_2(z)=\mathrm{e}^{-\pi\varepsilon}z^{-1/2+\mathrm{i}\varepsilon}\overline{f}(z)-2c_1\overline{g}(z)/(c_1+c_2) \tag{7.158}$$

将函数 $f(z)$和 $g(z)$在裂尖做 Taylor 展开，即

$$f(z)=\sum_{n=0}^{\infty}a_nz^n,\quad g(z)=\sum_{n=0}^{\infty}b_nz^n \tag{7.159}$$

将式(7.159)代入式(7.156)～式(7.158)，再代入应力复势函数表达式(7.137)。注意到$\sigma_{ij}\sim\varphi'(z)\sim z^{-1/2}f(z)$，可以看出，当 $z\to 0$ 时，只有 $f(z)$中的 $n=0$ 项使应力产生奇异性，且此时 $g(z)$可以忽略。由此可知，系数 a_0表示了裂纹尖端应力奇异性的强度，令

$$f(z)=a_0=\overline{K}/[2\sqrt{2\pi}\mathrm{ch}(\pi\varepsilon)],\quad g(z)=0 \tag{7.160}$$

其中，K 是复应力强度因子，它不能由特征值本身来决定。将式(7.160)代入式(7.156)～式(7.158)即得裂尖附近的复势表达式：

$$\begin{Bmatrix}\varphi'_1(z)\\ \varphi'_2(z)\end{Bmatrix}=\frac{\overline{K}z^{-1/2-\mathrm{i}\varepsilon}}{2\sqrt{2\pi}\mathrm{ch}(\pi\varepsilon)}\begin{Bmatrix}\mathrm{e}^{-\pi\varepsilon}\\ \mathrm{e}^{\pi\varepsilon}\end{Bmatrix},\quad \begin{Bmatrix}\Omega'_1(z)\\ \Omega'_2(z)\end{Bmatrix}=\frac{\overline{K}z^{-1/2+\mathrm{i}\varepsilon}}{2\sqrt{2\pi}\mathrm{ch}(\pi\varepsilon)}\begin{Bmatrix}\mathrm{e}^{\pi\varepsilon}\\ \mathrm{e}^{-\pi\varepsilon}\end{Bmatrix} \tag{7.161}$$

可以看出，介质 2 的复势函数 $\varphi_2(z)$，$\Omega_2(z)$可从介质 1 的复势函数 $\varphi_1(z)$，

$\Omega_1(z)$中以 $\pi\varepsilon$ 替换 $-\pi\varepsilon$ 得到,因而对应力分量和位移分量也有同样的结果。

将式(7.161)及其积分代入应力场和位移场的复势表达式(7.137)即可得到裂尖渐近场为

$$\begin{cases}\sigma_{ij}=(1/\sqrt{2\pi r})[\mathrm{Re}(Kr^{i\varepsilon})\tilde{\sigma}_{ij}^{\mathrm{I}}(\theta,\varepsilon)+\mathrm{Im}[Kr^{i\varepsilon}]\tilde{\sigma}_{ij}^{\mathrm{II}}(\theta,\varepsilon)] \\ u_i=(1/2\mu_i)\sqrt{r/2\pi}[\mathrm{Re}(Kr^{i\varepsilon})\tilde{u}_i^{\mathrm{I}}(\theta,\varepsilon)+\mathrm{Im}(Kr^{i\varepsilon})\tilde{u}_i^{\mathrm{II}}(\theta,\varepsilon)]\end{cases},\quad i,j=1,2 \tag{7.162}$$

其中,无量纲角分布函数为

$$\begin{aligned}
\tilde{\sigma}_x^{\mathrm{I}}&=-\frac{\mathrm{sh}[\varepsilon(\pi-\theta)]}{\mathrm{ch}(\pi\varepsilon)}\cos\frac{3\theta}{2}+\frac{\mathrm{e}^{-\varepsilon(\pi-\theta)}}{\mathrm{ch}(\pi\varepsilon)}\left(1+\sin^2\frac{\theta}{2}+\varepsilon\sin\theta\right)\cos\frac{\theta}{2}\\
\tilde{\sigma}_y^{\mathrm{I}}&=-\frac{\mathrm{sh}[\varepsilon(\pi-\theta)]}{\mathrm{ch}(\pi\varepsilon)}\cos\frac{3\theta}{2}+\frac{\mathrm{e}^{-\varepsilon(\pi-\theta)}}{\mathrm{ch}(\pi\varepsilon)}\left(\cos^2\frac{\theta}{2}-\varepsilon\sin\theta\right)\cos\frac{\theta}{2}\\
\tilde{\tau}_{xy}^{\mathrm{I}}&=\frac{\mathrm{sh}[\varepsilon(\pi-\theta)]}{\mathrm{ch}(\pi\varepsilon)}\sin\frac{3\theta}{2}+\frac{\mathrm{e}^{-\varepsilon(\pi-\theta)}}{\mathrm{ch}(\pi\varepsilon)}\left(\cos^2\frac{\theta}{2}-\varepsilon\sin\theta\right)\sin\frac{\theta}{2}\\
\tilde{\sigma}_x^{\mathrm{II}}&=\frac{\mathrm{ch}[\varepsilon(\pi-\theta)]}{\mathrm{ch}(\pi\varepsilon)}\sin\frac{3\theta}{2}-\frac{\mathrm{e}^{-\varepsilon(\pi-\theta)}}{\mathrm{ch}(\pi\varepsilon)}\left(1+\cos^2\frac{\theta}{2}-\varepsilon\sin\theta\right)\sin\frac{\theta}{2}\\
\tilde{\sigma}_y^{\mathrm{II}}&=-\frac{\mathrm{ch}[\varepsilon(\pi-\theta)]}{\mathrm{ch}(\pi\varepsilon)}\sin\frac{3\theta}{2}-\frac{\mathrm{e}^{-\varepsilon(\pi-\theta)}}{\mathrm{ch}(\pi\varepsilon)}\left(\sin^2\frac{\theta}{2}+\varepsilon\sin\theta\right)\sin\frac{\theta}{2}\\
\tilde{\tau}_{xy}^{\mathrm{II}}&=\frac{\mathrm{ch}[\varepsilon(\pi-\theta)]}{\mathrm{ch}(\pi\varepsilon)}\cos\frac{3\theta}{2}+\frac{\mathrm{e}^{-\varepsilon(\pi-\theta)}}{\mathrm{ch}(\pi\varepsilon)}\left(\sin^2\frac{\theta}{2}+\varepsilon\sin\theta\right)\cos\frac{\theta}{2}\\
\tilde{u}_x^{\mathrm{I}}&=A\left[\kappa_1\left(\cos\frac{\theta}{2}-2\varepsilon\sin\frac{\theta}{2}\right)-\mathrm{e}^{2\varepsilon(\pi-\theta)}\left(\cos\frac{\theta}{2}+2\varepsilon\sin\frac{\theta}{2}\right)+(1+4\varepsilon^2)\sin\theta\sin\frac{\theta}{2}\right]\\
\tilde{u}_y^{\mathrm{I}}&=A\left[\kappa_1\left(\sin\frac{\theta}{2}+2\varepsilon\cos\frac{\theta}{2}\right)+\mathrm{e}^{2\varepsilon(\pi-\theta)}\left(\sin\frac{\theta}{2}-2\varepsilon\cos\frac{\theta}{2}\right)-(1+4\varepsilon^2)\sin\theta\cos\frac{\theta}{2}\right]\\
\tilde{u}_x^{\mathrm{II}}&=A\left[\kappa_1\left(\sin\frac{\theta}{2}+2\varepsilon\cos\frac{\theta}{2}\right)-\mathrm{e}^{2\varepsilon(\pi-\theta)}\left(-\sin\frac{\theta}{2}+2\varepsilon\cos\frac{\theta}{2}\right)+(1+4\varepsilon^2)\sin\theta\cos\frac{\theta}{2}\right]\\
\tilde{u}_y^{\mathrm{II}}&=A\left[\kappa_1\left(-\cos\frac{\theta}{2}+2\varepsilon\sin\frac{\theta}{2}\right)+\mathrm{e}^{2\varepsilon(\pi-\theta)}\left(\cos\frac{\theta}{2}+2\varepsilon\sin\frac{\theta}{2}\right)+(1+4\varepsilon^2)\sin\theta\cos\frac{\theta}{2}\right]
\end{aligned} \tag{7.163}$$

其中

$$A=\mathrm{e}^{-\varepsilon(\pi-\theta)}/[(1+4\varepsilon^2)\mathrm{ch}(\pi\varepsilon)] \tag{7.164}$$

由式(7.162)可以看出,界面裂纹尖端应力奇异性为 $r^{-1/2+i\varepsilon}$。当 $r\to 0$ 时,

因为

$$r^{i\varepsilon}=e^{i\varepsilon\ln r}=\cos(\varepsilon\ln r)+i\sin(\varepsilon\ln r) \tag{7.165}$$

所以，裂尖应力场不仅表现出 $r^{-1/2}$ 的奇异性，还呈现出奇异性的振荡现象，ε 称为界面裂纹振荡指数(oscillating index)，它也常表示成

$$\varepsilon=\frac{1}{2\pi}\ln[(1-\beta)/(1+\beta)] \tag{7.166}$$

其中，β 是 Dundurs 第二参数，如式(7.92)所示。由式(7.166)可以看出，振荡指数 ε 只依赖于 Dundurs 第二参数，而与 Dundurs 第一参数无关。

7.4　界面裂纹复势的特征展开

前面利用复势理论得到了界面裂纹在裂面应力自由条件下的复势表达式(7.155)～式(7.158)。将其积分整理可得

$$\begin{aligned}&\varphi_1(z)=e^{-\pi\varepsilon}z^{1/2-i\varepsilon}f(z)+D_1g(z),\quad \Omega_1(z)=e^{\pi\varepsilon}z^{1/2+i\varepsilon}\overline{f}(z)-D_1\overline{g}(z)\\&\varphi_2(z)=e^{\pi\varepsilon}z^{1/2-i\varepsilon}f(z)+D_2g(z),\quad \Omega_2(z)=e^{-\pi\varepsilon}z^{1/2+i\varepsilon}\overline{f}(z)-D_2\overline{g}(z)\end{aligned} \tag{7.167}$$

其中

$$\begin{aligned}&f(z)=\sum_{-\infty}^{\infty}\frac{a_n}{n+1/2-i\varepsilon}z^n,\quad g(z)=\sum_{-\infty}^{\infty}e_nz^n\\&D_k=2\mu_k(\kappa_k+1)/(C_1+C_2),\quad k=1,2\\&C_1=\mu_1+\mu_2\kappa_1,\quad C_2=\mu_2+\mu_1\kappa_2\end{aligned} \tag{7.168}$$

也就是说，含界面裂纹的各向同性双材料中的 4 个在各自半平面上全纯的复势函数现在可由两个在全平面全纯的函数 $f(z)$和 $g(z)$来确定。这样，问题就转化为求解这两个全纯函数，它们应满足必要的边界条件。由式(7.167)可知，界面裂纹的特征展开包括两个部分：其一对应着复特征值 $n+1/2-i\varepsilon$(即复势表达式中含 $f(z)$的项)；其二对应着整数特征值 n(即复势表达式中含 $g(z)$的项)。可以证明，当 $n>0$ 时，两个函数 $f(z)$和 $g(z)$都有意义；当 $n=0$ 时，对应着刚体位移；当 $n<0$时，函数仅在环绕裂尖的某个小圆之外有物理意义。

7.4.1 特征展开微分特性

如果位移 u_1 和 v_1 是对应于复势函数 $\varphi_1(z)$ 和 $\Omega_1(z)$ 的特征展开式中特征值为$n+1/2-\mathrm{i}\varepsilon$(对于复型特征值)或 n(对于整数型特征值)的项所确定的位移，那么，$u_{1*}=\partial u_1/\partial x$，$v_{1*}=\partial v_1/\partial x$ 就是由 $\varphi_1(z)$ 和 $\Omega_1(z)$ 的特征展开式中特征值为 $n-1/2-\mathrm{i}\varepsilon$(对于复型特征值)或 $n-1$(对于整数型特征值)的项所确定的位移。唯一的例外是整数型特征值中的 $n=0$ 项。

证明 对于复特征值项，因为位移 u_1 和 v_1 是对应于复势函数 $\varphi_1(z)$ 和$\Omega_1(z)$ 的特征展开式中特征值为 $n+1/2-\mathrm{i}\varepsilon$ 的项所确定的位移，即有

$$2\mu_1(u_1+\mathrm{i}v_1)=\kappa_1\varphi_1(z)-(z-\bar{z})\overline{\varphi_1'(z)}-\overline{\Omega_1(z)},\quad z\in R_1 \tag{7.169}$$

其中

$$\varphi_1(z)=\mathrm{e}^{-\pi\varepsilon}\frac{a_n}{n+1/2-\mathrm{i}\varepsilon}z^{n+1/2-\mathrm{i}\varepsilon},\quad \Omega_1(z)=\mathrm{e}^{\pi\varepsilon}\frac{\bar{a}_n}{n+1/2+\mathrm{i}\varepsilon}z^{n+1/2+\mathrm{i}\varepsilon} \tag{7.170}$$

对式(7.169)求 x 的偏导数得

$$2\mu_1(u_{1*}+\mathrm{i}v_{1*})=2\mu_1\left(\frac{\partial u_1}{\partial x}+\mathrm{i}\frac{\partial v_1}{\partial x}\right)=\kappa_1\varphi_1'(z)-(z-\bar{z})\overline{\varphi_1''(z)}-\overline{\Omega_1'(z)} \tag{7.171}$$

此外，设 u_{1*} 和 v_{1*} 是由复势函数 $\varphi_{1*}(z)$ 和 $\Omega_{1*}(z)$ 确定的位移，则有

$$2\mu_1(u_{1*}+\mathrm{i}v_{1*})=\kappa_1\varphi_{1*}(z)-(z-\bar{z})\overline{\varphi_{1*}'(z)}-\overline{\Omega_{1*}(z)} \tag{7.172}$$

比较式(7.171)和式(7.172)可得

$$\varphi_{1*}(z)=\varphi_1'(z)=\mathrm{e}^{-\pi\varepsilon}a_nz^{n-1/2-\mathrm{i}\varepsilon},\quad \Omega_{1*}(z)=\Omega_1'(z)=\mathrm{e}^{\pi\varepsilon}\bar{a}_nz^{n-1/2+\mathrm{i}\varepsilon} \tag{7.173}$$

令 $a_n=b_{n-1}/(n-1/2-\mathrm{i}\varepsilon)$，代入式(7.173)得

$$\varphi_{1*}(z)=\mathrm{e}^{-\pi\varepsilon}\frac{b_{n-1}}{n-1/2-\mathrm{i}\varepsilon}z^{n-1/2-\mathrm{i}\varepsilon},\quad \Omega_{1*}(z)=\mathrm{e}^{\pi\varepsilon}\frac{\bar{b}_{n-1}}{n-1/2+\mathrm{i}\varepsilon}z^{n-1/2+\mathrm{i}\varepsilon} \tag{7.174}$$

比较式(7.174)与式(7.170)可以看出，$\varphi_{1*}(z)$ 和 $\Omega_{1*}(z)$ 的确是对应于 $n-1$ 项复型特征值的复势函数。

再考察整数型特征值部分的情况。此时，

$$\varphi_1(z)=D_1e_nz^n,\quad \Omega_1(z)=-D_1\bar{e}_nz^n \tag{7.175}$$

与前同理，当 $n\neq0$ 时有

$$\varphi_{1*}(z)=\varphi_1'(z)=D_1 n e_n z^{n-1},\quad \Omega_{1*}(z)=\Omega_1'(z)=-D_1 n\bar{e}_n z^{n-1} \tag{7.176}$$

令 $f_{n-1}=ne_n$，则 $\overline{f}_{n-1}=n\bar{e}_n$，代入式(7.176)可得

$$\varphi_{1*}(z)=D_1 f_{n-1}z^{n-1},\quad \Omega_{1*}(z)=-D_1\overline{f}_{n-1}z^{n-1} \tag{7.177}$$

即 $\varphi_{1*}(z)$和 $\Omega_{1*}(z)$也是 $n-1$ 项特征值所对应的复势函数。后面可以看到，该性质对界面裂纹问题的权函数理论具有重要的意义。

7.4.2　Bueckner 功共轭积分

设复势函数 $\varphi^{(\alpha)}(z)$、$\Omega^{(\alpha)}(z)$和 $\varphi^{(\beta)}(z)$、$\Omega^{(\beta)}(z)$分别定义两个平面弹性应力、位移场，并分别记为 $u_i^{(\alpha)}$、$\sigma_{ij}^{(\alpha)}$和 $u_i^{(\beta)}$、$\sigma_{ij}^{(\beta)}$，则沿复平面上线段 pq 的 Bueckner 功共轭积分(图 7.10)定义为

$$w_{pq}=\int_{pq}[u_i^{(\alpha)}\sigma_{ij}^{(\beta)}-u_i^{(\beta)}\sigma_{ij}^{(\alpha)}]n_j\,\mathrm{d}s \tag{7.178}$$

其中，p、q 是平面上的任意两点。由 Betti 互等定理可证，Bueckner 功共轭积分是路径无关的，并有下式成立：

$$w_{pq}=(1/2\mu)\{(\kappa+1)\mathrm{Im}[H(z)]_p^q+\mathrm{Im}[R(z)]_p^q\} \tag{7.179}$$

其中

$$H(z)=\int_{z_0}^{z}h(z)\mathrm{d}z,\quad h(z)=-\Omega^{(\alpha)}(z)\varphi'^{(\beta)}(z)+\Omega^{(\beta)}(z)\varphi'^{(\alpha)}(z) \tag{7.180}$$

$$R(z)=-\kappa\cdot P_\alpha(z)\cdot\overline{P_\beta(z)}+(\kappa+1)[P_\alpha(z)-\varphi^{(\alpha)}(z)][\overline{P_\beta(z)}-\overline{\varphi^{(\beta)}(z)}] \tag{7.181}$$

其中，P_α 和 P_β 分别为由 α 和 β 应力场得到的从积分路径外侧作用于积分路径上的应力主矢，且

$$\begin{gathered}(X+\mathrm{i}Y)\mathrm{d}s=-\mathrm{i}\mathrm{d}P,\quad P=-Y+\mathrm{i}X\\ P=\varphi(z)+(z-\bar{z})\overline{\varphi'(z)}+\overline{\Omega(z)}=(\kappa+1)\varphi(z)-2\mu w(z),\quad w(z)=u+\mathrm{i}v\end{gathered} \tag{7.182}$$

式(7.179)的证明如下。由式(7.178)可得

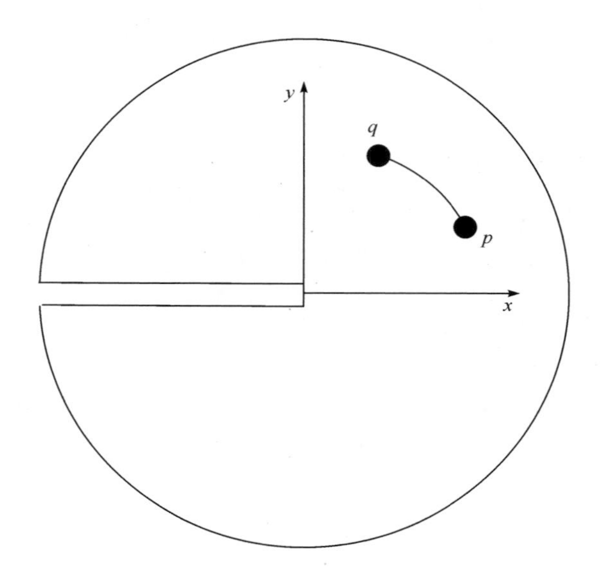

图 7.10 线段 pq 上的 Bueckner 功共轭积分

$$\begin{aligned}2\mu w_{pq} &= 2\mu\int_{pq}[u_i^{(\alpha)}\sigma_{ij}^{(\beta)} - u_i^{(\beta)}\sigma_{ij}^{(\alpha)}]n_j\,\mathrm{d}s \\ &\overset{\text{沿}\Gamma\text{有}\sigma_{ij}n_j=T_i}{=} 2\mu\int_{pq}[u_i^{(\alpha)}T_i^{(\beta)} - u_i^{(\beta)}T_i^{(\alpha)}]\mathrm{d}s \\ &\overset{T_1=X,T_2=Y}{=} 2\mu\int_{pq}\{[u^{(\alpha)}X^{(\beta)} + v^{(\alpha)}Y^{(\beta)}] - [u^{(\beta)}X^{(\alpha)} + v^{(\beta)}Y^{(\alpha)}]\}\mathrm{d}s \\ &\overset{\text{写成复数形式}}{=} 2\mu\mathrm{Re}\int_{pq}\{[u^{(\alpha)} - \mathrm{i}v^{(\alpha)}][X^{(\beta)} + \mathrm{i}Y^{(\beta)}] - [u^{(\beta)} - \mathrm{i}v^{(\beta)}][X^{(\alpha)} + \mathrm{i}Y^{(\alpha)}]\}\mathrm{d}s \\ &= 2\mu\mathrm{Im}\int_{pq}[\overline{w}^{(\alpha)}\mathrm{d}P_\beta - \overline{w}^{(\beta)}\mathrm{d}P_\alpha] \\ &\overset{2\mu w=(\kappa+1)\varphi(z)-P}{=} I_1 + (\kappa+1)I_2\end{aligned} \tag{7.183}$$

其中

$$I_1 = \mathrm{Im}\int_{pq}(\overline{P}_\beta\mathrm{d}P_\alpha - \overline{P}_\alpha\mathrm{d}P_\beta),\quad I_2 = \mathrm{Im}\int_{pq}(\overline{\varphi}^{(\alpha)}\mathrm{d}P_\beta - \overline{\varphi}^{(\beta)}\mathrm{d}P_\alpha)$$

对 I_1 中的第一项做分部积分得

$$I_1 = \mathrm{Im}\,(\overline{P}_\beta P_\alpha)_p^q - \mathrm{Im}\int_{pq}(P_\alpha\mathrm{d}\overline{P}_\beta + \overline{P}_\alpha\mathrm{d}P_\beta) = \mathrm{Im}\,(\overline{P}_\beta P_\alpha)_p^q \tag{7.184}$$

对于 I_2，将其全部做分部积分可得

$$I_2 = \mathrm{Im}[\bar{\varphi}^{(\alpha)} P_\beta - \bar{\varphi}^{(\beta)} P_\alpha]_p^q - \mathrm{Im}\int_{pq} [P_\beta \mathrm{d}\bar{\varphi}^{(\alpha)} - P_\alpha \mathrm{d}\bar{\varphi}^{(\beta)}]$$

$$= \mathrm{Im}[\bar{\varphi}^{(\alpha)} P_\beta \bar{\varphi}^{(\beta)} P_\alpha]_p^q - I_3 \tag{7.185}$$

而

$$I_3 = \mathrm{Im}\int_{pq} \{[\varphi^{(\beta)} + \bar{\Omega}^{(\beta)} + (z - \bar{z})\bar{\varphi}'^{(\beta)}]\mathrm{d}\bar{\varphi}^{(\alpha)} - [\varphi^{(\alpha)} + \bar{\Omega}^{(\alpha)} + (z - \bar{z})\bar{\varphi}'^{(\alpha)}]\mathrm{d}\bar{\varphi}^{(\beta)}\}$$

$$= \mathrm{Im}\int_{pq} [\varphi^{(\beta)} \mathrm{d}\bar{\varphi}^{(\alpha)} - \varphi^{(\alpha)} \mathrm{d}\bar{\varphi}^{(\beta)}] + \mathrm{Im}\int_{pq} [\bar{\Omega}^{(\beta)} \mathrm{d}\bar{\varphi}^{(\alpha)} - \bar{\Omega}^{(\alpha)} \mathrm{d}\bar{\varphi}^{(\beta)}]$$

$$+ \mathrm{Im}\int_{pq} (z - \bar{z})[\bar{\varphi}'^{(\beta)} \mathrm{d}\bar{\varphi}^{(\alpha)} - \bar{\varphi}'^{(\alpha)} \mathrm{d}\bar{\varphi}^{(\beta)}] \tag{7.186}$$

注意到式(7.186)第二个等号后的第三个积分中括号内的量为

$$\bar{\varphi}'^{(\beta)} \mathrm{d}\bar{\varphi}^{(\alpha)} - \bar{\varphi}'^{(\alpha)} \mathrm{d}\bar{\varphi}^{(\beta)} = \frac{\mathrm{d}\bar{\varphi}^{(\beta)}}{\mathrm{d}\bar{z}}\mathrm{d}\bar{\varphi}^{(\alpha)} - \frac{\mathrm{d}\bar{\varphi}^{(\alpha)}}{\mathrm{d}\bar{z}}\mathrm{d}\bar{\varphi}^{(\beta)} = 0 \tag{7.187}$$

将式(7.187)代入式(7.186)，再将其第一个积分括号中的第一项做分部积分，得

$$I_3 = \mathrm{Im}[\varphi^{(\beta)} \bar{\varphi}^{(\alpha)}]_p^q - \mathrm{Im}\int_{pq} [\bar{\varphi}^{(\alpha)} \mathrm{d}\varphi^{(\beta)} + \varphi^{(\alpha)} \mathrm{d}\bar{\varphi}^{(\beta)}] + \mathrm{Im}\int_{pq} [\bar{\Omega}^{(\beta)} \bar{\varphi}'^{(\alpha)} - \bar{\Omega}^{(\alpha)} \bar{\varphi}'^{(\beta)}]\mathrm{d}\bar{z}$$

$$= \mathrm{Im}[\varphi^{(\beta)} \bar{\varphi}^{(\alpha)}]_p^q - \mathrm{Im}\int_{pq} [\Omega^{(\beta)} \varphi'^{(\alpha)} - \Omega^{(\alpha)} \varphi'^{(\beta)}]\mathrm{d}z$$

$$= \mathrm{Im}[\varphi^{(\beta)} \bar{\varphi}^{(\alpha)}]_p^q - \mathrm{Im}\int_{pq} h(z)\mathrm{d}z = \mathrm{Im}[\varphi^{(\beta)} \bar{\varphi}^{(\alpha)}]_p^q - \mathrm{Im}[H(z)]_p^q \tag{7.188}$$

将 I_3 代入式(7.185)得

$$I_2 = \mathrm{Im}[\bar{\varphi}^{(\alpha)} P_\beta - \bar{\varphi}^{(\beta)} P_\alpha]_p^q - \mathrm{Im}[\varphi^{(\beta)} \bar{\varphi}^{(\alpha)}]_p^q + \mathrm{Im}[H(z)]_p^q$$

$$= \mathrm{Im}[\bar{\varphi}^{(\alpha)}(P_\beta - \varphi^{(\beta)}) - \bar{\varphi}^{(\beta)} P_\alpha]_p^q + \mathrm{Im}[H(z)]_p^q \tag{7.189}$$

最后，将得到的 I_1、I_2 代入式(7.183)得

$$2\mu w_{pq} = \mathrm{Im}(\bar{P}_\beta P_\alpha)_p^q + (\kappa+1)(\mathrm{Im}\{\bar{\varphi}^{(\alpha)}[P_\beta - \varphi^\beta] - \bar{\varphi}^{(\beta)} P_\alpha\}_p^q + \mathrm{Im}[H(z)]_p^q)$$

$$= (\kappa+1)\mathrm{Im}[H(z)]_p^q + \mathrm{Im}(\bar{P}_\beta P_\alpha + (\kappa+1)\{\bar{\varphi}^{(\alpha)}[P_\beta - \varphi^\beta] - \bar{\varphi}^\beta P_\alpha\})_p^q$$

$$= (\kappa+1)\mathrm{Im}[H(z)]_p^q + \mathrm{Im}\{-\kappa P_\alpha \bar{P}_\beta + (\kappa+1)[P_\alpha - \varphi^{(\alpha)}][\bar{P}_\beta - \bar{\varphi}^{(\beta)}]\}_p^q$$

$$= (\kappa+1)\mathrm{Im}[H(z)]_p^q + \mathrm{Im}[R(z)]_p^q \tag{7.190}$$

由此，式(7.179)得证。

7.4.3　特征应力场

若双材料应力场具备下列条件，则称为特征应力场：

(1) 全部的平面弹性力学控制方程；

(2) 沿界面位移和面内应力连续；

(3) 满足裂面应力自由条件。

显然，对于任何两个分别属于 α 和 β 的一对特征应力场来说，都可以定义路径无关的 Bueckner 功共轭积分。并且，当选取积分路径为环绕裂尖的闭围线 $\Gamma(=\Gamma_1+\Gamma_2)$ 时(图 7.11)有

$$\mathrm{Im}\left[R(z)\right]_p^q=0 \tag{7.191}$$

此时 p 点位于下裂面，q 点位于上裂面。于是，对于特征应力场而言，式(7.179)成为

$$w_{pq}=\left[(\kappa+1)/2\mu\right]\mathrm{Im}\left[H(z)\right]_p^q=\left[(\kappa+1)/(2\mu)\right]\mathrm{Im}\int_p^q h(z)\mathrm{d}z \tag{7.192}$$

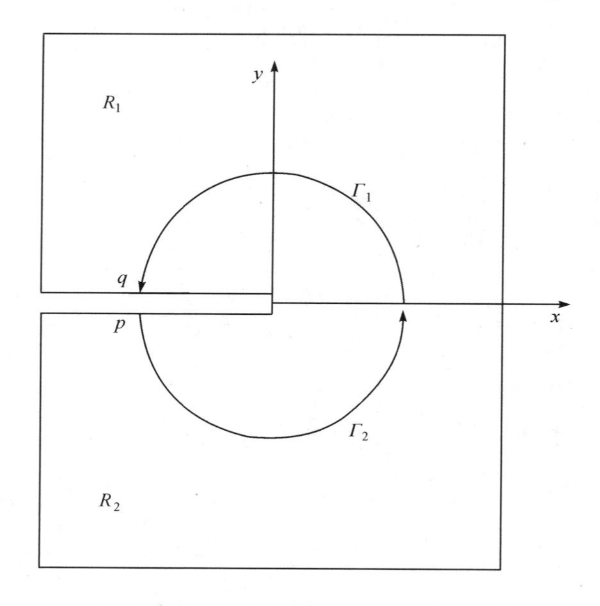

图 7.11　围绕界面裂纹裂尖的 Bueckner 功共轭积分

7.4.4　界面裂纹特征展开的伪正交特性

(1) 设 α 和 β 应力位移场来自特征展开式的第一部分，即 α 应力位移场 $u_i^{(\alpha)}$ 和 $\sigma_{ij}^{(\alpha)}$ 由下列复势函数确定：

$$\begin{aligned}
&\varphi_1^{(\alpha)}(z)=\mathrm{e}^{-\pi\varepsilon}a_n z^{n+1/2-\mathrm{i}\varepsilon}/(n+1/2-\mathrm{i}\varepsilon), \quad z\in R_1\\
&\Omega_1^{(\alpha)}(z)=\mathrm{e}^{\pi\varepsilon}\bar{a}_n z^{n+1/2+\mathrm{i}\varepsilon}/(n+1/2+\mathrm{i}\varepsilon), \quad z\in R_1\\
&\varphi_2^{(\alpha)}(z)=\mathrm{e}^{\pi\varepsilon}a_n z^{n+1/2-\mathrm{i}\varepsilon}/(n+1/2-\mathrm{i}\varepsilon), \quad z\in R_2\\
&\Omega_2^{(\alpha)}(z)=\mathrm{e}^{-\pi\varepsilon}\bar{a}_n z^{n+1/2+\mathrm{i}\varepsilon}/(n+1/2+\mathrm{i}\varepsilon), \quad z\in R_2
\end{aligned} \tag{7.193}$$

而 β 应力位移场 $u_i^{(\beta)}$ 和 $\sigma_{ij}^{(\beta)}$ 由下列复势函数确定：

$$\begin{aligned}
&\varphi_1^{(\beta)}(z)=\mathrm{e}^{-\pi\varepsilon}b_m z^{m+1/2-\mathrm{i}\varepsilon}/(m+1/2-\mathrm{i}\varepsilon), \quad z\in R_1\\
&\Omega_1^{(\beta)}(z)=\mathrm{e}^{\pi\varepsilon}\bar{b}_m z^{m+1/2+\mathrm{i}\varepsilon}/(m+1/2+\mathrm{i}\varepsilon), \quad z\in R_1\\
&\varphi_2^{(\beta)}(z)=\mathrm{e}^{\pi\varepsilon}b_m z^{m+1/2-\mathrm{i}\varepsilon}/(m+1/2-\mathrm{i}\varepsilon), \quad z\in R_2\\
&\Omega_2^{(\beta)}(z)=\mathrm{e}^{-\pi\varepsilon}\bar{b}_m z^{m+1/2+\mathrm{i}\varepsilon}/(m+1/2+\mathrm{i}\varepsilon), \quad z\in R_2
\end{aligned} \tag{7.194}$$

则 Bueckner 功共轭积分可以表示成

$$w_{\mathrm{F}}=\int_{\Gamma_1+\Gamma_2}(u_i^{(\alpha)}\sigma_{ij}^{(\beta)}-u_i^{(\beta)}\sigma_{ij}^{(\alpha)})n_j\,\mathrm{d}s=\begin{cases}0, & n+m+1\neq 0\\ H_1, & n+m+1=0\end{cases} \tag{7.195}$$

其中

$$H_1=-\{(C_1+C_2)\pi\mathrm{Re}[a_n\bar{b}_m/(n+1/2-\mathrm{i}\varepsilon)]\}/(\mu_1\mu_2) \tag{7.196}$$

(2) 设 α 和 β 应力位移场来自特征展开式的第二部分，即 α 应力位移场 $u_i^{(\alpha)}$ 和 $\sigma_{ij}^{(\alpha)}$ 由下列复势函数确定：

$$\begin{aligned}
&\varphi_1^{(\alpha)}(z)=D_1 e_n z^n, \quad \Omega_1^{(\alpha)}(z)=-D_1\bar{e}_n z^n, \quad z\in R_1\\
&\varphi_2^{(\alpha)}(z)=D_2 e_n z^n, \quad \Omega_2^{(\alpha)}(z)=-D_2\bar{e}_n z^n, \quad z\in R_2
\end{aligned} \tag{7.197}$$

而 β 应力位移场 $u_i^{(\beta)}$ 和 $\sigma_{ij}^{(\beta)}$ 由下列复势函数确定：

$$\begin{aligned}
&\varphi_1^{(\beta)}(z)=D_1 f_m z^m, \quad \Omega_1^{(\beta)}(z)=-D_1\bar{f}_m z^m, \quad z\in R_1\\
&\varphi_2^{(\beta)}(z)=D_2 f_m z^m, \quad \Omega_2^{(\beta)}(z)=-D_2\bar{f}_m z^m, \quad z\in R_2
\end{aligned} \tag{7.198}$$

则 Bueckner 功共轭积分可以表示成

$$w_{\mathrm{I}}=\int_{\Gamma_1+\Gamma_2}(u_i^{(\alpha)}\sigma_{ij}^{(\beta)}-u_i^{(\beta)}\sigma_{ij}^{(\alpha)})n_j\,\mathrm{d}s=\begin{cases}0, & n+m\neq 0\\ H_2, & n+m=0\end{cases} \tag{7.199}$$

其中

$$H_2 = -4n\pi C_1 C_2[\mathrm{Re}(e_n \overline{f}_m)]/[\mu_1\mu_2(C_1+C_2)] \tag{7.200}$$

(3) 设 α 应力位移场来自特征展开式的第一部分，β 应力位移场来自特征展开式的第二部分，则有

$$w_{\mathrm{FI}} = \int_{\Gamma_1+\Gamma_2} (u_i^{(\alpha)}\sigma_{ij}^{(\beta)} - u_i^{(\beta)}\sigma_{ij}^{(\alpha)}) n_j \mathrm{d}s = 0 \tag{7.201}$$

这里给出性质 2 第 1 种情况的证明：

$$w_{\mathrm{F}} = \int_{\Gamma_1} (u_i^{(\alpha)}\sigma_{ij}^{(\beta)} - u_i^{(\beta)}\sigma_{ij}^{(\alpha)}) n_j \mathrm{d}s + \int_{\Gamma_2} (u_i^{(\alpha)}\sigma_{ij}^{(\beta)} - u_i^{(\beta)}\sigma_{ij}^{(\alpha)}) n_j \mathrm{d}s = w_1 + w_2 \tag{7.202}$$

注意到式(7.192)，有

$$\begin{aligned}
w_2 &= \frac{\kappa_2+1}{2\mu_2}\mathrm{Im}\int_{\Gamma_2} h(z)\mathrm{d}z = \frac{\kappa_2+1}{2\mu_2}\mathrm{Im}\int_{\Gamma_2}[\Omega_2^{(\beta)}(z)\varphi{'}_2^{(\alpha)}(z) - \Omega_2^{(\alpha)}(z)\varphi{'}_2^{(\beta)}(z)]\mathrm{d}z \\
&= \frac{\kappa_2+1}{2\mu_2}\mathrm{Im}\int_{\Gamma_2}\left(\frac{a_n\overline{b}_m}{m+1/2+\mathrm{i}\varepsilon} - \frac{\overline{a}_n b_m}{n+1/2+\mathrm{i}\varepsilon}\right) z^{n+m}\mathrm{d}z \\
&\overset{z=\mathrm{e}^{\mathrm{i}\theta}}{=} \frac{\kappa_2+1}{2\mu_2}\mathrm{Im}\int_{-\pi}^{0}\left(\frac{a_n\overline{b}_m}{m+1/2+\mathrm{i}\varepsilon} - \frac{\overline{a}_n b_m}{n+1/2+\mathrm{i}\varepsilon}\right)\mathrm{e}^{\mathrm{i}(n+m+1)\theta}\mathrm{i}\mathrm{d}\theta \\
&\overset{\mathrm{Im}(\mathrm{i}A)=\mathrm{Re}(A)}{=} \frac{\kappa_2+1}{2\mu_2}\mathrm{Re}\left[\left(\frac{a_n\overline{b}_m}{m+1/2+\mathrm{i}\varepsilon} - \frac{\overline{a}_n b_m}{n+1/2+\mathrm{i}\varepsilon}\right)\int_{-\pi}^{0}\mathrm{e}^{\mathrm{i}(n+m+1)\theta}\mathrm{d}\theta\right. \\
&= \frac{\kappa_2+1}{4\mu_2}\mathrm{Re}\left[\left(\frac{a_n\overline{b}_m}{m+1/2+\mathrm{i}\varepsilon} - \frac{\overline{a}_n b_m}{n+1/2+\mathrm{i}\varepsilon}\right)\int_{-\pi}^{\pi}\mathrm{e}^{\mathrm{i}(n+m+1)\theta}\mathrm{d}\theta\right.
\end{aligned} \tag{7.203}$$

同理可推得

$$w_1 = \frac{\kappa_1+1}{4\mu_1}\mathrm{Re}\left[\left(\frac{a_n\overline{b}_m}{m+1/2+\mathrm{i}\varepsilon} - \frac{\overline{a}_n b_m}{n+1/2+\mathrm{i}\varepsilon}\right)\int_{-\pi}^{\pi}\mathrm{e}^{\mathrm{i}(n+m+1)\theta}\mathrm{d}\theta\right. \tag{7.204}$$

将 w_1、w_2 代入式(7.202)得

$$\begin{aligned}
w_{\mathrm{F}} &= w_1 + w_2 \\
&= \frac{C_1+C_2}{4\mu_1\mu_2}\mathrm{Re}\left[\left(\frac{a_n\overline{b}_m}{m+1/2+\mathrm{i}\varepsilon} - \frac{\overline{a}_n b_m}{n+1/2+\mathrm{i}\varepsilon}\right)\int_{-\pi}^{\pi}\mathrm{e}^{\mathrm{i}(n+m+1)\theta}\mathrm{d}\theta\right]
\end{aligned} \tag{7.205}$$

而

$$\int_{-\pi}^{\pi}\mathrm{e}^{\mathrm{i}(n+m+1)\theta}\mathrm{d}\theta = \begin{cases} 0, & n+m+1 \neq 0 \\ 2\pi, & n+m+1 = 0 \end{cases} \tag{7.206}$$

因此，当 $n+m+1\neq 0$ 时，$w_{\mathrm{F}}=0$；当 $n+m+1=0$ 时，$m=-n-1$，于是

$$
\begin{aligned}
w_{\mathrm{F}} &= \frac{C_1+C_2}{4\mu_1\mu_2}\mathrm{Re}\left[\left(\frac{a_n\bar{b}_m}{-n-1/2+\mathrm{i}\varepsilon}-\frac{\bar{a}_n b_m}{n+1/2+\mathrm{i}\varepsilon}\right)\cdot 2\pi\right] \\
&= -\frac{\pi(C_1+C_2)}{2\mu_1\mu_2}\mathrm{Re}\left(\frac{a_n\bar{b}_m}{n+1/2-\mathrm{i}\varepsilon}+\overline{\frac{a_n\bar{b}_m}{n+1/2-\mathrm{i}\varepsilon}}\right) \\
&= -\frac{\pi(C_1+C_2)}{\mu_1\mu_2}\mathrm{Re}\left(\frac{a_n\bar{b}_m}{n+1/2-\mathrm{i}\varepsilon}\right)
\end{aligned} \tag{7.207}
$$

此即式(7.195)，证毕。第 2 和第 3 两种情况请读者自证。

综合特征展开伪正交特性的三种情况，界面裂纹一般形式的 Bueckner 功共轭积分可以写成

$$
w=w_{\mathrm{F}}+w_{\mathrm{I}} \tag{7.208}
$$

7.4.5　路径无关积分

类似于均匀各向同性弹性裂纹体的情况，在界面裂纹问题中，通过选取适当的两个特征应力场，利用 Bueckner 功共轭积分可以得到一些有用的路径无关积分。

(1) 设 α 应力位移场 $u_i^{(\alpha)}=u_i$、$\sigma_{ij}^{(\alpha)}=\sigma_{ij}$ 为真实物理场，其复势函数为

$$
f(z)=\sum_{n=0}^{\infty}\frac{a_n}{n+1/2-\mathrm{i}\varepsilon}z^n,\quad g(z)=\sum_{n=0}^{\infty}e_n z^n \tag{7.209}
$$

再选取 β 应力场为

$$
u_i^{(\beta)}=\partial u_i/\partial x,\quad \sigma_{ij}^{(\beta)}=\partial\sigma_{ij}/\partial x \tag{7.210}
$$

在前面证明性质 1 时已证，此时有 $\varphi_1^{(\beta)}(z)=\varphi_1'^{(\alpha)}(z)$，$\Omega_1^{(\beta)}(z)=\Omega_1'^{(\alpha)}(z)$，而

$$
\varphi_1^{(\alpha)}(z)=\mathrm{e}^{-\pi\varepsilon}z^{1/2-\mathrm{i}\varepsilon}\sum_{n=0}^{\infty}\frac{a_n}{n+1/2-\mathrm{i}\varepsilon}z^n+D_1\sum_{n=0}^{\infty}e_n z^n \tag{7.211}
$$

于是

$$
\begin{aligned}
\varphi_1^{(\beta)}(z) &= \mathrm{e}^{-\pi\varepsilon}\sum_{n=0}^{\infty}a_n z^{n-1/2-\mathrm{i}\varepsilon}+D_1\sum_{n=0}^{\infty}ne_n z^{n-1} \\
&\overset{\text{作变换}n=m+1}{=} \mathrm{e}^{-\pi\varepsilon}\sum_{m=-1}^{\infty}a_{m+1}z^{m+1/2-\mathrm{i}\varepsilon}+D_1\sum_{m=-1}^{\infty}(m+1)e_{m+1}z^m
\end{aligned}
$$

$$\overset{\text{令}\left\{\begin{array}{l}a_{m+1}=b_m/(m+1/2-\mathrm{i}\varepsilon)\\(m+1)e_{m+1}=f_m\end{array}\right.}{=}\mathrm{e}^{-\pi\varepsilon}\sum_{m=-1}^{\infty}\frac{b_m}{m+1/2-\mathrm{i}\varepsilon}z^{m+1/2-\mathrm{i}\varepsilon}+D_1\sum_{m=-1}^{\infty}f_m z^m \tag{7.212}$$

这样，$\varphi_1^{(\beta)}(z)$已变为标准形式。做 α 和 β 场的 Bueckner 功共轭积分，此时整数型特征值项只有 $n=1$、$m=-1$ 项（即满足 $n+m=0$）对积分有贡献，由性质 2 的第 2 种情况有

$$\begin{aligned}w_{\mathrm{I}}=H_2&=-4n\pi C_1C_2[\mathrm{Re}(e_1\overline{f}_{-1})]/[\mu_1\mu_2(C_1+C_2)]\\&\overset{(m+1)e_{m+1}=f_m}{=}-4n\pi C_1C_2\{\mathrm{Re}[e_1(-1+1)\bar{e}_0]\}/[\mu_1\mu_2(C_1+C_2)]=0\end{aligned} \tag{7.213}$$

而对应复型特征值的项，只有 $n=0$、$m=-1$ 项（即满足 $n+m+1=0$）对积分有贡献，于是有

$$\begin{aligned}w=w_{\mathrm{F}}&=\int_{\Gamma_1+\Gamma_2}\left(u_i\frac{\partial\sigma_{ij}}{\partial x}+\frac{\partial u_i}{\partial x}\sigma_{ij}\right)n_j\,\mathrm{d}s=-\frac{(C_1+C_2)\pi}{\mu_1\mu_2}\mathrm{Re}\left(\frac{a_0\overline{b}_{-1}}{1/2-\mathrm{i}\varepsilon}\right)\\&\overset{b_{-1}=a_0(-1/2-\mathrm{i}\varepsilon)}{=}-\pi\left(\frac{\kappa_1+1}{\mu_1}+\frac{\kappa_2+1}{\mu_2}\right)\mathrm{Re}\left[\frac{a_0\bar{a}_0(-1/2+\mathrm{i}\varepsilon)}{1/2-\mathrm{i}\varepsilon}\right]\\&=\pi\left(\frac{\kappa_1+1}{\mu_1}+\frac{\kappa_2+1}{\mu_2}\right)\mathrm{Re}(a_0\bar{a}_0)\end{aligned} \tag{7.214}$$

由式(7.160)有

$$\overline{K}=2\sqrt{2\pi}a_0\,\mathrm{ch}(\pi\varepsilon)\quad\Rightarrow\quad K\overline{K}=8\pi(a_0\bar{a}_0)\mathrm{ch}^2(\pi\varepsilon) \tag{7.215}$$

将式(7.215)代入式(7.214)即得应力强度因子与 Bueckner 积分之间的关系为

$$w=[(\kappa_1+1)/\mu_1+(\kappa_2+1)/\mu_2]K\overline{K}/[8\mathrm{ch}^2(\pi\varepsilon)] \tag{7.216}$$

利用这两个场还可以证明

$$w=2J=2G \tag{7.217}$$

于是可得

$$J=G=[(\kappa_1+1)/\mu_1+(\kappa_2+1)/\mu_2]K\overline{K}/[16\mathrm{ch}^2(\pi\varepsilon)] \tag{7.218}$$

(2) 设 α 应力位移场 $u_i^{(\alpha)}=u_i$、$\sigma_{ij}^{(\alpha)}=\sigma_{ij}$ 为真实物理场，其复势函数为式(7.209)。选取 β 场为

$$\begin{aligned}&\varphi_1^{(\beta)}(z)=\mathrm{e}^{-\pi\varepsilon}g_{-k}z^{-k+1/2-\mathrm{i}\varepsilon},\quad\Omega_1^{(\beta)}(z)=\mathrm{e}^{\pi\varepsilon}\overline{g}_{-k}z^{-k+1/2+\mathrm{i}\varepsilon}\\&\varphi_2^{(\beta)}(z)=\mathrm{e}^{\pi\varepsilon}g_{-k}z^{-k+1/2-\mathrm{i}\varepsilon},\quad\Omega_2^{(\beta)}(z)=\mathrm{e}^{-\pi\varepsilon}\overline{g}_{-k}z^{-k+1/2+\mathrm{i}\varepsilon},\quad k=1,2,\cdots\end{aligned} \tag{7.219}$$

利用伪正交特性可得

$$w = \int_{\Gamma_1+\Gamma_2} (u_i^{(\alpha)}\sigma_{ij}^{(\beta)} - u_i^{(\beta)}\sigma_{ij}^{(\alpha)})n_j \mathrm{d}s = (C_1 + C_2)\pi[\mathrm{Re}(a_{k-1}\bar{g}_{-k})]/(\mu_1\mu_2) \tag{7.220}$$

由此可得

$$\begin{aligned} w&=(C_1+C_2)\pi[\mathrm{Re}(a_{k-1})]/(\mu_1\mu_2), \quad g_{-k}=1, \quad k=1,2,\cdots \\ w&=(C_1+C_2)\pi[\mathrm{Im}(a_{k-1})]/(\mu_1\mu_2), \quad g_{-k}=i, \quad k=1,2,\cdots \end{aligned} \tag{7.221}$$

于是，当 $k=1$ 时，有

$$\begin{aligned} w&=(C_1+C_2)K_{\mathrm{I}}/[2\sqrt{2}\mu_1\mu_2\mathrm{ch}(\pi\varepsilon)], \quad g_{-1}=1,\ k=1 \\ w&=(C_1+C_2)K_{\mathrm{II}}/[2\sqrt{2}\mu_1\mu_2\mathrm{ch}(\pi\varepsilon)], \quad g_{-1}=i,\ k=1 \end{aligned} \tag{7.222}$$

这样，即可用 Bueckner 积分求解应力强度因子 K_{I} 和 K_{II}。

(3) 设 α 应力位移场 $u_i^{(\alpha)}=u_i$ 和 $\sigma_{ij}^{(\alpha)}=\sigma_{ij}$ 为真实物理场，其复势函数为式(7.209)。选取 β 场为

$$\begin{aligned} \varphi_1(z)&=D_1h_{-k}z^{-k}, \quad \Omega_1(z)=-D_1\bar{h}_{-k}z^{-k} \\ \varphi_2(z)&=D_2h_{-k}z^{-k}, \quad \Omega_2(z)=-D_2\bar{h}_{-k}z^{-k} \end{aligned} \tag{7.223}$$

则有

$$w = \int_{\Gamma_1+\Gamma_2} (u_i\sigma_{ij}^{(\beta)} - u_i^{(\beta)}\sigma_{ij})n_j \mathrm{d}s = -4k\pi C_1C_2[\mathrm{Re}(e_k\bar{h}_{-k})]/[\mu_1\mu_2(C_1 + C_2)] \tag{7.224}$$

特别地，有

$$\begin{aligned} w&=-4k\pi C_1C_2[\mathrm{Re}(e_k)]/[\mu_1\mu_2(C_1+C_2)], \quad h_{-k}=1,\ k=1,2,\cdots \\ w&=-4k\pi C_1C_2[\mathrm{Im}(e_k)]/[\mu_1\mu_2(C_1+C_2)], \quad h_{-k}=i,\ k=1,2,\cdots \end{aligned} \tag{7.225}$$

7.5　反平面剪切的弹性椭圆夹杂的界面裂纹问题

对弹性体中夹杂问题的研究由来已久。到目前为止，刚性夹杂问题已得到很好的解决，而弹性夹杂问题的研究还不够完善。由于反平面剪切问题的界面裂纹具有与平面应变、平面应力的界面裂纹完全不同的特征，因此有必要加以介绍。

同时，通过处理这一问题，也使读者对复变函数的保角变换方法的应用以及对圆周边值问题的处理方法有一个基本的了解。

反平面剪切问题是指平面内位移分量 $u=v=0$，而沿 z 轴的位移分量与 z 无关，即 $w=w(x,y)$ 的这样一类弹性力学问题。由几何方程和本构关系可知，该问题中不为零的应变分量和应力分量为

$$\begin{aligned} \gamma_{zx}&=\partial w/\partial x, \quad \gamma_{zy}=\partial w/\partial y \\ \sigma_{zx}&=\mu\gamma_{zx}, \quad \sigma_{zy}=\mu\gamma_{zy} \end{aligned} \tag{7.226}$$

其中，μ 为剪切模量。此时，无体力的静力平衡方程为

$$\partial\sigma_{zx}/\partial x+\partial\sigma_{zy}/\partial y=0 \tag{7.227}$$

将式(7.226)代入式(7.227)可得

$$\nabla^2 w=\partial^2 w/\partial z\partial\bar{z}=0 \tag{7.228}$$

解之得

$$w=\{\mathrm{Re}[\varphi(z)]\}/\mu=[\varphi(z)+\overline{\varphi(z)}]/(2\mu) \tag{7.229}$$

其中，$\varphi(z)$ 是某区域内的解析函数。可以看出，反平面剪切问题被一个复平面上的解析函数完全确定，问题归结为在一定的边值条件下求解这个解析函数。容易推出，应力分量具有如下表达式：

$$\sigma_{zx}-\mathrm{i}\sigma_{zy}=\varphi'(z) \tag{7.230}$$

即在反平面剪切问题中，应力分量与 $\varphi'(z)$ 成正比。

在保角变换 $z=\omega(\zeta)$ 下，由应力转轴公式有

$$\sigma_{z\rho}=\sigma_{zx}\cos\lambda+\sigma_{zy}\sin\lambda, \quad \sigma_{z\theta}=-\sigma_{zx}\sin\lambda+\sigma_{zy}\cos\lambda \tag{7.231}$$

由此可得反平面问题的应力分量在曲线坐标系中的表达式为

$$\sigma_{z\rho}-\mathrm{i}\sigma_{z\theta}=(\sigma_{zx}-\mathrm{i}\sigma_{zy})\mathrm{e}^{\mathrm{i}\lambda}=\zeta\varphi'(\zeta)/(\rho|\omega'(\zeta)|) \tag{7.232}$$

而位移变换公式为

$$\begin{pmatrix} u_\rho \\ u_\theta \\ u_z \end{pmatrix}=\begin{pmatrix} \cos\lambda & \sin\lambda & 0 \\ -\sin\lambda & \cos\lambda & 0 \\ 0 & 0 & 1 \end{pmatrix}\begin{pmatrix} u \\ v \\ w \end{pmatrix} \tag{7.233}$$

故有

$$u_\rho=u_\theta=0,\quad u_z=w \tag{7.234}$$

因此,反平面问题的位移在曲线坐标系中可表示为

$$u_z=w(\zeta)=\{\varphi[\omega(\zeta)]+\overline{\varphi[\omega(z)]}\}/(2\mu)\equiv[\varphi(\zeta)+\overline{\varphi(\zeta)}]/(2\mu) \tag{7.235}$$

考虑如图7.12所示的无限大基体含椭圆型弹性夹杂的问题。在夹杂和基体的界面上,t_1 到 t_2 段是一条界面裂纹。令1区(S^+)表示基体,2区(S^-)表示夹杂。记界面为 $L=L_c+L_b$。其中,L_c 表示应力自由的裂面,L_b 表示应力连续的界面。设基体和夹杂是均匀各向同性弹性材料。系统远场受反平面剪切载荷。

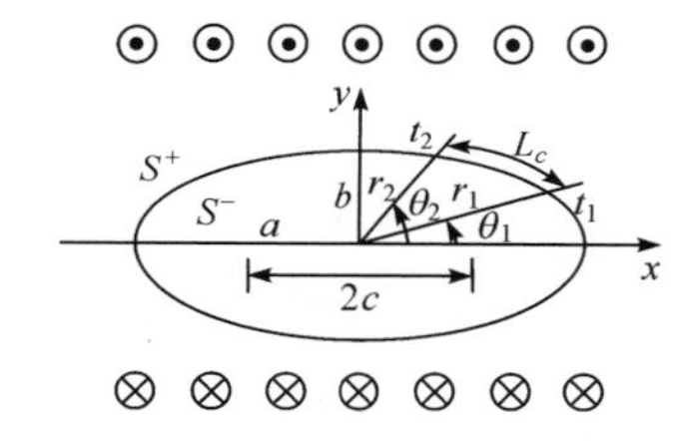

图7.12　椭圆夹杂界面裂纹反平面剪切问题

1) 基本方程

对于反平面剪切问题,需要确定的复势函数只有一个,而位移场和应力场为

$$w=[\varphi(z)+\overline{\varphi(z)}]/(2\mu),\quad \sigma_{zx}-\mathrm{i}\sigma_{zy}=\varphi'(z) \tag{7.236}$$

选取如下形式的广义儒可夫斯基保角变换,如图7.13所示。

$$z=\omega(\zeta)=\frac{c}{2}\left(R\zeta+\frac{1}{R\zeta}\right),\quad \zeta=\omega^{-1}(z)=\frac{z}{Rc}\left[1\pm\sqrt{1-(c/z)^2}\right] \tag{7.237}$$

其中,ζ 是像平面内的复变量:

$$\zeta=\xi+\mathrm{i}\eta=\rho\mathrm{e}^{\mathrm{i}\beta},\quad \varepsilon=b/a \tag{7.238}$$

$$c=\sqrt{a^2-b^2}=a\sqrt{1-\varepsilon^2} \tag{7.239}$$

$$R=\sqrt{(a+b)/(a-b)}=\sqrt{(1+\varepsilon)/(1-\varepsilon)} \tag{7.240}$$

可以看出,式(7.237)将实现如下保角变换:

(1) 将 z 平面中的区域 S^+ 映射为 ζ 平面上单位圆 $\Gamma_1=\Gamma_c+\Gamma_b$ 的外域;

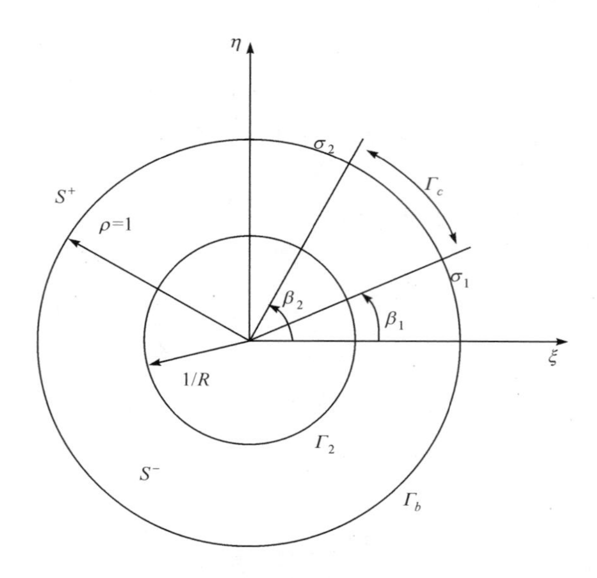

图 7.13　圆域的保角变换

(2) z 平面中的区域 S^- 映射为 ζ 平面上的环域(外半径为 $\rho=1$,内半径为 $\rho=1/R$);将线段 L_c 和 L_b 映射成线段 Γ_c 和 Γ_b;将裂尖 $t_1=r_1\mathrm{e}^{\mathrm{i}\theta_1}$ 和 $t_2=r_2\mathrm{e}^{\mathrm{i}\theta_2}$ 分别映射成 $\sigma_1=\mathrm{e}^{\mathrm{i}\beta_1}$ 和 $\sigma_2=\mathrm{e}^{\mathrm{i}\beta_2}$。用 $\sigma=\mathrm{e}^{\mathrm{i}\beta}$ 来表示 ζ 平面上单位圆 $\Gamma_1=\Gamma_c+\Gamma_b$ 上的点。最后还需注意,z 平面中 x 轴上 $(-c,c)$ 段被假想地割开,它被映射成 ζ 平面上的圆域 $\rho<1/R$。

在保角变换式(7.237)下,相应的应力分量和位移分量由式(7.232)和式(7.236)写出为

$$\sigma_{\rho z}-\mathrm{i}\sigma_{\beta z}=(\sigma_{xz}-\mathrm{i}\sigma_{yz})\mathrm{e}^{\mathrm{i}\lambda}=\zeta\varphi'(\zeta)/(|\zeta||\omega'(\zeta)|) \tag{7.241}$$

$$w=[\varphi(\zeta)+\overline{\varphi(\zeta)}]/(2\mu) \tag{7.242}$$

将式(7.242)对 β 求偏导数可得

$$w_{,\beta}=[\varphi'(\zeta)\partial\zeta/\partial\beta+\overline{\varphi'(\zeta)}\partial\bar{\zeta}/\partial\beta]/(2\mu)=\mathrm{i}[\zeta\varphi'(\zeta)-\bar{\zeta}\overline{\varphi'(\zeta)}]/(2\mu) \tag{7.243}$$

2) 边界条件

(1) 界面应力、位移连续条件为

$$\begin{cases}\sigma_{\rho z1}(\sigma)=\sigma_{\rho z2}(\sigma), & \sigma\in\Gamma_b\\ w_1(\sigma)=w_2(\sigma), & \sigma\in\Gamma_b\end{cases} \tag{7.244}$$

(2) 裂面应力自由条件为

$$\sigma_{\rho\alpha 1}(\sigma)=0,\quad \sigma_{\rho\alpha 2}(\sigma)=0,\quad \sigma\in\Gamma_c \tag{7.245}$$

由式(7.241)可以解出

$$\sigma_{\rho\alpha}=\mathrm{Re}[\zeta\varphi'(\zeta)/(|\zeta||\omega'(\zeta)|)]=[\zeta\varphi'(\zeta)+\overline{\zeta\varphi'(\zeta)}]/(2|\zeta||\omega'(\zeta)|) \tag{7.246}$$

将式(7.246)代入裂面应力自由条件式(7.245)得第一定解方程：

$$\sigma\varphi_1'(\sigma)+\bar{\sigma}\,\overline{\varphi_1'(\sigma)}=0,\quad \sigma\varphi_2'(\sigma)+\bar{\sigma}\,\overline{\varphi_2'(\sigma)}=0,\sigma\in\Gamma_c \tag{7.247}$$

此处应该注意：$\varphi_1(\zeta)$是定义在区域$|\zeta|>1$中，而$\varphi_2(\zeta)$则是定义在区域$1/R<|\zeta|<1$中的。将式(7.246)代入界面应力连续条件式(7.244)得第二定解方程：

$$\sigma\varphi_1'(\sigma)+\bar{\sigma}\,\overline{\varphi_1'(\sigma)}=\sigma\varphi_2'(\sigma)+\bar{\sigma}\,\overline{\varphi_2'(\sigma)},\quad \sigma\in\Gamma_b \tag{7.248}$$

将式(7.243)代入界面位移连续条件可得第三定解方程：

$$\mu_2[\sigma\varphi_1'(\sigma)-\bar{\sigma}\,\overline{\varphi_1'(\sigma)}]/\mu_1=\sigma\varphi_2'(\sigma)-\bar{\sigma}\,\overline{\varphi_2'(\sigma)},\quad \sigma\in\Gamma_b \tag{7.249}$$

最后，由于圆周Γ_2对应着z平面中x轴上的线段$(-c,c)$，而该线段是被假想割开的。因此，$\varphi_2(z)$跨过该线段时应该是连续的，于是沿圆周Γ_2(图 7.14)有

$$\varphi_2(\sigma/R)=\varphi_2(\bar{\sigma}/R),\quad \sigma/R\in\Gamma_2 \tag{7.250}$$

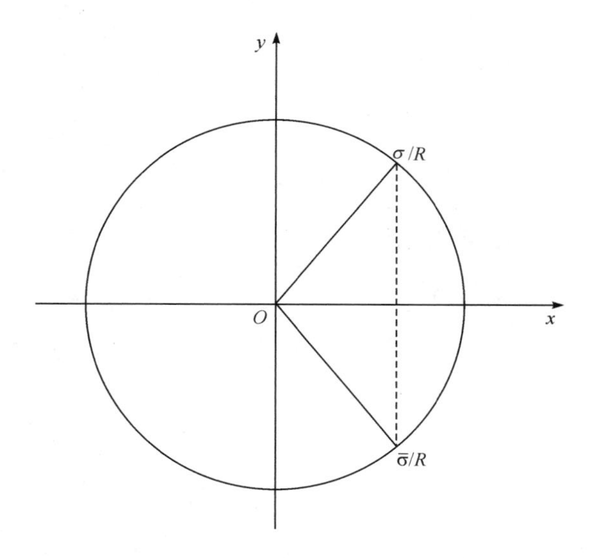

图 7.14　线段$(-c,c)$所对应的保角映射

该方程即为第四定解方程。于是，问题归结为求解满足边界条件式(7.247)～式(7.250)的复势函数$\varphi_1(z)$和$\varphi_2(z)$。

3) 复势函数的求解(Gong et al,1992)

为方便起见,令

$$\begin{cases}\omega_1'(\zeta)=\zeta\varphi_1'(\zeta), & |\zeta|>1\\ \omega_2'(\zeta)=\zeta\varphi_2'(\zeta), & 1/R<|\zeta|<1\end{cases} \tag{7.251}$$

将式(7.251)代入第一定解方程式(7.247)得

$$\omega_1'(\sigma)+\overline{\omega_1'(\sigma)}=0,\quad \sigma\in\Gamma_c$$

$$\omega_2'(\sigma)+\overline{\omega_2'(\sigma)}=0,\quad \sigma\in\Gamma_c \tag{7.252}$$

由式(7.252)可以看出,根据解析开拓原理,可以通过应力自由裂面(即 Γ_c)或公共边界中其他无载荷的部分将 $\omega_1'(\zeta)$ 和 $\omega_2'(\zeta)$ 解析开拓到其相应的对称域上。由式(7.252)的第一式可得

$$\omega_1'^{+}(\sigma)=-\overline{\omega_1'^{+}(\sigma)}=-\lim_{\zeta\to\sigma^+}\overline{\omega_1'(\sigma)}=-\lim_{\zeta\to\sigma^-}\overline{\omega_1'(1/\bar{\zeta})}=-\lim_{\zeta\to\sigma^-}[\bar{\omega}_1'(1/\zeta)] \tag{7.253}$$

故可在全平面中定义一个新的全纯函数:

$$\Omega_1(\zeta)=\begin{cases}\omega_1'(\zeta), & |\zeta|>1\\ -\bar{\omega}_1'(1/\zeta)=-[\bar{\varphi}_1'(1/\zeta)]/\zeta, & |\zeta|<1\end{cases} \tag{7.254}$$

满足

$$\Omega_1^+(\sigma)=\Omega_1^-(\sigma),\quad \sigma\in\Gamma_c \tag{7.255}$$

同理,可在环域 $1/R<|\zeta|<R$ 上定义一个解析函数:

$$\Omega_2(\zeta)=\begin{cases}\omega_2'(\zeta), & 1/R<|\zeta|<1\\ -\bar{\omega}_2'(1/\zeta)=-[\bar{\varphi}_2'(1/\zeta)]/\zeta, & 1<|\zeta|<R\end{cases} \tag{7.256}$$

满足:

$$\Omega_2^+(\sigma)=\Omega_2^-(\sigma),\quad \sigma\in\Gamma_c \tag{7.257}$$

将式(7.254)～式(7.257)分别代入式(7.247)～式(7.249)得

$$\Omega_1^+(\sigma)-\Omega_1^-(\sigma)=0,\quad \Omega_2^+(\sigma)-\Omega_2^-(\sigma)=0,\quad \sigma\in\Gamma_c \tag{7.258}$$

$$[\Omega_1^+(\sigma)+\Omega_2^+(\sigma)]-[\Omega_1^-(\sigma)+\Omega_2^-(\sigma)]=0,\quad \sigma\in\Gamma_b \tag{7.259}$$

$$[\Omega_2^+(\sigma)-\mu_2\Omega_1^+(\sigma)/\mu_1]+[\Omega_2^-(\sigma)-\mu_2\Omega_1^-(\sigma)/\mu_1]=0,\quad \sigma\in\Gamma_b \tag{7.260}$$

将式(7.258)中的两式相加得

$$[\Omega_1^+(\sigma)+\Omega_2^+(\sigma)]-[\Omega_1^-(\sigma)+\Omega_2^-(\sigma)]=0,\quad \sigma\in\Gamma_c \tag{7.261}$$

由式(7.259)和式(7.261)可得

$$[\Omega_1^+(\sigma)+\Omega_2^+(\sigma)]=[\Omega_1^-(\sigma)+\Omega_2^-(\sigma)],\quad \sigma\in\Gamma_c+\Gamma_b \tag{7.262}$$

所以,函数 $\Omega_{12}(\zeta)=\Omega_1(\zeta)+\Omega_2(\zeta)$ 在区域 $1/R<|\zeta|<R$ 上全纯。故可展成 Laurent 级数:

$$\Omega_{12}(\zeta)=\Omega_1(\zeta)+\Omega_2(\zeta)=\sum_{k=0}^{\infty}[f_k\zeta^{k+1}+g_k\zeta^{-(k+1)}]\equiv f(\zeta) \tag{7.263}$$

其中,f_k 和 g_k 是待定的复系数。此时,$\Omega_1(\zeta)$ 和 $\Omega_2(\zeta)$ 耦合在一起,应将它们分开。由式(7.259)减式(7.260)得

$$(1+\mu_2/\mu_1)\Omega_1^+(\sigma)-(1-\mu_2/\mu_1)\Omega_1^-(\sigma)-2\Omega_2^-(\sigma)=0,\quad \sigma\in\Gamma_b \tag{7.264}$$

而将式(7.263)取边值可得

$$\Omega_1^-(\sigma)+\Omega_2^-(\sigma)=f(\sigma)\quad\Rightarrow\quad \Omega_2^-(\sigma)=f(\sigma)-\Omega_1^-(\sigma) \tag{7.265}$$

将式(7.265)代入式(7.264)消去 $\Omega_2^-(\zeta)$ 可得

$$\Omega_1^+(\sigma)+\Omega_1^-(\sigma)=f(\sigma)\equiv\frac{2}{1+\mu_2/\mu_1}\sum_{k=0}^{\infty}[f_k\sigma^{k+1}+g_k\sigma^{-(k+1)}],\quad \sigma\in\Gamma_b \tag{7.266}$$

式(7.266)与式(7.258)中的第一式联合即构成关于 $\Omega_1(\sigma)$ 的 R-H 问题:

$$\begin{cases}\Omega_1^+(\sigma)-\Omega_1^-(\sigma)=0, & \sigma\in\Gamma_c\\ \Omega_1^+(\sigma)+\Omega_1^-(\sigma)=f(\sigma), & \sigma\in\Gamma_b\end{cases} \tag{7.267}$$

注意到这是一个 $g=-1$ 的非齐次 R-H 问题,此时 $\gamma=1/2$。由此可知,它将导致标准的 $r^{-1/2}$ 裂尖应力奇异性。这与平面应变和平面应力下的界面裂纹问题性质上是大不相同的。从物理上讲,这是因为反平面剪切问题是撕裂型,不可能出现裂面折叠与楔入的现象。

现在来解 R-H 问题(7.267),式(7.267)的解可表示为

$$\Omega_1(\zeta)=\frac{X(\zeta)}{2\pi\mathrm{i}}\int_{\sigma_1}^{\sigma_2}\frac{f(\sigma)\mathrm{d}\sigma}{X^+(\sigma)(\sigma-\zeta)}+X(\zeta)R(\zeta) \tag{7.268}$$

其中

$$X(\zeta)=(\zeta-\sigma_1)^{-1/2}(\zeta-\sigma_2)^{-1/2} \tag{7.269}$$

而 $R(\zeta)$ 是任意有理函数。它将由 $\omega_1'(\zeta)$ 在无穷远点和零点的性质决定。

为了计算式(7.268)中的积分，选取如图 7.15 所示的积分路径，记整个积分环路为 C，即 $C=\Gamma_R+\Gamma_\gamma+\Gamma^++\Gamma^-$，并令 $R\to\infty$，$r\to 0$(这是由积分的路径无关性保证的)。

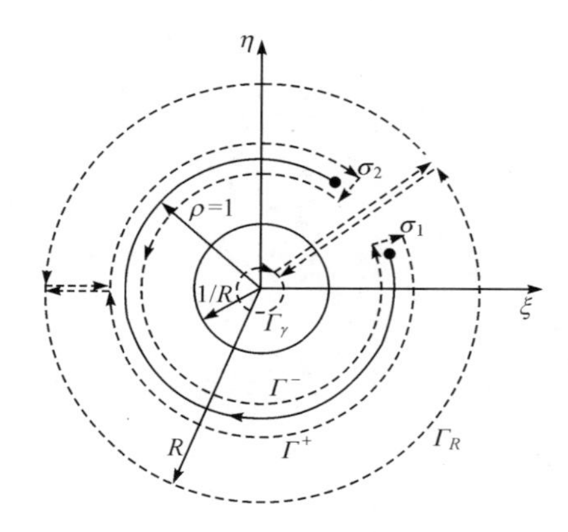

图 7.15　计算式(7.268)的积分路径选取

由柯西积分公式，当 ζ 是环路 C 所围区域中一点时，由留数定理有

$$\frac{1}{2\pi\mathrm{i}}\int_C \frac{f(\sigma)\mathrm{d}\sigma}{X^+(\sigma)(\sigma-\zeta)}=\frac{f(\zeta)}{X(\zeta)} \tag{7.270}$$

而

$$\begin{aligned}\int_C \frac{f(\sigma)\mathrm{d}\sigma}{X^+(\sigma)(\sigma-\zeta)}&=\left(\int_R+\int_r\right)\frac{f(\sigma)\mathrm{d}\sigma}{X(\sigma)(\sigma-\zeta)}+\int_L\left[\frac{1}{X^+(\sigma)}-\frac{1}{X^-(\sigma)}\right]\frac{f(\sigma)\mathrm{d}\sigma}{(\sigma-\zeta)}\\&\overset{X^-(\sigma)=X^+(\sigma)}{=}\left(\int_R+\int_r\right)\frac{f(\sigma)\mathrm{d}\sigma}{X(\sigma)(\sigma-\zeta)}+2\int_L\frac{f(\sigma)\mathrm{d}\sigma}{X^+(\sigma)(\sigma-\zeta)}\end{aligned} \tag{7.271}$$

于是

$$\begin{aligned}\int_{\sigma_1}^{\sigma_2}\frac{f(\sigma)\mathrm{d}\sigma}{X^+(\sigma)(\sigma-\zeta)}&=\frac{1}{2}\left[\int_C\frac{f(\sigma)\mathrm{d}\sigma}{X^+(\sigma)(\sigma-\zeta)}-\left(\int_R+\int_r\right)\frac{f(\sigma)\mathrm{d}\sigma}{X(\sigma)(\sigma-\zeta)}\right]\\&=\frac{1}{2}\left[2\pi\mathrm{i}\,\frac{f(\zeta)}{X(\zeta)}-\left(\int_R+\int_r\right)\frac{f(\sigma)\mathrm{d}\sigma}{X(\sigma)(\sigma-\zeta)}\right]\end{aligned} \tag{7.272}$$

将式(7.272)代入式(7.268)得

$$\begin{aligned}\Omega_1(\zeta)&=\frac{1}{2}f(\zeta)-\frac{X(\zeta)}{4\pi\mathrm{i}}\left(\int_R+\int_r\right)\frac{f(\sigma)\mathrm{d}\sigma}{X(\sigma)(\sigma-\zeta)}+X(\zeta)R(\zeta)\\&=\frac{1}{1+\mu_2/\mu_1}\sum_{k=0}^{\infty}\left[f_k\zeta^{k+1}+g_k\zeta^{-(k+1)}\right]\end{aligned}$$

$$-\frac{X(\zeta)}{4\pi\mathrm{i}}\left(\int_R+\int_r\right)\frac{f(\sigma)\mathrm{d}\sigma}{X(\sigma)(\sigma-\zeta)}+X(\zeta)R(\zeta) \tag{7.273}$$

由式(7.273)可以看出，为了计算 $\Omega_1(\zeta)$，必须先计算其中的两个积分，因而必须了解函数 $X(\sigma)$在∞点和0点的情况。

为了下面推导的需要，在此给出一个关于无穷级数乘积的公式：

$$\sum_{k=0}^{\infty}u_k\sum_{l=0}^{\infty}v_l=\sum_{n=0}^{\infty}w_n=\sum_{n=0}^{\infty}\left(\sum_{k=0}^{n}u_kv_{n-k}\right) \tag{7.274}$$

由于

$$\begin{aligned}\sum_{k=0}^{\infty}u_k\sum_{l=0}^{\infty}v_l=&\,u_0v_0+u_0v_1+u_0v_2+\cdots+u_0v_l+\cdots\\&+u_1v_0+u_1v_1+u_1v_2+\cdots+u_1v_l+\cdots\\&+u_2v_0+u_2v_1+u_2v_2+\cdots+u_2v_l+\cdots\\&+\cdots+u_kv_0+u_kv_1+u_kv_2+\cdots+u_kv_l+\cdots\end{aligned} \tag{7.275}$$

对此和式，先按 $n=k+l$ 顺序求和，即

$$\begin{aligned}&n=0:\quad w_0=u_0v_0\\&n=1:\quad w_1=u_0v_1+u_1v_0\\&n=2:\quad w_2=u_0v_2+u_1v_1+u_2v_0\\&\vdots\\&n=n:\quad w_n=u_0v_n+u_1v_{n-1}+\cdots+u_kv_{n-k}+\cdots+u_nv_0=\sum_{k=0}^{n}u_kv_{n-k}\end{aligned} \tag{7.276}$$

再将式(7.276)对 n 取和式即得式(7.274)。

先来讨论 $\zeta\to\infty$时 $X(\zeta)$的情况。因为此时 $X(\zeta)$解析，所以可将其在∞点处进行 Taylor 展开。按照函数在∞点 Taylor 展开的定义，就是做函数 $X(1/\zeta)$在0点的 Taylor 展开。注意当$|t|<1$时有

$$(1-t)^{-1/2}=\sum_{m=0}^{\infty}\frac{(2m)!}{2^{2m}\cdot(m!)^2}t^m=\sum_{m=0}^{\infty}p_m^*t^m \tag{7.277}$$

$$p_m^*=(2m)!\ /[2^{2m}\cdot(m!)^2] \tag{7.278}$$

于是

$$X(\zeta)=(\zeta-\sigma_1)^{-1/2}(\zeta-\sigma_2)^{-1/2}=\zeta^{-1}(1-\sigma_1/\zeta)^{-1/2}(1-\sigma_2/\zeta)^{-1/2}$$

$$= \zeta^{-1} \sum_{l=0}^{\infty} p_l^* \left(\frac{\sigma_1}{\zeta}\right)^l \sum_{k=0}^{\infty} p_k^* \left(\frac{\sigma_2}{\zeta}\right)^k$$

$$= \zeta^{-1} \sum_{n=0}^{\infty} \left\{ \sum_{m=0}^{n} \left[p_m^* \left(\frac{\sigma_1}{\zeta}\right)^m p_{n-m}^* \left(\frac{\sigma_1}{\zeta}\right)^{n-m} \right] \right\}$$

$$= \sum_{n=0}^{\infty} \left[\sum_{m=0}^{n} (p_m^* p_{n-m}^* \sigma_1^m \sigma_2^{n-m}) \zeta^{-(n+1)} \right] = \sum_{n=0}^{\infty} t_n^* \zeta^{-(n+1)} \tag{7.279}$$

$$t_n^* = \sum_{m=0}^{n} (p_m^* p_{n-m}^* \sigma_1^m \sigma_2^{n-m}) \tag{7.280}$$

显然，当 $\zeta \to \infty$ 时有 $X(\zeta) \sim O(\zeta^{-1})$。而对于 $|t|<1$，还有

$$(1-t)^{1/2} = \sum_{m=0}^{\infty} p_m t^m, \quad p_m = \begin{cases} 1, & m=0 \\ -(2m-2)!m/[2^{2m-1}(m!)^2], & m \geqslant 1 \end{cases} \tag{7.281}$$

于是

$$\frac{1}{X(\zeta)} = (\zeta-\sigma_1)^{1/2}(\zeta-\sigma_2)^{1/2} = \zeta\left(1-\frac{\sigma_1}{\zeta}\right)^{1/2}\left(1-\frac{\sigma_2}{\zeta}\right)^{1/2}$$

$$= \sum_{n=0}^{\infty} \left[\sum_{m=0}^{n} (p_m p_{n-m} \sigma_1^m \sigma_2^{n-m}) \zeta^{1-n} \right] = \sum_{n=0}^{\infty} t_n \zeta^{1-n} \tag{7.282}$$

$$t_n = \sum_{m=0}^{n} (p_m p_{n-m} \sigma_1^m \sigma_2^{n-m}) \tag{7.283}$$

同样，可以得到 $X(\zeta)$ 在 0 点的展开。当 $\zeta \to 0$ 时，有

$$X(\xi) = (\zeta-\sigma_1)^{-1/2}(\zeta-\sigma_2)^{-1/2} = (\sigma_1\sigma_2)^{-1/2}\left(1-\frac{\zeta}{\sigma_1}\right)^{-1/2}\left(1-\frac{\zeta}{\sigma_2}\right)^{-1/2}$$

$$= (\sigma_1\sigma_2)^{-1/2} \sum_{m=0}^{\infty} p_m^* \left(\frac{\zeta}{\sigma_1}\right)^m \cdot \sum_{l=0}^{\infty} p_l^* \left(\frac{\zeta}{\sigma_2}\right)^l$$

$$= (\sigma_1\sigma_2)^{-1/2} \sum_{n=0}^{\infty} \sum_{m=0}^{n} p_m^* \left(\frac{\zeta}{\sigma_1}\right)^m p_{n-m}^* \left(\frac{\zeta}{\sigma_2}\right)^{n-m}$$

$$= (\sigma_1\sigma_2)^{-1/2} \sum_{n=0}^{\infty} \sum_{m=0}^{n} p_m^* p_{n-m}^* \sigma_1^{-m} \sigma_2^{-(n-m)} \xi^n = X(0) \sum_{n=0}^{\infty} \mathrm{e}_n^* \zeta^n \tag{7.284}$$

其中

$$\mathrm{e}_n^* = \sum_{m=0}^{n} p_m^* p_{n-m}^* \sigma_1^{-m} \sigma_2^{-(n-m)}, \quad X(0) = (\sigma_1\sigma_2)^{-1/2} \tag{7.285}$$

而

$$\frac{1}{X(\zeta)}=(\zeta-\sigma_1)^{1/2}(\zeta-\sigma_2)^{1/2}=(\sigma_1\sigma_2)^{1/2}\left(1-\frac{\zeta}{\sigma_1}\right)^{1/2}\left(1-\frac{\zeta}{\sigma_2}\right)^{1/2}$$

$$=(\sigma_1\sigma_2)^{1/2}\sum_{n=0}^{\infty}\left\{\sum_{m=0}^{n}\left[p_m p_{n-m}\sigma_1^{-m}\sigma_2^{-(n-m)}\right]\zeta^n\right\}=\frac{1}{X(0)}\sum_{n=0}^{\infty}e_n\zeta^n \tag{7.286}$$

其中

$$e_n=\sum_{m=0}^{n}\left[p_m p_{n-m}\sigma_1^{-m}\sigma_2^{-(n-m)}\right] \tag{7.287}$$

了解了 $X(\zeta)$ 在 ∞ 点和 0 点的状况之后，就可以计算式(7.273)中的积分，令 $\alpha=2/(1+\mu_2/\mu_1)$，并注意到当 $\zeta\to\infty$ 时：①$[1/X(\zeta)]g_k\zeta^{-(k+1)}$ 有界，而与其相关的积分对 $\Omega_1(\zeta)$ 的贡献为其与 $X(\infty)\sim O(\zeta^{-1})$ 的积，故为零，可舍去；②与 f_k 相关的积分对 $\Omega_1(\zeta)$ 的贡献也为其与 $X(\infty)\sim O(\zeta^{-1})$ 的积，因而可只保留使 $\Omega_1(\zeta)$ 非零的项(见下面推导过程中只保留满足 $k-m+2\geqslant 1$ 的项)，则有

$$\int_R\frac{f(\sigma)\mathrm{d}\sigma}{X(\sigma)(\sigma-\zeta)}=\alpha\int_R\frac{\mathrm{d}\sigma}{X(\sigma)(\sigma-\zeta)}\sum_{k=0}^{\infty}\left[f_k\zeta^{k+1}+g_k\zeta^{-(k+1)}\right]$$

$$\overset{\text{展开}1/X(\zeta)}{=}\alpha\int_R\frac{\mathrm{d}\sigma}{(\sigma-\zeta)}\sum_{k=0}^{\infty}f_k\sum_{m=0}^{\infty}t_m\sigma^{k-m+2}$$

$$\overset{\text{柯西积分公式}}{=}\frac{4\pi\mathrm{i}}{1+\mu_2/\mu_1}\sum_{k=0}^{\infty}f_k\sum_{m=0}^{\infty}t_m\zeta^{k-m+2}$$

$$\overset{\text{保留}k-m+2\geqslant 1\text{的项}}{=}\frac{4\pi\mathrm{i}}{1+\mu_2/\mu_1}\sum_{k=0}^{\infty}f_k\sum_{m=0}^{k+1}t_m\zeta^{k-m+2}=\frac{4\pi\mathrm{i}}{1+\mu_2/\mu_1}G_\infty(\zeta) \tag{7.288}$$

其中

$$G_\infty(\zeta)=\sum_{k=0}^{\infty}f_k\sum_{m=0}^{k+1}t_m\zeta^{k-m+2} \tag{7.289}$$

同理，当 $\zeta\to 0$ 时，有

$$\int_r\frac{f(\sigma)\mathrm{d}\sigma}{X(\sigma)(\sigma-\zeta)}=\alpha\int_R\frac{\mathrm{d}\sigma}{X(\sigma)(\sigma-\zeta)}\sum_{k=0}^{\infty}\left[f_k\zeta^{k+1}+g_k\zeta^{-(k+1)}\right]$$

$$\overset{\text{将}1/X(\zeta)\text{展开}}{=}\alpha\int_r\frac{\mathrm{d}\sigma}{(\sigma-\zeta)}\left[\sum_{k=0}^{\infty}g_k\sigma^{-(k+1)}\cdot\frac{1}{X(0)}\sum_{m=0}^{\infty}e_m\sigma^m\right]$$

$$\overset{\text{整理}}{=}\frac{2}{(1+\mu_2/\mu_1)X(0)}\int_r\frac{\mathrm{d}\sigma}{(\sigma-\zeta)}\sum_{k=0}^{\infty}g_k\sum_{m=0}^{\infty}e_m\sigma^{m-(k+1)}$$

$$\overset{\text{柯西公式}}{=} \frac{4\pi \mathrm{i}}{(1+\mu_2/\mu_1)X(0)}\sum_{k=0}^{\infty} g_k \sum_{m=0}^{\infty} e_m \zeta^{m-(k+1)}$$

$$\overset{\text{保留}m-(k+1)\leqslant 0\text{项}}{=} \frac{4\pi \mathrm{i}}{(1+\mu_2/\mu_1)X(0)}\sum_{k=0}^{\infty} g_k \sum_{m=0}^{k+1} e_m \zeta^{m-(k+1)}$$

$$= \frac{4\pi \mathrm{i}}{(1+\mu_2/\mu_1)} G_0(\zeta) \tag{7.290}$$

其中

$$G_0(\zeta) = \frac{1}{X(0)}\sum_{k=0}^{\infty} g_k \sum_{m=0}^{k+1} e_m \zeta^{m-(k+1)} \tag{7.291}$$

得到两个积分式(7.286)和式(7.288)之后，将其代入式(7.273)可得

$$\Omega_1(\zeta) = \frac{\mu_1}{\mu_1+\mu_2}\left(\sum_{k=0}^{\infty}[f_k\zeta^{k+1} + g_k\zeta^{-(k+1)}] - X(\zeta)\{[G_\infty(\zeta)+G_0(\zeta)] - R(\zeta)\}\right) \tag{7.292}$$

现在剩下一个 $R(\zeta)$ 还未确定。这需要考虑复势函数 $\Omega_1(\zeta)$ 当 $\zeta\to\infty$ 和 $\zeta\to 0$ 时的特性。由于夹杂和基体中都没有奇点。故复势函数 $\varphi_1(\zeta)$ 和 $\varphi_2(\zeta)$ 可在相应的区域中展成 Laurent 级数。令

$$\varphi_1(\zeta) = \sum_{k=0}^{\infty}[a_k\zeta^{k+1} + b_k\zeta^{-(k+1)}],\quad |\zeta|>1 \tag{7.293}$$

$$\varphi_2(\zeta) = \sum_{k=0}^{\infty}[c_k\zeta^{k+1} + d_k\zeta^{-(k+1)}],\quad 1/R<|\zeta|<1 \tag{7.294}$$

注意上面的 Laurent 级数与常见的形式稍有不同，这是为了消除刚体位移的对应项(即常数项)。

因为 $\varphi_1(\zeta)$ 是定义在单位圆的外域上，所以系数 a_k 可由无穷远处的边界条件来决定，而 b_k、c_k 和 d_k 则需用相应的界面条件来确定。将式(7.293)、式(7.294)、式(7.251)代入式(7.254)和式(7.256)可得

$$\Omega_1(\zeta) = \begin{cases} \sum_{k=0}^{\infty}(k+1)[a_k\xi^{k+1} - b_k\zeta^{-(k+1)}], & |\zeta|>1 \\ \sum_{k=0}^{\infty}(k+1)[\bar{b}_k\xi^{k+1} - \bar{a}_k\zeta^{-(k+1)}], & |\zeta|<1 \end{cases} \tag{7.295}$$

$$\Omega_2(\zeta)=\begin{cases}\sum_{k=0}^{\infty}(k+1)[c_k\xi^{k+1}-d_k\zeta^{-(k+1)}], & 1/R<|\zeta|<1\\ \sum_{k=0}^{\infty}(k+1)[\bar{d}_k\xi^{k+1}-\bar{c}_k\zeta^{-(k+1)}], & 1<|\zeta|<R\end{cases} \tag{7.296}$$

由式(7.295)知

$$\lim_{\zeta\to\infty}\Omega_1(\zeta)=\sum_{k=0}^{\infty}(k+1)a_k\zeta^{k+1},\quad \lim_{\zeta\to 0}\Omega_1(\zeta)=-\sum_{k=0}^{\infty}(k+1)\bar{a}_k\zeta^{-(k+1)} \tag{7.297}$$

这就是函数 $\Omega_1(\zeta)$ 在无穷远点和零点的渐近性质。

由于 $R(\zeta)X(\zeta)$ 在 ∞ 点和 0 点处应与 $\Omega_1(\zeta)$ 具有相同的特征，可在这两点处令

$$R(\zeta)=\Omega_1(\zeta)/X(\zeta) \tag{7.298}$$

又由于 $R(\zeta)$ 应在 ∞ 点和 0 点处存在奇点，再令

$$R(\zeta)=R_1(\zeta)+R_2(\zeta),\quad R_1(0)=0,\quad R_2(\infty)=0 \tag{7.299}$$

这样，由式(7.297)有

$$\begin{cases}R_1(\zeta)=\Omega_1(\zeta)/X(\zeta), & \zeta\to\infty\\ R_2(\zeta)=\Omega_1(\zeta)/X(\zeta), & \zeta\to 0\end{cases} \tag{7.300}$$

当 $\zeta\to\infty$ 时，可以最终获得

$$\begin{aligned}R_1(\zeta)&=\frac{\Omega_1(\zeta)}{X(\zeta)}=\sum_{n=0}^{\infty}t_n\zeta^{1-n}\cdot\sum_{k=0}^{\infty}(k+1)a_k\zeta^{k+1}=\sum_{n=0}^{\infty}\sum_{k=0}^{\infty}(k+1)t_na_k\zeta^{k-n+2}\\ &\overset{k-n+2\geqslant 1\text{的项}\neq 0}{\underset{\text{常数项不能留}}{=}}\sum_{n=0}^{\infty}\sum_{k=n-1}^{\infty}(k+1)t_na_k\zeta^{k-n+2}=\sum_{n=0}^{\infty}\left[nt_na_{n-1}\zeta+\sum_{k=n}^{\infty}(k+1)t_na_k\zeta^{k-n+2}\right]\\ &=\sum_{n=1}^{\infty}nt_na_{n-1}\zeta+\sum_{n=0}^{\infty}\sum_{m=1}^{\infty}(m+n)t_na_{m+n-1}\zeta^{m+1}\\ &=\sum_{m=0}^{\infty}(m+1)t_{m+1}a_m\zeta+\sum_{m=1}^{\infty}\left[\sum_{n=0}^{\infty}(m+n)t_na_{m+n-1}\right]\zeta^{m+1}\\ &=l_0\zeta+\sum_{m=1}^{\infty}l_m\zeta^{m+1}=\sum_{k=0}^{\infty}l_m\zeta^{m+1}\end{aligned} \tag{7.301}$$

其中

$$l_0=\sum_{m=0}^{\infty}(m+1)t_{m+1}a_m,\quad l_m=\sum_{n=0}^{\infty}(m+n)t_na_{m+n-1},\quad m\geqslant 1 \tag{7.302}$$

同理，当 $\zeta\to 0$ 时，可以算得

$$R_2(\zeta)=\frac{\Omega_1(\zeta)}{X(\zeta)}=\frac{1}{X(0)}\sum_{n=0}^{\infty}e_n\zeta^n\cdot\left[-\sum_{k=0}^{\infty}(k+1)\bar{a}_k\zeta^{-(k+1)}\right]$$

$$=-\frac{1}{X(0)}\sum_{n=0}^{\infty}\left[\sum_{k=0}^{\infty}(k+1)e_n\bar{a}_k\zeta^{n-(k+1)}\right]$$

$$\overset{n-(k+1)\leqslant 0\text{的项}\neq 0}{\underset{\text{要保留常数项}}{=}}-\frac{1}{X(0)}\sum_{n=0}^{\infty}\left[\sum_{k=n-1}^{\infty}(k+1)e_n\bar{a}_k\zeta^{n-(k+1)}\right]$$

$$=-\frac{1}{X(0)}\sum_{n=0}^{\infty}(ne_n\bar{a}_{n-1})-\frac{1}{X(0)}\sum_{n=0}^{\infty}\left[\sum_{k=n}^{\infty}(k+1)e_n\bar{a}_k\zeta^{n-(k+1)}\right]$$

$$=-\frac{1}{X(0)}\sum_{n=1}^{\infty}(ne_n\bar{a}_{n-1})-\frac{1}{X(0)}\sum_{n=0}^{\infty}\left[\sum_{m=0}^{\infty}(m+n+1)e_n\bar{a}_{m+n}\zeta^{-(m+1)}\right]$$

$$=-\frac{1}{X(0)}\sum_{m=0}^{\infty}[(m+1)e_{m+1}\bar{a}_m]$$

$$-\frac{1}{X(0)}\sum_{m=0}^{\infty}\left[\sum_{n=0}^{\infty}(m+n+1)e_n\bar{a}_{m+n}\right]\zeta^{-(m+1)}=h^*+\sum_{m=0}^{\infty}h_m\zeta^{-(m+1)} \tag{7.303}$$

其中

$$h^*=-\frac{1}{X(0)}\sum_{m=0}^{\infty}[(m+1)e_{m+1}\bar{a}_m] \tag{7.304}$$

$$h_m=-\frac{1}{X(0)}\sum_{n=0}^{\infty}(m+n+1)e_n\bar{a}_{m+n},\quad m\geqslant 0 \tag{7.305}$$

至此,$\Omega_1(\zeta)$中的函数形式均已完全确定,而由式(7.263)和式(7.292)可得

$$\Omega_2(\zeta)=-\frac{\mu_2}{\mu_1+\mu_2}\sum_{k=0}^{\infty}[f_k\zeta^{k+1}+g_k\zeta^{-(k+1)}]$$

$$+\frac{\mu_2}{\mu_1+\mu_2}X(\zeta)[G_\infty(\zeta)+G_0(\zeta)]-X(\zeta)R(\zeta) \tag{7.306}$$

这样,得到的复势函数$\Omega_1(\zeta)$和$\Omega_2(\zeta)$即为本问题的通解。最后还需要确定通解中的未知系数f_k和g_k等。

4) 通解中系数的确定

由式(7.263)、式(7.295)和式(7.296)有

$$\Omega_1(\zeta)+\Omega_2(\zeta)=\sum_{k=0}^{\infty}(k+1)[(a_k+\bar{d}_k)\zeta^{k+1}-(b_k+\bar{c}_k)\zeta^{-(k+1)}]$$

$$= \sum_{k=0}^{\infty} [f_k \zeta^{k+1} + g_k \zeta^{-(k+1)}], \quad 1 < |\zeta| < R \tag{7.307}$$

$$\Omega_1(\zeta) + \Omega_2(\zeta) = \sum_{k=0}^{\infty} (k+1)[(b_k + \bar{c}_k)\zeta^{k+1} - (\bar{a}_k + d_k)\zeta^{-(k+1)}]$$

$$= \sum_{k=0}^{\infty} [f_k \zeta^{k+1} + g_k \zeta^{-(k+1)}], \quad 1/R < |\zeta| < 1 \tag{7.308}$$

不难看出

$$f_k = (k+1)(a_k + \bar{d}_k) = \overline{(k+1)(\bar{a}_k + d_k)} = -\bar{g}_k \tag{7.309}$$

$$g_k = -(k+1)(b_k + \bar{c}_k) \tag{7.310}$$

此外，对比 $\Omega_1(\zeta)$的两个表达式[式(7.292)和式(7.295)]中 $\zeta^{-(k+1)}$项的系数可得

$$-(k+1)b_k$$

$$= \frac{\mu_1}{\mu_1+\mu_2}\left[\frac{g_k}{f(\zeta)} \frac{-\sum_{p=0}^{\infty} f_p \sum_{m=0}^{p+1} (t_m t^*_{p+k+2-m})}{X(\zeta)G_\infty(\zeta)} - \frac{\frac{1}{X(0)}\sum_{p=0}^{\infty} g_p \sum_{m=0}^{p+1} (e_{p+1-m} t^*_{k-m})}{X(\zeta)G_0(\zeta)}\right]$$

$$+ \frac{t_k^* h^* + \sum_{m=0}^{\infty} t^*_{k+m+1} l_m + \sum_{m=0}^{k+1} t^*_m h_{k-m-1}}{X(\zeta)R(\zeta)} \tag{7.311}$$

这里，以式中 $X(\zeta)G_\infty(\zeta)$项为例来说明式(7.311)的推导过程：由于式(7.295)在区域$|\zeta|>1$中成立，故可取 $X(\zeta)$在∞点的展开，于是

$$X(\zeta)G_\infty(\zeta) = \sum_{l=0}^{\infty} t_l^* \zeta^{-(l+1)} \cdot \sum_{n=0}^{\infty} f_n \sum_{m=0}^{n+1} t_m \zeta^{n+2-m} = \sum_{l=0}^{\infty} t_l^* \sum_{n=0}^{\infty} f_n \sum_{m=0}^{n+1} t_m \zeta^{n-m-l+1} \tag{7.312}$$

现在要取出式中所有含 $\zeta^{-(k+1)}$的项($k=0,1,2,\cdots$)，亦即含 $\zeta^{-1},\zeta^{-2},\cdots$的项。由式(7.312)可以看出，当 $n-m-l+1 \leqslant -1$ 时就包括了所有这些项，即有 $l \geqslant n-m+2$，而式中的对应项为

$$[X(\zeta)G_\infty(\zeta)]^* = \sum_{l=n-m+2}^{\infty} t_l^* \sum_{n=0}^{\infty} f_n \sum_{m=0}^{n+1} t_m \zeta^{n-m-l+1}$$

$$\overset{\text{令}k=l-n+m-2}{=} \sum_{k=0}^{\infty}\sum_{n=0}^{\infty} f_n \sum_{m=0}^{n+1} t_m t^*_{k+n+2-m} \zeta^{-(k+1)} \tag{7.313}$$

由此可得式(7.311)中相应于 $X(\zeta)G_\infty(\zeta)$的项。

另外，注意到沿圆周 Γ_2的连续条件式(7.251)以及 $\varphi_2(\zeta)$的表达式(7.294)有

$$\sum_{k=0}^{\infty}\left[c_k\left(\frac{\sigma}{R}\right)^{k+1}+d_k\left(\frac{\sigma}{R}\right)^{-(k+1)}\right]=\sum_{k=0}^{\infty}\left[c_k\left(\frac{\bar{\sigma}}{R}\right)^{k+1}+d_k\left(\frac{\bar{\sigma}}{R}\right)^{-(k+1)}\right] \tag{7.314}$$

注意到$\sigma=\mathrm{e}^{\mathrm{i}\beta}$,$\bar{\sigma}=\mathrm{e}^{-\mathrm{i}\beta}$,将此代入式(7.314),并比较 $\mathrm{e}^{\mathrm{i}(k+1)\beta}$或 $\mathrm{e}^{-\mathrm{i}(k+1)\beta}$的系数可得

$$d_k=c_k/R^{2(k+1)} \tag{7.315}$$

至此,6 个未知系数 a_k、b_k、c_k、d_k、f_k、g_k 得到了 5 个方程,即

$$\begin{cases} f_k=(k+1)(a_k+\bar{d}_k) \\ f_k=-g_k \\ g_k=-(k+1)(b_k+\bar{c}_k) \\ -(k+1)b_k=\text{式}(7.311) \\ d_k=c_k/R^{2(k+1)} \end{cases} \tag{7.316}$$

一旦系数 a_k 由无穷远载荷条件确定,就可求得所有系数。这样,受反平面剪切的弹性椭圆夹杂的界面裂纹问题最终得以解决。

第 8 章　复合材料断裂力学问题

复合材料因其优良的比强度、比刚度等性能，被广泛应用到航空与宇航产业以及很多民用工业，如汽车、船舶、化工、电气等。工业市场对复合材料需求量的增加，极大地促进了复合材料力学的发展。其中，随着高模量和高强度的纤维增强复合材料应用于先进工程结构(如高性能飞行器等)的迅速发展，复合材料及其结构的损伤容限设计及可靠性问题越来越受到人们的普遍关注。复合材料断裂力学应运而生。复合材料通常由两种不同的特殊相组成，呈层状、纤维或纤维增强的结构。在工程应用中，其组成成分可以是金属、聚合物和陶瓷。多数情况下，复合材料可看作均匀各向异性的连续介质。本章将针对均匀各向异性复合材料的断裂理论进行介绍。

8.1　各向异性线弹性体的复势理论

8.1.1　各向异性线弹性体的本构关系

一般情况下，各向异性弹性体的线性本构关系可写成如下形式：

$$\begin{aligned}\sigma_{ij}&=C_{ijkl}\varepsilon_{kl}, \quad C_{ijkl}=C_{jikl}=C_{ijlk}=C_{klij}\\ \varepsilon_{ij}&=S_{ijkl}\sigma_{kl}, \quad S_{ijkl}=S_{jikl}=S_{ijlk}=S_{klij}\end{aligned} \tag{8.1}$$

其中，σ_{ij} 和 ε_{ij} 分别表示应力分量和应变分量；C_{ijkl} 和 S_{ijkl} 分别称作刚度系数和柔度系数。按照 Voigt 约定，将刚度系数和柔度系数的下标做如下变换：11→1、22→2、33→3、23→4、31→5、12→6，并记及应力分量和应变分量的对称性，则式(8.1)又可写成如下形式：

$$\begin{aligned}\sigma_i&=c_{ij}\varepsilon_j, \quad c_{ij}=c_{ji}\\ \varepsilon_i&=s_{ij}\sigma_j, \quad s_{ij}=s_{ji}\end{aligned}, \quad i,j=1,2,\cdots,6 \tag{8.2}$$

其中

$$\{\sigma_i\}=[\sigma_x,\sigma_y,\sigma_z,\sigma_{yz},\sigma_{zx},\sigma_{xy}]^{\mathrm{T}}$$
$$\{\varepsilon_i\}=[\varepsilon_x,\varepsilon_y,\varepsilon_z,2\varepsilon_{yz},2\varepsilon_{zx},2\varepsilon_{xy}]^{\mathrm{T}} \tag{8.3}$$

其中，c_{ij} 直接按 Voigt 约定规则由 C_{ijkl} 计算，如 $c_{26}=C_{2212}$。而对于 s_{ij}，当 i、j 均小于等于 3 时，按 Voigt 规则由 S_{ijkl} 得到，如 $s_{13}=S_{1133}$；当 s_{ij} 中的任一下标不小于 4 时，s_{ij} 等于对应的 S_{ijkl} 的两倍，如 $s_{24}=2S_{2223}$；若 s_{ij} 中的两个下标都不小于 4，则 s_{ij} 等于对应的 S_{ijkl} 的 4 倍，如 $s_{46}=4S_{2312}$。

8.1.2 Stroh 理论

Stroh 理论指的是利用位移法求解各向异性材料物理场的复势函数。

考虑广义平面问题，则位移 u_k 仅为 x 和 y 的函数，设

$$u_k=a_kf(z),\quad z=x+\mu y \tag{8.4}$$

其中，μ 为复数特征值。则位移对 x、y 坐标的微分有

$$u_{k,1}=\frac{\partial u_k}{\partial x_1}=a_kf'(z)$$
$$u_{k,2}=\frac{\partial u_k}{\partial x_2}=a_k\mu f'(z) \tag{8.5}$$

无体力的平衡方程可表示为

$$\sigma_{i\alpha,\alpha}=0 \tag{8.6}$$

把各向异性材料的本构方程式(8.1)代入式(8.6)可得

$$C_{i\alpha k\beta}u_{k,\beta\alpha}=0 \tag{8.7}$$

其中，英文字母 i、k 取值为 1、2、3；而希腊字母 α 和 β 取值为 1 和 2。

把式(8.4)和式(8.5)代入式(8.7)则得

$$\{C_{i1k1}+\mu(C_{i1k2}+C_{i2k1})+\mu^2C_{i2k2}\}a_k=0 \tag{8.8}$$

若上述方程有解，a_k 前的系数行列式应为零，即有

$$|C_{i1k1}+\mu(C_{i1k2}+C_{i2k1})+\mu^2C_{i2k2}|=0 \tag{8.9}$$

引入 3×3 矩阵记号 $\boldsymbol{Q}$、$\boldsymbol{R}$、$\boldsymbol{T}$，其记作：

$$Q_{ik}=Q_{ki}=C_{i1k1},\quad T_{ik}=T_{ki}=C_{i2k2}$$
$$R_{ik}=C_{i1k2},\quad R_{ik}^{\mathrm{T}}=C_{i2k1} \tag{8.10}$$

则式(8.8)和式(8.9)可用矩阵表示为

$$\boldsymbol{D}\boldsymbol{a}=\{\boldsymbol{Q}+\mu(\boldsymbol{R}+\boldsymbol{R}^{\mathrm{T}})+\mu^2\boldsymbol{T}\}\boldsymbol{a}=0 \tag{8.11}$$

$$|\boldsymbol{D}|=|\boldsymbol{Q}+\mu(\boldsymbol{R}+\boldsymbol{R}^{\mathrm{T}})+\mu^2\boldsymbol{T}|$$

$$\begin{vmatrix} c_{11}+2\mu c_{16}+\mu^2 c_{66} & c_{16}+\mu(c_{12}+c_{66})+\mu^2 c_{26} & c_{15}+\mu(c_{14}+c_{56})+\mu^2 c_{46} \\ c_{16}+\mu(c_{12}+c_{66})+\mu^2 c_{26} & c_{66}+2\mu c_{26}+\mu^2 c_{22} & c_{56}+\mu(c_{25}+c_{46})+\mu^2 c_{24} \\ c_{15}+\mu(c_{14}+c_{56})+\mu^2 c_{46} & c_{56}+\mu(c_{25}+c_{46})+\mu^2 c_{24} & c_{55}+2\mu c_{45}+\mu^2 c_{44} \end{vmatrix}=0 \tag{8.12}$$

可以证明,式(8.12)解出的特征根由 3 对共轭复根组成。对应于每个根 $\mu_k(k=1,2,3)$,由式(8.11)可求得一组特征向量,记此向量解为 $\boldsymbol{a}_k$。令

$$\boldsymbol{A}=[\boldsymbol{a}_1,\boldsymbol{a}_2,\boldsymbol{a}_3] \tag{8.13}$$

即

$$\boldsymbol{A}=\begin{bmatrix} A_{11} & A_{12} & A_{13} \\ A_{21} & A_{22} & A_{23} \\ A_{31} & A_{32} & A_{33} \end{bmatrix}=\begin{bmatrix} a_{11} & a_{21} & a_{31} \\ a_{12} & a_{22} & a_{32} \\ a_{13} & a_{23} & a_{33} \end{bmatrix} \tag{8.14}$$

则位移可最终写成

$$\boldsymbol{u}=2\mathrm{Re}\{\boldsymbol{A}\boldsymbol{f}(z)\} \tag{8.15}$$

其中,$\boldsymbol{f}(z)=[f_1(z_1),f_2(z_2),f_3(z_3)]^{\mathrm{T}}$ 表示自变量为 $z_j=x+\mu_j y$ 的复函数。

位移的分量形式为

$$u_i=2\mathrm{Re}\sum_{j=1}^{3}A_{ij}f_j(z_j)=2\mathrm{Re}\sum_{j=1}^{3}a_{ji}f_j(z_j) \tag{8.16}$$

为了给出应力的复势函数表达式,引入一新的矢量 $\boldsymbol{b}_j$,定义为

$$\boldsymbol{b}_j=(\boldsymbol{R}^{\mathrm{T}}+\mu_j\boldsymbol{T})\boldsymbol{a}_j=-\mu_j^{-1}(\boldsymbol{Q}+\mu_j\boldsymbol{R})\boldsymbol{a}_j \tag{8.17}$$

$$b_{ji}=-(R_{ki}+\mu_j T_{ik})a_{jk}=-\mu_j^{-1}(Q_{ik}+\mu_j R_{ik})a_{jk}\quad(\text{对 } j \text{ 不求和}) \tag{8.18}$$

进而定义张量 $\boldsymbol{B}$,使

$$\boldsymbol{B}=[\boldsymbol{b}_1,\boldsymbol{b}_2,\boldsymbol{b}_3],\quad B_{ij}=b_{ji} \tag{8.19}$$

则应力可表示成

$$\begin{aligned} \boldsymbol{\sigma}_1&=-2\mathrm{Re}\{\boldsymbol{B}\langle\boldsymbol{\mu}\rangle\boldsymbol{f}'(z)\} \\ \boldsymbol{\sigma}_2&=2\mathrm{Re}\{\boldsymbol{B}\boldsymbol{f}'(z)\} \end{aligned} \tag{8.20}$$

式中，$\boldsymbol{\sigma}_1=[\sigma_{11},\sigma_{12},\sigma_{13}]^{\mathrm{T}}$；$\boldsymbol{\sigma}_2=[\sigma_{21},\sigma_{22},\sigma_{23}]^{\mathrm{T}}$；$\langle\mu\rangle$为元素为 μ_j 的对角矩阵。

或者写成分量形式：

$$
\begin{aligned}
\sigma_{ij} &= C_{ijkl}u_{k,l}=\sum_{p=1}^{6}(C_{ijk1}+\mu_p C_{ikj2})a_{pk}f'_p(z_p) \\
\sigma_{1i} &= \sum_{j=1}^{6}(Q_{ik}+\mu_j R_{ik})a_{jk}f'_j(z_j)=-2\mathrm{Re}\Big[\sum_{j=1}^{3}\mu_j B_{ij}f'_j(z_j)\Big] \\
\sigma_{2i} &= \sum_{j=1}^{6}(R_{ki}+\mu_j T_{ik})a_{jk}f'_j(z_j)=2\mathrm{Re}\Big[\sum_{j=1}^{3}B_{ij}f'_j(z_j)\Big]
\end{aligned}
\tag{8.21}
$$

8.1.3 Lekhnitskii 理论

Lekhnitskii 理论是利用应力函数法求解各向异性材料物理场。

考虑平面应变情况。$u_x=u_x(x,x)$，$u_y=u_y(x,x)$，$u_z=0$。于是，本构关系式(8.2)可以写成

$$
\begin{cases}
\varepsilon_x=s_{11}\sigma_x+s_{12}\sigma_y+s_{13}\sigma_z+s_{16}\tau_{xy} \\
\varepsilon_{yy}=s_{21}\sigma_x+s_{22}\sigma_y+s_{23}\sigma_z+s_{26}\tau_{xy} \\
2\varepsilon_{xy}=s_{61}\sigma_x+s_{62}\sigma_y+s_{63}\sigma_z+s_{66}\tau_{xy}
\end{cases}
\tag{8.22}
$$

而由

$$
\varepsilon_z=s_{31}\sigma_x+s_{32}\sigma_y+s_{33}\sigma_z+s_{36}\tau_{xy}=0 \tag{8.23}
$$

通过式(8.23)可解出 σ_z，得

$$
\sigma_z=-\frac{1}{s_{33}}(s_{31}\sigma_x+s_{32}\sigma_y+s_{36}\tau_{xy}) \tag{8.24}
$$

将式(8.24)代入式(8.22)即得平面应变的本构关系：

$$
\begin{cases}
\varepsilon_x=\tilde{s}_{11}\sigma_x+\tilde{s}_{12}\sigma_y+\tilde{s}_{16}\tau_{xy} \\
\varepsilon_y=\tilde{s}_{21}\sigma_x+\tilde{s}_{22}\sigma_y+\tilde{s}_{26}\tau_{xy} \\
2\varepsilon_{xy}=\tilde{s}_{61}\sigma_x+\tilde{s}_{62}\sigma_y+\tilde{s}_{66}\tau_{xy}
\end{cases}
\tag{8.25}
$$

其中

$$
\tilde{s}_{ij}=s_{ij}-\frac{s_{i3}s_{j3}}{s_{33}},\quad i,j\neq 3 \tag{8.26}
$$

这里介绍 Lekhnitskii 理论，这是一种由应力函数出发求解弹性力学问题的方

法。由平衡方程可引入应力函数 $U(x,y)$ 如下：

$$\sigma_x=\frac{\partial^2 U}{\partial y^2},\quad \sigma_y=\frac{\partial^2 U}{\partial x^2},\quad \tau_{xy}=-\frac{\partial^2 U}{\partial x\partial y} \tag{8.27}$$

将式(8.27)代入本构关系式(8.25)，再代入下列应变协调方程

$$\frac{\partial^2 \varepsilon_x}{\partial y^2}+\frac{\partial^2 \varepsilon_y}{\partial x^2}=2\frac{\partial^2 \varepsilon_{xy}}{\partial x\partial y} \tag{8.28}$$

即得关于应力函数 $U(x,y)$ 的微分方程为

$$\tilde{s}_{22}\frac{\partial^4 U}{\partial x^4}-2\tilde{s}_{26}\frac{\partial^4 U}{\partial x^3\partial y}+(2\tilde{s}_{12}+\tilde{s}_{66})\frac{\partial^4 U}{\partial x^2\partial y^2}-2\tilde{s}_{16}\frac{\partial^4 U}{\partial x\partial y^3}+\tilde{s}_{11}\frac{\partial^4 U}{\partial y^4}=0 \tag{8.29}$$

对于各向同性材料，该方程可退化为双调和方程。

令 $z_j=x+\mu_j y\ (j=1,2,3,4)$，可定义微分算子 D_j 如下：

$$D_j=\frac{\partial}{\partial y}-\mu_j\frac{\partial}{\partial x}=(\bar{\mu}_j-\mu_j)\frac{\partial}{\partial \bar{z}_j},\quad j=1,2,3,4 \tag{8.30}$$

易知当 μ_i 是式(8.29)的特征方程

$$\tilde{s}_{11}\mu^4-2\tilde{s}_{16}\mu^3+(2\tilde{s}_{12}+\tilde{s}_{66})\mu^2-2\tilde{s}_{26}\mu+\tilde{s}_{22}=0 \tag{8.31}$$

的根时，原微分方程可以写成

$$D_4D_3D_2D_1U(x,y)=0 \tag{8.32}$$

该方程等价于如下微分方程组：

$$\begin{cases} D_1U=\varphi_1 \\ D_2\varphi_1=\varphi_2 \\ D_3\varphi_2=\varphi_3 \\ D_4\varphi_3=0 \end{cases} \tag{8.33}$$

于是，当 $\mu_1\neq\mu_2\neq\mu_3\neq\mu_4$ 时，微分方程的通解可写成

$$U(x,y)=U_1(x+\mu_1 y)+U_2(x+\mu_2 y)+U_3(x+\mu_3 y)+U_4(x+\mu_4 y) \tag{8.34}$$

Lekhnitskii 用能量方法证明了特征方程式(8.31)的特征根只能是复数或纯虚数。因此可令

$$\mu_1=\alpha_1+\mathrm{i}\beta_1,\quad \mu_2=\alpha_2+\mathrm{i}\beta_2,\quad \mu_3=\bar{\mu}_1,\quad \mu_4=\bar{\mu}_2 \tag{8.35}$$

其中，α_1、α_2、β_1、β_2 为实数。于是，应力函数可以表示成如下形式：

$$U(x,y)=2\mathrm{Re}[U_1(z_1)+U_2(z_2)] \tag{8.36}$$

另外可以证明,对于正交各向异性材料 $s_{16}=s_{26}=s_{36}=0$,特征根或是纯虚数(只有两个独立参数)或是双实参数复数(也只有两个独立参数),即

$$\mu_1=\mathrm{i}\beta_1,\quad \mu_2=\mathrm{i}\beta_2 \tag{8.37}$$

或

$$\mu_1=\sqrt{\frac{\alpha_0-\beta_0}{2}}+\mathrm{i}\sqrt{\frac{\alpha_0-\beta_0}{2}},\quad \mu_2=-\sqrt{\frac{\alpha_0-\beta_0}{2}}+\mathrm{i}\sqrt{\frac{\alpha_0-\beta_0}{2}} \tag{8.38}$$

而参数 β_1、β_2 和 α_0、β_0 与材料常数的关系为

$$\beta_1\beta_2=\sqrt{E_1/E_2},\quad \beta_1+\beta_2=\sqrt{2(\sqrt{E_1/E_2}+E_1/2\mu_{12}-\nu_{12})} \tag{8.39}$$

$$\alpha_0=\sqrt{E_1/E_2},\quad \beta_0=E_1/(2\mu_{12}-\nu_{12}) \tag{8.40}$$

其中,方向“1”和“2”均为材料的主轴方向。由此可见,尽管正交各向异性材料的平面问题有 4 个材料参数 E_1、E_2、μ_{12}、ν_{12},但只有两个参数是独立的。

需要指出的是:特征根与坐标系的选择是相关的。这是由于在各向异性弹性材料中,弹性常数随坐标变化的缘故。当仅考虑特征根时,若材料主轴(E_1)和 x 轴的夹角 $\beta\neq0$,如图 8.1 所示,则坐标轴和材料主轴重合时的特征根 μ_k 与坐标变换后的特征根有如下关系:

$$\mu_k^*=\frac{\mu_k\cos\beta-\sin\beta}{\cos\beta+\mu_k\sin\beta},\quad k=1,2 \tag{8.41}$$

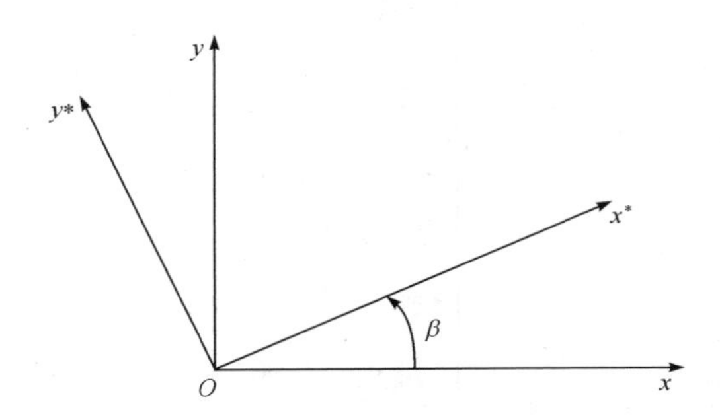

图 8.1 特征根的坐标变换

事实上,原特征微分方程可以写作

$$D_1D_2\overline{D}_1\overline{D}_2U=0 \tag{8.42}$$

设新坐标系绕材料主轴 x 旋转 β 角,则此坐标变换为

$$x^* = x\cos\beta + y\sin\beta,\quad y^* = -x\sin\beta + y\cos\beta \tag{8.43}$$

由此有

$$\frac{\partial}{\partial y} = \frac{\partial}{\partial y^*}\cos\beta + \frac{\partial}{\partial x^*}\sin\beta,\quad \frac{\partial}{\partial x} = -\frac{\partial}{\partial y^*}\sin\beta + \frac{\partial}{\partial x^*}\cos\beta \tag{8.44}$$

将式(8.44)代入式(8.42)可得

$$D_1^* D_2^* \overline{D_1^*}\,\overline{D_2^*} U = 0 \tag{8.45}$$

其中

$$D_k^* = \frac{\partial}{\partial y^*} - \frac{\mu_k\cos\beta - \sin\beta}{\cos\beta + \mu_k\sin\beta}\frac{\partial}{\partial x^*} = \frac{\partial}{\partial y^*} - \mu_k^* \frac{\partial}{\partial x^*} \tag{8.46}$$

将得到的应力函数表达式(8.36)代入应力函数的定义式(8.27)，并令

$$\varphi_k(z_k) = U_k'(z_k) \tag{8.47}$$

可得应力分量表达式：

$$\begin{cases} \sigma_x = 2\mathrm{Re}[\mu_1^2\varphi_1'(z_1) + \mu_2^2\varphi_2'(z_2)] \\ \sigma_y = 2\mathrm{Re}[\varphi_1'(z_1) + \varphi_2'(z_2)] \\ \tau_{xy} = -2\mathrm{Re}[\mu_1\varphi_1'(z_1) + \mu_2\varphi_2'(z_2)] \end{cases} \tag{8.48}$$

将此应力表达式代入几何方程后积分，即可得到位移分量的表达式：

$$\begin{cases} u = 2\mathrm{Re}[p_1\varphi_1(z_1) + p_2\varphi_2(z_2)] - \omega_3 y + u_0 \\ v = 2\mathrm{Re}[q_1\varphi_1(z_1) + q_2\varphi_2(z_2)] + \omega_3 x + v_0 \end{cases} \tag{8.49}$$

其中，后两项分别表示刚体旋转和刚体位移，通常可以舍去。另外

$$\begin{aligned} p_1 &= \tilde{s}_{11}\mu_1^2 + \tilde{s}_{12} - \tilde{s}_{16}\mu_1,\quad p_2 = \tilde{s}_{11}\mu_2^2 + \tilde{s}_{12} - \tilde{s}_{16}\mu_2 \\ q_1 &= \tilde{s}_{12}\mu_1 + \tilde{s}_{22}/\mu_1 - \tilde{s}_{26},\quad q_2 = \tilde{s}_{12}\mu_2 + \tilde{s}_{22}/\mu_2 - \tilde{s}_{26} \end{aligned} \tag{8.50}$$

注意，p_1、p_2、q_1 和 q_2 在一般情况下为复常数。而对于正交各向异性材料，$s_{16}=s_{26}=s_{36}=0$，μ_1、μ_2 为纯虚根，因此 p_1 和 p_2 为实数，q_1 和 q_2 为纯虚数。考虑平面应力问题时，作代换 $\tilde{s}_{ij}\rightarrow s_{ij}$ 即可。

设从区域外部作用于区域边界某段 z_0z 上的应力主矢为 $X+\mathrm{i}Y$，其复势函数表达式可以写成

$$\begin{aligned} P &= -Y + \mathrm{i}X \\ &= (1+\mathrm{i}\mu_1)\varphi_1(z_1) + (1+\mathrm{i}\mu_2)\varphi_2(z_2) + (1+\mathrm{i}\bar{\mu}_1)\overline{\varphi_1(z_1)} + (1+\mathrm{i}\bar{\mu}_2)\overline{\varphi_2(z_2)} \end{aligned} \tag{8.51}$$

其中，X、Y 分别为沿 x、y 方向的边界作用力。

8.2 各向异性材料裂纹的基本解

考虑如图 8.2 所示的无限大均匀各向异性材料中，含有长度为 $2a$ 的 Griffith 中心裂纹，裂面受集中力 P 和 Q 所用，假设为平面应力状态。

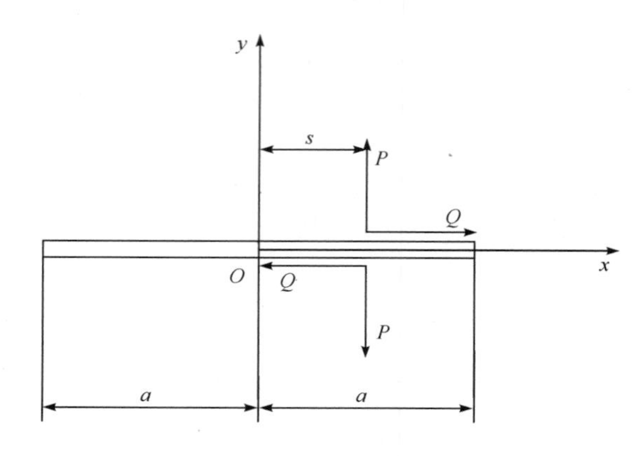

图 8.2 各向异性材料 Griffith 裂纹的基本解

1. $P\neq0,Q\equiv0$ 的基本解

先考虑 $P\neq0,Q\equiv0$ 的情况。由对称性可知沿 x 轴剪应力为零，即

$$\tau_{xy}\big|_{y^+=0}=0,\quad -\infty<x<\infty \tag{8.52}$$

将应力分量表达式(8.48)中第三式代入式(8.52)得

$$\tau_{xy}\big|_{y^-}=0,\quad -\infty<x<\infty \tag{8.53}$$

将应力分量表达式(8.48)中第三式及其共轭取边值有

$$\begin{aligned}&\mu_1\varphi_1'^+(x)+\mu_2\varphi_2'^+(x)=0,\quad \mu_1\varphi_1'^-(x)+\mu_2\varphi_2'^-(x)=0,\quad -\infty<x<\infty\\&\bar{\mu}_1\bar{\varphi}_1'^-(x)+\bar{\mu}_2\bar{\varphi}_2'^-(x)=0,\quad \bar{\mu}_1\bar{\varphi}_1'^+(x)+\bar{\mu}_2\bar{\varphi}_2'^+(x)=0,\quad -\infty<x<\infty\end{aligned} \tag{8.54}$$

再将应力分量表达式(8.48)中的第二式取边值得

$$\begin{cases}\sigma_y^+=\varphi_1'^+(x)+\varphi_2'^+(x)+\bar{\varphi}_1'^-(x)+\bar{\varphi}_2'^-(x)\\ \sigma_y^-=\varphi_1'^-(x)+\varphi_2'^-(x)+\bar{\varphi}_1'^+(x)+\bar{\varphi}_2'^+(x)\end{cases} \tag{8.55}$$

由式(8.54)可消去 φ_2' 的边值，并令 $\Phi_k(z_k)=\varphi_k'(z_k)$，$k=1,2$ 得

$$\begin{cases}\sigma_y^+=\left(\dfrac{\mu_2-\mu_1}{\mu_2}\right)\Phi_1^+(x)+\left(\dfrac{\bar{\mu}_2-\bar{\mu}_1}{\bar{\mu}_2}\right)\bar{\Phi}_1^-(x)\\ \sigma_y^-=\left(\dfrac{\mu_2-\mu_1}{\mu_2}\right)\Phi_1^-(x)+\left(\dfrac{\bar{\mu}_2-\bar{\mu}_1}{\bar{\mu}_2}\right)\bar{\Phi}_1^+(x)\end{cases} \tag{8.56}$$

由裂面法向应力边界条件有

$$\sigma_y^+=-P\delta(x-s),\quad \sigma_y^-=-P\delta(x-s),\quad |x|<a \tag{8.57}$$

将此两式相加减并将式(8.56)代入得

$$\begin{cases}\left[\left(\dfrac{\mu_2-\mu_1}{\mu_2}\right)\Phi_1(x)+\left(\dfrac{\bar{\mu}_2-\bar{\mu}_1}{\bar{\mu}_2}\right)\bar{\Phi}_1(x)\right]^+\\ +\left[\left(\dfrac{\mu_2-\mu_1}{\mu_2}\right)\Phi_1(x)+\left(\dfrac{\bar{\mu}_2-\bar{\mu}_1}{\bar{\mu}_2}\right)\bar{\Phi}_1(x)\right]^-=-2P\delta(x-s)\\ \left[\left(\dfrac{\mu_2-\mu_1}{\mu_2}\right)\Phi_1(x)-\left(\dfrac{\bar{\mu}_2-\bar{\mu}_1}{\bar{\mu}_2}\right)\bar{\Phi}_1(x)\right]^+\\ -\left[\left(\dfrac{\mu_2-\mu_1}{\mu_2}\right)\Phi_1(x)-\left(\dfrac{\bar{\mu}_2-\bar{\mu}_1}{\bar{\mu}_2}\right)\bar{\Phi}_1(x)\right]^-=0\end{cases},\quad |x|<a \tag{8.58}$$

其中,第一式是 $g=-1$ 的 R-H 问题;第二式为 $g=1$ 的齐次 R-H 问题。注意到无穷远处应力为零的条件,可得上述问题的解为

$$\begin{cases}\left(\dfrac{\mu_2-\mu_1}{\mu_2}\right)\Phi_1(z_1)+\left(\dfrac{\bar{\mu}_2-\bar{\mu}_1}{\bar{\mu}_2}\right)\bar{\Phi}_1(z_1)=-\dfrac{P}{\pi(s-z_1)}\sqrt{\dfrac{a^2-s^2}{z_1^2-a^2}}\\ \left(\dfrac{\mu_2-\mu_1}{\mu_2}\right)\Phi_1(z_1)-\left(\dfrac{\bar{\mu}_2-\bar{\mu}_1}{\bar{\mu}_2}\right)\bar{\Phi}_1(z_1)=0\end{cases} \tag{8.59}$$

两式相加消去 $\bar{\Phi}_1(z_1)$得

$$\Phi_1(z_1)=-\frac{P\mu_2}{2\pi(\mu_2-\mu_1)(s-z_1)}\sqrt{\frac{a^2-s^2}{z_1^2-a^2}} \tag{8.60}$$

对 $\Phi_2(z_2)$进行类似的操作,可得

$$\Phi_2(z_2)=-\frac{P\mu_1}{2\pi(\mu_1-\mu_2)(s-z_2)}\sqrt{\frac{a^2-s^2}{z_2^2-a^2}} \tag{8.61}$$

这样就得到了该问题的复势函数解。

如果裂面受均布载荷 $-\sigma_0$ 作用,则可通过对式(8.60)和式(8.61)中的 s 积分得到解答:

$$
\begin{cases}
\Phi_1(z_1)=\dfrac{\sigma_0\mu_2}{2(\mu_2-\mu_1)\sqrt{z_1^2-a^2}}(z_1-\sqrt{z_1^2-a^2})\\
\Phi_2(z_2)=\dfrac{\sigma_0\mu_1}{2(\mu_1-\mu_2)\sqrt{z_2^2-a^2}}(z_2-\sqrt{z_2^2-a^2})
\end{cases}
\tag{8.62}
$$

1）裂尖应力场与应力强度因子

下面计算基本解中右裂尖的应力强度因子。为此令

$$
z-a=r(\cos\theta+\mathrm{i}\sin\theta) \tag{8.63}
$$

则有

$$
z_k-a=r(\cos\theta+\mu_k\sin\theta),\quad k=1,2 \tag{8.64}
$$

将基本解的复势函数式(8.60)、式(8.61)代入应力分量表达式(8.48)可得

$$
\begin{cases}
\sigma_x=\dfrac{K_{\mathrm{I}}^{\mathrm{R}}}{\sqrt{2\pi r}}\mathrm{Re}\left[\dfrac{\mu_1\mu_2}{\mu_1-\mu_2}\left(\dfrac{\mu_2}{\sqrt{\cos\theta+\mu_2\sin\theta}}-\dfrac{\mu_1}{\sqrt{\cos\theta+\mu_1\sin\theta}}\right)\right]\\
\sigma_y=\dfrac{K_{\mathrm{I}}^{\mathrm{R}}}{\sqrt{2\pi r}}\mathrm{Re}\left[\dfrac{1}{\mu_1-\mu_2}\left(\dfrac{\mu_1}{\sqrt{\cos\theta+\mu_2\sin\theta}}-\dfrac{\mu_2}{\sqrt{\cos\theta+\mu_1\sin\theta}}\right)\right]\\
\tau_{xy}=\dfrac{K_{\mathrm{I}}^{\mathrm{R}}}{\sqrt{2\pi r}}\mathrm{Re}\left[\dfrac{\mu_1\mu_2}{\mu_1-\mu_2}\left(\dfrac{1}{\sqrt{\cos\theta+\mu_1\sin\theta}}-\dfrac{1}{\sqrt{\cos\theta+\mu_2\sin\theta}}\right)\right]
\end{cases}
\tag{8.65}
$$

其中右裂尖的Ⅰ型应力强度因子 K_{I}^{R} 为

$$
K_{\mathrm{I}}^{\mathrm{R}}\equiv\lim_{z\to a^+}[\sqrt{2\pi(z-a)}\sigma_y(x,0)]=\frac{P}{\sqrt{\pi a}}\sqrt{\frac{a+s}{a-s}} \tag{8.66}
$$

同理可以得到左裂尖Ⅰ型应力强度因子 $K_{\mathrm{I}}^{\mathrm{L}}$ 为

$$
K_{\mathrm{I}}^{\mathrm{L}}\equiv\lim_{z\to -a^-}[\sqrt{2\pi(z+a)}\sigma_y(x,0)]=\frac{P}{\sqrt{\pi a}}\sqrt{\frac{a-s}{a+s}} \tag{8.67}
$$

由式(8.66)、式(8.67)还可以推出，应力强度因子可由复势表示如下（记$\mu_{21}=(\mu_2-\mu_1)/\mu_2$，$\mu_{12}=(\mu_1-\mu_2)/\mu_1$）：

$$
\begin{cases}
K_{\mathrm{I}}^{\mathrm{R}}=2\sqrt{2\pi}\mu_{21}\lim\limits_{z_1\to a^+}\sqrt{z_1-a}\Phi_1(z_1)=2\sqrt{2\pi}\mu_{12}\lim\limits_{z_2\to a^+}\sqrt{z_2-a}\Phi_2(z_2)\\
K_{\mathrm{I}}^{\mathrm{L}}=2\sqrt{2\pi}\mu_{21}\lim\limits_{z_1\to -a^-}i\sqrt{z_1+a}\Phi_1(z_1)=2\sqrt{2\pi}\mu_{12}\lim\limits_{z_2\to -a^-}i\sqrt{z_2-a}\Phi_2(z_2)
\end{cases}
\tag{8.68}
$$

而将均布裂面压力$-\sigma_0$ 的复势表达式(8.62)代入应力分量表达式(8.48)可得

$$\begin{cases}\sigma_x=\dfrac{K_{\mathrm{I}}}{\sqrt{2\pi r}}\mathrm{Re}\left[\dfrac{\mu_1\mu_2}{\mu_1-\mu_2}\left(\dfrac{\mu_2}{\sqrt{\cos\theta+\mu_2\sin\theta}}-\dfrac{\mu_1}{\sqrt{\cos\theta+\mu_1\sin\theta}}\right)\right]+O(r^0)\\ \sigma_y=\dfrac{K_{\mathrm{I}}}{\sqrt{2\pi r}}\mathrm{Re}\left[\dfrac{1}{\mu_1-\mu_2}\left(\dfrac{\mu_1}{\sqrt{\cos\theta+\mu_2\sin\theta}}-\dfrac{\mu_2}{\sqrt{\cos\theta+\mu_1\sin\theta}}\right)\right]+O(r^0)\\ \tau_{xy}=\dfrac{K_{\mathrm{I}}}{\sqrt{2\pi r}}\mathrm{Re}\left[\dfrac{\mu_1\mu_2}{\mu_1-\mu_2}\left(\dfrac{1}{\sqrt{\cos\theta+\mu_1\sin\theta}}-\dfrac{1}{\sqrt{\cos\theta+\mu_2\sin\theta}}\right)\right]+O(r^0)\end{cases}\tag{8.69}$$

其中

$$K_{\mathrm{I}}=K_{\mathrm{I}}^{\mathrm{R}}=K_{\mathrm{I}}^{\mathrm{L}}=\sigma_0\sqrt{\pi a}\tag{8.70}$$

由前面的应力表达式可以看出，裂尖渐近应力场被特征根 μ_1 和 μ_2 所扰动，这反映出各向异性材料参数对裂尖渐近场的重大影响。然而值得注意的是：沿 x 轴 $\sigma_y(\theta=0)$ 与特征根无关，从而导致应力强度因子 K_{I}^{R}、$K_{\mathrm{I}}^{\mathrm{L}}$ 与特征根也是无关的，这意味着各向异性材料参数不会影响应力强度因子 K_{I}^{R}、$K_{\mathrm{I}}^{\mathrm{L}}$，因而与各向同性材料的应力强度因子完全相同。一些学者由此认为应力强度因子的定义未能反映出各向异性化程度的影响，这应该值得重视。然而，事实上，即使在各向同性材料中，应力强度因子也并没有反映材料参数的影响，亦即对于两种不同的各向同性材料，只要它们的裂纹几何条件和外载条件相同，就具有同样的应力强度因子。标志其材料性能参数的应该是断裂韧性，不同的材料具有不同的断裂韧性。因此，即使在相同的应力强度因子作用下，对于不同的材料来说，其裂纹扩展行为也是不一样的。由此看来，应力强度因子 K_{I}^{R}、$K_{\mathrm{I}}^{\mathrm{L}}$ 与特征根无关也是可以接受的。

2）最大环向应力

考虑双实参数 α_0 和 β_0 的复特征根材料，其特征根由式(8.38)给出。由应力转轴公式有

$$\sigma_\theta=\sigma_x\sin^2\theta+\sigma_y\cos^2\theta-2\tau_{xy}\sin\theta\cos\theta\tag{8.71}$$

考虑裂尖渐近场，将直角坐标系中的应力表达式(8.69)代入式(8.71)得

$$\begin{aligned}\frac{\sqrt{2\pi r}}{K}\sigma_\theta=\mathrm{Re}\Bigg\{\frac{\mu_1\mu_2}{2(\mu_1-\mu_2)}\Bigg[&\frac{1+\mu_2^2+(1-\mu_2^2)\cos2\theta+2\mu_2\sin2\theta}{\mu_2\sqrt{\cos\theta+\mu_2\sin\theta}}\\&-\frac{1+\mu_1^2+(1-\mu_1^2)\cos2\theta+2\mu_1\sin2\theta}{\mu_1\sqrt{\cos\theta+\mu_1\sin\theta}}\Bigg]\Bigg\}\end{aligned}\tag{8.72}$$

图 8.3 中给出了无量纲环向应力$(2\pi r)^{1/2}\sigma_\theta/K$ 随幅角θ 的变化关系。令 $\beta_0\equiv 1$,分别取 $\alpha_0=1.5$、2.0、3.0、4.0、5.0。可以看出,$\sigma_{\theta\max}$不再总是发生在$\theta=0$ 处(裂纹自相似扩展)。当 $\alpha_0>2.0$ 时,$\sigma_{\theta\max}$发生在裂尖前方两个对称的方向上。这是正交各向异性参数对启裂角的影响,暗示着裂纹扩展的分叉(branch)现象。

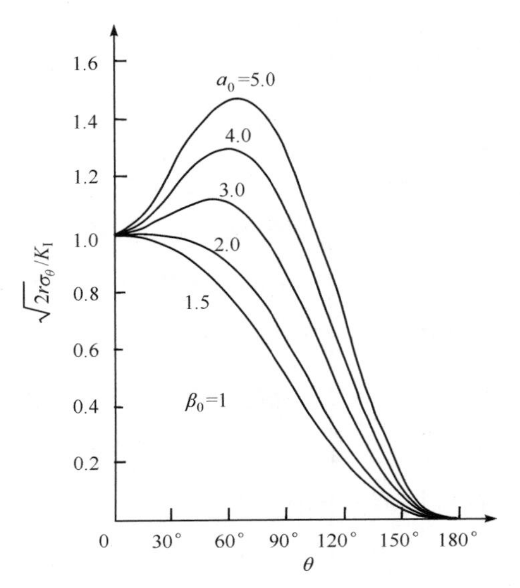

图 8.3　正应力载荷($P\neq 0,Q=0$)下环向应力$(2\pi r)^{1/2}\sigma_\theta/K$ 随幅角θ 的变化关系

2. $Q\neq 0,P\equiv 0$ 的基本解

下面讨论 $P\equiv 0,Q\neq 0$ 情况的基本解。由反对称关系,沿 x 轴有

$$\sigma_y^+=\sigma_y^-(x,0)=0,\quad -\infty<x<\infty \tag{8.73}$$

将应力表达式(8.48)代入式(8.73),并令 $\Psi_k(z_k)=\varphi_k'(z_k)$,$k=1,2$,得

$$\Psi_1^+(x)+\Psi_2^+(x)=0,\quad \Psi_1^-(x)+\Psi_2^-(x)=0,\quad -\infty<x<\infty \tag{8.74}$$

与前同理可得

$$\begin{cases}\tau_{xy}^+=(\mu_2-\mu_1)\Psi_1^+(x)+(\bar{\mu}_2-\bar{\mu}_1)\bar{\Psi}_1^-(x)\\ \tau_{xy}^-=(\mu_2-\mu_1)\Psi_1^-(x)+(\bar{\mu}_2-\bar{\mu}_1)\bar{\Psi}_1^+(x)\end{cases} \tag{8.75}$$

将式(8.75)代入裂面切向应力边界条件

$$\tau_{xy}^+=\tau_{xy}^-=-Q\delta(x-s),\quad |x|<a \tag{8.76}$$

然后将得到的表达式相加减,即得如下 R-H 问题:

$$\begin{cases}[(\mu_2-\mu_1)\Psi_1(x)+(\bar{\mu}_2-\bar{\mu}_1)\bar{\Psi}_1(x)]^+ \\ +[(\mu_2-\mu_1)\Psi_1(x)+(\bar{\mu}_2-\bar{\mu}_1)\bar{\Psi}_1(x)]^-=-2Q\delta(x-s), \quad |x|<a \\ [(\mu_2-\mu_1)\Psi_1(x)-(\bar{\mu}_2-\bar{\mu}_1)\bar{\Psi}_1(x)]^+ \\ -[(\mu_2-\mu_1)\Psi_1(x)-(\bar{\mu}_2-\bar{\mu}_1)\bar{\Psi}_1(x)]^-=0, \quad |x|<a\end{cases} \tag{8.77}$$

解此 R-H 问题得

$$\begin{cases}(\mu_2-\mu_1)\Psi_1(z_1)+(\bar{\mu}_2-\bar{\mu}_1)\bar{\Psi}_1(z_1)=-\dfrac{Q}{\pi(s-z_1)}\sqrt{\dfrac{a^2-s^2}{z_1^2-a^2}} \\ (\mu_2-\mu_1)\Psi_1(z_1)-(\bar{\mu}_2-\bar{\mu}_1)\bar{\Psi}_1(z_1)=0\end{cases} \tag{8.78}$$

两式相加消去 $\bar{\Psi}_1(z_1)$ 即得

$$\Psi_1(z_1)=-\frac{Q}{2\pi(\mu_2-\mu_1)(s-z_1)}\sqrt{\frac{a^2-s^2}{z_1^2-a^2}} \tag{8.79}$$

由完全类似的过程可得到

$$\Psi_2(z_2)=-\frac{Q}{2\pi(\mu_1-\mu_2)(s-z_2)}\sqrt{\frac{a^2-s^2}{z_2^2-a^2}} \tag{8.80}$$

可得裂尖渐近应力场为

$$\begin{cases}\sigma_x=\dfrac{K_{\mathrm{II}}}{\sqrt{2\pi r}}\mathrm{Re}\left[\dfrac{1}{\mu_1-\mu_2}\left(\dfrac{\mu_2^2}{\sqrt{\cos\theta+\mu_2\sin\theta}}-\dfrac{\mu_1^2}{\sqrt{\cos\theta+\mu_1\sin\theta}}\right)\right]+O(r^0) \\ \sigma_y=\dfrac{K_{\mathrm{II}}}{\sqrt{2\pi r}}\mathrm{Re}\left[\dfrac{1}{\mu_1-\mu_2}\left(\dfrac{1}{\sqrt{\cos\theta+\mu_2\sin\theta}}-\dfrac{1}{\sqrt{\cos\theta+\mu_1\sin\theta}}\right)\right]+O(r^0) \\ \tau_{xy}=\dfrac{K_{\mathrm{II}}}{\sqrt{2\pi r}}\mathrm{Re}\left[\dfrac{1}{\mu_1-\mu_2}\left(\dfrac{\mu_1}{\sqrt{\cos\theta+\mu_1\sin\theta}}-\dfrac{\mu_2}{\sqrt{\cos\theta+\mu_2\sin\theta}}\right)\right]+O(r^0)\end{cases} \tag{8.81}$$

可以看出，$\tau_{xy}(\theta=0)$ 也与特征根无关。

而Ⅱ型应力强度因子为

$$\begin{aligned}K_{\mathrm{II}}^{\mathrm{R}}&\equiv\lim_{z\to a^+}[\sqrt{2\pi(z-a)}\tau_{xy}(x,0)] \\ &=2\sqrt{2\pi}(\mu_2-\mu_1)\lim_{z_1\to a^+}\sqrt{z_1-a}\Psi_1(z_1)=\frac{Q}{\sqrt{\pi a}}\sqrt{\frac{a+s}{a-s}}\end{aligned} \tag{8.82}$$

$$K_{\mathrm{II}}^{\mathrm{L}}\equiv\lim_{z\to -a^-}[\sqrt{2\pi(z+a)}\tau_{xy}(x,0)]$$

$$=2\sqrt{2\pi}(\mu_2-\mu_1)\lim_{z_1\to -a^-}\sqrt{z_1-a}\Psi_1(z_1)=\frac{Q}{\sqrt{\pi a}}\sqrt{\frac{a-s}{a+s}}$$

可以看出，Ⅱ型应力强度因子也是与特征根无关的。

若裂面受均布剪应力载荷 $-\tau_0$ 作用，则将式(8.79)、式(8.80)对 s 积分即可得到其复势函数为

$$\begin{cases}\Psi_1(z_1)=\dfrac{\tau_0}{2(\mu_2-\mu_1)\sqrt{z_1^2-a^2}}(z_1-\sqrt{z_1^2-a^2})\\ \Psi_2(z_2)=\dfrac{\tau_0}{2(\mu_2-\mu_1)\sqrt{z_2^2-a^2}}(z_2-\sqrt{z_2^2-a^2})\end{cases}\tag{8.83}$$

而应力强度因子为

$$K_{\mathrm{II}}^{\mathrm{R}}=K_{\mathrm{II}}^{\mathrm{L}}=\tau_0\sqrt{\pi a}\tag{8.84}$$

同样，可以算得其裂尖环向应力为

$$\frac{\sqrt{2\pi r}}{K}\sigma_\theta=\mathrm{Re}\left\{\frac{1}{\mu_1-\mu_2}\left[(\cos\theta+\mu_2\sin\theta)^{3/2}-(\cos\theta+\mu_1\sin\theta)^{3/2}\right]\right\}\tag{8.85}$$

若仍以双实参数复特征根的正交各向异性材料为例，$\sigma_{\theta\max}$ 大约发生在 $\theta=90°$ 处，如图 8.4 所示。

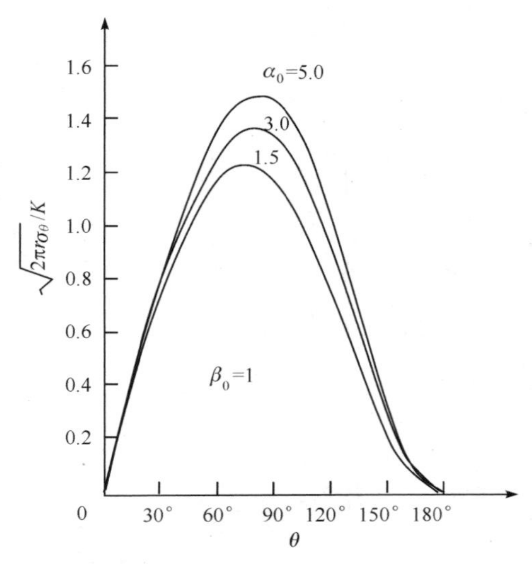

图 8.4　剪应力载荷($Q\neq 0, P=0$)下环向应力 $(2\pi r)^{1/2}\sigma_\theta/K$ 随幅角 θ 的变化关系

8.3　特征展开与路径无关积分

本节讨论特征根为纯虚根的正交各向异性材料，此时有

$$s_{16}=s_{26}=0,\quad s_{11}=1/E_1,\quad s_{22}=1/E_2 \tag{8.86}$$

特征根为

$$\mu_1=\mathrm{i}\beta_1,\quad \mu_2=\mathrm{i}\beta_2,\quad \beta_1,\beta_2>0 \tag{8.87}$$

式中的实参数满足

$$\beta_1\beta_2=\sqrt{E_1/E_2},\quad \beta_1+\beta_2=\sqrt{2[\sqrt{E_1/E_2}+E_1/(2\mu_{12}-\nu_{12})]} \tag{8.88}$$

而位移表达式可以写成

$$u=2\mathrm{Re}[p_1\varphi_1(z_1)+p_2\varphi_2(z_2)],\quad v=2\mathrm{Re}[q_1\varphi_1(z_1)+q_2\varphi_2(z_2)] \tag{8.89}$$

其中

$$p_1=-s_{11}\beta_1^2+s_{12},\quad p_2=-s_{11}\beta_2^2+s_{12},\quad q_1=\mathrm{i}\beta_1 p_2,\quad q_2=\mathrm{i}\beta_2 p_1 \tag{8.90}$$

可以看出，此时 p_1 和 p_2 是实数，而 q_1 和 q_2 是纯虚数。

8.3.1　复势的特征展开

考虑无限体中的半无限裂纹，如图 8.5 所示，裂面应力自由条件为

$$(\sigma_\theta+\mathrm{i}\sigma_{r\theta})_{\theta=\pm\pi}=0 \tag{8.91}$$

令

$$\varphi_1(z_1)=\sum_{-\infty}^{\infty}\varphi_1^{(n)}(z_1)=\sum_{-\infty}^{\infty}A_n z_1^{\lambda},$$
$$\varphi_2(z_2)=\sum_{-\infty}^{\infty}\varphi_2^{(n)}(z_2)=\sum_{-\infty}^{\infty}B_n z_2^{\lambda} \tag{8.92}$$

注意到 $\mathrm{e}^{\pm 2\pi\mathrm{i}}=1$，有

$$\begin{aligned}(\sigma_\theta+\mathrm{i}\sigma_{r\theta})_{\theta=\pm\pi}&=(1/2)[\sigma_x+\sigma_y+\mathrm{e}^{\mathrm{i}2\theta}(\sigma_y-\sigma_x+2\mathrm{i}\sigma_{xy})]_{\theta=\pm\pi}\\&=[\sigma_y+\mathrm{i}\sigma_{xy}]_{\theta=\pm\pi}\end{aligned} \tag{8.93}$$

于是

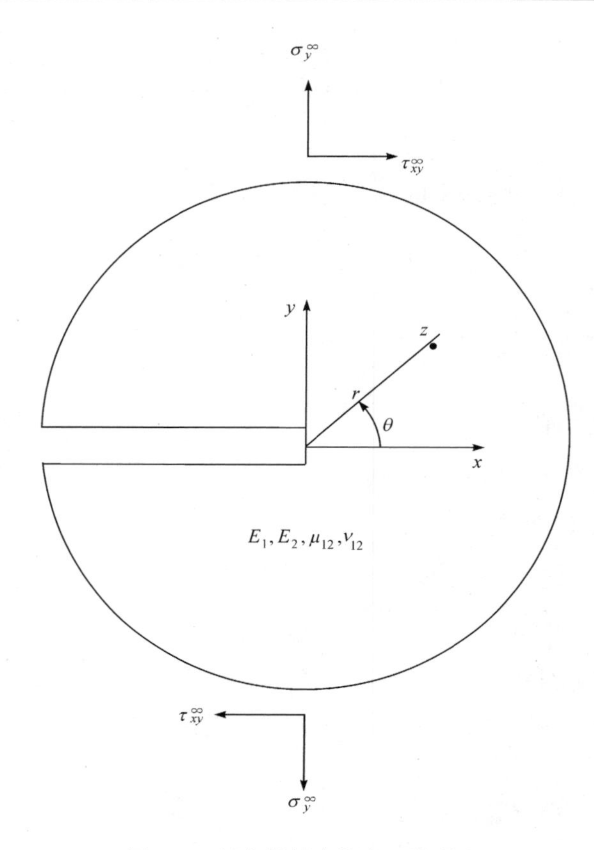

图 8.5　复合材料中的半无限裂纹

$$
\begin{aligned}
&[\sigma_\theta + \mathrm{i}\sigma_{r\theta}]_{\theta=\pm\pi} \\
&= [(1-\mathrm{i}\mu_1)\varphi'_1(z_1) + (1-\mathrm{i}\mu_2)\varphi'_2(z_2) + (1-\mathrm{i}\bar{\mu}_1)\overline{\varphi'_1(z_1)} + (1-\mathrm{i}\bar{\mu}_2)\overline{\varphi'_2(z_1)}]_{\theta=\pm\pi} \\
&= \sum_n \lambda [(1-\mathrm{i}\mu_1)A_n z_1^{\lambda-1} + (1-\mathrm{i}\mu_2)B_n z_2^{\lambda-1} \\
&\quad + (1-\mathrm{i}\bar{\mu}_1)\bar{A}_n \bar{z}_1^{\lambda-1} + (1-\mathrm{i}\bar{\mu}_2)\bar{B}_n z_2^{\lambda-1}]_{\theta=\pm\pi} \\
&= \sum_n \lambda \{[(1-\mathrm{i}\mu_1)A_n r_1^{\lambda-1} + (1-\mathrm{i}\mu_2)B_n r_2^{\lambda-1}]\mathrm{e}^{\pm\mathrm{i}(\lambda-1)\pi} \\
&\quad + [(1-\mathrm{i}\bar{\mu}_1)\bar{A}_n r_1^{\lambda-1} + (1-\mathrm{i}\bar{\mu}_2)\bar{B}_n r_2^{\lambda-1}]\mathrm{e}^{\mp\mathrm{i}(\lambda-1)\pi}\}
\end{aligned}
\tag{8.94}
$$

注意当 $\theta\to\pm\pi$ 即 $y\to 0$ 时，有 $r_1=r_2$。此时可令 $r=r_1=r_2$，将此代入式(8.94)，再代入裂面应力自由条件式(8.91)可得

$$
\begin{cases}
[(1-\mathrm{i}\mu_1)A_n+(1-\mathrm{i}\mu_2)B_n]\mathrm{e}^{2\mathrm{i}\lambda\pi}+[(1-\mathrm{i}\bar{\mu}_1)\bar{A}_n+(1-\mathrm{i}\bar{\mu}_2)\bar{B}_n]=0 \\
[(1-\mathrm{i}\mu_1)A_n+(1-\mathrm{i}\mu_2)B_n]\mathrm{e}^{-2\mathrm{i}\lambda\pi}+[(1-\mathrm{i}\bar{\mu}_1)\bar{A}_n+(1-\mathrm{i}\bar{\mu}_2)\bar{B}_n]=0
\end{cases}
\tag{8.95}
$$

两式相减得

$$\sin(2\lambda\pi)=0 \tag{8.96}$$

由此解得特征值为

$$\lambda=\frac{n}{2},\quad n=\pm 0,1,2,\cdots \tag{8.97}$$

将此特征值代入式(8.95)，并令 $A_n=A_n'+\mathrm{i}A_n''$，$B_n=B_n'+\mathrm{i}B_n''$，可得

$$\begin{aligned}
A_n'&=-\frac{(1+\beta_2)+(-1)^n(1-\beta_2)}{(1+\beta_1)+(-1)^n(1-\beta_1)}B_n'=\begin{cases}-B_n', & n=2k\\ -\beta_2B_n'/\beta_1, & n=2k+1\end{cases}\\
A_n''&=-\frac{(1+\beta_2)-(-1)^n(1-\beta_2)}{(1+\beta_1)-(-1)^n(1-\beta_1)}B_n''=\begin{cases}-\beta_2B_n''/\beta_1, & n=2k\\ -B_n'', & n=2k+1\end{cases}
\end{aligned} \tag{8.98}$$

其中，$k=0,\pm1,\pm2,\cdots$。将特征值式(8.97)代入式(8.92)即得复势的特征展开表达式为

$$\varphi_1(z_1)=\sum_{-\infty}^{\infty}\varphi_1^{(n)}(z_1)=\sum_{-\infty}^{\infty}A_nz_1^{n/2},\quad \varphi_2(z_2)=\sum_{-\infty}^{\infty}\varphi_2^{(n)}(z_2)=\sum_{-\infty}^{\infty}B_nz_2^{n/2} \tag{8.99}$$

式(8.98)和式(8.99)表明：任意形如式(8.99)的两个复势函数 $\varphi_1(z_1)$ 和 $\varphi_2(z_2)$，如果它们的系数满足关系式(8.98)，则由此两复势函数确定的应力场满足裂面应力自由条件，或者说它们是满足裂面应力自由条件的解。同时还可以看出，式(8.98)把两个满足裂面应力自由条件的复势函数联系了起来，若求得其中之一，则另一个复势函数也就被确定下来。这样，有时只需要考虑一个复势函数，如$\varphi_1(z_1)$即可。另外，还需指出，$n<0$ 时裂尖近区应变能无界，这在物理上不现实。然而，正如 Bueckner(1973)、Chen(1985)和 Sham(1991)曾经指出的那样，$n<0$ 所对应的诸项在除裂尖近区以外的区域中是有意义的，并由此可引出权函数方法，它在计算断裂参数实践中极有价值。

前面讲过，$\mu_1=\mu_2$对应着均匀各向同性的情况。然而由式(8.98)($\beta_1=\beta_2$)有

$$A_n'=-B_n',\quad A_n''=-B_n''\quad\Rightarrow\quad A_n=-B_n \tag{8.100}$$

这与均匀各向同性的关系式是不同的。这表明式(8.98)无法退化到各向同性情况的相关关系。Lekhnitskii 理论的缺陷正在于此，而从位移出发的 Stroh 理

论则不存在这个问题。

8.3.2 特征展开的微分特性

如果位移 u_x、u_y 是由特征值 $n/2$ 通过复势函数 $\varphi_1^{(n)}(z_1)$、$\varphi_2^{(n)}(z_2)$产生，则$\partial u_x/\partial x$、$\partial u_y/\partial x$ 是由特征值$(n-2)/2$ 通过 $\varphi_1^{(n-2)}(z_1)$、$\varphi_2^{(n-2)}(z_2)$产生的位移。唯一的例外是 $n=0$。

证明

$$\begin{aligned} u_x &= p_1\varphi_1(z_1)+p_1\overline{\varphi_1(z_1)}+p_2\varphi_2(z_2)+p_2\overline{\varphi_2(z_2)} \\ u_y &= q_1\varphi_1(z_1)-q_1\overline{\varphi_1(z_1)}+q_2\varphi_2(z_2)-q_2\overline{\varphi_2(z_2)} \end{aligned} \tag{8.101}$$

而

$$\begin{aligned} u_x^* &= \frac{\partial u_x}{\partial x}=p_1\varphi_1'(z_1)+p_1\overline{\varphi_1'(z_1)}+p_2\varphi_2'(z_2)+p_2\overline{\varphi_2'(z_2)} \\ &= p_1\varphi_1^*(z_1)+p_1\overline{\varphi_1^*(z_1)}+p_2\varphi_2^*(z_2)+p_2\overline{\varphi_2^*(z_2)} \end{aligned} \tag{8.102}$$

$$\begin{aligned} u_y^* &= \frac{\partial u_y}{\partial x}=q_1\varphi_1'(z_1)-q_1\overline{\varphi_1'(z_1)}+q_2\varphi_2'(z_2)-q_2\overline{\varphi_2'(z_2)} \\ &= q_1\varphi_1^*(z_1)-q_1\overline{\varphi_1^*(z_1)}+q_2\varphi_2^*(z_2)-q_2\overline{\varphi_2^*(z_2)} \end{aligned} \tag{8.103}$$

分别对比两式中的后一个等式可以看出，确定 u_x^*、u_y^* 的复势函数满足：

$$\varphi_1^*(z_1)=\varphi_1'(z_1),\quad \varphi_2^*(z_2)=\varphi_2'(z_2) \tag{8.104}$$

于是

$$\varphi_1^*(z_1)=\frac{n}{2}A_n z_1^{(n-2)/2}=A_n^* z_1^{(n-2)/2},\quad \varphi_2^*(z_2)=\frac{n}{2}B_n z_2^{(n-2)/2}=B_n^* z_2^{(n-2)/2} \tag{8.105}$$

而

$$\begin{aligned} A^{*\prime} &= nA_n'/2 \\ &= -\frac{(1+\beta_2)+(-1)^n(1-\beta_2)}{(1+\beta_1)+(-1)^n(1-\beta_1)}\cdot\frac{n}{2}B_n'=-\frac{(1+\beta_2)+(-1)^{n-2}(1-\beta_2)}{(1+\beta_1)+(-1)^{n-2}(1-\beta_1)}B^{*\prime} \end{aligned} \tag{8.106}$$

$$A^{*\prime\prime}=nA_n''/2$$

$$=-\frac{(1+\beta_2)-(-1)^n(1-\beta_2)}{(1+\beta_1)-(-1)^n(1-\beta_1)}\cdot\frac{n}{2}B_n''=-\frac{(1+\beta_2)-(-1)^{n-2}(1-\beta_2)}{(1+\beta_1)-(-1)^{n-2}(1-\beta_1)}B^{*\prime\prime}$$

式(8.106)正是 $A_{(n-2)}$ 和 $B_{(n-2)}$ 间的相关关系，特征展开的性质 1 得证。

8.3.3　特征展开的伪正交特性

设两种变形状态 $(u_x^{(\alpha)},u_y^{(\alpha)})$ 和 $(u_x^{(\beta)},u_y^{(\beta)})$ 定义于环绕裂尖的小圆 γ 之外的区域，它们分别是由特征值 $\alpha/2$ 和 $\beta/2$ 通过复势函数 $\varphi_1^{(\alpha)}(z_1)$、$\varphi_2^{(\alpha)}(z_2)$ 和 $\varphi_1^{(\beta)}(z_1)$、$\varphi_2^{(\beta)}(z_2)$ 产生的。则 Bueckner 功共轭积分

$$\begin{aligned}I_\Gamma&=\int_\Gamma[u_i^{(\beta)}\sigma_{ij}^{(\alpha)}-u_i^{(\alpha)}\sigma_{ij}^{(\beta)}]n_j\,\mathrm{d}s\\&=\mathrm{Re}\int_\Gamma[(X_n^{(\alpha)}+\mathrm{i}Y_n^{(\alpha)})(u_x^{(\beta)}-\mathrm{i}u_y^{(\beta)})-(X_n^{(\beta)}+\mathrm{i}Y_n^{(\beta)})(u_x^{(\alpha)}-\mathrm{i}u_y^{(\alpha)})]\mathrm{d}s\end{aligned}\tag{8.107}$$

是路径无关的，且有如下伪正交特性(对正交各向异性材料)。

(1) 当 $\alpha+\beta\neq0$ 时：

$$I_\Gamma=I_\gamma=0\tag{8.108}$$

(2) 当 $\alpha+\beta=0$ 时：

$$\begin{aligned}I_\Gamma=I_\gamma&=4\pi\alpha(p_2-p_1)[\beta_1(C_\beta'A_\alpha'-C_\beta''A_\alpha'')-\beta_2(D_\beta'B_\alpha'-D_\beta''B_\alpha'')]\\&=\begin{cases}4\pi\alpha(p_2-p_1)(\beta_2-\beta_1)\left(\dfrac{\beta_2}{\beta_1}D_\beta'B_\alpha'+D_\beta''B_\alpha''\right),&\alpha,\beta\text{ 是奇数}\\4\pi\alpha(p_2-p_1)(\beta_1-\beta_2)\left(D_\beta'B_\alpha'+\dfrac{\beta_2}{\beta_1}D_\beta''B_\alpha''\right),&\alpha,\beta\text{ 是偶数}\end{cases}\end{aligned}\tag{8.109}$$

其中，A_α'、A_α''、B_α'、B_α''、C_β'、C_β''、D_β'、D_β'' 为复势函数特征展开系数。

$$\begin{cases}\varphi_1^{(\alpha)}(z_1)=(A_\alpha'+\mathrm{i}A_\alpha'')z_1^{\alpha/2}\\\varphi_2^{(\alpha)}(z_2)=(B_\alpha'+\mathrm{i}B_\alpha'')z_2^{\alpha/2}\\\varphi_1^{(\beta)}(z_1)=(C_\beta'+\mathrm{i}C_\beta'')z_1^{\beta/2}\\\varphi_2^{(\alpha)}(z_2)=(D_\beta'+\mathrm{i}D_\beta'')z_2^{\beta/2}\end{cases}\tag{8.110}$$

证明一(对于一般的各向异性材料)如下。

类似于前面证明界面裂纹特征展开伪正交特性的做法，先将 Bueckner 积分

进行适当的变形。考虑图 8.6 中任意一条曲线 pq,定义从外侧作用于此曲线的 α 状态的应力主矢在 β 状态的位移上所做的功为

$$W_{\alpha\beta} = \mathrm{Re}\int_{pq}[X_n^{(\alpha)} + \mathrm{i}Y_n^{(\alpha)}][u_x^{(\beta)} - \mathrm{i}u_y^{(\beta)}]\mathrm{d}s \tag{8.111}$$

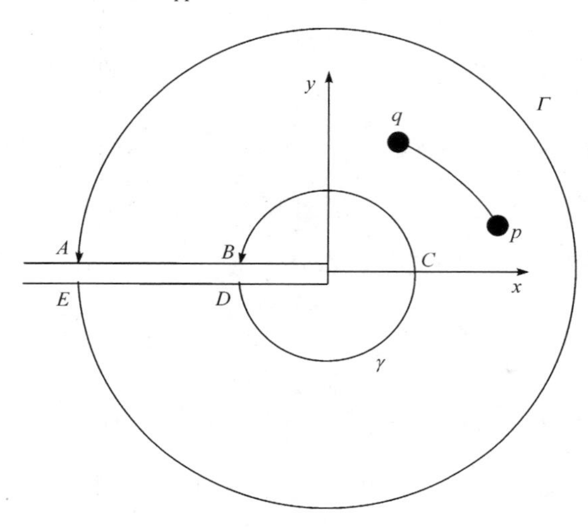

图 8.6　各向异性材料的 Bueckner 积分路径

相应地有

$$W_{\beta\alpha} = \mathrm{Re}\int_{pq}[X_n^{(\beta)} + \mathrm{i}Y_n^{(\beta)}][u_x^{(\alpha)} - \mathrm{i}u_y^{(\alpha)}]\mathrm{d}s \tag{8.112}$$

这样,Bueckner 积分可以写成

$$I_{pq} = W_{\alpha\beta} - W_{\beta\alpha} \tag{8.113}$$

记 $v = u_x + \mathrm{i}u_y$,并注意到应力主矢的复函数表达式,可得

$$W_{\alpha\beta} = \mathrm{Re}\int_{pq}\bar{v}_\beta(-\mathrm{id}P_\alpha) = \mathrm{Im}\int_{pq}\bar{v}_\beta\mathrm{d}P_\alpha \tag{8.114}$$

同理可得

$$W_{\beta\alpha} = \mathrm{Im}\int_{pq}\bar{v}_\alpha\mathrm{d}P_\beta \tag{8.115}$$

将式(8.114)、式(8.115)代入式(8.113),可将 Bueckner 积分写成

$$I_{pq} = \mathrm{Im}\int_{pq}(\bar{v}_\beta\mathrm{d}P_\alpha - \bar{v}_\alpha\mathrm{d}P_\beta) \tag{8.116}$$

其中,当用复势函数表达时,有

$$v=M_j\Phi_j(z_j)+H_j\overline{\Phi_j(z_j)},\quad P=N_k\Phi_k(z_k)+L_k\overline{\Phi_k(z_k)}$$

$$M_j=p_j+\mathrm{i}q_j,\quad H_j=\bar{p}_j+\mathrm{i}\bar{q}_j,\quad \Phi_j(z_j)=\varphi_j'(z_j),\quad j=1,2 \tag{8.117}$$

$$N_k=1+\mathrm{i}\mu_k,\quad L_k=1+\mathrm{i}\bar{\mu}_k,\quad (k=1,2)$$

选取如图 8.6 所示的包围裂尖的环路，易证明沿此环路 Bueckner 积分是路径无关的。因此，在计算 Bueckner 积分时，可以按需要来选择无穷小($\rho\to0$)积分环路或无穷大($\rho\to\infty$)积分环路。在这两种特殊情况下，两个不同的积分环路半径将具有相同的渐近特征，即可取 $\rho_1\to\rho$ 和 $\rho_2\to\rho$。此外，由映射变换的性质可知，$z_j=z_j(z)$将 z 平面上环绕裂尖的闭路映射为 z_j 平面上依然包围裂尖的闭环路，而沿闭环路的积分与积分起点无关。因此，在 Bueckner 积分中，可令 θ_1、$\theta_2\to\theta$。换句话说，在沿 $\rho\to0$ 或 $\rho\to\infty$ 的积分环路上做 Bueckner 积分时，可令 $z_j=\rho e^{i\theta}(j=1,2)$。于是

$$\begin{aligned}I_\Gamma=&\frac{1}{2}\rho^{(\alpha+\beta)/2}\mathrm{Re}\int_\Gamma[\alpha(\overline{M}_j\overline{C}_{j\beta}e^{-i\beta\theta/2}+\overline{H}_jC_{j\beta}e^{i\beta\theta/2})(N_kA_{k\alpha}e^{i\alpha\theta/2}-L_k\overline{A}_{k\alpha}e^{-i\alpha\theta/2})\\&-\beta(\overline{M}_j\overline{A}_{j\alpha}e^{-i\alpha\theta/2}+\overline{H}_jA_{j\alpha}e^{i\alpha\theta/2})(N_kC_{k\beta}e^{i\beta\theta/2}-L_k\overline{C}_{k\beta}e^{-i\beta\theta/2})]\mathrm{d}\theta\end{aligned} \tag{8.118}$$

其中，为了书写方便，采用了对 j 和 k 的求和约定，且

$$\begin{aligned}&A_{1\alpha}=A_\alpha,\quad A_{2\alpha}=B_\alpha,\quad C_{1\alpha}=C_\alpha,\quad C_{2\alpha}=D_\alpha\\&A_{1\beta}=A_\beta,\quad A_{2\beta}=B_\beta,\quad C_{1\beta}=C_\beta,\quad C_{2\beta}=D_\beta\end{aligned} \tag{8.119}$$

当 $\alpha+\beta\neq0$ 时，对于 $\alpha+\beta>0$ 的项，取积分环路 $\rho\to0$；而对于 $\alpha+\beta<0$ 的项，则取积分环路 $\rho\to\infty$，于是式(8.118)成为

$$I_\Gamma=0,\quad \alpha+\beta\neq0 \tag{8.120}$$

此即伪正交特性的第一部分式(8.108)。类似地，当 $\alpha+\beta=0$ 时，式(8.118)给出

$$\begin{aligned}I_\Gamma=4\pi\alpha\{&[(C_\beta'A_\alpha'-C_\beta''A_\alpha'')\mathrm{Im}Q_1+(D_\beta'B_\alpha'-D_\beta''B_\alpha'')\mathrm{Im}Q_2]\\&+[(C_\beta'A_\alpha''+C_\beta''A_\alpha')\mathrm{Re}Q_1+(D_\beta'B_\alpha''+D_\beta''B_\alpha')\mathrm{Re}Q_2]\\&+(D_\beta'A_\alpha'-D_\beta''A_\alpha''+C_\beta'B_\alpha'-C_\beta''B_\alpha'')\mathrm{Im}(R/2)\\&+(D_\beta'A_\alpha''+D_\beta''A_\alpha'+C_\beta'B_\alpha''+C_\beta''B_\alpha')\mathrm{Re}(R/2)\},\quad \alpha+\beta=0\end{aligned} \tag{8.121}$$

$$Q_1=q_1-p_1\mu_1,\quad Q_2=q_2-p_2\mu_2,\quad R=q_1+q_2-p_2\mu_1-p_1\mu_2$$

此外，当 $\alpha+\beta=0$ 时，式(8.121)还可以写成如下形式：

$$I_\Gamma=\begin{cases}4\pi\alpha[p'D_\beta'B_\alpha'+q'D_\beta''B_\alpha''+r'(D_\beta'B_\alpha''+D_\beta''B_\alpha')], & \alpha,\beta\text{为奇数}\\4\pi\alpha[-q'D_\beta'B_\alpha'-p'D_\beta''B_\alpha''+r'(D_\beta'B_\alpha''+D_\beta''B_\alpha')], & \alpha,\beta\text{为偶数}\end{cases} \tag{8.122}$$

$$p'=(\beta_2^2\,\mathrm{Im}Q_1+\beta_1^2\,\mathrm{Im}Q_2-\beta_1\beta_2\,\mathrm{Im}R)/\beta_1^2$$
$$q'=[(\alpha_1-\alpha_2)^2\,\mathrm{Im}Q_1-\beta_1^2\,\mathrm{Im}(Q_1+Q_2-R)-\beta_1(\alpha_1-\alpha_2)\mathrm{Re}(2Q_1-R)]/\beta^2$$
$$r'=\{(\alpha_1-\alpha_2)[(\beta_1^2/2)\mathrm{Im}R-\beta_2\,\mathrm{Im}Q_1]+\beta_1\beta_2\,\mathrm{Re}(Q_1-R/2)+\beta_1^2\,\mathrm{Re}(Q_2-R/2)\}/\beta_1^2 \tag{8.123}$$

易证，对于正交各向异性材料，式(8.121)和式(8.122)将退化为式(8.109)。

证明二(对于正交各向异性材料)如下。

仍由式(8.116)出发，并将该式中的诸变量表示成如下形式：

$$\begin{cases}v_\alpha=E_1\,\overline{\varphi_1^{(\alpha)}(z_1)}+E_2\,\overline{\varphi_2^{(\alpha)}(z_2)}+F_1\varphi_1^{(\alpha)}(z_1)+F_2\varphi_2^{(\alpha)}(z_2)\\ v_\beta=E_1\,\overline{\varphi_1^{(\beta)}(z_1)}+E_2\,\overline{\varphi_2^{(\beta)}(z_2)}+F_1\varphi_1^{(\beta)}(z_1)+F_2\varphi_2^{(\beta)}(z_2)\end{cases}$$
$$\begin{cases}\bar{v}_\alpha=E_1\varphi_1^{(\alpha)}(z_1)+E_2\varphi_2^{(\alpha)}(z_2)+F_1\,\overline{\varphi_1^{(\alpha)}(z_1)}+F_2\,\overline{\varphi_2^{(\alpha)}(z_2)}\\ \bar{v}_\beta=E_1\varphi_1^{(\beta)}(z_1)+E_2\varphi_2^{(\beta)}(z_2)+F_1\,\overline{\varphi_1^{(\beta)}(z_1)}+F_2\,\overline{\varphi_2^{(\beta)}(z_2)}\end{cases}$$
$$\begin{cases}\mathrm{d}P_\alpha=L_1\mathrm{d}\,\overline{\varphi_1^{(\alpha)}(z_1)}+L_2\mathrm{d}\,\overline{\varphi_2^{(\alpha)}(z_2)}+K_1\mathrm{d}\varphi_1^{(\alpha)}(z_1)+K_2\mathrm{d}\varphi_2^{(\alpha)}(z_2)\\ \mathrm{d}P_\beta=L_1\mathrm{d}\,\overline{\varphi_1^{(\beta)}(z_1)}+L_2\mathrm{d}\,\overline{\varphi_2^{(\beta)}(z_2)}+K_1\mathrm{d}\varphi_1^{(\beta)}(z_1)+K_2\mathrm{d}\varphi_2^{(\beta)}(z_2)\end{cases} \tag{8.124}$$
$$\begin{cases}\mathrm{d}\bar{P}_\alpha=L_1\mathrm{d}\varphi_1^{(\alpha)}(z_1)+L_2\mathrm{d}\varphi_2^{(\alpha)}(z_2)+K_1\mathrm{d}\,\overline{\varphi_1^{(\alpha)}(z_1)}+K_2\mathrm{d}\,\overline{\varphi_2^{(\alpha)}(z_2)}\\ \mathrm{d}\bar{P}_\beta=L_1\mathrm{d}\varphi_1^{(\beta)}(z_1)+L_2\mathrm{d}\varphi_2^{(\beta)}(z_2)+K_1\mathrm{d}\,\overline{\varphi_1^{(\beta)}(z_1)}+K_2\mathrm{d}\,\overline{\varphi_2^{(\beta)}(z_2)}\end{cases}$$
$$\begin{cases}E_1=p_1+\beta_1p_2,\quad E_2=p_2+\beta_2p_1\\ F_1=p_1-\beta_1p_2,\quad F_2=p_2-\beta_2p_1\end{cases}$$
$$K_j=1-\beta_j,\quad L_j=1+\beta_j,\quad j=1,2$$

由于被积函数中出现了类似于 $\varphi_1^{(\beta)}(z_1)\mathrm{d}\varphi_2^{(\alpha)}(z_2)$ 这样的耦合项，必须进行变量分离。Chen 等(1995a，b)给出了材料特征根为纯虚数的正交各向异性材料的 Bueckner 积分的解析表达式，建立了此类材料中裂尖应力复势特征展开形式的伪正交特性。Ma 等(2004)得到了一般各向异性弹性材料的 Bueckner 积分表达式及伪正交特性。作为例子，这里将对他们的主要工作进行介绍。

为了进行复变量分离，先对 Bueckner 积分进行改造。易证，对于任意两个复势函数 φ、ψ 有

$$\mathrm{Im}\int_{pq}\bar{\varphi}\,\mathrm{d}\psi=-\,\mathrm{Im}\int_{pq}\varphi\,\mathrm{d}\bar{\psi} \tag{8.125}$$

于是由式(8.115)可得

$$W_{\beta\alpha} = \mathrm{Im}\int_{pq} \bar{v}_\alpha \mathrm{d}P_\beta = -\mathrm{Im}\int_{pq} v_\alpha \mathrm{d}\bar{P}_\beta \tag{8.126}$$

所以有

$$2W_{\beta\alpha} = \mathrm{Im}\int_{pq}(\bar{v}_\alpha \mathrm{d}P_\beta - v_\alpha \mathrm{d}\bar{P}_\beta),\quad 2W_{\alpha\beta} = \mathrm{Im}\int_{pq}(\bar{v}_\beta \mathrm{d}P_\alpha - v_\beta \mathrm{d}\bar{P}_\alpha) \tag{8.127}$$

于是

$$2I_\Gamma = 2W_{\alpha\beta} - 2W_{\beta\alpha} = \mathrm{Im}\int_{pq}[(\bar{v}_\beta \mathrm{d}P_\alpha - v_\beta \mathrm{d}\bar{P}_\alpha) - (\bar{v}_\alpha \mathrm{d}P_\beta - v_\alpha \mathrm{d}\bar{P}_\beta)] \tag{8.128}$$

先计算式(8.128),显然,$2I_\Gamma$ 中的项是由 $\varphi_1^{(\alpha)}$、$\varphi_2^{(\alpha)}$、$\bar{\varphi}_1^{(\alpha)}$、$\bar{\varphi}_2^{(\alpha)}$ 和 $\mathrm{d}\varphi_1^{(\beta)}$、$\mathrm{d}\varphi_2^{(\beta)}$、$\mathrm{d}\bar{\varphi}_1^{(\beta)}$、$\mathrm{d}\bar{\varphi}_2^{(\beta)}$ 的乘积项以及 $\varphi_1^{(\beta)}$、$\varphi_2^{(\beta)}$、$\bar{\varphi}_1^{(\beta)}$、$\bar{\varphi}_2^{(\beta)}$ 和 $\mathrm{d}\varphi_1^{(\alpha)}$、$\mathrm{d}\varphi_2^{(\alpha)}$、$\mathrm{d}\bar{\varphi}_1^{(\alpha)}$、$\mathrm{d}\bar{\varphi}_2^{(\alpha)}$ 的乘积项组成,可排列如下:

$\varphi_1^{(\alpha)}\mathrm{d}\varphi_1^{(\beta)}$ 1	$\varphi_1^{(\alpha)}\mathrm{d}\varphi_2^{(\beta)}$ 5	$\varphi_1^{(\alpha)}\mathrm{d}\bar{\varphi}_1^{(\beta)}$ 9	$\varphi_1^{(\alpha)}\mathrm{d}\bar{\varphi}_2^{(\beta)}$ 13	$\varphi_1^{(\beta)}\mathrm{d}\varphi_1^{(\alpha)}$ 1	$\varphi_1^{(\beta)}\mathrm{d}\varphi_2^{(\alpha)}$ 2	$\varphi_1^{(\beta)}\mathrm{d}\bar{\varphi}_1^{(\alpha)}$ 3	$\varphi_1^{(\beta)}\mathrm{d}\bar{\varphi}_2^{(\alpha)}$ 4
$\varphi_2^{(\alpha)}\mathrm{d}\varphi_1^{(\beta)}$ 2	$\varphi_2^{(\alpha)}\mathrm{d}\varphi_2^{(\beta)}$ 6	$\varphi_2^{(\alpha)}\mathrm{d}\bar{\varphi}_1^{(\beta)}$ 10	$\varphi_2^{(\alpha)}\mathrm{d}\bar{\varphi}_2^{(\beta)}$ 14	$\varphi_2^{(\beta)}\mathrm{d}\varphi_1^{(\alpha)}$ 5	$\varphi_2^{(\beta)}\mathrm{d}\varphi_2^{(\alpha)}$ 6	$\varphi_2^{(\beta)}\mathrm{d}\bar{\varphi}_1^{(\alpha)}$ 7	$\varphi_2^{(\beta)}\mathrm{d}\bar{\varphi}_2^{(\alpha)}$ 8
$\bar{\varphi}_1^{(\alpha)}\mathrm{d}\varphi_1^{(\beta)}$ 3	$\bar{\varphi}_1^{(\alpha)}\mathrm{d}\varphi_2^{(\beta)}$ 7	$\bar{\varphi}_1^{(\alpha)}\mathrm{d}\bar{\varphi}_1^{(\beta)}$ 11	$\bar{\varphi}_1^{(\alpha)}\mathrm{d}\bar{\varphi}_2^{(\beta)}$ 15	$\bar{\varphi}_1^{(\beta)}\mathrm{d}\varphi_1^{(\alpha)}$ 9	$\bar{\varphi}_1^{(\beta)}\mathrm{d}\varphi_2^{(\alpha)}$ 10	$\bar{\varphi}_1^{(\beta)}\mathrm{d}\bar{\varphi}_1^{(\alpha)}$ 11	$\bar{\varphi}_1^{(\beta)}\mathrm{d}\bar{\varphi}_2^{(\alpha)}$ 12
$\bar{\varphi}_2^{(\alpha)}\mathrm{d}\varphi_1^{(\beta)}$ 4	$\bar{\varphi}_2^{(\alpha)}\mathrm{d}\varphi_2^{(\beta)}$ 8	$\bar{\varphi}_2^{(\alpha)}\mathrm{d}\bar{\varphi}_1^{(\beta)}$ 12	$\bar{\varphi}_2^{(\alpha)}\mathrm{d}\bar{\varphi}_2^{(\beta)}$ 16	$\bar{\varphi}_2^{(\beta)}\mathrm{d}\varphi_1^{(\alpha)}$ 13	$\bar{\varphi}_2^{(\beta)}\mathrm{d}\varphi_2^{(\alpha)}$ 14	$\bar{\varphi}_2^{(\beta)}\mathrm{d}\bar{\varphi}_1^{(\alpha)}$ 15	$\bar{\varphi}_2^{(\beta)}\mathrm{d}\bar{\varphi}_2^{(\alpha)}$ 16

注意在 $2I_\Gamma$ 的和式中对应上述每一个因子应该有两项,将式(8.124)代入式(8.128)可得

$$\begin{aligned}
2I_\Gamma = \mathrm{Im}\int_{pq}\{&[(E_1K_1 - F_1L_1)\varphi_1^{(\beta)}(z_1)\mathrm{d}\varphi_1^{(\alpha)}(z_1) - (E_1K_1 - F_1L_1)\varphi_1^{(\alpha)}(z_1)\mathrm{d}\varphi_1^{(\beta)}(z_1)] & I_1\\
&+[(E_1K_2 - F_1L_2)\varphi_1^{(\beta)}(z_1)\mathrm{d}\varphi_2^{(\alpha)}(z_2) - (E_2K_1 - F_2L_1)\varphi_2^{(\alpha)}(z_2)\mathrm{d}\varphi_1^{(\beta)}(z_1)] & I_2\\
&+[(E_1L_1 - F_1K_1)\varphi_1^{(\beta)}(z_1)\mathrm{d}\,\overline{\varphi_1^{(\alpha)}(z_1)} - (F_1K_1 - E_1L_1)\overline{\varphi_1^{(\alpha)}(z_1)}\mathrm{d}\varphi_1^{(\beta)}(z_1)] & I_3\\
&+[(E_1L_2 - F_1K_2)\varphi_1^{(\beta)}(z_1)\mathrm{d}\,\overline{\varphi_2^{(\alpha)}(z_2)} - (F_2K_1 - E_2L_1)\overline{\varphi_2^{(\alpha)}(z_2)}\mathrm{d}\varphi_1^{(\beta)}(z_1)] & I_4\\
&+[(E_2K_1 - F_2L_1)\varphi_2^{(\beta)}(z_2)\mathrm{d}\varphi_1^{(\alpha)}(z_1) - (E_1K_2 - F_1L_2)\varphi_1^{(\alpha)}(z_1)\mathrm{d}\varphi_2^{(\beta)}(z_2)] & I_5\\
&+[(E_2K_2 - F_2L_2)\varphi_2^{(\beta)}(z_2)\mathrm{d}\varphi_2^{(\alpha)}(z_2) - (E_2K_2 - F_2L_2)\varphi_2^{(\alpha)}(z_2)\mathrm{d}\varphi_2^{(\beta)}(z_2)] & I_6\\
&+[(E_2L_1 - F_2K_1)\varphi_2^{(\beta)}(z_2)\mathrm{d}\,\overline{\varphi_1^{(\alpha)}(z_1)} - (F_1K_2 - E_1L_2)\overline{\varphi_1^{(\alpha)}(z_1)}\mathrm{d}\varphi_2^{(\beta)}(z_2)] & I_7
\end{aligned}$$

$$+[(E_2L_2-F_2K_2)\varphi_2^{(\beta)}(z_2)\mathrm{d}\,\overline{\varphi_2^{(\alpha)}(z_2)}-(F_2K_2-E_2L_2)\overline{\varphi_2^{(\alpha)}(z_2)}\mathrm{d}\varphi_2^{(\beta)}(z_2)]\ I_8$$
$$+[(F_1K_1-E_1L_1)\overline{\varphi_1^{(\beta)}(z_1)}\mathrm{d}\varphi_1^{(\alpha)}(z_1)-(E_1L_1-F_1K_1)\varphi_1^{(\alpha)}(z_1)\mathrm{d}\,\overline{\varphi_1^{(\beta)}(z_1)}]I_9$$
$$+[(F_1K_2-E_1L_2)\overline{\varphi_1^{(\beta)}(z_1)}\mathrm{d}\varphi_2^{(\alpha)}(z_2)-(E_2L_1-F_2K_1)\varphi_2^{(\alpha)}(z_2)\mathrm{d}\,\overline{\varphi_1^{(\beta)}(z_1)}]I_{10}$$
$$+[(F_1L_1-E_1K_1)\overline{\varphi_1^{(\beta)}(z_1)}\mathrm{d}\,\overline{\varphi_1^{(\alpha)}(z_1)}-(F_1L_1-E_1K_1)\overline{\varphi_1^{(\alpha)}(z_1)}\mathrm{d}\,\overline{\varphi_1^{(\beta)}(z_1)}]I_{11}$$
$$+[(F_1L_2-E_1K_2)\overline{\varphi_1^{(\beta)}(z_1)}\mathrm{d}\,\overline{\varphi_2^{(\alpha)}(z_2)}-(F_2L_1-E_2K_1)\overline{\varphi_2^{(\alpha)}(z_2)}\mathrm{d}\,\overline{\varphi_1^{(\beta)}(z_1)}]I_{12}$$
$$+[(F_2K_1-E_2L_1)\overline{\varphi_2^{(\beta)}(z_2)}\mathrm{d}\varphi_1^{(\alpha)}(z_1)-(E_1L_2-F_1K_2)\varphi_1^{(\alpha)}(z_1)\mathrm{d}\,\overline{\varphi_2^{(\beta)}(z_2)}]\ I_{13}$$
$$+[(F_2K_2-E_2L_2)\overline{\varphi_2^{(\beta)}(z_2)}\mathrm{d}\varphi_2^{(\alpha)}(z_2)-(E_2L_2-F_2K_2)\varphi_2^{(\alpha)}(z_2)\mathrm{d}\,\overline{\varphi_2^{(\beta)}(z_2)}]\ I_{14}$$
$$+[(F_2L_1-E_2K_1)\overline{\varphi_2^{(\beta)}(z_2)}\mathrm{d}\,\overline{\varphi_1^{(\alpha)}(z_1)}-(F_1L_2-E_1K_2)\overline{\varphi_1^{(\alpha)}(z_1)}\mathrm{d}\,\overline{\varphi_2^{(\beta)}(z_2)}]I_{15}$$
$$+[(F_2L_2-E_2K_2)\overline{\varphi_2^{(\beta)}(z_2)}\mathrm{d}\,\overline{\varphi_2^{(\alpha)}(z_2)}-(F_2L_2-E_2K_2)\overline{\varphi_2^{(\alpha)}(z_2)}\mathrm{d}\,\overline{\varphi_2^{(\beta)}(z_2)}]\}\quad I_{16}$$
$$(8.129)$$

而

$$I_1+I_{11}=2(E_1K_1-F_1L_1)\mathrm{Im}\int_{pq}(\varphi_1^{(\beta)}\mathrm{d}\varphi_1^{(\alpha)}-\varphi_1^{(\alpha)}\mathrm{d}\varphi_1^{(\beta)})$$
$$\overset{E_1K_1-F_1L_1=2\beta_1(p_2-p_1)}{=}-4\beta_1(p_2-p_1)\mathrm{Im}(\varphi_1^{(\alpha)}\varphi_1^{(\beta)})_p^q+8\beta_1(p_2-p_1)\mathrm{Im}\int_{pq}\varphi_1^{(\beta)}\mathrm{d}\varphi_1^{(\alpha)}$$

$$I_2+I_{12}=2I_2=2\mathrm{Im}[(E_1K_2-F_1L_2)(\varphi_1^{(\beta)}\varphi_2^{(\alpha)})_p^q$$
$$-\int_{pq}(E_1K_2-F_1L_2+E_2K_1-F_2L_1)\varphi_2^{(\alpha)}\mathrm{d}\varphi_1^{(\beta)}]$$
$$\underset{E_1K_2-F_1L_2=2(\beta_1p_2-\beta_2p_1)}{\overset{E_1K_2-F_1L_2+E_2K_1-F_2L_1=0}{=}}4(\beta_1p_2-\beta_2p_1)\mathrm{Im}(\varphi_1^{(\beta)}\varphi_2^{(\alpha)})_p^q$$

$$I_3=(E_1L_1-F_1K_1)\mathrm{Im}\int_{pq}\varphi_1^{(\beta)}\mathrm{d}\bar{\varphi}_1^{(\alpha)}-\bar{\varphi}_1^{(\alpha)}\mathrm{d}\varphi_1^{(\beta)}=(E_1L_1-F_1K_1)\mathrm{Im}(\varphi_1^{(\beta)}\bar{\varphi}_1^{(\alpha)})_p^q$$
$$\overset{E_1L_1-F_1K_1=2\beta_1(p_2+p_1)}{=}2\beta_1(p_2+p_1)\mathrm{Im}(\varphi_1^{(\beta)}\bar{\varphi}_1^{(\alpha)})_p^q$$

$$I_4=\mathrm{Im}\Big[(E_1L_2-F_1K_2)(\varphi_1^{(\beta)}\bar{\varphi}_2^{(\alpha)})_p^q$$
$$-\int_{pq}(E_1L_2-F_1K_2+F_2K_1-E_2L_1)\bar{\varphi}_2^{(\alpha)}\mathrm{d}\varphi_1^{(\beta)}\Big]$$
$$\underset{E_1L_2-F_1K_2=2(\beta_1p_2+\beta_2p_1)}{\overset{E_1L_2-F_1K_2+F_2K_1-E_2L_1=0}{=}}2(\beta_1p_2+\beta_2p_1)\mathrm{Im}(\varphi_1^{(\beta)}\bar{\varphi}_1^{(\alpha)})_p^q$$

$$I_5+I_{15}=2I_5=2\mathrm{Im}[(E_2K_1-F_2L_1)(\varphi_2^{(\beta)}\varphi_1^{(\alpha)})_p^q$$

$$-\int_{pq}(E_2K_1-F_2L_1+E_1K_2-F_1L_2)\varphi_1^{(\alpha)}\mathrm{d}\varphi_2^{(\beta)}] \tag{8.130}$$

$$\underset{E_2K_1-F_2L_1=2(\beta_2p_1-\beta_1p_2)}{\overset{E_2K_1-F_2L_1+E_1K_2-F_1L_2=0}{=}}4(\beta_2p_1-\beta_1p_2)\mathrm{Im}(\varphi_2^{(\beta)}\varphi_1^{(\alpha)})_p^q$$

$$I_6+I_{16}=2I_6=2(E_2K_2-F_2L_2)\cdot\mathrm{Im}\int_{pq}(\varphi_2^{(\beta)}\mathrm{d}\varphi_2^{(\alpha)}-\varphi_2^{(\alpha)}\mathrm{d}\varphi_2^{(\beta)})$$

$$\overset{E_2K_2-F_2L_2=2\beta_2(p_1-p_2)}{=}4\beta_2(p_2-p_1)\mathrm{Im}(\varphi_1^{(\alpha)}\varphi_2^{(\beta)})_p^q-8\beta_2(p_1-p_2)\mathrm{Im}\int_{pq}\varphi_2^{(\beta)}\mathrm{d}\varphi_2^{(\alpha)}$$

$$I_7=\mathrm{Im}[(E_2L_1-F_2K_1)(\varphi_2^{(\beta)}\bar{\varphi}_1^{(\alpha)})_p^q-\int_{pq}(E_2L_1-F_2K_1+F_1K_2-E_1L_2)\bar{\varphi}_1^{(\alpha)}\mathrm{d}\varphi_2^{(\beta)}]$$

$$\underset{E_2L_1-F_2K_1=2(\beta_2p_1+\beta_1p_2)}{\overset{E_2L_1-F_2K_1+F_1K_2-E_1L_2=0}{=}}2(\beta_2p_1+\beta_1p_2)\mathrm{Im}(\varphi_2^{(\beta)}\bar{\varphi}_1^{(\alpha)})_p^q$$

$$I_8+I_{14}=2I_8=2(E_2L_2-F_2K_2)\mathrm{Im}\int_{pq}(\varphi_2^{(\beta)}\mathrm{d}\bar{\varphi}_2^{(\alpha)}+\bar{\varphi}_2^{(\alpha)}\mathrm{d}\varphi_2^{(\beta)})$$

$$=2(E_2L_2-F_2K_2)\mathrm{Im}(\varphi_2^{(\beta)}\bar{\varphi}_2^{(\alpha)})_p^q$$

$$\overset{E_2L_2-F_2K_2=2\beta_2(p_1+p_2)}{=}4\beta_2(p_1+p_2)\mathrm{Im}(\varphi_2^{(\beta)}\bar{\varphi}_2^{(\alpha)})_p^q$$

$$I_9=I_3=2\beta_1(p_2+p_1)\mathrm{Im}(\varphi_1^{(\beta)}\bar{\varphi}_1^{(\alpha)})_p^q$$

$$I_{10}=I_4=2(\beta_1p_2+\beta_2p_1)\mathrm{Im}(\varphi_1^{(\beta)}\bar{\varphi}_1^{(\alpha)})_p^q$$

$$I_{13}=I_7=2(\beta_2p_1+\beta_1p_2)\mathrm{Im}(\varphi_2^{(\beta)}\bar{\varphi}_1^{(\alpha)})_p^q$$

将式(8.130)代入式(8.128)并整理即得

$$\begin{aligned}I_{pq}=&\mathrm{Im}\{2\beta_1(p_2+p_1)\varphi_1^{(\beta)}(z_1)\overline{\varphi_1^{(\alpha)}(z_1)}+2\beta_2(p_2+p_1)\varphi_2^{(\beta)}(z_2)\overline{\varphi_2^{(\alpha)}(z_2)}\\&+2(\beta_1p_2-\beta_2p_1)[\varphi_1^{(\beta)}(z_1)\varphi_2^{(\alpha)}(z_2)-\varphi_1^{(\alpha)}(z_1)\varphi_2^{(\beta)}(z_2)]\\&+2(\beta_2p_1+\beta_1p_2)[\varphi_1^{(\beta)}(z_1)\overline{\varphi_2^{(\alpha)}(z_2)}-\varphi_2^{(\beta)}(z_2)\overline{\varphi_1^{(\alpha)}(z_1)}]\\&-2\beta_1(p_2-p_1)\varphi_1^{(\alpha)}(z_1)\varphi_1^{(\beta)}(z_1)+2\beta_2(p_2-p_1)\varphi_2^{(\alpha)}(z_2)\varphi_2^{(\beta)}(z_2)\}_p^q\\&+4(p_2-p_1)\mathrm{Im}\left[\beta_1\int_{pq}\varphi_1^{(\beta)}(z_1)\mathrm{d}\varphi_1^{(\alpha)}(z_1)-\beta_2\int_{pq}\varphi_2^{(\beta)}(z_2)\mathrm{d}\varphi_2^{(\alpha)}(z_2)\right]\end{aligned} \tag{8.131}$$

可以看出，式(8.131)是一个边界项加上一个积分项，而积分项已呈变量分离的形式。这个表达式和 Bueckner 各向同性材料的表达式有相似之处。当 pq 是封闭围线时，如图 8.6 中的围线 $EABCDE$，则边界项无贡献，积分项也为零，由此可知 Bueckner 积分在正交各向异性情况也是路径无关的。

取 p、q 点为图 8.6 中的 E、B 点，则边界项为零，故沿环路 γ 的 Bueckner 积分可以写成

$$
\begin{aligned}
I_\gamma &= 4(p_2-p_1)\mathrm{Im}\Big[\beta_1\int_{pq}\varphi_1^{(\beta)}(z_1)\mathrm{d}\varphi_1^{(\alpha)}(z_1)-\beta_2\int_{pq}\varphi_2^{(\beta)}(z_2)\mathrm{d}\varphi_2^{(\alpha)}(z_2)\Big] \\
&= 2\alpha(p_2-p_1)\mathrm{Im}\Big[\beta_1\oint_\gamma C_\beta A_\alpha z_1^{(\beta+\alpha)/2-1}\mathrm{d}z_1-\beta_2\oint_\gamma D_\beta B_\alpha z_2^{(\beta+\alpha)/2-1}\mathrm{d}z_2\Big]
\end{aligned}
\tag{8.132}
$$

注意到

$$
\oint_\gamma z^n\mathrm{d}z=\begin{cases}0, & n\neq-1\\ 2\pi\mathrm{i}, & n=-1\end{cases}
\tag{8.133}
$$

于是由式(8.130)可知当$(\alpha+\beta)-1\neq-1$，亦即 $\alpha+\beta\neq0$ 时，有式(8.108)成立。而当 $\alpha+\beta=0$ 时，可得

$$
\begin{aligned}
I_\gamma &=4\pi\alpha(p_2-p_1)\mathrm{Im}[\mathrm{i}(\beta_1C_\beta A_\alpha-\beta_2D_\beta B_\alpha)]\\
&=4\pi\alpha(p_2-p_1)\mathrm{Re}(\beta_1C_\beta A_\alpha-\beta_2D_\beta B_\alpha)\\
&=4\pi\alpha(p_2-p_1)\mathrm{Re}[\beta_1(C'_\beta+\mathrm{i}C''_\beta)(A'_\alpha+\mathrm{i}A''_\alpha)\\
&\quad-\beta_2(D'_\beta+\mathrm{i}D''_\beta)(B'_\alpha+\mathrm{i}B''_\alpha)]\\
&=4\pi\alpha(p_2-p_1)[\beta_1(C'_\beta A'_\alpha-C''_\beta A''_\alpha)-\beta_2(D'_\beta B'_\alpha-D''_\beta B''_\alpha)]
\end{aligned}
\tag{8.134}
$$

此即式(8.109)，特征展开的性质 2 得证。

8.3.4 J 积分

对于正交各向异性材料，设 β 场为真实物理状态，它是由作用于裂纹体外边界上的一组外力引起的，可用下列复势函数表示：

$$
\varphi_1^{(\beta)}(z_1)=\sum_{n=0}^{\infty}A_nz_1^{n/2},\quad \varphi_2^{(\beta)}(z_2)=\sum_{n=0}^{\infty}B_nz_2^{n/2}
\tag{8.135}
$$

再定义辅助状态 α 场，其位移和应力分别为 β 状态的位移和应力对 x 的导数，即

$$
u_i^{(\alpha)}=\frac{\partial u_i^{(\beta)}}{\partial x},\quad \sigma_{ij}^{(\alpha)}=\frac{\partial\sigma_{ij}^{(\beta)}}{\partial x}
\tag{8.136}
$$

由特征展开的性质 1 的证明可知，$u_i^{(\alpha)}$ 和 $\sigma_{ij}^{(\alpha)}$ 也是满足裂面应力自由条件的解，且有

$$
\varphi_1^{(\alpha)}(z_1)=\varphi_1^{(\beta)\prime}(z_1),\quad \varphi_2^{(\alpha)}(z_2)=\varphi_2^{(\beta)\prime}(z_2)
\tag{8.137}
$$

因此

$$\varphi_2^{(\alpha)}(z_2)=\sum_{n=0}^{\infty}\frac{n}{2}B_n z_2^{(n-2)/2}=\sum_{m=-1}^{\infty}\frac{m+2}{2}B_{m+2}z_2^{m/2}=\sum_{m=-1}^{\infty}D_m z_2^{m/2} \tag{8.138}$$

做 α、β 场的 Bueckner 积分，由伪正交特性式(8.108)、式(8.109)可以看出，只有满足 $m+n=0$ 的项对积分有贡献，即只有 $n=1,m=-1$ 的项对积分有贡献，于是

$$\begin{aligned}I_\Gamma&=\int_\Gamma\left(u_i^{(\beta)}\frac{\partial\sigma_{ij}^{(\beta)}}{\partial x}-\frac{\partial u_i^{(\beta)}}{\partial x}\sigma_{ij}^{(\beta)}\right)n_j\,\mathrm{d}s\\&=-4\pi(p_2-p_1)(\beta_2-\beta_1)\left(\frac{\beta_2}{\beta_1}B_1'D_{-1}'+B_1''D_{-1}''\right)\\&\overset{D_1=B_1/2}{=}-2\pi(p_2-p_1)(\beta_2-\beta_1)\left[\frac{\beta_2}{\beta_1}(B_1')^2+(B_1'')^2\right]\end{aligned} \tag{8.139}$$

前文证明过，对于这样选取的 α、β 场有

$$I_\Gamma=2J \tag{8.140}$$

于是

$$J=-\pi(p_2-p_1)(\beta_2-\beta_1)\left[\frac{\beta_2}{\beta_1}(B_1')^2+(B_1'')^2\right] \tag{8.141}$$

另外，按应力强度因子的定义

$$(\sigma_y+\mathrm{i}\tau_{xy})_{\theta=0}=\frac{K_{\mathrm{I}}+\mathrm{i}K_{\mathrm{II}}}{\sqrt{2\pi r}} \tag{8.142}$$

而

$$\begin{aligned}(\sigma_y+\mathrm{i}\tau_{xy})_{\theta=0}&=2\mathrm{Re}[\varphi_1'(z_1)+\varphi_2'(z_2)]-2\mathrm{i}\mathrm{Re}[\mu_1\varphi_1'(z_1)+\mu_2\varphi_2'(z_2)]\\&=2\mathrm{Re}\left(\frac{1}{2}A_1z^{-1/2}+\frac{1}{2}B_1z^{-1/2}\right)-2\mathrm{i}\mathrm{Re}\left(\frac{\mathrm{i}\beta_1}{2}A_1z^{-1/2}+\frac{\mathrm{i}\beta_2}{2}B_1z^{-1/2}\right)\\&=\frac{1}{2}[(1+\beta_1)A_1z_1^{-1/2}+(1+\beta_2)B_1z_2^{-1/2}+(1-\beta_1)\overline{A}_1\overline{z}_1^{-1/2}\\&\quad+(1-\beta_2)\overline{B}_1\overline{z}_2^{-1/2}]_{\theta=0}=\frac{1}{\sqrt{r}}\left[\left(1-\frac{\beta_2}{\beta_1}\right)B_1'-\mathrm{i}(\beta_1-\beta_2)B_1''\right]\end{aligned} \tag{8.143}$$

由式(8.142)和式(8.143)可得

$$B_1'=\frac{\beta_1}{\beta_1-\beta_2}\frac{K_{\mathrm{I}}}{\sqrt{2\pi}},\quad B_1''=\frac{1}{\beta_1-\beta_2}\frac{K_{\mathrm{II}}}{\sqrt{2\pi}} \tag{8.144}$$

将式(8.144)代入式(8.141)即得

$$I_\Gamma = 2J = \frac{\beta_1+\beta_2}{E_1}(\beta_1\beta_2 K_{\mathrm{I}}^2 + K_{\mathrm{II}}^2) \tag{8.145}$$

其中,E_1 为弹性模量。由式(8.145),J 积分可写成

$$J = \int_\Gamma \left(W\mathrm{d}y - \frac{\partial u_i}{\partial x}\sigma_{ij}n_j\mathrm{d}s\right) = \frac{\beta_1+\beta_2}{2E_1}(\beta_1\beta_2 K_{\mathrm{I}}^2 + K_{\mathrm{II}}^2) \tag{8.146}$$

8.3.5 一阶权函数方法

设 β 状态式(8.135)是真实物理状态,引入辅助状态如下:

$$\varphi_1^{(\alpha)}(z_1) = -\frac{(1+\beta_2)+(-1)^k(1-\beta_2)}{(1+\beta_1)+(-1)^k(1-\beta_1)} z_1^{-k/2} = C_k z_1^{-k/2} \tag{8.147}$$

$$\varphi_2^{(\alpha)}(z_2) = z_2^{-k/2} = D_k z_2^{-k/2} \tag{8.148}$$

由于

$$C_k = -\frac{(1+\beta_2)+(-1)^k(1-\beta_2)}{(1+\beta_1)+(-1)^k(1-\beta_1)} D_k \tag{8.149}$$

可见由 $\varphi_1^{(\alpha)}(z_1)$ 和 $\varphi_2^{(\alpha)}(z_2)$ 确定的变形场是满足裂面应力自由条件的解。做 α、β 场的 Bueckner 积分,由伪正交特性式(8.108)和式(8.109)可以看出,只有满足 $n-k=0$ 的项对积分有贡献,于是当 k 为奇数时有

$$\begin{aligned} I_\Gamma &= \int_\Gamma (u_i^{(\beta)}\sigma_{ij}^{(\alpha)} - u_i^{(\alpha)}\sigma_{ij}^{(\beta)})n_j\mathrm{d}s = -4\pi k(p_2-p_1)(\beta_1 A'_k C_k - \beta_2 B'_k) \\ &= -4\pi k(p_2-p_1)\left\{\beta_1\left[\frac{(1+\beta_2)+(-1)^k(1-\beta_2)}{(1+\beta_1)+(-1)^k(1-\beta_1)}\right]^2 - \beta_2\right\}B'_k \end{aligned} \tag{8.150}$$

令 $k=1$,注意到式(8.144),由式(8.150)可得

$$I_\Gamma = -4\pi(p_2-p_1)\frac{\beta_2}{\beta_1}(\beta_2-\beta_1)B'_1 = \frac{2\sqrt{2\pi}(\beta_1^2-\beta_2^2)\beta_2}{E_1}K_{\mathrm{I}} \tag{8.151}$$

故有

$$K_{\mathrm{I}} = \frac{E_1}{2\sqrt{2\pi}(\beta_1^2-\beta_2^2)\beta_2} I_\Gamma = \frac{E_1}{2\sqrt{2\pi}(\beta_1^2-\beta_2^2)\beta_2}\int_\Gamma (u_i^{(\beta)}\sigma_{ij}^{(\alpha)} - u_i^{(\alpha)}\sigma_{ij}^{(\beta)})n_j\mathrm{d}s \tag{8.152}$$

利用同样的方法可处理Ⅱ型裂纹问题,只需引入辅助状态:

$$\varphi_1^{(\alpha)}(z_1)=-\frac{(1+\beta_2)+(-1)^k(1-\beta_2)}{(1+\beta_1)+(-1)^k(1-\beta_1)}\mathrm{i}z_1^{-k/2},\quad \varphi_2^{(\alpha)}(z_2)=\mathrm{i}z_2^{-k/2} \tag{8.153}$$

可得

$$K_{\mathrm{II}}=\frac{E_1}{2\sqrt{2\pi}(\beta_1^2-\beta_2^2)}I_\Gamma=\frac{E_1}{2\sqrt{2\pi}(\beta_1^2-\beta_2^2)}\int_\Gamma(u_i^{(\beta)}\sigma_{ij}^{(\alpha)}-u_i^{(\alpha)}\sigma_{ij}^{(\beta)})n_j\,\mathrm{d}s \tag{8.154}$$

第 9 章　复杂缺陷问题

有些材料结构体内会出现多个缺陷的复杂交互作用问题，例如，第一条裂纹产生后，通常难以无止境地扩展下去以引起整个材料或构件的破坏。往往是当第一条裂纹扩展到一定程度时，更多后续裂纹不断萌生与扩展。而后续裂纹的产生又往往会使前期裂纹止裂。正是在这种后续裂纹不断萌生、前期裂纹不断止裂的交替过程中，材料强度不断下降。最后，当载荷继续增加时，整个构件以多裂纹的形式破坏。这种破坏机制与单裂纹扩展、破坏机理是完全不同的。本章将对材料的多裂纹或多缺陷问题进行介绍。

9.1　各向同性材料的多裂纹问题

求解多裂纹问题最简洁有效的方法是 Green 函数-Fredholm 积分方程方法(Chen et al. ,1994,1995a,1956b)。该方法从基本解 Green 函数出发，运用叠加原理，设定伪应力函数(pseudo stress functions)，可将复杂的多裂纹问题转换为求解一组具有正则核函数的 Fredholm 积分方程组，进而得到多裂纹问题的解答。

9.1.1　基本解

设无限大裂纹体远场外的载荷为零，考虑如图 9.1 所示问题的基本解，即寻求作用于裂面上$x=s$处的一对单位正应力 P 和一对单位剪应力 Q 在空间 z 点处产生的沿 y'方向的正应力和沿 x'方向的剪应力，如图 9.1 所示。由复势理论，对于平面问题可引入复势函数 $\Phi(z)$和 $\Omega(z)$，则应力分量和位移分量的复势函数表达式为

$$\begin{cases}\sigma_x+\sigma_y=4\mathrm{Re}[\Phi(z)] \\ \sigma_y-\mathrm{i}\tau_{xy}=\Phi(z)+\Omega(\bar{z})+(z-\bar{z})\overline{\Phi'(z)} \\ 2\mu(u+\mathrm{i}v)=\kappa\varphi(z)-\omega(\bar{z})-(z-\bar{z})\overline{\Phi(z)}\end{cases} \tag{9.1}$$

裂面自由条件为

$$\begin{cases}\sigma_y^+=\sigma_y^-=P\delta(t-s)\\ \tau_{xy}^+=\tau_{xy}^-=Q\delta(t-s)\end{cases},\quad |t|\leqslant a \tag{9.2}$$

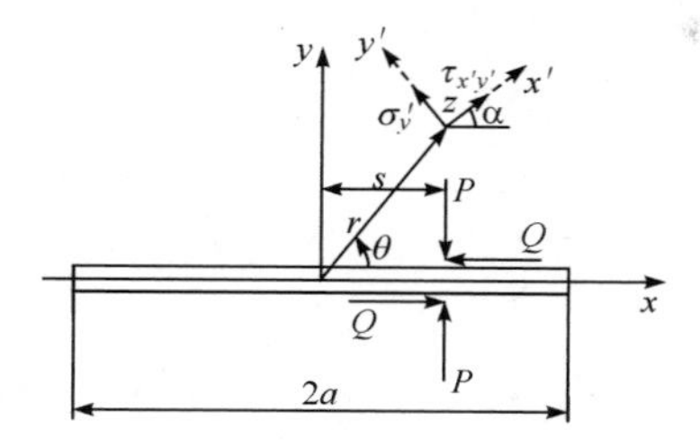

图 9.1　均匀各向同性弹性体中裂纹的基本解

将应力分量表达式(9.1)代入式(9.2)可得如下 R-H 问题：

$$\begin{cases}[\Phi(t)+\Omega(t)]^+ +[\Phi(t)+\Omega(t)]^- =2(P-\mathrm{i}Q)\delta(t-s)\\ [\Phi(t)-\Omega(t)]^+ -[\Phi(t)-\Omega(t)]^- =0\end{cases} \tag{9.3}$$

此问题的解为

$$\Phi(z)=\Omega(z)=-\frac{P-\mathrm{i}Q}{2\pi\mathrm{i}}\frac{X(s)}{X(z)(z-s)} \tag{9.4}$$

其中

$$X(z)=\sqrt{z^2-a^2} \tag{9.5}$$

于是，平面上任意 z 点处的应力 $\sigma_{y'}=f_n$ 和 $\tau_{x'y'}=f_t$ 为

$$\begin{aligned}f_n-\mathrm{i}f_t&=\sigma_{y'}-\mathrm{i}\tau_{x'y'}\\ &=\Phi(z)+\overline{\Phi(z)}+\mathrm{e}^{2\mathrm{i}\alpha}[\Omega(\bar z)-\overline{\Phi(z)}+(z-\bar z)\overline{\Phi'(z)}]\\ &=-\frac{P-\mathrm{i}Q}{2\pi\mathrm{i}}X(s)[G(z)+\mathrm{e}^{-2\mathrm{i}\alpha}\overline{G(z)}]\\ &\quad+\frac{P+\mathrm{i}Q}{2\pi\mathrm{i}}X(s)[\overline{G(z)}(1-\mathrm{e}^{-2\mathrm{i}\alpha})+\mathrm{e}^{-2\mathrm{i}\alpha}(z-\bar z)\overline{G'(z)}]\end{aligned} \tag{9.6}$$

$$G(z)=1/X(z)(z-s),\quad G'(z)=[a^2+sz-2z^2]/[(z-s)^2X^3(z)] \tag{9.7}$$

令 $P=1,Q=0$，得到第一个基本解：

$$\Phi(z)=\Omega(z)=-\frac{1}{2\pi\mathrm{i}}\frac{X(s)}{X(z)(z-s)}=-\frac{\sqrt{a^2-s^2}}{2\pi}\frac{1}{X(z)(z-s)} \tag{9.8}$$

$$f_{nn}-\mathrm{i}f_{nt}=\sigma_y{}'-\mathrm{i}\tau_{x'y'}$$

$$=-\frac{\sqrt{a^2-s^2}}{2\pi}\left[G(z)+\overline{G(z)}+\mathrm{e}^{-2\mathrm{i}\alpha}(z-\overline{z})\overline{G'(z)}\right] \tag{9.9}$$

令 $P=0, Q=1$，得到第二个基本解：

$$\Phi(z)=\Omega(z)=\frac{1}{2\pi}\frac{X(s)}{X(z)(z-s)}=-\frac{\sqrt{a^2-s^2}}{2\pi\mathrm{i}}\frac{1}{X(z)(z-s)} \tag{9.10}$$

$$f_{tn}-\mathrm{i}f_{tt}=\sigma_{y'}-\mathrm{i}\tau_{x'y'}$$

$$=\frac{\sqrt{a^2-s^2}}{2\pi\mathrm{i}}\left[\overline{G(z)}(1-2\mathrm{e}^{-2\mathrm{i}\alpha})-G(z)+\mathrm{e}^{-2\mathrm{i}\alpha}(z-\overline{z})\overline{G'(z)}\right] \tag{9.11}$$

9.1.2　多裂纹问题的伪力法

设一无限大弹性体中含有 N 条裂纹，作用于每条裂纹面上的法向应力及切向应力处于自平衡状态，并设无穷远处的外载荷为零。设第 k 条裂纹上的法向应力和切向应力分别为 $p_k(s_k)$ 和 $q_k(s_k)$，如图 9.2 所示。

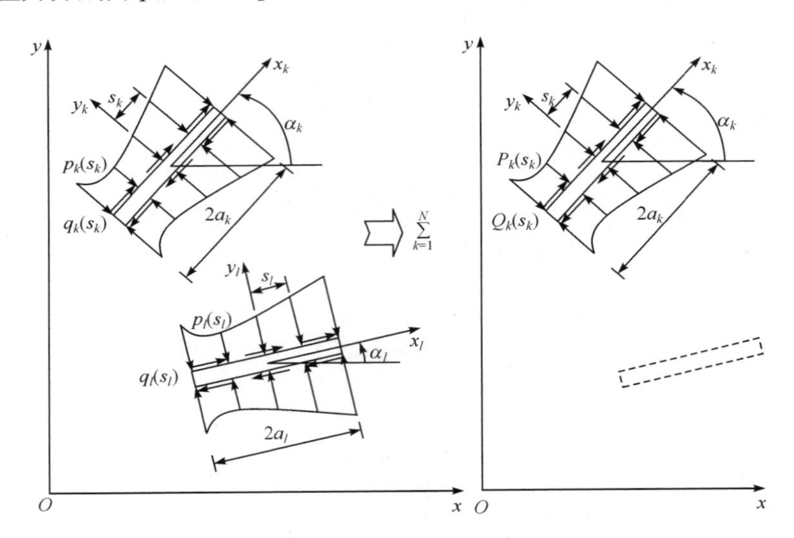

图 9.2　多裂纹问题及伪力法

显然，图 9.2 中的多裂纹问题可以化为 N 个单裂纹问题的叠加。而在分解出的单裂纹问题中，设其裂面应力为 $P_k(s_k)$ 和 $Q_k(s_k)$，这就是所谓的伪应力(pseudo-stress)。而它与其他裂纹的应力场导致的在第 k 条裂纹面上的应力之和应等于

$p_k(s_k)$和$q_k(s_k)$。于是可以写出下列 Fredholm 方程组：

$$
\begin{aligned}
&P_k(s_k)+\sum_{l=1}^{N}\int_{-a_l}^{a_l}P_l(s_l)f_{nn,lk}(s_l,s_k)\mathrm{d}s_l \\
&+\sum_{l=1}^{N}\int_{-a_l}^{a_l}Q_l(s_l)f_{tn,lk}(s_l,s_k)\mathrm{d}s_l=p_k(s_k),\quad -a_k\leqslant s_k\leqslant a_k,\ k=1,2,\cdots,N \\
&Q_k(s_k)+\sum_{l=1}^{N}\int_{-a_l}^{a_l}P_l(s_l)f_{nt,lk}(s_l,s_k)\mathrm{d}s_l \\
&+\sum_{l=1}^{N}\int_{-a_l}^{a_l}Q_l(s_l)f_{tt,lk}(s_l,s_k)\mathrm{d}s_l=q_k(s_k),\quad -a_k\leqslant s_k\leqslant a_k,\ k=1,2,\cdots,N
\end{aligned}
\tag{9.12}
$$

其中，$f_{\alpha\beta,\gamma\delta}(s_\gamma,s_\delta)$定义为作用在第$\gamma$条裂面上$x_\gamma=s_\gamma$处的一对沿$\alpha$方向的单位集中力在第$\delta$条裂面上$x_\delta=s_\delta$处产生的沿$\beta$方向的力。这里需要注意的是，如图 9.3 所示，将基本解代入式(9.12)时应取

$$
\begin{cases}
\alpha=\alpha_{kl}=\alpha_k-\alpha_l \\
z=z_{kl}=z_{0k}-z_{0l}+s_k\mathrm{e}^{\mathrm{i}(\alpha_k-\alpha_l)}
\end{cases}
\tag{9.13}
$$

注意到积分方程组(9.13)的核函数f_{nn}、f_{nt}、f_{tn}、f_{tt}是正则的，可以采用数值方法(如 Chebyshev 多项式方法(Erdogan，1978)将该积分方程组化为线性代数方程组)，求得未知函数$P_k(s_k)$和$Q_k(s_k)$。之后，可得每条裂纹的应力强度因子：

$$
\begin{cases}
K_{\mathrm{I},l}^{\pm}=-\dfrac{1}{\sqrt{a_l}}\displaystyle\int_{-a_l}^{a_l}P_l(s_l)\sqrt{\frac{a_l\pm s_l}{a_l\mp s_l}}\mathrm{d}s_l \\
K_{\mathrm{II},l}^{\pm}=-\dfrac{1}{\sqrt{a_l}}\displaystyle\int_{-a_l}^{a_l}Q_l(s_l)\sqrt{\frac{a_l\pm s_l}{a_l\mp s_l}}\mathrm{d}s_l
\end{cases}
\tag{9.14}
$$

至此，各向同性材料的多裂纹问题得到解决。

9.1.3　裂面受任意载荷作用的多裂纹问题

前面针对的是裂纹上下裂面受对称载荷时的情况，对受任意非对称载荷的多裂纹问题进行求解，首先引入如图 9.4 所示问题的第二类基本解，即裂纹受反对称载荷的基本解，此时裂面应力边界条件可写成

$$\sigma_y^{+}-\mathrm{i}\tau_{xy}^{+}=-(\sigma_y^{-}-\mathrm{i}\tau_{xy}^{-})$$

$$=(V-\mathrm{i}W)\delta(t-s),\quad |t|<a \tag{9.15}$$

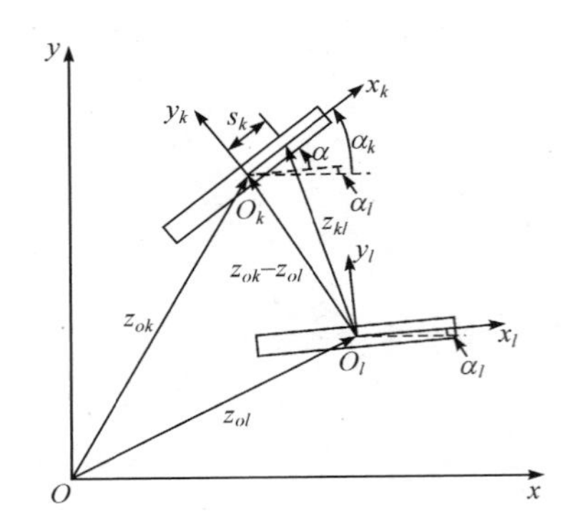

图 9.3　式(9.13)中基本解的裂纹坐标位置选取

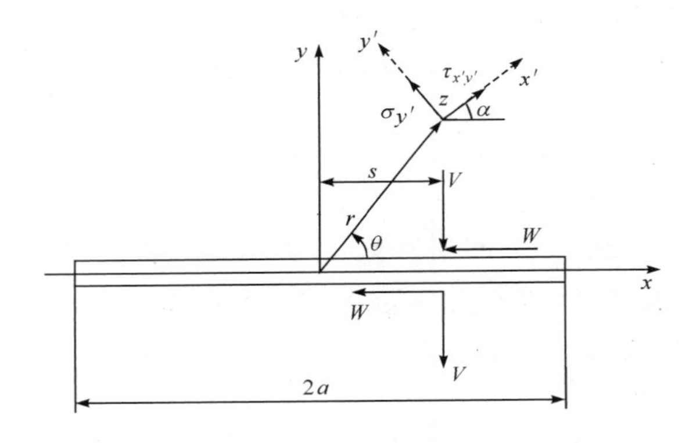

图 9.4　裂纹受反对称载荷的基本解

由此可得如下形式的 R-H 问题：

$$\begin{aligned}&[\Phi(t)+\Omega(t)]^{+}+[\Phi(t)+\Omega(t)]^{-}=0\\&[\Phi(t)-\Omega(t)]^{+}-[\Phi(t)-\Omega(t)]^{-}=2(V-\mathrm{i}W)\delta(t-s)\end{aligned} \tag{9.16}$$

再考虑位移单值条件可得出该问题的解：

$$\begin{aligned}\Phi(z)&=\frac{V-\mathrm{i}W}{2\pi\mathrm{i}}\left[\frac{\kappa-1}{\kappa+1}\frac{1}{X(z)}-\frac{1}{z-s}\right]\\\Omega(z)&=\frac{V-\mathrm{i}W}{2\pi\mathrm{i}}\left[\frac{\kappa-1}{\kappa+1}\frac{1}{X(z)}+\frac{1}{z-s}\right]\end{aligned} \tag{9.17}$$

其中,$X(z)$如式(9.5)所示。和前面一样,利用式(9.17),可以得到图 9.5 中所示的由此力系产生的平面任意点 z 处沿与 x 轴夹角为 α 的面上的法向应力 $\sigma_{y'}$ 和切

向应力 $\tau_{x'y'}$，即

$$\sigma_y{}'-\mathrm{i}\tau_{x'y'}\equiv g_n-\mathrm{i}g_t$$
$$=\Phi(z)+\overline{\Phi(z)}+\mathrm{e}^{2\mathrm{i}\alpha}[\Omega(\bar{z})-\overline{\Phi(z)}+(z-\bar{z})\overline{\Phi'(z)}] \tag{9.18}$$

设裂面上 $x=s$ 处作用着一个非自平衡的力系 p_1、p_2、q_1、q_2，如图 9.5 所示，可将此作用力系分解为如下形式：

$$p_1=p^*+v,\quad p_2=p^*-v,\quad q_1=p^*+w,\quad q_2=p^*-w \tag{9.19}$$

即

$$\begin{cases}p^*=(p_1+p_2)/2, & v=(p_1-p_2)/2\\ q^*=(q_1+q_2)/2, & w=(q_1-q_2)/2\end{cases} \tag{9.20}$$

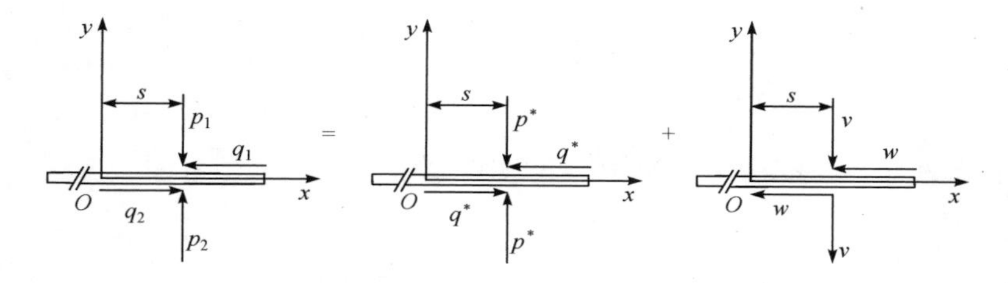

图 9.5　裂纹非自平衡力系的叠加原理

考虑任意载荷多裂纹问题时，可先将每一条裂纹面上的外载荷分解为 $p_1=p^*+v,q_1=q^*+w$（上裂面）和 $p_2=p^*-v,q_1=q^*-w$（下裂面）。于是，将多裂纹分解为单裂纹时，可令第 k 条裂纹的上裂面作用力为 $P_k(s_k)+v_k(s_k)$ 和 $Q_k(s_k)+w_k(s_k)$，而下裂面作用力为 $P_k(s_k)-v_k(s_k)$ 和 $Q_k(s_k)-w_k(s_k)$，其中，$P_k(s_k)$ 和 $Q_k(s_k)$ 是待求伪力。这样，可得下列 Fredholm 方程组：

$$\begin{aligned}&P_k(s_k)+\sum_{l=1}^{N}\int_{-a_l}^{a_l}P_l(s_l)f_{nn,lk}(s_l,s_k)\mathrm{d}s_l+\sum_{l=1}^{N}\int_{-a_l}^{a_l}Q_l(s_l)f_{tn,lk}(s_l,s_k)\mathrm{d}s_l\\&\quad+\sum_{l=1}^{N}\int_{-a_l}^{a_l}v_l(s_l)g_{nn,lk}(s_l,s_k)\mathrm{d}s_l+\sum_{l=1}^{N}\int_{-a_l}^{a_l}w_l(s_l)g_{tn,lk}(s_l,s_k)\mathrm{d}s_l\\&\quad=p_k^*(s_k),\quad -a_k\leqslant s_k\leqslant a_k,\ k=1,2,\cdots,N\end{aligned}$$

$$\begin{aligned}&Q_k(s_k)+\sum_{l=1}^{N}\int_{-a_l}^{a_l}P_l(s_l)f_{nt,lk}(s_l,s_k)\mathrm{d}s_l+\sum_{l=1}^{N}\int_{-a_l}^{a_l}Q_l(s_l)f_{tt,lk}(s_l,s_k)\mathrm{d}s_l\\&\quad+\sum_{l=1}^{N}\int_{-a_l}^{a_l}v_l(s_l)g_{nt,lk}(s_l,s_k)\mathrm{d}s_l+\sum_{l=1}^{N}\int_{-a_l}^{a_l}w_l(s_l)g_{tt,lk}(s_l,s_k)\mathrm{d}s_l\end{aligned}$$

$$= q_k^*(s_k), \quad -a_k \leqslant s_k \leqslant a_k, \ k = 1,2,\cdots,N \tag{9.21}$$

该方程组的核函数也是正则的，同样可由数值方法方便地求解，进而可得裂尖应力强度因子：

$$K_{A,l} = K_{\mathrm{I}A,l} - \mathrm{i}K_{\mathrm{II}A,l} = \frac{1}{\sqrt{a_l}}\left\{\int_{-a_l}^{a_l}\left[-P_l(s_l)\sqrt{\frac{a_l - s_l}{a_l + s_l}} + w_l(s_l)\frac{\kappa-1}{\kappa+1}\right]\mathrm{d}s_l + \mathrm{i}\int_{-a_l}^{a_l}\left[Q_l(s_l)\sqrt{\frac{a_l - s_l}{a_l + s_l}} + v_l(s_l)\frac{\kappa-1}{\kappa+1}\right]\mathrm{d}s_l\right\} \tag{9.22}$$

$$K_{B,l} = K_{\mathrm{I}B,l} - \mathrm{i}K_{\mathrm{II}B,l} = \frac{1}{\sqrt{a_l}}\left\{\int_{-a_l}^{a_l}\left[-P_l(s_l)\sqrt{\frac{a_l + s_l}{a_l - s_l}} + w_l(s_l)\frac{\kappa-1}{\kappa+1}\right]\mathrm{d}s_l + \mathrm{i}\int_{-a_l}^{a_l}\left[Q_l(s_l)\sqrt{\frac{a_l + s_l}{a_l - s_l}} + v_l(s_l)\frac{\kappa-1}{\kappa+1}\right]\mathrm{d}s_l\right\} \tag{9.23}$$

其中，下标 A、B 分别表示左、右裂尖，问题得到解决。

9.2 各向异性材料的多裂纹问题

处理各向异性材料的多裂纹问题与处理各向同性材料的多裂纹问题的方法是类似的。需要注意的是在各向异性材料的多裂纹问题中，弹性常数和特征根是与坐标选择相关的。现在来讨论图 9.6 所示的双裂纹问题，其中第一条裂纹位于 x 轴上；而第二条裂纹与第一条裂纹成 β 角倾斜，它平行于 x^* 轴。远场受斜拉伸载荷 σ_0 的作用。此问题可用 Green 函数方法给出解答。由弹性力学的转轴公式及叠加原理可以推出，由斜拉伸载荷 σ_0 引起的裂面已知分布载荷为

$$\begin{cases} p_1(x) = -\sigma_0\cos^2\gamma, \quad q_1(x) = \sigma_0\sin\gamma\cos\gamma \\ p_2(x^*) = -\sigma_0\cos^2(\beta-\gamma), \quad q_2(x^*) = -\sigma_0\sin(\beta-\gamma)\cos(\beta-\gamma) \end{cases} \tag{9.24}$$

对于裂长为 $2a_1$ 的第一条裂纹，可求得单位法向载荷($P=1$)的 Green 函数即基本解为

$$\begin{aligned} \Phi_1(z_1) &= -\{\mu_2/[2\pi(\mu_2-\mu_1)(s-z_1)]\}\sqrt{(a^2-s^2)/(z_1^2-a^2)} \\ \Phi_2(z_2) &= -\{\mu_1/[2\pi(\mu_1-\mu_2)(s-z_2)]\}\sqrt{(a^2-s^2)/(z_2^2-a^2)} \end{aligned} \tag{9.25}$$

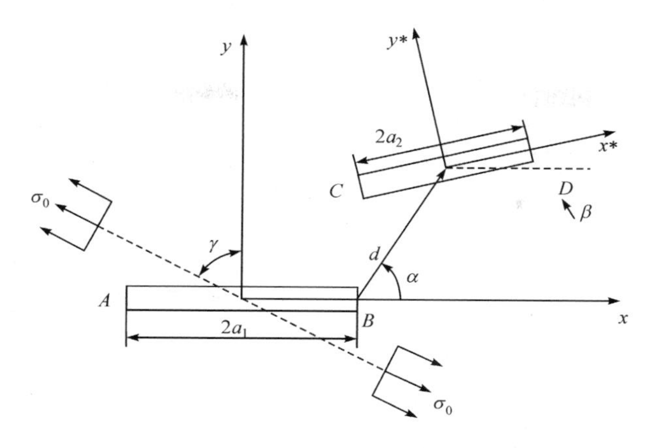

图 9.6　各向异性材料的双裂纹问题

而单位切向载荷($Q=1$)的 Green 函数为

$$\begin{aligned}\Psi_1(z_1)&=-\{1/[2\pi(\mu_2-\mu_1)(s-z_1)]\}\sqrt{(a^2-s^2)/(z_1^2-a^2)}\\ \Psi_2(z_2)&=-\{1/[2\pi(\mu_1-\mu_2)(s-z_2)]\}\sqrt{(a^2-s^2)/(z_2^2-a^2)}\end{aligned}\tag{9.26}$$

对于裂长为 $2a_2$ 的裂纹，因为它处于 $O^* x^* y^*$ 坐标系下，其材料的特征根由式(9.27)给出：

$$\mu_k^*=(\mu_k\cos\beta-\sin\beta)/(\cos\beta+\mu_k\sin\beta),\quad k=1,2\tag{9.27}$$

因此，该裂纹的 Green 函数可由式(9.25)和式(9.26)做如下参数代换得到：

$$\begin{aligned}&\mu_k\to\mu_k^*,\quad z_k\to z_k^*,\quad z_k^*=x^*+\mu_k^* y^*,\quad k=1,2\\ &a_1\to a_2,\quad s\to s^*\end{aligned}\tag{9.28}$$

现在将多裂纹问题分解成两个单裂纹问题，而在每一个单裂纹面上作用着伪力 $P_1(s)$、$Q_1(s)$、$P_2(s^*)$、$Q_2(s^*)$，要求它们形成的应力场叠加出裂面真实应力式(9.24)。

利用类似于各向同性弹性材料问题的处理方法，不难由复势函数式(9.25)和式(9.26)得到作用于第一条裂纹面上 $x=s$ 处的单位集中力引起的第二条裂纹面上的应力分布为

$$
\begin{aligned}
f_{nn} &= 2\mathrm{Re}\sum_{k=1}^{2}\Phi_k(z_k)F(\mu_k,\beta), \quad f_{nt} = 2\mathrm{Re}\sum_{k=1}^{2}\Phi_k(z_k)G(\mu_k,\beta) \\
f_{tn} &= 2\mathrm{Re}\sum_{k=1}^{2}\Psi_k(z_k)F(\mu_k,\beta), \quad f_{tt} = 2\mathrm{Re}\sum_{k=1}^{2}\Psi_k(z_k)G(\mu_k,\beta)
\end{aligned}
\tag{9.29}
$$

其中

$$
\begin{cases}
F(\mu_k,\beta)=(1/2)(1+\mu_k^2+\cos 2\beta-\mu_k^2\cos\beta)+\mu_k\sin 2\beta \\
G(\mu_k,\beta)=(1/2)(1-\mu_k^2)\sin 2\beta-\mu_k\cos 2\beta
\end{cases}
\tag{9.30}
$$

完全类似地，也可写出作用于第二条裂纹面上 $x^*=s^*$ 处的单位集中力引起的第一条裂纹面上的应力分布 f_{nn}^*、f_{nt}^*、f_{tn}^*、f_{tt}^*，这只需在式(9.29)中做参数代换 $\mu_k\to\mu_k^*$、$z_k\to z_k^*$、$\beta\to-\beta^*$ 即可。

根据上述影响函数和叠加原理，第一条裂纹裂面的应力平衡为

$$
\begin{cases}
P_1(x)+\int_{-a_2}^{a_2}P_2(x^*)f_{nn}^*(x^*,x)\mathrm{d}x^*+\int_{-a_2}^{a_2}Q_2(x^*)f_{tn}^*(x^*,x)\mathrm{d}x^*=p_1(x) \\
Q_1(x)+\int_{-a_2}^{a_2}P_2(x^*)f_{nt}^*(x^*,x)\mathrm{d}x^*+\int_{-a_2}^{a_2}Q_2(x^*)f_{tt}^*(x^*,x)\mathrm{d}x^*=q_1(x)
\end{cases},
\quad |x|<a_1
\tag{9.31}
$$

而第二条裂纹裂面的应力平衡为

$$
\begin{cases}
P_2(x^*)+\int_{-a_1}^{a_1}P_1(x)f_{nn}(x,x^*)\mathrm{d}x+\int_{-a_1}^{a_1}Q_1(x)f_{tn}(x,x^*)\mathrm{d}x=p_2(x^*) \\
Q_2(x^*)+\int_{-a_1}^{a_1}P_1(x)f_{nt}(x,x^*)\mathrm{d}x+\int_{-a_1}^{a_1}Q_1(x)f_{tt}(x,x^*)\mathrm{d}x=q_2(x^*)
\end{cases},
\quad |x^*|<a_2
\tag{9.32}
$$

这 4 个联立的 Fredholm 积分方程中的核函数显然也是正则的，因而可方便地进行数值求解。得到 $P_1(x)$、$Q_1(x)$、$P_2(x^*)$、$Q_2(x^*)$之后，进而可以获得应力强度因子。

研究表明，多裂纹的相互作用结果主要有以下几种情况。

(1) 在某些情况下，相邻裂尖的应力强度因子减小，这表明裂纹间存在着相互抑制的屏蔽效应(shielding effect)。

(2) 在某些情况下，相邻裂尖的应力强度因子被放大了，这意味着裂纹干涉可

以加速基体材料的破坏,裂纹间存在反屏蔽效应(anti-shielding effect)。

(3) 还有一些情况,裂尖应力强度因子小于零,这被认为是裂纹的闭合或止裂。

9.3　纳米多夹杂干涉问题

在近二十年中,有关纳米尺度的先进材料和微型机电系统的研究越来越受到学者的关注。在纳米表面/界面中,表面自由能引起了表面应力,而表面应力则引起了基体弹性场的改变。在经典弹性(宏观尺寸)的情况下,材料的弹性场完全由外场控制。而在纳米材料中,纳米夹杂和纳米孔洞的存在,使材料的表面积/体积比非常大,从而表面效应对材料弹性场有着重要的影响。Gurtin 等(1975)提出了以连续介质力学的表面本构关系来描述表面应力。作为一类典型问题,本书将基于此连续介质力学模型,给出纳米多夹杂干涉问题的解。

9.3.1　纳米多孔的表面/界面方程

考虑表面/界面的初始应力(表面应力)和弹性界面薄膜的特性,Gurtin-Mordoch 引入二维表面/界面方程,包括以下几个。

(1) 位移连续方程:

$$\boldsymbol{u}^{\text{inh}}=\boldsymbol{u}^{\text{mat}}=\boldsymbol{u} \tag{9.33}$$

其中,inh 和 mat 分别表示纳米夹杂和基体的量。

(2) 表面平衡方程:

$$\Delta\boldsymbol{\sigma}\boldsymbol{n}=\text{div}_{\Sigma}\boldsymbol{S} \tag{9.34}$$

其中,$\boldsymbol{n}$ 为指向远离夹杂方向的单位法向量;$\Delta\boldsymbol{\sigma}=\boldsymbol{\sigma}^{\text{inh}}-\boldsymbol{\sigma}^{\text{mat}}$,$\boldsymbol{\sigma}$ 是基体中的应力张量;$\boldsymbol{S}$ 为第一类 Piola-Kirchhoff 应力张量;div_{Σ} 表示原始构型 Σ 上的表面散度。

(3) 表面本构方程:

$$\boldsymbol{S}=\sigma_0\boldsymbol{I}_l+(\lambda_0+\sigma_0)(\text{tr}\boldsymbol{\varepsilon}^{\text{sur}})\boldsymbol{I}_l+2(\mu_0-\sigma_0)\boldsymbol{\varepsilon}^{\text{sur}}+\sigma_0\nabla_{\Sigma}\boldsymbol{u} \tag{9.35}$$

其中,σ_0 是初始各向同性应力张量的值,即表面张力;$\boldsymbol{I}_l$ 是单位切向张量;μ_0 和 λ_0 是表面弹性常数,分别为表面剪切模量和表面拉梅常数;$\boldsymbol{\varepsilon}^{\text{sur}}$是表面应变张量;$\text{tr}\boldsymbol{\varepsilon}^{\text{sur}}$

是表面应力张量的迹；$\nabla_\Sigma \boldsymbol{u}$ 是变形位移的表面梯度。

下面应用此表面/界面方程，给出多个圆形纳米夹杂问题的解(Mogilevskaya et al.，2008)，如图 9.7 所示，各向同性无限大板中包含 N 个任意分布的各向同性圆形纳米夹杂。笛卡儿全局坐标系(xOy)如图中所示，板的材料常数为(μ,v)，分别为剪切模量和泊松比。第 j 个纳米夹杂的弹性常数为(μ_j,v_j)。R_j、z_j 和 L_j 分别为第 j 个纳米夹杂的半径、圆心坐标以及边界圆。其中，L_j 的方向以逆时针为正。夹杂与基体之间的界面假设为一个没有厚度的特殊材料面，与基体材料紧密地黏合在一起，不发生任何滑移。该面上的弹性常数为(μ_{0j},λ_{0j})，分别为剪切模量和 Lame 常数，σ_{0j} 则为该面上的残余应力。整个板和纳米夹杂的系统受无限远处载荷($\sigma_x^\infty,\sigma_y^\infty,\tau_{xy}^\infty$)的作用。

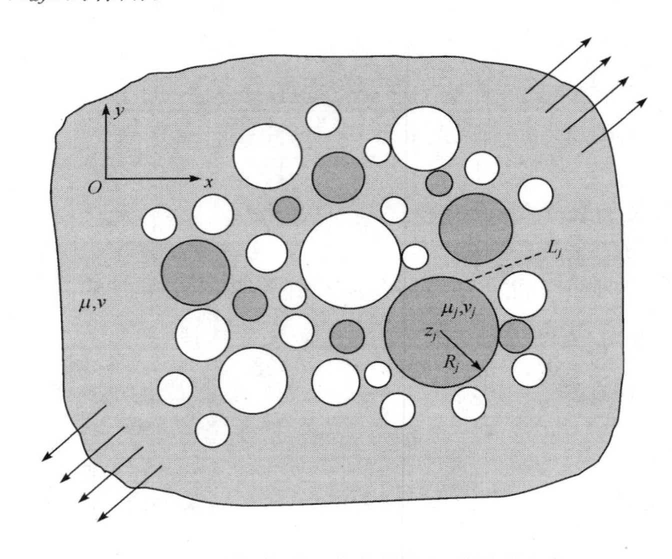

图 9.7 无限大平面中多纳米尺寸圆形夹杂

图 9.7 所示的问题，在基体和夹杂内部都是线弹性的。对于集中点力作用于无限大板的 Kelvin 解，可以表示为

$$
\begin{aligned}
\boldsymbol{u}(\boldsymbol{\xi}) &= \int_L \boldsymbol{G}(\boldsymbol{\xi},\boldsymbol{x})\boldsymbol{t}(\boldsymbol{x})\mathrm{d}L(\boldsymbol{x}) - \int_L \boldsymbol{T}(\boldsymbol{\xi},\boldsymbol{x})\boldsymbol{u}(\boldsymbol{x})\mathrm{d}L(\boldsymbol{x}) \\
\boldsymbol{\sigma}(\boldsymbol{\xi}) &= \int_L \boldsymbol{Q}(\boldsymbol{\xi},\boldsymbol{x})\boldsymbol{t}(\boldsymbol{x})\mathrm{d}L(\boldsymbol{x}) - \int_L \boldsymbol{H}(\boldsymbol{\xi},\boldsymbol{x})\boldsymbol{u}(\boldsymbol{x})\mathrm{d}L(\boldsymbol{x}) \\
\boldsymbol{t}(\boldsymbol{\xi}) &= \boldsymbol{\sigma}(\boldsymbol{\xi})\boldsymbol{n}(\boldsymbol{\xi})
\end{aligned}
\tag{9.36}
$$

此方程称为 Somigliana 积分方程。其中,$\boldsymbol{u}(\boldsymbol{\xi})$为弹性体中区域内一点 $\boldsymbol{\xi}$ 上的位移向量;$\boldsymbol{t}(\boldsymbol{x})$和 $\boldsymbol{u}(\boldsymbol{x})$分别为该弹性区域边界 L 上一点 $\boldsymbol{x}$ 处的作用力向量和位移向量;区域内一点 ξ 上的集中力分别通过张量 $\boldsymbol{G}$ 和置换张量 $\boldsymbol{T}$ 映射到该区域边界 L 上的位移向量和作用力向量。这里张量 $\boldsymbol{G}$ 和 $\boldsymbol{T}$ 与 Kelvin 解相关;$\boldsymbol{\sigma}(\boldsymbol{\xi})$为弹性体中区域内一点 ξ 上的应力张量;$\boldsymbol{Q}(\xi,\boldsymbol{x})$和 $\boldsymbol{H}(\xi,\boldsymbol{x})$是三阶张量;$\boldsymbol{t}(\xi)$为弹性体区域内由单位法向量 $\boldsymbol{n}(\boldsymbol{\xi})$确定的截面上一点 $\boldsymbol{\xi}$ 处的作用力向量。

考虑平面应变的情况,并将表面上的局部坐标定义如下:法向量 $\boldsymbol{n}$ 指向远离夹杂的方向,切向 $\boldsymbol{l}$ 指向远离夹杂左边的方向。此时,有

$$\nabla_{\Sigma}\boldsymbol{u}=\varepsilon^{\text{sur}}\boldsymbol{l}\otimes\boldsymbol{l}+\omega^{\text{sur}}\boldsymbol{n}\otimes\boldsymbol{l} \tag{9.37}$$

$$\varepsilon^{\text{sur}}=\frac{\partial u_l}{\partial s}+\frac{u_n}{R},\quad \omega^{\text{sur}}=-\frac{u_l}{R}+\frac{\partial u_n}{\partial s} \tag{9.38}$$

其中,$\boldsymbol{l}$ 是表面上的单位切向量;s 是弧长;R 是曲率半径。

$$\boldsymbol{S}=\sigma^{\text{sur}}\boldsymbol{l}\otimes\boldsymbol{l}+\sigma_0\omega^{\text{sur}}\boldsymbol{n}\otimes\boldsymbol{l} \tag{9.39}$$

$$\sigma^{\text{sur}}=\sigma_0+(\lambda_0+\sigma_0)\varepsilon^{\text{sur}}+2(\mu_0-\sigma_0)\varepsilon^{\text{sur}}+\sigma_0\varepsilon^{\text{sur}} \tag{9.40}$$

$$\text{div}_{\Sigma}\boldsymbol{S}=\left(\frac{\partial\sigma^{\text{sur}}}{\partial s}+\frac{\sigma_0\omega^{\text{sur}}}{R}\right)l-\left(\frac{\sigma^{\text{sur}}}{R}+\frac{\sigma_0\partial\omega^{\text{sur}}}{\partial s}\right)\boldsymbol{n} \tag{9.41}$$

于是,在二维平面应变弹性体中第 k 个表面的方程可以改写如下。

(1) 位移连续条件:

$$u_{kx}^{\text{inh}}=u_{kx}^{\text{mat}}=u_{kx},\quad u_{ky}^{\text{inh}}=u_{ky}^{\text{mat}}=u_{ky} \tag{9.42}$$

其中,u_{kx}、u_{ky} 是边界 $L_k(k=1,2,\cdots,N)$上位移向量 $\boldsymbol{u}_k$ 的分量。

(2) 表面平衡条件:

$$\begin{aligned}\sigma_{kl}^{\text{inh}}-\sigma_{kl}^{\text{mat}}&=\frac{\partial\sigma_k^{\text{sur}}}{\partial s}+\frac{\sigma_{k0}\omega_k^{\text{sur}}}{R_k}\\ \sigma_{kn}^{\text{inh}}-\sigma_{kn}^{\text{mat}}&=-\frac{\sigma_k^{\text{sur}}}{R_k}+\frac{\sigma_{k0}\partial\omega_k^{\text{sur}}}{\partial s}\end{aligned} \tag{9.43}$$

其中,σ_{kl} 和 σ_{kn} 是边界 $L_k(k=1,2,\cdots,N)$上的切向和法向应力;而 σ_k^{sur} 是表面上的一维应力分量。

(3) 表面本构方程：

$$\sigma_k^{\mathrm{sur}}=\sigma_{k0}+(2\mu_{k0}+\lambda_{k0})\varepsilon_k^{\mathrm{sur}} \tag{9.44}$$

其中，$\varepsilon_k^{\mathrm{sur}}$ 是表面上的一维应变分量。

9.3.2 纳米夹杂弹性场势函数

Somigliana 积分方程[式(9.36)]用复函数可以表示如下。

在夹杂内：

$$\begin{aligned}2\pi\mathrm{i}\frac{\kappa_k+1}{4\mu_k}\sigma_k^{\mathrm{inh}}(t) &= 2\int_{L_k}\frac{u_k^{\mathrm{inh}}(\tau)}{(\tau-t)^2}\mathrm{d}\tau-\int_{L_k}u_k^{\mathrm{inh}}(\tau)\frac{\partial}{\partial t}\mathrm{d}K_1(\tau,t)\\&\quad-\int_{L_k}\overline{u_k^{\mathrm{inh}}(\tau)}\frac{\partial}{\partial t}\mathrm{d}K_2(\tau,t)+\frac{1-\kappa_k}{2\mu_k}\int_{L_k}\frac{\sigma_k^{\mathrm{inh}}(\tau)}{\tau-t}\mathrm{d}\tau\\&\quad-\frac{\kappa_k}{2\mu_k}\int_{L_k}\sigma_k^{\mathrm{inh}}(\tau)\frac{\partial}{\partial t}\mathrm{d}K_1(\tau,t)+\frac{1}{2\mu_k}\int_{L_k}\overline{\sigma_k^{\mathrm{inh}}(\tau)}\frac{\partial}{\partial t}\mathrm{d}K(\tau,t)\end{aligned} \tag{9.45}$$

其中，$t=x+\mathrm{i}y$ 为夹杂边界 L_k 上一点的复坐标；$\sigma_k^{\mathrm{inh}}(\tau)=\sigma_{kn}^{\mathrm{inh}}(\tau)+\mathrm{i}\sigma_{kl}^{\mathrm{inh}}(\tau)$、$u_k^{\mathrm{inh}}(\tau)=u_{kx}^{\mathrm{inh}}(\tau)+\mathrm{i}u_{ky}^{\mathrm{inh}}(\tau)$ 分别为全局坐标系下一点 τ 处的复应力和复位移；$\kappa_k=3-4v_k$。另外：

$$\begin{aligned}K_1(\tau,t)&=\ln\frac{\tau-t}{\bar{\tau}-\bar{t}}\\K_2(\tau,t)&=\frac{\tau-t}{\bar{\tau}-\bar{t}}\end{aligned} \tag{9.46}$$

在基体中：

$$\begin{aligned}2\pi\mathrm{i}\frac{\kappa+1}{4\mu}[\sigma_k^{\mathrm{mat}}(t)+\sigma^{\infty}(t)]= \sum_{j=1}^{N}\Bigg[&2\int_{L_j}\frac{u_k^{\mathrm{mat}}(\tau)}{(\tau-t)^2}\mathrm{d}\tau-\int_{L_j}u_j^{\mathrm{mat}}(\tau)\frac{\partial}{\partial t}\mathrm{d}K_1(\tau,t)\\&-\int_{L_j}\overline{u_j^{\mathrm{mat}}(\tau)}\frac{\partial}{\partial t}\mathrm{d}K_2(\tau,t)+\frac{1-\kappa}{2\mu}\int_{L_j}\frac{\sigma_j^{\mathrm{mat}}(\tau)}{\tau-t}\mathrm{d}\tau\\&-\frac{\kappa}{2\mu}\int_{L_j}\sigma_j^{\mathrm{mat}}(\tau)\frac{\partial}{\partial t}\mathrm{d}K_1(\tau,t)\mathrm{d}\tau\\&+\frac{1}{2\mu}\int_{L_j}\overline{\sigma_j^{\mathrm{mat}}(\tau)}\frac{\partial}{\partial t}\mathrm{d}K_2(\tau,t)\mathrm{d}\bar{\tau}\Bigg]\end{aligned} \tag{9.47}$$

其中，$u_j^{\text{mat}}(\tau)=u_{jx}^{\text{mat}}(\tau)+\mathrm{i}u_{jy}^{\text{mat}}(\tau)$为基体内复位移；另外：

$$\sigma^{\infty}(t)=-\left[\sigma_x^{\infty}+\sigma_y^{\infty}+\frac{\mathrm{d}\bar{t}}{\mathrm{d}t}(\sigma_y^{\infty}-\sigma_x^{\infty}-2\mathrm{i}\tau_{xy}^{\infty})\right] \tag{9.48}$$

同时，把式(9.43)改写为

$$\begin{aligned}
\sigma_{kn}^{\text{inh}}(\tau)-\sigma_{kn}^{\text{mat}}(\tau)&=\frac{1}{R_k}\left[\sigma_{k0}+(2\mu_{k0}+\lambda_{k0})\mathrm{Re}\frac{\partial u_k(\tau)}{\partial\tau}\right]-\sigma_{k0}\mathrm{Re}\left[\frac{\partial^2 u_k(\tau)}{\partial\tau^2}g_k^{-1}(\tau)\right]\\
\sigma_{kl}^{\text{inh}}(\tau)-\sigma_{kl}^{\text{mat}}(\tau)&=-(2\mu_{k0}+\lambda_{k0})\mathrm{Im}\left[\frac{\partial^2 u_k(\tau)}{\partial\tau^2}g_k^{-1}(\tau)\right]-\frac{\sigma_{k0}}{R_k}\mathrm{Im}\frac{\partial u_k(\tau)}{\partial\tau}
\end{aligned} \tag{9.49}$$

其中

$$g_k(\tau)=\frac{R_k}{\tau-z_k} \tag{9.50}$$

式(9.42)的复函数表达式为

$$u_k^{\text{inh}}=u_k^{\text{mat}}=u_k \tag{9.51}$$

至此，式(9.45)、式(9.47)、式(9.49)和式(9.51)构成一个求解未知边界参数的完整复函数方程组。为求解该方程组，首先将积分方程离散化。对于夹杂，将第 $k(k=1,2,\cdots,N)$个夹杂边界上的未知作用力 $\sigma_k^{\text{inh}}(\tau)$和未知位移 $u_k^{\text{inh}}(\tau)$展开为复傅里叶级数：

$$\sigma_k^{\text{inh}}(\tau)=\sum_{m=1}^{\infty}B_{-mk}^{\text{inh}}g_k^m(\tau)+\sum_{m=1}^{\infty}B_{mk}^{\text{inh}}g_k^{-m}(\tau),\quad \tau\in L_k \tag{9.52}$$

$$u_k^{\text{inh}}(\tau)=u_k(\tau)=\sum_{m=1}^{\infty}A_{-mk}g_k^m(\tau)+\sum_{m=1}^{\infty}A_{mk}g_k^{-m}(\tau),\quad \tau\in L_k \tag{9.53}$$

对于基体，将第 j 个夹杂所对应基体的边界上未知作用力 $\sigma_j^{\text{mat}}(\tau)$展开为复傅里叶级数：

$$\sigma_j^{\text{mat}}(\tau)=\sum_{m=1}^{\infty}B_{-mj}^{\text{mat}}g_j^m(\tau)+\sum_{m=1}^{\infty}B_{mj}^{\text{mat}}g_j^{-m}(\tau),\quad \tau\in L_j \tag{9.54}$$

基体中第 j 个夹杂所对应基体的边界上未知位移 $u_j(\tau)$展开为复傅里叶级数后与式(9.53)的形式一样，只需要将 k 换成 j 就行。

在界面上，将式(9.53)代入式(9.49)，可以得到：

$$\sigma_k^{\text{inh}}(\tau)-\sigma_k^{\text{mat}}(\tau)=-\frac{\sigma_{k0}}{R_k}$$

$$+\frac{2}{R_k}\Big\{-2\eta_k\text{Re}A_{1k}+\sum_{m=2}^{\infty}(m-1)[(m+1)\eta_k^{(2)}\bar{A}_{(m+1)k}-(m-1)\eta_k^{(1)}A_{-(m-1)k}]g_k^m(\tau)$$

$$+\sum_{m=1}^{\infty}(m+1)[-(m+1)\eta_k^{(1)}A_{(m+1)k}+(m-1)\eta_k^{(2)}\bar{A}_{-(m-1)k}]g_k^{-m}(\tau)\Big\} \tag{9.55}$$

其中

$$\begin{cases}\eta_k=(2\mu_{k0}+\lambda_{k0})/(4R_k)\\ \eta_k^{(1)}=\eta_k+0.25\sigma_{k0}/R_k\\ \eta_k^{(2)}=\eta_k-0.25\sigma_{k0}/R_k\end{cases} \tag{9.56}$$

根据傅里叶级数的性质、式(9.52)和式(9.54),可以把以上几项复级数展开式中的系数 B 全部由系数 A 来表示。又由 Muskhelishvili(1953)势函数与应力位移关系得出夹杂势函数和基体势函数由表面应力表达的积分方程。

这样,第 k 个夹杂的势函数为

$$\varphi(z)=-\frac{1}{2\pi\text{i}(\kappa_k+1)}\int_{L_k}\sigma_k^{\text{inh}}(\tau)\ln(\tau-z)\text{d}\tau+\frac{\mu_k}{\pi\text{i}(\kappa_k+1)}\int_{L_k}\frac{u_k(\tau)}{\tau-z}\text{d}\tau$$

$$\psi(z)=-\frac{1}{2\pi\text{i}(\kappa_k+1)}\left[\int_{L_k}\sigma_k^{\text{inh}}(\tau)\frac{\bar{\tau}}{\tau-z}\text{d}\tau+\kappa_k\int_{L_k}\bar{\sigma}_k^{\text{inh}}(\tau)\ln(\tau-z)\text{d}\bar{\tau}\right]$$

$$+\frac{\mu_k}{\pi\text{i}(\kappa_k+1)}\left[\int_{L_k}u_k(\tau)\text{d}\frac{\bar{\tau}}{\tau-z}-\int_{L_k}\frac{\overline{u_k(\tau)}}{\tau-z}\text{d}\tau\right] \tag{9.57}$$

基体势函数为

$$\varphi(z)=-\frac{1}{2\pi\text{i}(\kappa_k+1)}\sum_{k=1}^{N}\int_{L_k}\sigma_k^{\text{mat}}(\tau)\ln(\tau-z)\text{d}\tau+\frac{\mu_k}{\pi\text{i}(\kappa_k+1)}\sum_{k=1}^{N}\int_{L_k}\frac{u_k(\tau)}{\tau-z}\text{d}\tau+\varphi^{\infty}(z)$$

$$\psi(z)=-\frac{1}{2\pi\text{i}(\kappa_k+1)}\sum_{k=1}^{N}\left[\int_{L_k}\sigma_k^{\text{mat}}(\tau)\frac{\bar{\tau}}{\tau-z}\text{d}\tau+\kappa_k\int_{L_k}\bar{\sigma}_k^{\text{mat}}(\tau)\ln(\tau-z)\text{d}\bar{\tau}\right]$$

$$+\frac{\mu_k}{\pi\text{i}(\kappa_k+1)}\sum_{k=1}^{N}\left[\int_{L_k}u_k(\tau)d\frac{\bar{\tau}}{\tau-z}-\int_{L_k}\frac{\overline{u_k(\tau)}}{\tau-z}\text{d}\tau\right]+\psi^{\infty}(z) \tag{9.58}$$

其中

$$\varphi^{\infty}(z)=\frac{(\sigma_x^{\infty}+\sigma_y^{\infty})}{4}z$$
$$\psi^{\infty}(z)=\frac{(\sigma_y^{\infty}-\sigma_x^{\infty}+2\mathrm{i}\tau_{xy}^{\infty})}{2}z \tag{9.59}$$

由式(9.47)、式(9.53) 和式(9.54) 通过一系列变换，将积分方程组最终化为 $\sum_{k=1}^{N}(4M_k-1)$ 维线性方程组，然后就可以解出每个夹杂以及基体的势函数。

9.3.3 纳米多孔弹性场

将上述多纳米夹杂的问题进行简化后（取 $\mu_j=0, v_j=0$）可以得到针对多孔洞的解。平面应变情况下，纳米多孔表面/界面方程简化为

$$\boldsymbol{\sigma}^{\text{bulk}}\boldsymbol{n}=-\mathrm{div}_{\Sigma}\boldsymbol{S} \tag{9.60}$$

$$\begin{cases}\sigma_{kl}^{\text{bulk}}=-\dfrac{\partial\sigma_k^{\text{sur}}}{\partial s}-\dfrac{\sigma_{k0}\omega_k^{\text{sur}}}{R_k}\\ \sigma_{kn}^{\text{bulk}}=\dfrac{1}{R_k}\sigma_k^{\text{sur}}-\dfrac{\sigma_{k0}\partial\omega_k^{\text{sur}}}{\partial s}\end{cases} \tag{9.61}$$

$$\sigma_k^{\text{sur}}=\sigma_{k0}+(2\mu_{k0}+\lambda_{k0})\varepsilon_k^{\text{sur}} \tag{9.62}$$

最终得到平面应变情况下，纳米多孔问题的势函数为

$$\varphi(z)=\frac{2}{\kappa+1}\sum_{j=1}^{N}\left\{\left[\sum_{m=1}^{M_j-1}(\mu-m\eta_j^{(1)})A_{-mj}g_j^m(z)+\eta_j^{(2)}\sum_{m=2}^{M_j}(m+1)\overline{A}_{(m+1)j}g_j^{(m-1)}(z)\right]\right\}+\varphi^{\infty}(z)$$

$$\begin{aligned}\psi(z)=\frac{1}{\kappa+1}\sum_{j=1}^{N}\Bigg\{&4\left[(-\mu+(\kappa-1)\eta_j)\mathrm{Re}A_{1j}+\frac{\kappa-1}{4}\sigma_{j0}\right]g_j(z)\\&+2\sum_{m=2}^{M_j}(m-1)\left(\left[\frac{\overline{z_j}}{R_j}+g_j(z)\right][\mu-(m-1)\eta_j^{(1)}]-\kappa\eta_j^{(2)}g_j(z)\right)A_{-(m-1)j}g_j^m(z)\\&+2\sum_{m=1}^{M_j}\Bigg(\eta_j^{(2)}\left[\frac{\overline{z}_j}{R_j}+g_j(z)\right](m^2-1)\\&+g_j(z)[(m+1)\kappa\eta_j^{(1)}-\mu]\Bigg)\overline{A}_{(m+1)j}g_j^m(z)\Bigg\}+\psi^{\infty}(z)\end{aligned} \tag{9.63}$$

其中，M_j 为对应于第 j 个孔洞上复级数展开的阶次，可以通过增大 M_j 的值来提高最终解的精度。

至此，得到了含多个圆形纳米夹杂/孔洞的通解。需要强调的是，这里使用了完整的 Gurtin-Mordoch 模型而没有任何的简化。

第 10 章　压电材料断裂力学问题

近年来，随着智能结构、功能结构研制的不断兴起，压电材料（piezoelectric material）在现代高科技产业中发挥的作用越来越重要。然而，压电功能材料往往比较脆，由于制造过程中产生缺陷，如裂纹、孔洞和夹杂等，其很容易发生破坏。因此，对压电功能材料建立正确的力学分析模型，更好地研究其断裂行为，有着重要的理论意义和实践价值。最近几十年，压电断裂力学得到了极大的发展。众多学者（Zhang et al.，2002；Chen et al.，2003；Zhang et al.，2004；Chen et al.，2005；方岱宁等，2012）对压电材料的断裂问题开展了大量的研究工作。本章将对压电材料的几个典型断裂力学问题进行介绍。

10.1　基 本 方 程

忽略体力及体电荷，考虑体积为 V 及表面为 S 的均匀线性各向异性压电体，压电材料的控制方程为

$$\begin{cases}\sigma_{ij}=C_{ijkl}\varepsilon_{kl}-e_{kij}E_k \\ D_i=e_{ikl}\varepsilon_{kl}+\chi_{ik}E_k\end{cases}\quad（本构关系）\tag{10.1}$$

$$\begin{cases}\sigma_{ij,j}=0 \\ D_{i,i}=0\end{cases}\quad（平衡方程）\tag{10.2}$$

$$\begin{cases}\sigma_{ij}n_j=T_i \\ D_in_i=-q_s\end{cases}\quad（边界条件）\tag{10.3}$$

其中，σ_{ij} 和 D_i 分别为应力分量和电位移分量；n_i 是表面 S 的单位外法线矢量；T_i 和 q_s 分别为外加表面应力和表面电荷密度；C_{ijkl}、e_{kij} 和 χ_{ik} 分别为材料的弹性常数、压电常数和介电常数，它们满足如下相互对称关系：

$$C_{ijkl}=C_{jikl}=C_{ijlk}=C_{klij}$$
$$e_{kij}=e_{kji} \tag{10.4}$$
$$\chi_{ik}=\chi_{ki}$$

此外，应变分量 ε_{ij} 和电场强度分量 E_i 与位移分量 u_i 和电势 ϕ 的关系为

$$\varepsilon_{ij}=\frac{1}{2}(u_{i,j}+u_{j,i}) \tag{10.5}$$

$$E_i=-\phi_{,i} \tag{10.6}$$

式(10.1)～式(10.6)构成了压电材料连续介质力学的控制方程。

将式(10.1)、式(10.5)和式(10.6)代入式(10.2)，可以得到用位移和电势表示的平衡方程为

$$\begin{aligned}(C_{ijkl}u_l+e_{kij}\phi)_{,kj}=0\\(e_{ikl}u_l-\chi_{ik}\phi)_{,kj}=0\end{aligned} \tag{10.7}$$

对于二维广义平面应变问题，尽管三维空间中的所有应力和位移分量都保持非零，但它们只依赖于两个坐标。如果考虑 x_1-x_2 平面问题，则所有的物理量均与 x_3 坐标无关。依照 Stroh 理论，式(10.7)的解可以用紧凑形式表示成如下的四维向量形式：

$$\boldsymbol{u}=\boldsymbol{a}f(z),\quad z=x_1+px_2 \tag{10.8}$$

$$\boldsymbol{u}=[u_1,u_2,u_3,\phi]^{\mathrm{T}},\quad \boldsymbol{a}=[a_1,a_2,a_3,a_4]^{\mathrm{T}} \tag{10.9}$$

其中，$\boldsymbol{u}$ 是广义位移向量；上标"T"表示矩阵或向量的转置；$f(z)$表示广义复变量 z 的任意函数；复常数 p 和四维复向量 $\boldsymbol{a}$ 为仅依赖于压电材料的材料常数。将式(10.8)代入式(10.7)，可得如下特征值问题：

$$\begin{cases}[C_{i1k1}+p(C_{i1k2}+C_{i2k1})+p^2C_{i2k2}]a_k+[e_{1i1}+p(e_{1i2}+e_{2i1})+p^2e_{2i2}]a_4=0\\[e_{1k1}+p(e_{1k2}+e_{2k1})+p^2e_{2k2}]a_k-[\chi_{11}+p(\chi_{12}+\chi_{21})+p^2\chi_{22}]a_4=0\end{cases} \tag{10.10}$$

或者写成紧凑的形式为

$$[\boldsymbol{Q}+p(\boldsymbol{R}+\boldsymbol{R}^{\mathrm{T}})+p^2\boldsymbol{T}]\boldsymbol{a}=\boldsymbol{0} \tag{10.11}$$

其中，$\boldsymbol{Q}$、$\boldsymbol{R}$ 和 $\boldsymbol{T}$ 是 4×4 的材料矩阵，其定义为

$$\boldsymbol{Q}=\begin{bmatrix}C_{i1k1} & e_{1i1}\\ e_{1k1} & -\chi_{11}\end{bmatrix},\quad \boldsymbol{R}=\begin{bmatrix}C_{i1k2} & e_{2i1}\\ e_{1k2} & -\chi_{12}\end{bmatrix},\quad \boldsymbol{T}=\begin{bmatrix}C_{i2k2} & e_{2i2}\\ e_{2k2} & -\chi_{22}\end{bmatrix} \tag{10.12}$$

显然,由对称关系(10.4)可知矩阵 $\boldsymbol{Q}$ 和 $\boldsymbol{T}$ 都是对称的。

为了保证向量 $\boldsymbol{a}$ 有非零解,式(10.11)左端系数的行列式应为零,即

$$\| \boldsymbol{Q}+p(\boldsymbol{R}+\boldsymbol{R}^{\mathrm{T}})+p^2\boldsymbol{T} \| =0 \tag{10.13}$$

其中,符号 $\|\cdot\|$ 代表矩阵的行列式,式(10.13)的左边是一个关于 p 的 8 次多项式,故 p 有 8 个根。Suo 等(1992)证明,式(10.13)不存在实根,因而 8 个特征值可以构成 4 个复共轭对。与之对应的伴随特征向量可由式(10.11)确定。将虚部大于零的 4 个特征值及其伴随特征向量分别记为 p_α 和 $\boldsymbol{a}_\alpha$,于是有

$$p_{\alpha+4}=\bar{p}_\alpha,\quad \boldsymbol{a}_{\alpha+4}=\bar{\boldsymbol{a}}_\alpha,\quad \alpha=1,2,3,4 \tag{10.14}$$

为了求解压电材料中的广义应力表达式,定义一个辅助向量 $\boldsymbol{b}_\alpha$ 为

$$\boldsymbol{b}_\alpha=(\boldsymbol{R}^{\mathrm{T}}+p_\alpha\boldsymbol{T})\boldsymbol{a}_\alpha=-(1/p_\alpha)(\boldsymbol{Q}+p_\alpha\boldsymbol{R})\boldsymbol{a}_\alpha \tag{10.15}$$

这样,就可以得到压电材料中两个 4×4 的特征矩阵 $\boldsymbol{A}$ 和 $\boldsymbol{B}$:

$$\boldsymbol{A}=(\boldsymbol{a}_1,\boldsymbol{a}_2,\boldsymbol{a}_3,\boldsymbol{a}_4),\quad \boldsymbol{B}=(\boldsymbol{b}_1,\boldsymbol{b}_2,\boldsymbol{b}_3,\boldsymbol{b}_4) \tag{10.16}$$

按照 Ting(1986)的记法,可定义一个扩展特征向量 $\boldsymbol{\xi}=[\boldsymbol{a}_1,\boldsymbol{a}_2,\boldsymbol{a}_3,\boldsymbol{a}_4,\boldsymbol{b}_1,\boldsymbol{b}_2,\boldsymbol{b}_3,\boldsymbol{b}_4]^{\mathrm{T}}$,并按如下方程对其进行正交化处理:

$$\boldsymbol{\xi}_\omega^{\mathrm{T}}\boldsymbol{J}\,\boldsymbol{\xi}_\psi=\delta_{\omega\psi} \tag{10.17}$$

其中,$\boldsymbol{J}$ 是一个 8×8 的矩阵,形如

$$\boldsymbol{J}=\begin{bmatrix}\boldsymbol{0} & \boldsymbol{I}\\ \boldsymbol{I} & \boldsymbol{0}\end{bmatrix} \tag{10.18}$$

其中,$\boldsymbol{I}$ 为 4×4 的单位矩阵。由此可得材料特征矩阵 $\boldsymbol{A}$ 和 $\boldsymbol{B}$ 满足如下重要的正交关系:

$$\begin{cases}\boldsymbol{A}^{\mathrm{T}}\boldsymbol{B}+\boldsymbol{B}^{\mathrm{T}}\boldsymbol{A}=\boldsymbol{I}=\bar{\boldsymbol{A}}^{\mathrm{T}}\bar{\boldsymbol{B}}+\bar{\boldsymbol{B}}^{\mathrm{T}}\bar{\boldsymbol{A}}\\ \boldsymbol{A}^{\mathrm{T}}\bar{\boldsymbol{B}}+\boldsymbol{B}^{\mathrm{T}}\bar{\boldsymbol{A}}=\boldsymbol{0}=\bar{\boldsymbol{B}}^{\mathrm{T}}\boldsymbol{A}+\bar{\boldsymbol{A}}^{\mathrm{T}}\boldsymbol{B}\end{cases} \tag{10.19}$$

$$\begin{cases}\boldsymbol{A}\boldsymbol{A}^{\mathrm{T}}+\bar{\boldsymbol{A}}\,\bar{\boldsymbol{A}}^{\mathrm{T}}=\boldsymbol{0}=\boldsymbol{B}\boldsymbol{B}^{\mathrm{T}}+\bar{\boldsymbol{B}}\bar{\boldsymbol{B}}^{\mathrm{T}}\\ \boldsymbol{B}\boldsymbol{A}^{\mathrm{T}}+\bar{\boldsymbol{B}}\,\bar{\boldsymbol{A}}^{\mathrm{T}}=\boldsymbol{I}=\boldsymbol{A}\boldsymbol{B}^{\mathrm{T}}+\bar{\boldsymbol{A}}\,\bar{\boldsymbol{B}}^{\mathrm{T}}\end{cases} \tag{10.20}$$

定义

$$\boldsymbol{Y}=\mathrm{i}\boldsymbol{A}\boldsymbol{B}^{-1} \tag{10.21}$$

可以证明矩阵 $\boldsymbol{Y}$ 具有以下基本性质。首先,矩阵 $\boldsymbol{Y}$ 是 Hermitian 矩阵,即

$$\boldsymbol{Y}^{\mathrm{T}}=\bar{\boldsymbol{Y}} \tag{10.22}$$

其次，可将 $\boldsymbol{Y}$ 分成块矩阵：

$$\boldsymbol{Y}=\begin{bmatrix}\boldsymbol{Y}_{11} & \boldsymbol{Y}_{14}\\ \boldsymbol{Y}_{41} & Y_{44}\end{bmatrix} \tag{10.23}$$

其中，$\boldsymbol{Y}_{11}$是左上部分的 3×3 的子块；Y_{44}是右下部分的元素。对于压电材料，$\boldsymbol{Y}_{11}$是正定的，但 $Y_{44}<0$。在后面将会看到，材料特征矩阵 $\boldsymbol{A}$ 和 $\boldsymbol{B}$ 以及矩阵 $\boldsymbol{Y}$ 的这些性质将对压电材料断裂力学的理论分析有着至关重要的作用。

通过定义 4 个解析函数，且每一个函数都依赖于其自身所对应的复变量，可以引入一个函数向量，其定义为

$$\begin{aligned}&\boldsymbol{f}(z)=[f_1(z_1),f_2(z_2),f_3(z_3),f_4(z_4)]^{\mathrm{T}}\\&z_\alpha=x_1+p_\alpha x_2,\quad \alpha=1,2,3,4\end{aligned} \tag{10.24}$$

其中，每一个函数分量可以看作自变量为 $z_\alpha=x_1+p_\alpha x_2$ 的解析函数。由式(10.1)、式(10.8)、式(10.15)和式(10.24)可知，广义位移(机械位移和电势)和广义应力(机械应力和电位移)可分别表示为

$$\boldsymbol{u}=[u_1,u_2,u_3,\phi]^{\mathrm{T}}=2\mathrm{Re}[\boldsymbol{A}\boldsymbol{f}(z)] \tag{10.25}$$

$$\boldsymbol{\Sigma}\equiv[\sigma_{2j}]=[\sigma_{21},\sigma_{22},\sigma_{23},D_2]^{\mathrm{T}}=2\mathrm{Re}[\boldsymbol{B}\boldsymbol{f}'(z)] \tag{10.26}$$

$$\boldsymbol{\Lambda}\equiv[\sigma_{1j}]=[\sigma_{11},\sigma_{12},\sigma_{13},D_1]^{\mathrm{T}}=-2\mathrm{Re}[\boldsymbol{B}\boldsymbol{P}\boldsymbol{f}'(z)] \tag{10.27}$$

其中，$\boldsymbol{P}$ 是对角矩阵：

$$\boldsymbol{P}=\mathrm{diag}[p_1,p_2,p_3,p_4] \tag{10.28}$$

式(10.25)～式(10.27)被称为压电材料的扩展 Stroh 公式。

10.2 裂纹电边界条件

对于压电材料的断裂分析，裂面通常满足机械应力自由条件；但是作为电边界条件，现在有三种不同的类型，即绝缘(impermeable)、导通(permeable)和半导通(semi-permeable)电边界条件。下面分别加以介绍。

1) 绝缘电边界条件

压电裂纹内部介质为空气或真空，其介电系数比通常的商业压电材料的介电系数要小得多，约为其的 1/1000。类似于裂面的应力自由条件，Deeg(1980)很自

然地引入了裂面电荷自由条件，即认为裂纹完全不导通电流，因而裂纹面电位移法向分量为零，即

$$D_2^+ = D_2^- = 0 \tag{10.29}$$

其中，D_2 为裂面表面的法向电位移分量；上标＋和－分别代表裂纹的上下表面。

2）导通电边界条件

随着对压电断裂力学研究的深入，国内外许多学者，如 Parton(1976)、Zhang 等(1992)以及 Heyer 等(1998)认为，尽管裂纹内部的电位移法向向量非常小，但并不等于零。特别是当压电裂纹为一狭窄裂缝时，其张开位移可以忽略不计。在这种情况下，他们提出了一种不同于绝缘裂纹模型的导通裂纹模型，即

$$\phi^+ = \phi^-, \quad D_2^+ = D_2^- \tag{10.30}$$

这种电边界条件可以理解为由于裂纹厚度很小，裂纹面的电边界条件应保持上下连续，因而穿过裂纹上下表面的法向电位移分量 D_2 和电势 ϕ 相等。研究发现，当控制参数$(\varepsilon_v/\varepsilon_m)(a/b)$远大于 1 时，裂纹将满足导通电边界条件，其中 ε_v 和 ε_m 分别为裂纹及基体材料的介电系数，a/b 为缺陷的长高比。

3）半导通电边界条件

Parton 等(1988)和 Hao 等(1994)指出，实际上，工程材料中的裂纹内部往往含有空气或真空，尽管其介电系数大约仅为商业压电材料的 1/1000，但它并不为零，裂纹内部的法向电位移分量将不得不被考虑。他们提出半导通或者有限导通电边界条件(有时也称为 PKHS 电边界条件)：

$$D_2^+(u_2^+ - u_2^-) = -\varepsilon_v(\phi^+ - \phi^-), \quad D_2^+ = D_2^- \tag{10.31}$$

其中，u_2 表示垂直于裂纹方向的张开位移。这个电边界条件的关键因素是考虑空气或真空与压电陶瓷结合界面处的连接条件。可以看到，绝缘裂纹和导通裂纹实际上是此裂纹模型的两种极限情况。当$(u_2^+ - u_2^-) = 0$，裂纹张开为零时，式(10.31)就退化为导通裂纹模型；或者 $\varepsilon_v \to \infty$ 时，此模型也可退化为导通裂纹模型(10.30)。而当 $\varepsilon_v = 0$ 时，式(10.31)可退化为绝缘裂纹模型式(10.29)。

裂纹电边界条件的讨论还可以通过椭圆退化来进一步对其加深认识。众所周知，当含椭圆孔压电材料中椭圆短轴趋近于零时，该问题将退化为压电材料裂纹问题。考虑如图 10.1 所示的含椭圆孔的无限大压电体，椭圆孔的长短半轴分

别为 a 和 b，其椭圆控制方程为 $(x_1^2/a^2)+(x_2^2/b^2)=1$，孔边无外力作用且孔内为空气(或真空)。记椭圆孔内部的区域为 Ω^0，外部压电介质占据的区域为 Ω，两者的界面为椭圆边界 Γ。不计空气的压力，Ω^0 内只存在电场的作用。裂纹内部介质总是假设为各向同性介质，其介电系数为 ε_0。为了与压电材料中的物理量加以区分，方便起见，裂纹内部介质中的物理量通常在其右上方标注 0。

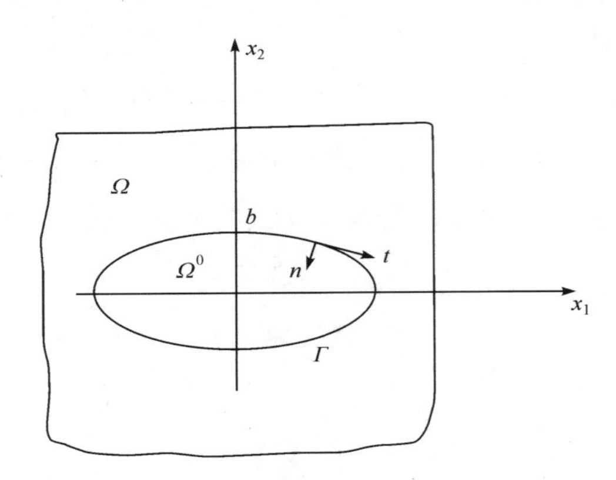

图 10.1　含椭圆孔的无限大压电体

椭圆孔的内部场由以下麦克斯韦方程、电本构方程以及电场与电势的关系决定：

$$D_{i,i}^0=0,\quad D_i^0=\varepsilon_0 E_i^0,\quad E_i^0=-\phi_{,i}^0 \tag{10.32}$$

该问题的通解可以表示为

$$\begin{aligned}&\phi^0=2\mathrm{Im}[\psi(z_0)]\\&D_1^0=-2\varepsilon_0\mathrm{Im}[\psi'(z_0)],\quad D_2^0=-2\varepsilon_0\mathrm{Re}[\psi'(z_0)]\\&E_1^0=-2\mathrm{Im}[\psi'(z_0)],\quad E_2^0=-2\mathrm{Re}[\psi'(z_0)]\end{aligned} \tag{10.33}$$

其中，$\psi(z_0)$ 是一个复函数且 $z_0=x_1+\mathrm{i}x_2$。

设 $\boldsymbol{n}(n_1,n_2)$ 为椭圆边界 Γ 上内法线方向的单位向量；$\boldsymbol{t}(t_1,t_2)$ 为 Γ 上的面力矢量，那么在压电与孔洞界面处有以下连接条件：

$$t_1=0,\quad t_2=0\quad \text{(应力自由条件)} \tag{10.34}$$

$$D_n=D_n^v=-\varepsilon_0\partial\phi^v/\partial n,\quad \phi=\phi^v \tag{10.35}$$

由式(10.32)和式(10.33)容易证明，在均匀远场机电载荷下，孔洞内的电场是均匀的。令孔洞内的均匀电场和电位移分别为 E_1^0 和 E_2^0 以及 D_1^0 和 D_2^0，那么

式(10.35)可以写为

$$D_n = D_1^0 n_1 + D_2^0 n_2,\quad \phi = -E_1^0 x_1 - E_2^0 x_2 \tag{10.36}$$

当椭圆孔退化为裂纹时，存在 $n_1=0$、$n_2=1$，这样，裂面上的电边界条件式(10.36)可退化为

$$D_2 = D_2^0,\quad \phi = -E_1^0 x_1 - E_2^0 x_2 \tag{10.37}$$

实际上，三种不同电边界条件式(10.29)～式(10.31)，可以归结为一个统一公式[式(10.38)]，从而压电断裂力学就可以用一致电边界条件来进行分析。

$$D_2^+ = D_2^- = D_2^0 \tag{10.38}$$

其中，D_2^0 为未知待求量。在以后的压电裂纹问题研究过程中，不管裂面采用什么样的电边界条件，都可先采用式(10.38)来进行分析。只需在求解 D_2^0 时，对应于某个具体的电边界条件，分别按照式(10.29)～式(10.31)进行求解即可。

10.3　压电材料裂纹解析解

下面利用 Stroh 公式来给出压电断裂力学的一些基本公式。如图 10.2 所示，压电材料的上半平面记作 1，下半平面记作 2，x_1 轴为界面，界面上存在一组共线裂纹，其集合为 $\bar{\omega}$。无穷远处压电材料受 σ_{21}^∞、σ_{22}^∞、σ_{23}^∞、E_2^∞ 以及 σ_{11}^∞、σ_{12}^∞、σ_{13}^∞、E_1^∞ 作用。为方便起见，上下半平面的物理量分别用下标 1 和 2 来区别。当 1 和 2 的材料完全相同时，此问题退化为均质压电断裂问题；当 1 和 2 的材料不同时，此问题就是所谓的双压电材料界面断裂问题(Li et al.，2007，2008a，2008b)。

在界面上，位移和电势、应力和电位移满足如下连续条件：

$$\boldsymbol{\Delta u}(x_1) = \boldsymbol{u}_1(x_1) - \boldsymbol{u}_2(x_1) = 0,\quad x_1 \notin \bar{\omega} \tag{10.39}$$

$$\boldsymbol{\Sigma}(x_1) = \boldsymbol{\Sigma}_1(x_1) = \boldsymbol{\Sigma}_2(x_1),\quad x_1 \in \bar{\omega} \tag{10.40}$$

由式(10.40)知，整个 x_1 轴上广义应力连续，故由其复势函数表达式(10.26)可得

$$\boldsymbol{B}_1 \boldsymbol{f}_1'^{+}(x_1) + \overline{\boldsymbol{B}}_1 \overline{\boldsymbol{f}}_1'^{-}(x_1) = \boldsymbol{B}_2 \boldsymbol{f}_2'^{-}(x_1) + \overline{\boldsymbol{B}}_2 \overline{\boldsymbol{f}}_2'^{+}(x_1),\quad |x_1| < \infty \tag{10.41}$$

式(10.41)可以改写为

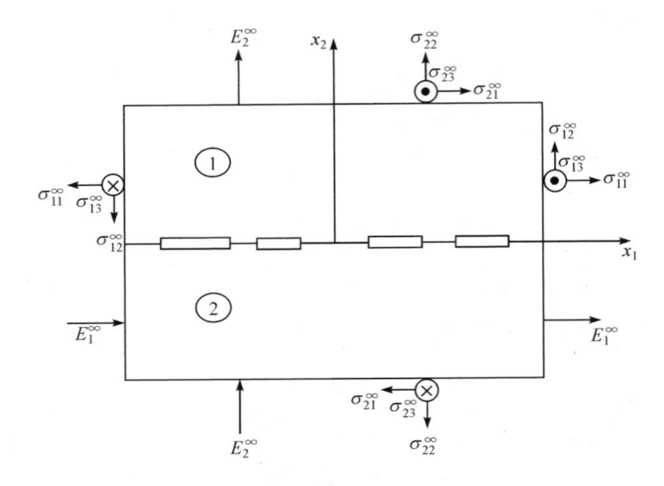

图 10.2　受远场机电载荷的压电材料裂纹问题

$$\boldsymbol{B}_1\boldsymbol{f}_1'^{+}(x_1)-\overline{\boldsymbol{B}}_2\overline{\boldsymbol{f}}_2'^{+}(x_1)=\boldsymbol{B}_2\boldsymbol{f}_2'^{-}(x_1)-\overline{\boldsymbol{B}}_1\overline{\boldsymbol{f}}_1'^{-}(x_1),\quad |x_1|<\infty \tag{10.42}$$

定义一个新的解析函数：

$$\boldsymbol{\Psi}(z)=\begin{cases}\boldsymbol{B}_1\boldsymbol{f}_1'(z)-\overline{\boldsymbol{B}}_2\overline{\boldsymbol{f}}_2'(z), & x_2>0\\ \boldsymbol{B}_2\boldsymbol{f}_2'(z)-\overline{\boldsymbol{B}}_1\overline{\boldsymbol{f}}_1'(z), & x_2<0\end{cases} \tag{10.43}$$

利用式(10.43)，式(10.42)可变为

$$\boldsymbol{\Psi}^{+}(x_1)=\boldsymbol{\Psi}^{-}(x_1),\quad |x_1|<\infty \tag{10.44}$$

式(10.44)的左边是上半平面解析函数的边值，右边是下半平面解析函数的边值，因此可解析延拓到整个全平面：

$$\boldsymbol{\Psi}(z)=\boldsymbol{\Psi}(\infty) \tag{10.45}$$

其中

$$\boldsymbol{\Psi}(\infty)=\boldsymbol{B}_1\boldsymbol{f}_1'(\infty)-\overline{\boldsymbol{B}}_2\overline{\boldsymbol{f}}_2'(\infty)=\boldsymbol{B}_2\boldsymbol{f}_2'(\infty)-\overline{\boldsymbol{B}}_1\overline{\boldsymbol{f}}_1'(\infty) \tag{10.46}$$

定义裂纹张开广义位移为

$$\boldsymbol{\Delta u}(x_1)=\boldsymbol{u}_1^{+}(x_1)-\boldsymbol{u}_2^{-}(x_1) \tag{10.47}$$

对式(10.47)求导，并利用式(10.25)、式(10.43)和式(10.46)可以得到

$$\mathrm{i}\boldsymbol{\Delta u}'(x_1)=\boldsymbol{H}\boldsymbol{B}_1\boldsymbol{f}_1'^{+}(x_1)-\overline{\boldsymbol{H}}\boldsymbol{B}_2\boldsymbol{f}_2'^{-}(x_1)-(\overline{\boldsymbol{Y}}_2-\overline{\boldsymbol{Y}}_1)\boldsymbol{\Psi}(\infty) \tag{10.48}$$

其中

$$\boldsymbol{H}=\boldsymbol{Y}_1+\overline{\boldsymbol{Y}}_2,\quad \boldsymbol{Y}_1=\mathrm{i}\boldsymbol{A}_1\boldsymbol{B}_1^{-1},\quad \boldsymbol{Y}_2=\mathrm{i}\boldsymbol{A}_2\boldsymbol{B}_2^{-1} \tag{10.49}$$

可以验证 $\boldsymbol{H}$ 是 Hermitian 矩阵，因而满足如下关系：

$$\boldsymbol{H}^{\mathrm{T}}=\overline{\boldsymbol{H}} \tag{10.50}$$

$\boldsymbol{H}$ 矩阵只取决于压电材料常数：

$$\boldsymbol{H}=\begin{bmatrix}\boldsymbol{H}_{11} & \boldsymbol{H}_{14}\\ \boldsymbol{H}_{41} & H_{44}\end{bmatrix} \tag{10.51}$$

其中，$\boldsymbol{H}_{11}$ 是 3×3 的弹性矩阵；$\boldsymbol{H}_{14}=\boldsymbol{H}_{41}^{\mathrm{T}}$ 是 3×1 的压电系数矩阵；H_{44} 是介电系数元素。对于压电材料，$\boldsymbol{H}$ 是正定矩阵。

由压电材料结合面上位移连续边界条件，以及式(10.48)可知

$$\boldsymbol{H}\boldsymbol{B}_1\boldsymbol{f}_1'^{+}(x_1)=\overline{\boldsymbol{H}}\boldsymbol{B}_2\boldsymbol{f}_2'^{-}(x_1)-(\overline{\boldsymbol{Y}}_2-\overline{\boldsymbol{Y}}_1)\boldsymbol{\Psi}(\infty)\quad x_1\notin\bar{\omega} \tag{10.52}$$

因此可通过 $x_1\notin\bar{\omega}$ 的 x_1 轴解析延拓，构造一个除裂纹外的全平面上解析的函数 $\boldsymbol{g}(z)$：

$$\boldsymbol{g}(z)=\begin{cases}\boldsymbol{B}_1\boldsymbol{f}_1'(z), & x_2>0\\ \boldsymbol{H}^{-1}\overline{\boldsymbol{H}}\boldsymbol{B}_2\boldsymbol{f}_2'(z)+\boldsymbol{H}^{-1}(\overline{\boldsymbol{Y}}_2-\overline{\boldsymbol{Y}}_1)\boldsymbol{\Psi}(\infty), & x_2<0\end{cases} \tag{10.53}$$

利用式(10.26)、式(10.48)和式(10.53)，可以得到

$$\mathrm{i}\boldsymbol{\Delta u}'(x_1)=\boldsymbol{H}[\boldsymbol{g}^{+}(x_1)-\boldsymbol{g}^{-}(x_1)] \tag{10.54}$$

$$\boldsymbol{\Sigma}(x_1)=\boldsymbol{g}^{+}(x_1)+\overline{\boldsymbol{H}}^{-1}\boldsymbol{H}\boldsymbol{g}^{-}(x_1)-\boldsymbol{K}^0 \tag{10.55}$$

其中

$$\boldsymbol{K}^0=\overline{\boldsymbol{H}}^{-1}(\boldsymbol{Y}_2+\overline{\boldsymbol{Y}}_2)\boldsymbol{\Psi}(\infty) \tag{10.56}$$

对于均质压电材料，上、下面的压电材料为同一材料，此时恒有

$$\boldsymbol{H}=\overline{\boldsymbol{H}} \tag{10.57}$$

即 $\boldsymbol{H}$ 为实矩阵。

这样，式(10.55)将简化为

$$\boldsymbol{\Sigma}(x_1)=\boldsymbol{g}^{+}(x_1)+\boldsymbol{g}^{-}(x_1)-\boldsymbol{K}^0 \tag{10.58}$$

利用裂面应力自由条件及电边界条件统一公式(10.38)，裂纹表面上广义应力将满足 $\Sigma(x_1)=\boldsymbol{T}^0=(0,0,0,D_2^0)^{\mathrm{T}}$，代入式(10.58)，将得到一个非齐次 R-H 问题，可表示为

$$\boldsymbol{g}^{+}(x_1)+\boldsymbol{g}^{-}(x_1)=\boldsymbol{\Psi}(\infty)+\boldsymbol{T}^0,\quad |x_1|<a \tag{10.59}$$

此 R-H 边值问题的解为

$$\boldsymbol{g}(z)=\frac{\boldsymbol{\Psi}(\infty)+\boldsymbol{T}^0}{2}\left(1-\frac{z}{\sqrt{z^2-a^2}}\right)+\frac{\boldsymbol{c}_0+\boldsymbol{c}_1 z+\cdots+\boldsymbol{c}_n z^n}{\sqrt{z^2-a^2}} \tag{10.60}$$

其中，$\boldsymbol{c}_n=[c_n^{(1)},c_n^{(2)},c_n^{(3)},c_n^{(4)}]$；$\boldsymbol{T}^0$ 中的 D_2^0 和常数向量 $\boldsymbol{c}_n$ 都是未知待求的。为了求得系数 $\boldsymbol{c}_n$，在式(10.60)中取 $z\to\infty$，并利用无穷远处的广义应力有界条件，可以得到

$$\boldsymbol{c}_1=\boldsymbol{g}(\infty)=\boldsymbol{B}\boldsymbol{f}'(\infty),\quad \boldsymbol{c}_n=0,\quad n>1 \tag{10.61}$$

剩下的未知系数 $\boldsymbol{c}_0$ 可以利用机械位移和电势单值条件求得。单值性条件要求当对压电体内广义位移沿任意闭合路径积分时，积分结果为零。根据式(10.54)，这也就是要求

$$\oint_{L_c}\boldsymbol{g}(z)\mathrm{d}z=0 \tag{10.62}$$

其中，L_c 是压电体内的任意一顺时针闭合路径。将式(10.60)代入式(10.62)，容易求得

$$\boldsymbol{c}_0=0 \tag{10.63}$$

在求得展开式中的所有系数后，式(10.60)中的复势函数向量 $\boldsymbol{g}(z)$ 最终可表示为

$$\boldsymbol{g}(z)=\frac{\boldsymbol{\Psi}(\infty)+\boldsymbol{T}^0}{2}+\frac{\boldsymbol{T}^\infty-\boldsymbol{T}^0}{2}\frac{z}{\sqrt{z^2-a^2}} \tag{10.64}$$

其中，$\boldsymbol{T}^\infty=\boldsymbol{B}\boldsymbol{f}'(\infty)+\overline{\boldsymbol{B}}\overline{\boldsymbol{f}}'(\infty)=(\sigma_{21}^\infty,\sigma_{22}^\infty,\sigma_{23}^\infty,D_2^\infty)^{\mathrm{T}}$ 代表远场机电载荷。D_2^∞ 可以通过压电本构方程由 σ_{21}^∞、σ_{22}^∞、σ_{23}^∞ 和 E_2^∞ 求得。对于横观各向同性压电材料的本构关系，不难求得

$$\begin{aligned}D_2^\infty=&\frac{e_{13}}{c_{33}c_{11}-c_{13}^2}[c_{33}\sigma_{11}^\infty-c_{13}\sigma_{22}^\infty+(c_{33}e_{13}-e_{33}c_{13})E_2^\infty]\\&+\frac{e_{33}}{c_{13}^2-c_{33}c_{11}}[c_{13}\sigma_{11}^\infty-c_{11}\sigma_{22}^\infty+(c_{13}e_{13}-e_{33}c_{11})E_2^\infty]\end{aligned} \tag{10.65}$$

其中，c_{ij} 和 e_{ij} 分别为 Voigt 记法的弹性常数和压电常数。

将式(10.64)代入式(10.54)，然后对其积分，可以求得裂纹张开位移与电势跳跃

$$\Delta\boldsymbol{u}=\boldsymbol{u}^+-\boldsymbol{u}^-=\boldsymbol{H}(\boldsymbol{T}^\infty-\boldsymbol{T}^0)\sqrt{a^2-x_1^2},\quad -a\leqslant x_1\leqslant a \tag{10.66}$$

展开式(10.66)，裂纹法向张开位移 $\Delta u_2=u_2^+-u_2^-$ 和电势跳跃 $\Delta\phi=\phi^+-\phi^-$ 可分别表示为

$$\Delta u_2=u_2^+-u_2^-=\sqrt{a^2-x_1^2}\left[H_{21}\sigma_{21}^{\infty}+H_{22}\sigma_{22}^{\infty}+H_{23}\sigma_{23}^{\infty}+H_{24}(D_2^{\infty}-D_2^0)\right] \tag{10.67}$$

$$\Delta\phi=\phi^+-\phi^-=\sqrt{a^2-x_1^2}\left[H_{41}\sigma_{21}^{\infty}+H_{42}\sigma_{22}^{\infty}+H_{43}\sigma_{23}^{\infty}+H_{44}(D_2^{\infty}-D_2^0)\right] \tag{10.68}$$

其中，$H_{ij}(i,j=1,2,3,4)$ 为 4×4 矩阵 $\boldsymbol{H}$ 的矩阵元素[见式(10.51)]。

最后一个未知待求量是 $\boldsymbol{T}^0$ 中的未知裂面电位移法向分量 D_2^0，这需要利用具体的裂面电边界条件。绝缘裂纹、导通裂纹和半导通裂纹将分别导致完全不同的 D_2^0。

(1) 最简单的情况是绝缘裂纹，假设裂面电荷自由，利用式(10.29)可得

$$D_2^0=0 \tag{10.69}$$

(2) 对于导通裂纹，要求裂纹上下面的电势连续，根据式(10.68)，利用裂纹处的导通电边界条件式(10.30)可求得

$$D_2^0=D_2^{\infty}+\frac{H_{41}\sigma_{21}^{\infty}+H_{42}\sigma_{22}^{\infty}+H_{43}\sigma_{23}^{\infty}}{H_{44}} \tag{10.70}$$

(3) 对于半导通裂纹，当考虑裂纹内部电介质对压电断裂的影响时，半导通电边界条件(10.31)将导致

$$D_2^0=-\varepsilon_v\frac{\phi^+-\phi^-}{u_2^+-u_2^-}=-\varepsilon_v\frac{H_{41}\sigma_{21}^{\infty}+H_{42}\sigma_{22}^{\infty}+H_{43}\sigma_{23}^{\infty}+H_{44}(D_2^{\infty}-D_2^0)}{H_{21}\sigma_{21}^{\infty}+H_{22}\sigma_{22}^{\infty}+H_{23}\sigma_{23}^{\infty}+H_{24}(D_2^{\infty}-D_2^0)} \tag{10.71}$$

值得注意的是，对于绝缘裂纹和导通裂纹，式(10.69)和式(10.70)都是 D_2^0 的线性方程，而对于半导通裂纹，式(10.71)则是一个关于 D_2^0 的二次方程。这就意味着，当考虑裂纹内部介质的影响时，半导通裂纹将是一个非线性裂纹模型。由于式(10.71)是一个典型的二次方程，将产生两个根。通过证明，式(10.71)中的行列式恒大于零，这也就是说，式(10.71)会产生两个不同的实根，而不会存在任何虚根。这两个根中到底哪个更符合真实物理情况？通常有三种判别方法。①D_2^0 应该保证，当压电材料受纯机械载荷时，裂纹张开位移为正；②当压电材料受纯机械载荷时，D_2^0 应该使裂尖能量释放率为正；③D_2^0 应该随着外载电场载荷的变化而变化。在实际计算中，应该选取满足上述判别准则的 D_2^0 作为裂纹面法向

电位移分量的真实解。

在求得 D_2^0 后，复势函数向量 $\boldsymbol{g}(z)$ 的解析表达式完全由式(10.64)确定。代入广义应力位移场的势函数表达式，就可以求得含中心裂纹压电材料的全部物理场解。对于压电断裂分析，最重要的是裂尖应力和电位移场，将式(10.64)代入式(10.55)，采用以右裂尖为坐标原点的极坐标表达式，裂尖广义应力奇异场可表示为

$$\boldsymbol{\Sigma}(r)=\frac{\sqrt{\pi a}}{\sqrt{2\pi r}}(\boldsymbol{T}^{\infty}-\boldsymbol{T}^{0}),\quad (r,\theta)\to 0 \tag{10.72}$$

可以看出，对于均质压电材料，不管裂面采用何种电边界条件，裂尖广义应力都呈现常规的 $r^{-1/2}$ 奇异性。应力强度因子 K_{I}、K_{II} 和 K_{III} 以及所谓的电位移强度因子 K_{D} 可分别表示为

$$K_{\mathrm{I}}=\sqrt{\pi a}\sigma_{22}^{\infty},\quad K_{\mathrm{II}}=\sqrt{\pi a}\sigma_{21}^{\infty},\quad K_{\mathrm{III}}=\sqrt{\pi a}\sigma_{23}^{\infty},\quad K_{\mathrm{D}}=\sqrt{\pi a}(D_2^{\infty}-D_2^{0}) \tag{10.73}$$

另外，均质压电材料的裂尖能量释放率可以利用裂纹闭合积分获得，即裂纹扩展微小量 δa 时，单位面积裂纹面所释放的能量可表示为

$$G=\lim_{\delta a\to 0}\frac{1}{2\delta a}\int_0^{\delta a}\boldsymbol{\Sigma}^{\mathrm{T}}(r)\Delta\boldsymbol{u}(\delta a-r)\mathrm{d}r \tag{10.74}$$

将式(10.72)和式(10.66)代入式(10.74)，利用式(10.73)，裂尖能量释放率可由裂尖广义强度因子确定：

$$G=\frac{1}{4}\boldsymbol{K}^{\mathrm{T}}\boldsymbol{H}\boldsymbol{K} \tag{10.75}$$

其中，$\boldsymbol{K}=(K_{\mathrm{II}},K_{\mathrm{I}},K_{\mathrm{III}},K_{\mathrm{D}})^{\mathrm{T}}$。在获得式(10.75)的过程中，用到了 $q=-1/2$ 时的数学公式：

$$\int_0^1 t^q(1-t)^{-q}\mathrm{d}t=q\pi/\sin q\pi,\quad |\mathrm{Re}(q)|<1 \tag{10.76}$$

10.4 双压电材料的界面裂纹

考虑两个不同压电材料界面处存在长度为 $2a$ 的裂纹，其压电材料极化轴方

向垂直于界面，如图 10.3 所示。假设无限大双压电材料远场处分别受机械载荷 σ_{21}^{∞}、σ_{22}^{∞}、σ_{23}^{∞}和电载荷 E_2^{∞} 的作用。裂纹内部介质的介电系数为 ε_v。假设由介电系数引起的界面裂纹上的法向电位移分量为一个常数 D_2^0。这样，在界面裂纹表面存在广义应力 $\Sigma(x_1)=\boldsymbol{T}^0=(0,0,0,D_2^0)^{\mathrm{T}}$，其代表了裂面应力自由条件及法向电位移分量。

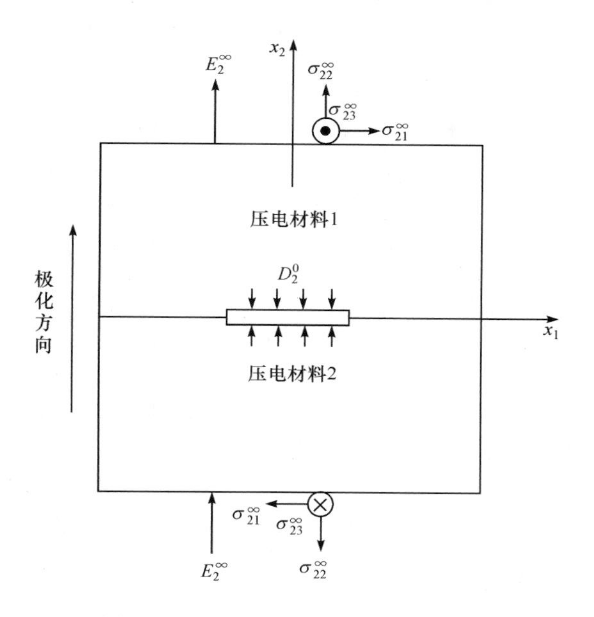

图 10.3　双压电材料的界面裂纹问题

利用式(10.55)，图 10.3 所示问题会产生一个非齐次的 R-H 问题，其表示为

$$\boldsymbol{g}^{+}(x_1)+\overline{\boldsymbol{H}}^{-1}\boldsymbol{H}\boldsymbol{g}^{-}(x_1)=\boldsymbol{K}^0+\boldsymbol{T}^0,\quad |x_1|<a \tag{10.77}$$

不同于前面讨论的压电均质裂纹问题，对于双压电材料，此时材料矩阵 $\boldsymbol{H}$ 是一复数矩阵。先着重讨论式(10.77)的齐次解，从中可以求得双压电材料界面裂纹的裂尖奇异指数。式(10.77)的齐次方程可表示为

$$\boldsymbol{g}^{+}(x_1)+\overline{\boldsymbol{H}}^{-1}\boldsymbol{H}\boldsymbol{g}^{-}(x_1)=0,\quad |x_1|<a \tag{10.78}$$

此方程的通解形式可写为

$$\boldsymbol{g}(z)=\boldsymbol{w}z^{-1/2+\mathrm{i}\varepsilon_{\alpha}} \tag{10.79}$$

其中，$\boldsymbol{w}$ 是一个 4 阶特征向量；ε_{α} 是任意特征常数。将式(10.79)代入式(10.78)，可以得到下面的特征方程：

$$\overline{\boldsymbol{H}}\boldsymbol{w}=\mathrm{e}^{2\pi\varepsilon_\alpha}\boldsymbol{H}\boldsymbol{w} \tag{10.80}$$

记矩阵 $\boldsymbol{H}$ 的实部为 $\boldsymbol{D}$，虚部为 $\boldsymbol{W}$，式(10.80)可以重新写为

$$(\boldsymbol{D}^{-1}\boldsymbol{W}+\mathrm{i}\eta\boldsymbol{I})\boldsymbol{w}=\boldsymbol{0} \tag{10.81}$$

其中

$$\eta=-\tanh(\pi\varepsilon_\alpha),\quad \varepsilon_\alpha=-\frac{1}{\pi}\mathrm{arctanh}(\eta)=\frac{1}{2\pi}\ln\frac{1-\eta}{1+\eta} \tag{10.82}$$

若式(10.81)中的特征向量 $\boldsymbol{w}$ 有非零解，则前面的系数行列式必须为零，即

$$\|\boldsymbol{D}^{-1}\boldsymbol{W}+\mathrm{i}\eta\boldsymbol{I}\|=\eta^4+2b\eta^2+c=0 \tag{10.83}$$

其中

$$b=\frac{1}{4}\mathrm{tr}[(\boldsymbol{D}^{-1}\boldsymbol{W})^2],\quad c=\|\boldsymbol{D}^{-1}\boldsymbol{W}\| \tag{10.84}$$

求解特征方程(10.83)，获得如下两对共轭根：

$$\begin{cases}\eta_{1,2}=\pm[(b^2-c)^{1/2}-b]^{1/2}\\ \eta_{3,4}=\pm\mathrm{i}\,[(b^2-c)^{1/2}+b]^{1/2}\end{cases} \tag{10.85}$$

从式(10.85)中可以看出，一对根是实数，另一对根为纯虚数。对应于根 $\eta_\alpha(\alpha=1,2,3,4)$，记 ε_α 的 4 个量分别为 ε、$-\varepsilon$、$\mathrm{i}\kappa$ 和 $-\mathrm{i}\kappa$，这里 ε 和 κ 都是实数量。经过此处理，可以得到

$$\begin{cases}\varepsilon=\dfrac{1}{\pi}\mathrm{arctanh}[(b^2-c)^{1/2}-b]^{1/2}\\ \kappa=\dfrac{1}{\pi}\mathrm{arctanh}[(b^2-c)^{1/2}+b]^{1/2}\end{cases} \tag{10.86}$$

进一步地，相应的线性无关向量 $\boldsymbol{w}_\alpha(\alpha=1,2,3,4)$ 可以通过特征值问题式(10.81)求得，4 个特征值及其对应的特征向量可最终表示为

$$(\varepsilon,\boldsymbol{w}_1),\quad(-\varepsilon,\boldsymbol{w}_2),\quad(\mathrm{i}\kappa,\boldsymbol{w}_3),\quad(-\mathrm{i}\kappa,\boldsymbol{w}_4) \tag{10.87}$$

可以证明，对于工程中常用的横观各向同性压电材料组合而成的双压电材料，其界面裂纹问题的两个奇异指数 ε 和 κ 并不同时存在(Ou et al.，2003)。这就导致双压电材料可以分为两组不同的系列：一组是 κ-系列双材料，其中 ε 总是消失，裂尖奇异性被 $-1/2\pm\kappa$ 控制，裂尖呈现非振荡奇异性；另一组是 ε-系列双材料，其中 κ 总是消失，裂尖奇异性被 $-1/2\pm\mathrm{i}\varepsilon$ 控制，裂尖呈现振荡奇异性。

表10.1列出七种常用的压电材料的材料常数:PZT-4、PZT-5H、PZT-6B、PZT-7A、P-7、$BaTiO_3$ 和 PZT-PIC 151。通过它们,可以构建21种双压电材料:PZT-4/PZT-5H、PZT-4/PZT-6B、PZT-4/PZT-7A、PZT-4/P-7、PZT-4/$BaTiO_3$、PZT-4/PZT-PIC 151、PZT-5H/PZT-6B、PZT-5H/PZT-7A、PZT-5H/PZT-7、PZT-5H/$BaTiO_3$、PZT-5H/PZT-PIC 151、PZT-6B/PZT-7A、PZT-6B/P-7、PZT-6B/$BaTiO_3$、PZT-6B/PZT-PIC 151、PZT-7A/P-7、PZT-7A/$BaTiO_3$、PZT-7A/PZT-PIC 151、P-7/$BaTiO_3$、P-7/PZT-PIC 151和$BaTiO_3$/PZT-PIC 151。利用式(10.86),可以数值计算21种双压电材料的奇异指数 ε 和 κ。结果表明:14种双压电材料呈现非振荡奇异性,分别为PZT-4/PZT-5H、PZT-4/PZT-6B、PZT-4/PZT-7A、PZT-4/P-7、PZT-4/$BaTiO_3$、PZT-5H/PZT-7、PZT-5H/PZT-PIC 151、PZT-6B/$BaTiO_3$、PZT-7A/P-7、PZT-7A/$BaTiO_3$、PZT-7A/PZT-PIC 151、P-7/$BaTiO_3$、P-7/PZT-PIC 151和$BaTiO_3$/PZT-PIC 151,而另外7种双压电材料呈现振荡奇异性,分别为PZT-4/PZT-PIC 151、PZT-5H/PZT-6B、PZT-5H/PZT-7A、PZT-5H/$BaTiO_3$、PZT-6B/PZT-7A、PZT-6B/P-7和PZT-6B/PZT-PIC 151。

此外,根据奇异性理论,ε 和 κ 不能同时存在,对于 κ-系列或者 ε-系列双压电材料的奇异性分析将导致一对重特征根出现。因此,特征向量矩阵之间应满足某些特定关系。对于 ε-系列双压电材料,各线性无关特征向量之间满足如下关系:

$$\overline{\boldsymbol{H}}\boldsymbol{w}_1=\mathrm{e}^{2\pi\varepsilon}\boldsymbol{H}\boldsymbol{w}_1,\quad \overline{\boldsymbol{H}}\boldsymbol{w}_2=\mathrm{e}^{-2\pi\varepsilon}\boldsymbol{H}\boldsymbol{w}_2,\quad \overline{\boldsymbol{H}}\boldsymbol{w}_3=\boldsymbol{H}\boldsymbol{w}_3,\quad \overline{\boldsymbol{H}}\boldsymbol{w}_4=\boldsymbol{H}\boldsymbol{w}_4 \tag{10.88}$$

通过式(10.88),可以得到 $\boldsymbol{w}_\alpha$ 满足下列特定关系:

$$\begin{bmatrix}\boldsymbol{w}_1^{\mathrm{T}}\\ \boldsymbol{w}_2^{\mathrm{T}}\\ \boldsymbol{w}_3^{\mathrm{T}}\\ \boldsymbol{w}_4^{\mathrm{T}}\end{bmatrix}\boldsymbol{H}[\boldsymbol{w}_1,\boldsymbol{w}_2,\boldsymbol{w}_3,\boldsymbol{w}_4]=\begin{bmatrix}0 & \boldsymbol{w}_1^{\mathrm{T}}\boldsymbol{H}\boldsymbol{w}_2 & 0 & 0\\ \boldsymbol{w}_2^{\mathrm{T}}\boldsymbol{H}\boldsymbol{w}_1 & 0 & 0 & 0\\ 0 & 0 & \boldsymbol{w}_3^{\mathrm{T}}\boldsymbol{H}\boldsymbol{w}_3 & 0\\ 0 & 0 & 0 & \boldsymbol{w}_4^{\mathrm{T}}\boldsymbol{H}\boldsymbol{w}_4\end{bmatrix} \tag{10.89}$$

对于 κ-系列双压电材料,线性无关向量满足:

$$\overline{\boldsymbol{H}}\boldsymbol{w}_1=\boldsymbol{H}\boldsymbol{w}_1,\quad \overline{\boldsymbol{H}}\boldsymbol{w}_2=\boldsymbol{H}\boldsymbol{w}_2,\quad \overline{\boldsymbol{H}}\boldsymbol{w}_3=\mathrm{e}^{2\pi\mathrm{i}\kappa}\boldsymbol{H}\boldsymbol{w}_3,\quad \overline{\boldsymbol{H}}\boldsymbol{w}_4=\mathrm{e}^{-2\pi\mathrm{i}\kappa}\boldsymbol{H}\boldsymbol{w}_4 \tag{10.90}$$

根据式(10.90),可以证明 $\boldsymbol{w}_\alpha$ 满足如下特定关系:

$$\begin{bmatrix} \boldsymbol{w}_1^{\mathrm{T}} \\ \boldsymbol{w}_2^{\mathrm{T}} \\ \boldsymbol{w}_3^{\mathrm{T}} \\ \boldsymbol{w}_4^{\mathrm{T}} \end{bmatrix} H[\boldsymbol{w}_1, \boldsymbol{w}_2, \boldsymbol{w}_3, \boldsymbol{w}_4] = \begin{bmatrix} \boldsymbol{w}_1^{\mathrm{T}} \boldsymbol{H} \boldsymbol{w}_2 & 0 & 0 & 0 \\ 0 & \boldsymbol{w}_2^{\mathrm{T}} \boldsymbol{H} \boldsymbol{w}_1 & 0 & 0 \\ 0 & 0 & 0 & \boldsymbol{w}_3^{\mathrm{T}} \boldsymbol{H} \boldsymbol{w}_4 \\ 0 & 0 & \boldsymbol{w}_4^{\mathrm{T}} \boldsymbol{H} \boldsymbol{w}_3 & 0 \end{bmatrix} \tag{10.91}$$

表 10.1 常用 7 种典型压电陶瓷的材料常数

材料常数	PZT-4	PZT-5H	PZT-6B	PZT-7A	P-7	$BaTiO_3$	PZT-PIC 151
$c_{11}/(10^{10}\ \mathrm{N \cdot m^{-2}})$	13.9	12.6	16.8	14.8	13.0	15.0	11.0
$c_{12}/(10^{10}\ \mathrm{N \cdot m^{-2}})$	7.78	5.50	6.00	7.62	8.30	6.60	6.3
$c_{13}/(10^{10}\ \mathrm{N \cdot m^{-2}})$	7.43	5.30	6.00	7.42	8.30	6.60	6.4
$c_{33}/(10^{10}\ \mathrm{N \cdot m^{-2}})$	11.3	11.7	16.3	13.1	11.9	14.6	10.0
$c_{44}/(10^{10}\ \mathrm{N \cdot m^{-2}})$	2.56	3.53	2.71	2.54	2.50	4.4	2.0
$e_{13}/(\mathrm{C \cdot m^{-2}})$	−6.98	−6.50	−0.90	−2.10	−10.3	−4.35	−9.6
$e_{33}/(\mathrm{C \cdot m^{-2}})$	13.8	23.3	7.10	9.50	14.7	17.5	15.1
$e_{15}/(\mathrm{C \cdot m^{-2}})$	13.4	17.0	4.60	9.70	13.5	11.4	12.0
$\chi_{11}/(10^{-10}\mathrm{C \cdot (V \cdot m)^{-1}})$	60.0	151	36.0	81.1	171	98.7	98.2
$\chi_{33}/(10^{-10}\mathrm{C \cdot (V \cdot m)^{-1}})$	54.7	130	34.0	73.5	186	112	75.4

下面求解双压电界面裂纹问题(图 10.3)的全部物理场。为了获得非齐次方程式(10.77)的解,利用各物理量的特征向量表达形式,复势函数 $g(z)$和常数向量 $\boldsymbol{T}$ 可以表示为

$$g(z) = h_1(z)\boldsymbol{w}_1 + h_2(z)\boldsymbol{w}_2 + h_3(z)\boldsymbol{w}_3 + h_4(z)\boldsymbol{w}_4 \tag{10.92}$$

$$\boldsymbol{T} = \boldsymbol{K}^0 + \boldsymbol{T}^0 = t_1\boldsymbol{w}_1 + t_2\boldsymbol{w}_2 + t_3\boldsymbol{w}_3 + t_4\boldsymbol{w}_4 \tag{10.93}$$

将式(10.92)和式(10.93)代入式(10.77),获得如下解耦的 R-H 方程:

$$h_\alpha^+(x_1) + \mathrm{e}^{2\pi\varepsilon_\alpha} h_\alpha^-(x_1) = t_\alpha, \quad \alpha = 1,2,3,4 \tag{10.94}$$

式(10.94)的解可表示如下:

$$h_\alpha(z) = \frac{t_\alpha}{1+\mathrm{e}^{2\pi\varepsilon_\alpha}}\left[1 - \left(\frac{z-a}{z+a}\right)^{-\mathrm{i}\varepsilon_\alpha} \frac{z - 2\mathrm{i}\varepsilon_\alpha a}{\sqrt{z^2-a^2}}\right] + \left(\frac{z-a}{z+a}\right)^{-\mathrm{i}\varepsilon_\alpha} \frac{c_0^\alpha + c_1^\alpha z + \cdots + c_n^\alpha z^n}{\sqrt{z^2-a^2}} \tag{10.95}$$

再利用式(10.92)和式(10.93),可以得到

$$\boldsymbol{g}(z) = \boldsymbol{w} \ll \frac{1}{1+\mathrm{e}^{2\pi\varepsilon_\alpha}}\left[1 - \left(\frac{z-a}{z+a}\right)^{-\mathrm{i}\varepsilon_\alpha} \frac{z - 2\mathrm{i}\varepsilon_\alpha a}{\sqrt{z^2-a^2}}\right] \gg \boldsymbol{w}^{-1}(\boldsymbol{K}^0 + \boldsymbol{T}^0)$$

$$+\boldsymbol{w}\ll\left(\frac{z-a}{z+a}\right)^{-\mathrm{i}\varepsilon_\alpha}\gg\frac{\boldsymbol{c}_0+\boldsymbol{c}_1z+\cdots+\boldsymbol{c}_nz^n}{\sqrt{z^2-a^2}} \tag{10.96}$$

其中，≪·≫代表对角矩阵，其中每个对角元素对应于相应的希腊指标 α；而$\boldsymbol{c}_n=(c_n^1,c_n^2,c_n^3,c_n^4)^{\mathrm{T}}$。在复势函数式(10.96)中，界面裂纹上的法向电位移分量 D_2^0 和多项式展开系数向量 $\boldsymbol{c}_n$是未知待求的。为了求得 $\boldsymbol{c}_n$，需要利用式(10.96)的渐近特性，通过取极限 $z\to\infty$，并利用远场机电载荷的有界条件，有

$$\boldsymbol{c}_1=\ll\frac{1}{1+\mathrm{e}^{2\pi\varepsilon_\alpha}}\gg\boldsymbol{w}^{-1}(\boldsymbol{T}^\infty+\boldsymbol{K}^0);\quad \boldsymbol{c}_n=0,n>1 \tag{10.97}$$

在求解式(10.97)的过程中，用到了下面的关系：

$$\boldsymbol{w}^{-1}(\boldsymbol{I}+\overline{\boldsymbol{H}}^{-1}\boldsymbol{H})\boldsymbol{w}=\ll1+\mathrm{e}^{2\pi\varepsilon_\alpha}\gg \tag{10.98}$$

而式(10.96)中的剩余未知常数 $\boldsymbol{c}_0$ 可以利用广义位移单值条件获得，即

$$\oint_{L_c}\Delta\boldsymbol{u}(z)\mathrm{d}z=0 \tag{10.99}$$

将式(10.54)和式(10.96)代入式(10.99)可得

$$\boldsymbol{c}_0=\ll\frac{-2\mathrm{i}\varepsilon_\alpha a}{1+\mathrm{e}^{2\pi\varepsilon_\alpha}}\gg\boldsymbol{w}^{-1}(\boldsymbol{T}^\infty+\boldsymbol{K}^0) \tag{10.100}$$

通过式(10.54)、式(10.55)、式(10.96)、式(10.97)和式(10.100)，双压电材料的界面裂纹问题的广义应力场可最终表示为

$$\boldsymbol{\Sigma}(z)=\boldsymbol{T}^0+\boldsymbol{w}\ll\left(\frac{z-a}{z+a}\right)^{-\mathrm{i}\varepsilon_\alpha}\frac{z-2\mathrm{i}\varepsilon_\alpha a}{\sqrt{z^2-a^2}}\gg\boldsymbol{w}^{-1}(\boldsymbol{T}^\infty-\boldsymbol{T}^0) \tag{10.101}$$

而穿过界面裂纹处的广义张开位移(u_1,u_2,u_3 和 ϕ)可以表示为($-a\leqslant x_1\leqslant a$)

$$\Delta\boldsymbol{u}(x_1)=\boldsymbol{H}\boldsymbol{w}\ll\exp(-\pi\varepsilon_\alpha)(a-x_1)^{1/2-\mathrm{i}\varepsilon_\alpha}(a+x_1)^{1/2+\mathrm{i}\varepsilon_\alpha}\gg\boldsymbol{w}^{-1}(\boldsymbol{T}^\infty-\boldsymbol{T}^0) \tag{10.102}$$

对于大多数的工程双压电材料，特征值 ε_α 的绝对值往往远小于 1/2，一般为 $10^{-3}\sim10^{-2}$。相对于 1/2，ε_α 的值往往可以忽略。这样，穿过界面裂纹的机械位移张开和电势跳跃可通过式(10.102)近似表示为

$$u_2^+-u_2^-\approx\boldsymbol{H}_2\boldsymbol{w}\ll\exp(-\pi\varepsilon_\alpha)\gg\boldsymbol{w}^{-1}(\boldsymbol{T}^\infty-\boldsymbol{T}^0)\sqrt{a^2-(x_1)^2} \tag{10.103}$$

$$\phi^+-\phi^-\approx\boldsymbol{H}_4\boldsymbol{w}\ll\exp(-\pi\varepsilon_\alpha)\gg\boldsymbol{w}^{-1}(\boldsymbol{T}^\infty-\boldsymbol{T}^0)\sqrt{a^2-(x_1)^2} \tag{10.104}$$

其中，$\boldsymbol{H}_2$ 和 $\boldsymbol{H}_4$ 分别为材料矩阵 $\boldsymbol{H}$ 的第二和第四行向量。

将式(10.103)和式(10.104)代入半导通电边界条件(10.31),界面裂纹上的法向电位移分量 D_2^0 可最终求得为

$$D_2^0=-\varepsilon_v\frac{\phi^+-\phi^-}{u_2^+-u_2^-}=-\varepsilon_v\frac{\boldsymbol{H}_2\boldsymbol{w}\ll\exp(-\pi\varepsilon_\alpha)\gg\boldsymbol{w}^{-1}(\boldsymbol{T}^\infty-\boldsymbol{T}^0)}{\boldsymbol{H}_4\boldsymbol{w}\ll\exp(-\pi\varepsilon_\alpha)\gg\boldsymbol{w}^{-1}(\boldsymbol{T}^\infty-\boldsymbol{T}^0)} \tag{10.105}$$

通过式(10.101),运用极坐标表达式$(r,\theta)\to 0$,半导通界面裂纹裂尖的奇异应力和电位移场可表示为

$$\boldsymbol{\Sigma}(r)=[\sigma_{21},\sigma_{22},\sigma_{23},D_2]^{\mathrm{T}}=\sqrt{\frac{a}{2r}}\boldsymbol{Y}\left[\left(\frac{r}{2a}\right)^{-\mathrm{i}\varepsilon_\alpha}(1-2\mathrm{i}\varepsilon_\alpha)\right](\boldsymbol{T}^\infty-\boldsymbol{T}^0) \tag{10.106}$$

其中

$$\boldsymbol{Y}[(r/2a)^{\mathrm{i}\varepsilon_\alpha}]=\boldsymbol{w}\ll\left(\frac{r}{2a}\right)^{\mathrm{i}\varepsilon_\alpha}\gg\boldsymbol{w}^{-1} \tag{10.107}$$

由于双压电材料半导通界面裂尖的奇异指数 ε 和 κ 总是不能同时共存,从式(10.106)可以看出,对于特定的双压电材料,裂尖广义应力场呈现振荡性或者呈现非振荡型。也就是说,依赖于不同的压电材料的组合,双压电材料裂尖的奇异广义应力场被$-1/2\pm\mathrm{i}\varepsilon$ 控制,或者被$-1/2\pm\kappa$ 控制。这样,界面裂纹裂尖奇异场的应力强度因子和电位移强度因子可表示为

$$\boldsymbol{K}=\lim_{r\to 0}\sqrt{2\pi r}\boldsymbol{Y}\left[\left(\frac{r}{2a}\right)^{\mathrm{i}\varepsilon_\alpha}\right]\Sigma(r)=\sqrt{\pi a}\boldsymbol{Y}(1-2\mathrm{i}\varepsilon_\alpha)(\boldsymbol{T}^\infty-\boldsymbol{T}^0) \tag{10.108}$$

其中,$\boldsymbol{K}=(K_{\mathrm{II}},K_{\mathrm{I}},K_{\mathrm{III}},K_{\mathrm{D}})^{\mathrm{T}}$ 为强度因子。

将裂尖奇异广义应力场(10.106)和裂面张开广义位移(10.102)代入裂纹闭合积分式(10.74),可以获得半导通裂纹的裂尖能量释放率为

$$G=\frac{a}{2}(\boldsymbol{T}^\infty-\boldsymbol{T}^0)^{\mathrm{T}}\boldsymbol{H}\boldsymbol{w}\ll\chi_\alpha\gg\boldsymbol{w}^{-1}(\boldsymbol{T}^\infty-\boldsymbol{T}^0) \tag{10.109}$$

其中,$\chi_\alpha=\mathrm{e}^{-\pi\varepsilon_\alpha}\pi\left(-\frac{1}{2}+\mathrm{i}\varepsilon_\alpha\right)(1+2\mathrm{i}\varepsilon_\alpha)/\sin\left[\left(-\frac{1}{2}+\mathrm{i}\varepsilon_\alpha\right)\pi\right]$。在获得此式的过程中,用到了式(10.89)和式(10.91)所描述的特征向量之间的特定关系以及数学公式(10.76),对于 $q=-\frac{1}{2}+\mathrm{i}\varepsilon_\alpha$,式(10.76)同样成立。

10.5　应力非自由裂纹模型

当压电材料远场受机械和电场混合载荷时，如果裂纹内部的法向电位移分量并不为零，而是具有不可忽略的量值。由远场电载荷引起的大量电荷将分布于裂纹的上、下表面。裂纹表面所分布的电荷将产生不可忽略的库仑力作用。这样，不同于经典的线弹性断裂力学，受机械和电场混合载荷作用下的压电材料，其裂纹表面将不再满足应力自由条件。本节将考虑裂面库仑力作用，引入一个新的应力非自由裂纹模型 (Li et al. ,2008a,2008b)，对其相关理论进行介绍。

考虑广义平面应变条件下，无限大压电材料中一个长度为 $2a$ 的中心裂纹，如图 10.4 所示。假设压电材料极化轴方向垂直于裂纹表面。压电材料分别受远场机械和电场混合载荷 σ_{21}^{∞}、σ_{22}^{∞}、σ_{23}^{∞} 和 E_2^{∞} 的作用。考虑到裂纹内部介质的影响，定义裂纹内部的法向电场和电位移分量分别为 E_2^0 和 D_2^0，裂纹表面将满足半导通电边界条件(10.31)，其表达式可写为

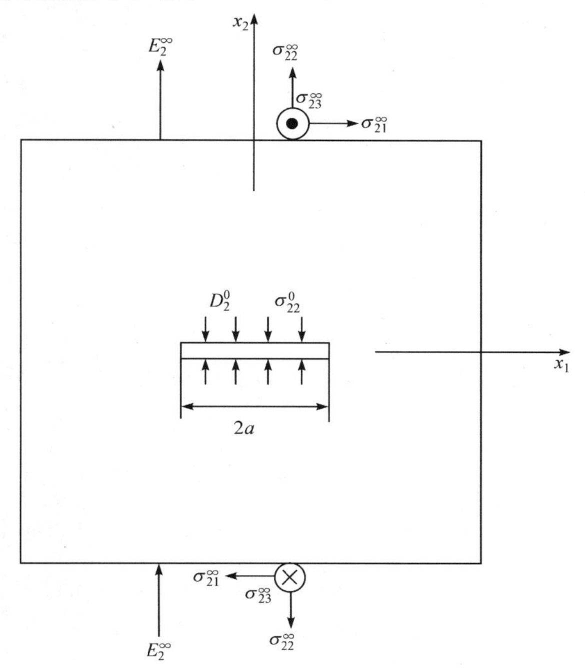

图 10.4　压电裂面的应力非自由机械条件和半导通电边界条件

$$D_2^0(u_2^+ - u_2^-) = -\varepsilon_v(\phi^+ - \phi^-), \quad |x_1| < a$$

$$D_2^+ = D_2^-, \quad D_2^0 = \varepsilon_v E_2^0, \quad |x_1| < a \tag{10.110}$$

当裂纹张开且充满空气或真空介质时，裂纹缺口可以看做一个低电容器，如图 10.5 所示。根据库仑定律，依赖于此等效电容器，裂纹上、下表面将产生库仑力作用，裂纹内部的电焓密度为

$$h_c = -\frac{1}{2}\varepsilon_v\ (E_2^0)^2 \tag{10.111}$$

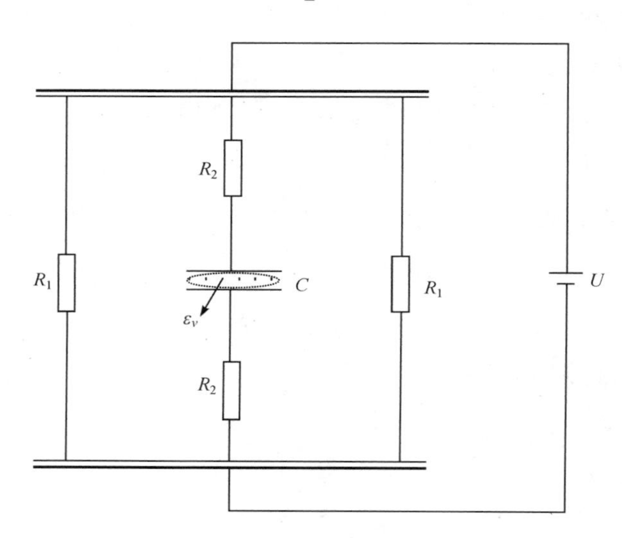

图 10.5　含中心裂纹压电材料的等效电路图

这样，裂纹表面的库仑作用力可表示为

$$\sigma_{22}^0 = \frac{(D_2^0)^2}{2\varepsilon_v} \tag{10.112}$$

裂纹表面的应力非自由边界条件(10.112)将导致一个非齐次 R-H 问题，其可表示为

$$\boldsymbol{B}\boldsymbol{f}'^{+}(x_1) + \boldsymbol{B}\boldsymbol{f}'^{-}(x_1) = \boldsymbol{\Psi}(\infty) + \boldsymbol{T}^{c}, \quad |x_1| < a \tag{10.113}$$

其中，$\boldsymbol{T}^c = (0, \sigma_{22}^0, 0, D_2^0)^{\mathrm{T}}$；而 $\boldsymbol{f}(z)$ 是复势向量函数；材料矩阵 $\boldsymbol{B}$ 和常复势向量 $\boldsymbol{\Psi}(\infty)$ 分别见式(10.16)和式(10.46)。需要注意的是，此处裂纹上的库仑力 σ_{22}^0 以及法向电位移分量 D_2^0 都是未知待求的。

非齐次 R-H 问题式(10.113)的解可表示为

$$\boldsymbol{B}\boldsymbol{f}'(z)=\frac{\boldsymbol{\Psi}(\infty)+\boldsymbol{T}^{\mathrm{c}}}{2}+\frac{\boldsymbol{c}_0+\boldsymbol{c}_1 z+\cdots+\boldsymbol{c}_n z^n}{\sqrt{z^2-a^2}} \tag{10.114}$$

其中，$\boldsymbol{c}_n=[c_n^{(1)},c_n^{(2)},c_n^{(3)},c_n^{(4)}]$是待求常数。为了求解$\boldsymbol{c}_n$，式(10.114)中取$z\to\infty$，并利用无穷远处的应力有界条件，可以获得

$$\boldsymbol{c}_1=\frac{\boldsymbol{T}^{\infty}-\boldsymbol{T}^{\mathrm{c}}}{2},\quad \boldsymbol{c}_n=0,\quad n>1 \tag{10.115}$$

其中，$\boldsymbol{T}^{\infty}=\boldsymbol{B}\boldsymbol{f}'(\infty)+\overline{\boldsymbol{B}}\overline{\boldsymbol{f}}'(\infty)=(\sigma_{21}^{\infty},\sigma_{22}^{\infty},\sigma_{23}^{\infty},D_2^{\infty})^{\mathrm{T}}$。

另一个未知常数$\boldsymbol{c}_0$可利用机械位移和电势单值条件获得。利用 Stroh 理论中广义位移的表达式(10.25)，可以得到如下单值条件：

$$\oint_{L_c}\boldsymbol{A}\boldsymbol{f}(z)\mathrm{d}z=0 \tag{10.116}$$

其中，L_c为围绕整个裂纹的顺时针闭合曲线。将式(10.114)代入式(10.116)可得$\boldsymbol{c}_0=0$。

这样，式(10.114)中的复势向量函数可最终表示如下：

$$\boldsymbol{B}\boldsymbol{f}'(z)=\frac{\boldsymbol{\Psi}(\infty)+\boldsymbol{T}^{0}}{2}+\frac{\boldsymbol{T}^{\infty}-\boldsymbol{T}^{\mathrm{c}}}{2}\frac{z}{\sqrt{z^2-a^2}} \tag{10.117}$$

首先，利用极坐标(r,θ)的表达形式，裂纹右裂尖处的广义应力奇异场为

$$\boldsymbol{\Sigma}(r)=\frac{\sqrt{\pi a}}{\sqrt{2\pi r}}(\boldsymbol{T}^{\infty}-\boldsymbol{T}^{\mathrm{c}}),\quad r\to 0 \tag{10.118}$$

其中，$\boldsymbol{T}^{\infty}=(\sigma_{21}^{\infty},\sigma_{22}^{\infty},\sigma_{23}^{\infty},D_2^{\infty})^{\mathrm{T}}$代表远场机电载荷；$\boldsymbol{T}^{\mathrm{c}}=(0,\sigma_{22}^{0},0,D_2^{0})^{\mathrm{T}}$代表裂纹表面所受库仑力作用以及法向电位移分量。

其次，穿过裂纹表面处$(-a\leqslant x_1\leqslant a)$的机械位移张开和电势阶跃可分别表示为

$$\Delta\boldsymbol{u}=\boldsymbol{u}^{+}-\boldsymbol{u}^{-}=\boldsymbol{H}(\boldsymbol{T}^{\infty}-\boldsymbol{T}^{\mathrm{c}})\sqrt{a^2-x_1^2} \tag{10.119}$$

其中，$\boldsymbol{H}=2\mathrm{Re}(\mathrm{i}\boldsymbol{A}\boldsymbol{B}^{-1})$代表压电材料的 Hermitian 矩阵。

通过式(10.118)，其应力强度因子K_{I}、K_{II}和K_{III}以及电位移强度因子K_{D}可分别表示如下：

$$K_{\mathrm{I}}=\sqrt{\pi a}\left[\sigma_{22}^{\infty}-\frac{(D_2^0)^2}{2\varepsilon_v}\right],\quad K_{\mathrm{II}}=\sqrt{\pi a}\sigma_{21}^{\infty},\quad K_{\mathrm{III}}=\sqrt{\pi a}\sigma_{23}^{\infty},\quad K_{\mathrm{D}}=\sqrt{\pi a}(D_2^{\infty}-D_2^0) \tag{10.120}$$

注意式(10.120)中 K_{I} 的表达式，由于库仑力项的存在，电场载荷 E_2^{∞} 或 D_2^{∞} 将影响着Ⅰ型应力强度因子，这与以往的应力自由边界条件完全不同。在自由条件下，Ⅰ型应力强度因子只取决于外加机械载荷，而与远场电场载荷无关。

为了获得裂纹表面的库仑力，首先给出式(10.110)中裂纹表面 D_2^0 的解析表达式。可以证明，横观各向均质压电材料的材料矩阵 $\boldsymbol{H}$ 是一个实数矩阵，且有如下形式：

$$\boldsymbol{H}=\begin{bmatrix} H_{11} & 0 & 0 & 0 \\ 0 & H_{22} & 0 & H_{24} \\ 0 & 0 & H_{33} & 0 \\ 0 & H_{42} & 0 & H_{44} \end{bmatrix} \tag{10.121}$$

其中，H_{11}、H_{22}、H_{24}、H_{33}、H_{42} 和 H_{44} 取决于压电材料的材料系数。

由式(10.119)和式(10.121)可知，穿过裂纹的法向张开位移 Δu_2 和电势阶跃 $\Delta\phi$ 分别为

$$\begin{aligned} \Delta u_2 &= H_{22}(\sigma_{22}^{\infty}-\sigma_{22}^{0})+H_{24}(D_2^{\infty}-D_2^{0}) \\ \Delta\phi &= H_{42}(\sigma_{22}^{\infty}-\sigma_{22}^{0})+H_{44}(D_2^{\infty}-D_2^{0}) \end{aligned} \tag{10.122}$$

将式(10.122)代入半导通电边界条件(10.110)，由裂纹内部介质引起的裂纹表面法向电位移分量 D_2^0 可由如下三次方程求得：

$$D_2^0\left\{H_{22}\left[\sigma_{22}^{\infty}-\frac{(D_2^0)^2}{2\varepsilon_v}\right]+H_{24}(D_2^{\infty}-D_2^0)\right\}=-\varepsilon_v\left\{H_{42}\left[\sigma_{22}^{\infty}-\frac{(D_2^0)^2}{2\varepsilon_v}\right]+H_{44}(D_2^{\infty}-D_2^0)\right\} \tag{10.123}$$

通常来讲，求解式(10.123)，D_2^0 有3个不同根，分别为

$$\begin{aligned} D_2^{01} &= \sqrt[3]{-\frac{1}{2}Q+\sqrt{\left(\frac{P}{3}\right)^3+\left(\frac{Q}{2}\right)^2}}+\sqrt[3]{-\frac{1}{2}Q-\sqrt{\left(\frac{P}{3}\right)^3+\left(\frac{Q}{2}\right)^2}} \\ D_2^{02} &= \frac{-1+\mathrm{i}\sqrt{3}}{2}\sqrt[3]{-\frac{1}{2}Q+\sqrt{\left(\frac{P}{3}\right)^3+\left(\frac{Q}{2}\right)^2}}+\frac{-1-\mathrm{i}\sqrt{3}}{2}\sqrt[3]{-\frac{1}{2}Q-\sqrt{\left(\frac{P}{3}\right)^3+\left(\frac{Q}{2}\right)^2}} \\ D_2^{03} &= \frac{-1-\mathrm{i}\sqrt{3}}{2}\sqrt[3]{-\frac{1}{2}Q+\sqrt{\left(\frac{P}{3}\right)^3+\left(\frac{Q}{2}\right)^2}}+\frac{-1+\mathrm{i}\sqrt{3}}{2}\sqrt[3]{-\frac{1}{2}Q-\sqrt{\left(\frac{P}{3}\right)^3+\left(\frac{Q}{2}\right)^2}} \end{aligned} \tag{10.124}$$

其中，P 和 Q 为实常数，取决于远场机电载荷、压电材料系数以及裂纹内部介质的介电系数，可表示为

$$P=-\frac{1}{3}\left[\frac{3(2\varepsilon_v H_{22}\sigma_{22}^{\infty}+2\varepsilon_v H_{24}D_2^{\infty}-2\varepsilon_v^2 H_{44})}{H_{22}}+\frac{(2\varepsilon_v H_{24}+\varepsilon_v H_{42})^2}{H_{22}^2}\right]$$

$$Q=\frac{2\varepsilon_v^2}{27}\left[\frac{\varepsilon_v\ (2H_{24}+H_{42})^3}{H_{22}^3}+\frac{9(2H_{24}+H_{42})(H_{22}\sigma_{22}^{\infty}+H_{24}D_2^{\infty}-\varepsilon_v H_{44})}{H_{22}^2}\right.$$
$$\left.-\frac{27(H_{42}\sigma_{22}^{\infty}+H_{44}D_2^{\infty})}{H_{22}}\right] \tag{10.125}$$

依据 10.3 节的讨论，D_2^0 的选取采用如下判别方法。①D_2^0 应该保证当压电材料受纯机械载荷时，裂纹张开位移为正；②D_2^0 应该使当压电材料受纯机械载荷时，裂尖能量释放率为正；③D_2^0 应该随着外载电场载荷的变化而变化。在实际计算中，应该选取满足上述判别准则的 D_2^0 作为裂纹面法向电位移分量的真实解。获取 D_2^0 后，裂纹面库仑作用力的值可通过式(10.112)直接获取。

10.6　压电材料三维币形裂纹

前面主要针对的是压电材料的二维断裂问题，对于压电材料中的三维断裂问题，国内外许多学者也对此做了大量的研究工作，本节将主要介绍含币形裂纹(penny-shaped crack)无限大三维压电体的断裂理论问题。

如图 10.6 所示，无限大三维压电体内含有一个椭球孔洞。为方便起见，采用柱坐标系统(r,θ,z)，选取椭球孔的中心为坐标系统原点，而 z 轴与椭球孔的轴向对称轴方向一致，且平行于压电材料的极化轴方向。椭球孔的表面方程可由如下方程控制：$z^2/b^2+r^2/a^2=1$。当压电材料受远场轴对称机电载荷时，三维压电材料的通解将独立于角度变量 θ。对于机械位移 u_r、u_z，电势 ϕ，机械应力 σ_r、σ_θ、σ_z、σ_{rz}，以及电位移 D_r 和 D_z，可分别表示成如下复势函数形式(Wang et al.，1995；Li et al.，2011)：

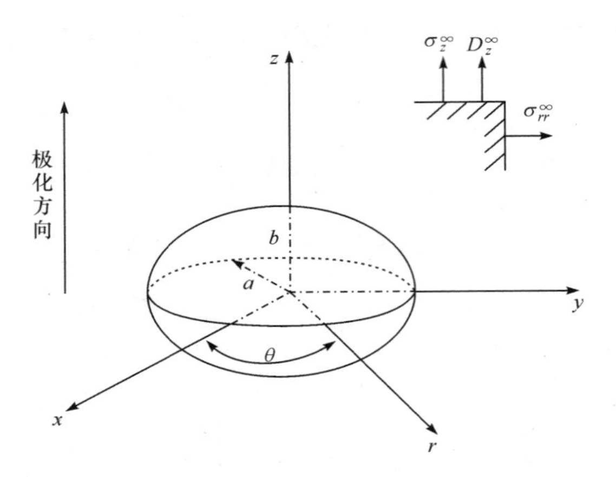

图 10.6　三维压电体含椭球孔洞问题

$$
\begin{aligned}
& u_r = \sum_{i=1}^{3} \frac{\partial \Phi_i}{\partial r}, \quad u_z = \sum_{i=1}^{3} \frac{k_{2i}}{v_i} \frac{\partial \Phi_i}{\partial z_i}, \quad \phi = -\sum_{i=1}^{3} \frac{k_{1i}}{v_i} \frac{\partial \Phi_i}{\partial z_i} \\
& \sigma_r = \sum_{i=1}^{3} \left(c_{11} \frac{\partial^2 \Phi_i}{\partial r^2} + c_{12} \frac{1}{r} \frac{\partial \Phi_i}{\partial r} + \frac{c_{13} k_{2i} - e_{31} k_{1i}}{v_i^2} \frac{\partial^2 \Phi_i}{\partial z_i^2} \right) \\
& \sigma_\theta = \sum_{i=1}^{3} \left(c_{12} \frac{\partial^2 \Phi_i}{\partial r^2} + c_{11} \frac{1}{r} \frac{\partial \Phi_i}{\partial r} + \frac{c_{13} k_{2i} - e_{31} k_{1i}}{v_i^2} \frac{\partial^2 \Phi_i}{\partial z_i^2} \right) \\
& \sigma_z = \sum_{i=1}^{3} \left[c_{13} \left(\frac{\partial^2 \Phi_i}{\partial r^2} + \frac{1}{r} \frac{\partial \Phi_i}{\partial r} \right) + \frac{c_{33} k_{2i} - e_{33} k_{1i}}{v_i^2} \frac{\partial^2 \Phi_i}{\partial z_i^2} \right] \\
& \sigma_{rz} = \sum_{i=1}^{3} \frac{c_{44}(1 + k_{2i}) - e_{15} k_{1i}}{v_i} \frac{\partial^2 \Phi_i}{\partial r \partial z_i} \\
& D_r = \sum_{i=1}^{3} \frac{e_{15}(1 + k_{2i}) + \chi_{11} k_{1i}}{v_i} \frac{\partial^2 \Phi_i}{\partial r \partial z_i} \\
& D_z = \sum_{i=1}^{3} \left[e_{31} \left(\frac{\partial^2 \Phi_i}{\partial r^2} + \frac{1}{r} \frac{\partial \Phi_i}{\partial r} \right) + \frac{e_{33} k_{2i} + \chi_{33} k_{1i}}{v_i^2} \frac{\partial^2 \Phi_i}{\partial z_i^2} \right]
\end{aligned} \tag{10.126}
$$

其中，常数 v_i 和(k_{1i}，k_{2i})可通过求解如下线性代数方程组获得

$$
\begin{aligned}
& \frac{c_{44} + (c_{13} + c_{44}) k_2 - (e_{31} + e_{15}) k_1}{c_{11}} = \frac{c_{33} k_2 - e_{33} k_1}{(c_{13} + c_{44}) + c_{44} k_2 - e_{15} k_1} = v^2 \\
& \frac{c_{44} + (c_{13} + c_{44}) k_2 - (e_{31} + e_{15}) k_1}{c_{11}} = \frac{e_{33} k_2 + \chi_{33} k_1}{(e_{15} + e_{31}) + \chi_{11} k_1 + e_{15} k_2} = v^2
\end{aligned} \tag{10.127}
$$

可以证明，式(10.127)仅存在 3 组解$(k_{1i},k_{2i})(i=1,2,3)$。通过式(10.127)可知，每一组(k_{1i},k_{2i})可对应一个 v_i^2。在式(10.126)中，$\Phi_i(r,z_i)$为变量 r 和 $z_i=z/v_i$ 的协调函数，其满足：

$$\frac{\partial^2\Phi_i}{\partial r^2}+\frac{1}{r}\frac{\partial\Phi_i}{\partial r}+\frac{\partial^2\Phi_i}{\partial z_i^2}=0,\quad i=1,2,3 \tag{10.128}$$

协调函数 $\Phi_i(r,z_i)$可表示为 $\Phi_i(r,z_i)=A_iF(r,z_i)$的形式，其中 $A_i(i=1,2,3)$为常系数，可通过三维压电体的边界条件求得。而函数 $F(r,z_i)$定义如下：

$$\begin{aligned}
&F(r,z_i)=\frac{1}{2}\left[z_i^2\psi_1(q_i)+r^2\psi_2(q_i)-C_i^2\psi_0(q_i)\right]\\
&\psi_0(q_i)=\frac{1}{2}\ln\left(\frac{q_i+1}{q_i-1}\right)\\
&\psi_1(q_i)=\frac{1}{2}\ln\left(\frac{q_i+1}{q_i-1}\right)-\frac{1}{q_i}\\
&\psi_2(q_i)=-\frac{1}{4}\ln\left(\frac{q_i+1}{q_i-1}\right)+\frac{1}{2}\frac{q_i}{q_i^2-1}
\end{aligned} \tag{10.129}$$

式(10.129)中的独立变量 $q_i(r,z_i)$可由如下隐式方程确定：

$$\frac{z_i^2}{q_i^2}+\frac{r^2}{q_i^2-1}=C_i^2 \tag{10.130}$$

其中，$C_i^2=(b^2-a^2v_i^2)/v_i^2$。值得注意的是，式(10.129)所定义的函数 $F(r,z_i)$是一个协调函数，即满足式(10.128)。另外，当 $q_i^2=p_i^2=b^2/(b^2-a^2v_i^2)$时，式(10.130)可退化为椭球表面方程 $z^2/b^2+r^2/a^2=1$。换句话说，任意一点(r,z)位于椭球孔表面上的必要条件是 $q_i=p_i$。

未知系数 $A_i(i=1,2,3)$可通过椭球表面的机械和电边界条件获得。如图 10.6 所示，当三维压电体受远场轴对称机电载荷 σ_r^∞、σ_z^∞ 和 D_z^∞ 作用时，考虑椭球孔内部介质的介电系数以及库仑力作用时，其孔边的边界条件如下：

$$\sigma_r n_r+\sigma_{rz}n_z=0,\quad \sigma_{zr}n_r+\sigma_z n_z=\sigma_{zr}^0 n_r+\sigma_z^0 n_z,\quad D_z=D_z^v=\varepsilon_v E_z^v \tag{10.131}$$

其中，σ_{zr}^0 和 σ_z^0 代表由表面电荷产生的库仑力值；E_z^v 和 D_z^v 分别代表椭球孔内的法向电场和电位移分量；n_r 和 n_z 分别代表椭球孔表面沿着径向和轴向方向的单位向量分量；ε_v 为椭球孔洞内介质的介电系数。

将式(10.129)代入式(10.126),并利用椭球孔上的边界条件(10.131)及表面库仑力 σ_{22}^0 的表达式(10.112),可得

$$\sum_{i=1}^{3} A_i \left[(c_{12} - c_{11})\psi_2(p_i) - \frac{c_{44}(1+k_{2i}) - e_{15}k_{1i}}{v_i}\psi_1(p_i) \right] = -\sigma_r^\infty$$

$$2\sum_{i=1}^{3} A_i [c_{44}(1+k_{2i}) - e_{15}k_{1i}]\psi_2(p_i) = \sigma_z^\infty - \frac{(D_z^v)^2}{2\varepsilon_v}$$

$$2\sum_{i=1}^{3} A_i [e_{15}(1+k_{2i}) + \chi_{11}k_{1i}]\psi_2(p_i) = D_z^\infty - D_z^v \tag{10.132}$$

其中,$p_i^2 = b^2/(b^2 - a^2 v_i^2)$。通过求解上述线性代数方程组,很容易求得未知系数 A_i。

同时,压电体含三维币形裂纹的解可通过椭球孔问题的极限情况获得。如图 10.6 所示,取椭球孔洞的短半轴 $b\to 0$,便可以求得当裂纹面垂直于压电材料极化轴方向时,其三维币形裂纹的通解。经过此椭球退化处理后,线性方程组(10.132)最终变为

$$\sum_{i=1}^{3} A_i \frac{[c_{44}(1+k_{2i}) - e_{15}k_{1i}]}{v_i} = 0$$

$$\frac{\pi \mathrm{i}}{2}\sum_{i=1}^{3} A_i [c_{44}(1+k_{2i}) - e_{15}k_{1i}] = \sigma_z^\infty - \frac{(D_z^v)^2}{2\varepsilon_v} \tag{10.133}$$

$$\frac{\pi \mathrm{i}}{2}\sum_{i=1}^{3} A_i [e_{15}(1+k_{2i}) + \chi_{11}k_{1i}] = D_z^\infty - D_z^v$$

为了后面分析方便起见,引入如下矩阵:

$$\boldsymbol{\Lambda} = (\Lambda_{ij})_{3\times 3} = \boldsymbol{B}^{-1} \tag{10.134}$$

其中,$\boldsymbol{B} = [B_{ij}]$的分量为

$$B_{1i} = \frac{[c_{44}(1+k_{2i}) - e_{15}k_{1i}]}{v_i}, \quad B_{2i} = \frac{\pi \mathrm{i}}{2}[c_{44}(1+k_{2i}) - e_{15}k_{1i}],$$

$$B_{3i} = \frac{\pi \mathrm{i}}{2}[e_{15}(1+k_{2i}) + \chi_{11}k_{1i}] \tag{10.135}$$

这样,式(10.133)中的系数 A_i 可表示为

$$A_i=\Lambda_{i2}\left[\sigma_z^{\infty}-\frac{(D_z^v)^2}{2\varepsilon_v}\right]+\Lambda_{i3}(D_z^{\infty}-D_z^v) \tag{10.136}$$

利用式(10.136)和式(10.129),压电材料三维币形裂纹问题的协调函数$\Phi_i(r,z_i)$可最终表示为

$$\Phi_i(r,z_i)=\left\{\Lambda_{i2}\left[\sigma_z^{\infty}-\frac{(D_z^v)^2}{2\varepsilon_v}\right]+\Lambda_{i3}(D_z^{\infty}-D_z^v)\right\}F(r,z_i),\quad i=1,2,3 \tag{10.137}$$

将式(10.137)代入式(10.126),不难求出三维压电材料含币形裂纹时的所有广义应力位移场解。其中,穿过裂纹表面($r<a$)的裂纹张开位移 Δu_z 和电势阶跃 $\Delta\phi$ 可分别表示为

$$\begin{aligned}\Delta u_z(r,0)&=u_z^+-u_z^-=2\sum_{i=1}^{3}\frac{k_{2i}}{v_i}\left\{\Lambda_{i2}\left[\sigma_z^{\infty}-\frac{(D_z^v)^2}{2\varepsilon_v}\right]+\Lambda_{i3}(D_z^{\infty}-D_z^v)\right\}_i\frac{\partial F(r,z_i)}{\partial z_i}\bigg|_{z_i=0}\\ \Delta\phi(r,0)&=\phi^+-\phi^-=-2\sum_{i=1}^{3}\frac{k_{1i}}{v_i}\left\{\Lambda_{i2}\left[\sigma_z^{\infty}-\frac{(D_z^v)^2}{2\varepsilon_v}\right]+\Lambda_{i3}(D_z^{\infty}-D_z^v)\right\}\frac{\partial F(r,z_i)}{\partial z_i}\bigg|_{z_i=0}\end{aligned} \tag{10.138}$$

其中,在式(10.137)和式(10.138)中,势函数 $F(r,z_i)$由式(10.129)给出。

下面考虑三种不同裂纹电边界条件对裂尖应力和电位移强度因子、能量释放率的影响。

1) 绝缘裂纹

绝缘裂纹即 $D_z^+=D_z^-=0(r<a)$,将式(10.138)代入式(10.126),可以获得$r\to a$时的机械应力奇异场和电位移奇异场的表达式为

$$\begin{aligned}\sigma_z(r,0)&=\frac{2a\sigma_z^{\infty}}{\pi\sqrt{r^2-a^2}}\\ D_z(r,0)&=\frac{2aD_z^{\infty}}{\pi\sqrt{r^2-a^2}}\end{aligned} \tag{10.139}$$

根据应力强度因子和电位移强度因子的定义,可得到

$$K_{\mathrm{I}}=\frac{2a\sigma_z^{\infty}}{\sqrt{\pi}},\quad K_{\mathrm{D}}=\frac{2aD_z^{\infty}}{\sqrt{\pi}} \tag{10.140}$$

其中,Ⅰ型应力强度因子 K_{I} 控制着裂面附近的应力奇异性,而电位移强度因子

K_D 控制着裂面附近的电场奇异性。对于三维压电体中的绝缘币形裂纹，式(10.140)表明，其应力强度因子仅取决于外加机械载荷，与远场电载荷无关；而电位移强度因子仅取决于外加电载荷，与远场机械载荷无关。也就是说，对于绝缘币形裂纹，应力强度因子和电位移强度因子是解耦的。

另外，利用裂纹闭合积分，可以求得三维压电体币形裂纹的总裂尖能量释放率。假设裂纹前端扩展了一微小量 δa，则总裂尖能量释放率可表示为

$$G=\lim_{\delta a\to 0}\frac{1}{2\delta a}\int_a^{a+\delta a}[\sigma_{iz}(r)\Delta u_z(a+\delta a-r)+D_z(r)\Delta\phi(a+\delta a-r)]\mathrm{d}r,\quad i=1,2,3 \tag{10.141}$$

其中，$\Delta u_z(a+\delta a-r)$ 和 $\Delta\phi(a+\delta a-r)$ 分别代表穿过裂纹面的机械张开位移和电势阶跃。积分的第一部分代表机械应变能释放率(G^{M})，第二部分代表电能量释放率(G^{E})，而总的能量释放率 G 为两者的叠加，即 $G=G^{\mathrm{M}}+G^{\mathrm{E}}$。

将式(10.138)和式(10.139)代入式(10.141)，分别获得机械能量释放率和电能量释放率的解析表示式

$$\begin{aligned}G^{\mathrm{M}}&=a\sum_{i=1}^{3}\frac{k_{2i}\sigma_z^{\infty}}{v_i}[\Lambda_{i2}\sigma_z^{\infty}+\Lambda_{i3}D_z^{\infty}]\\G^{\mathrm{E}}&=a\sum_{i=1}^{3}\frac{-k_{1i}D_z^{\infty}}{v_i}[\Lambda_{i2}\sigma_z^{\infty}+\Lambda_{i3}D_z^{\infty}]\end{aligned}\tag{10.142}$$

2) 导通裂纹

根据裂纹上、下表面的电势连续性条件，即 $\phi^+=\phi^-(r<a)$，式(10.138)中穿过裂纹的电势阶跃为零，因而有

$$-\sum_{i=1}^{3}\frac{k_{1i}}{v_i}\left\{\Lambda_{i2}\left[\sigma_z^{\infty}-\frac{(D_z^v)^2}{2\varepsilon_v}\right]+\Lambda_{i3}(D_z^{\infty}-D_z^v)\right\}=0 \tag{10.143}$$

求解式(10.143)可以获得导通裂纹面上的法向电位移分量。

在导通电边界条件下，应力和电位移强度因子可分别表示为

$$K_{\mathrm{I}}=\frac{2a\left[\sigma_z^{\infty}-\dfrac{(D_z^v)^2}{2\varepsilon_v}\right]}{\sqrt{\pi}},\quad K_{\mathrm{D}}=\frac{2a(D_z^{\infty}-D_z^v)}{\sqrt{\pi}} \tag{10.144}$$

由于导通裂纹的上下表面不存在电势阶跃，因而总能量释放率中的电部分将

始终为零，此时机械应变能释放率将占据着主导作用，利用裂纹闭合积分式(10.141)，可以得到

$$G^{\mathrm{M}} = a\sum_{i=1}^{3}\frac{k_{2i}\sigma_z^{\infty}}{v_i}\left\{\Lambda_{i2}\left[\sigma_z^{\infty}-\frac{(D_z^v)^2}{2\varepsilon_v}\right]+\Lambda_{i3}(D_z^{\infty}-D_z^v)\right\} \tag{10.145}$$

式(10.144)和式(10.145)中的 D_z^v 由式(10.143)决定。

3) 半导通裂纹

此外，将式(10.138)代入半导通电边界条件式，即 $D_z^v(u_z^+ - u_z^-) = -\varepsilon_v(\phi^+ - \phi^-)$，可以得到

$$D_z^v = \varepsilon_v\frac{\displaystyle\sum_{i=1}^{3}\frac{k_{1i}}{v_i}\left\{\Lambda_{i2}\left[\sigma_z^{\infty}-\frac{(D_z^v)^2}{2\varepsilon_v}\right]+\Lambda_{i3}(D_z^{\infty}-D_z^v)\right\}}{\displaystyle\sum_{i=1}^{3}\frac{k_{2i}}{v_i}\left\{\Lambda_{i2}\left[\sigma_z^{\infty}-\frac{(D_z^v)^2}{2\varepsilon_v}\right]+\Lambda_{i3}(D_z^{\infty}-D_z^v)\right\}} \tag{10.146}$$

通过求解这个三次非线性方程，可以获得裂纹面法向电位移分量的解。

对于三维压电材料中的半导通币形裂纹，其Ⅰ型应力强度因子 K_{I} 和电位移强度因子 K_{D} 可分别表示为

$$K_{\mathrm{I}} = \frac{2a\left[\sigma_z^{\infty}-\dfrac{(D_z^v)^2}{2\varepsilon_v}\right]}{\sqrt{\pi}},\quad K_{\mathrm{D}} = \frac{2a}{\sqrt{\pi}}(D_z^{\infty}-D_z^v) \tag{10.147}$$

利用裂纹闭合积分(10.141)，其能量释放率为

$$\begin{aligned}G^{\mathrm{M}} &= a\sum_{i=1}^{3}\frac{k_{2i}\sigma_z^{\infty}}{v_i}\left\{\Lambda_{i2}\left[\sigma_z^{\infty}-\frac{(D_z^v)^2}{2\varepsilon_v}\right]+\Lambda_{i3}(D_z^{\infty}-D_z^v)\right\}\\ G^{\mathrm{E}} &= a\sum_{i=1}^{3}\frac{-k_{1i}(D_z^{\infty}-D_z^v)}{v_i}\left\{\Lambda_{i2}\left[\sigma_z^{\infty}-\frac{(D_z^v)^2}{2\varepsilon_v}\right]+\Lambda_{i3}(D_z^{\infty}-D_z^v)\right\}\end{aligned} \tag{10.148}$$

式(10.147)和式(10.148)中的 D_z^v 由式(10.146)决定。

10.7　压电材料中的守恒积分

源于 Noether 理论下的守恒积分(如 J_k 和 M 积分)已经被证明在断裂损伤力学中具有重要的实用价值。此外，值得注意的是，对于大多数的工程结构压电材料，在宏观大裂纹形成之前，材料破坏机制往往是由大量随机分布的微缺陷，如微

裂纹、微孔洞、微夹杂的演化，以及聚合决定的。本节将针对压电材料中含大量随机分布的微裂纹、微孔洞、微缺陷时的复杂情况，重点分析当积分围线包含所有微缺陷时，Bueckner 积分与 J_k 积分或 M 积分之间的固有关系(Li et al,2009)。

10.7.1 Bueckner 积分

考虑一个各向异性压电材料，其中包含大量任意方向且随机分布的各种微缺陷，如裂纹、空洞、夹杂等，如图 10.7 所示。沿着包围所有微缺陷的闭合围线 Γ，压电材料中著名的 Bueckner 功共轭积分可以通过两个不同的物理场 α 场和 β 场定义如下：

$$B=\oint_{\Gamma}[(u_i^{(\alpha)}\sigma_{ij}^{(\beta)}-u_i^{(\beta)}\sigma_{ij}^{(\alpha)})n_j+(\phi^{(\alpha)}D_i^{(\beta)}-\phi^{(\beta)}D_i^{(\alpha)})n_i]\mathrm{d}s,\quad i=1,2,3,\quad j=1,2 \tag{10.149}$$

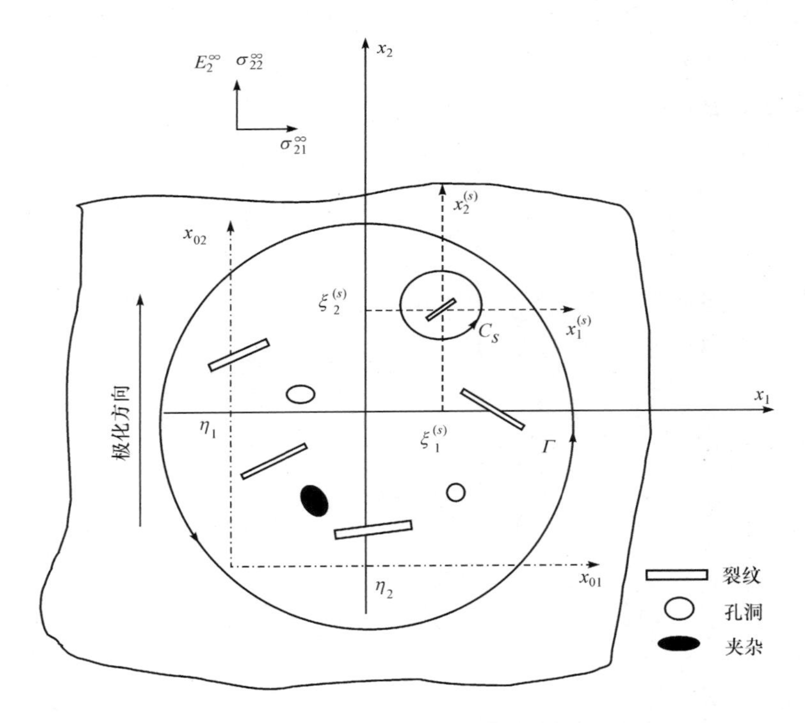

图 10.7　含各种微缺陷的压电材料

需要强调的是，此处 Bueckner 积分路径定义为围绕全部微缺陷的闭合路径。

基于 Betti 互等定律，假使积分路径 Γ 是一个平滑闭合曲线，不难证明 Bueckner 积分是一个路径无关积分。利用压电材料中的 Stroh 复势理论的紧凑表达式，上述 Bueckner 积分定义式可以重新写为

$$B = \oint_{\Gamma} (u_l^{(\alpha)} \sigma_{lj}^{(\beta)} - u_l^{(\beta)} \sigma_{lj}^{(\alpha)}) n_j \mathrm{d}s, \quad l = 1,2,3,4 \tag{10.150}$$

其中，$u_4 = \phi$；$\sigma_{41} = D_1$；$\sigma_{42} = D_2$。

另外，通过作用在积分路径 Γ 上的主应力概念 $T_i = \sigma_{ij} n_j$ 和主电位移概念 $T_4 = D_i n_i$，Bueckner 积分(10.150)可以变换为

$$B = \oint_{\Gamma} (u_l^{(\alpha)} \mathrm{d}T_l^{(\beta)} - u_l^{(\beta)} \mathrm{d}T_l^{(\alpha)}), \quad l = 1,2,3,4 \tag{10.151}$$

在随后的分析中，这样的变换处理将被证明是十分方便且有效的。

将两个不同的物理场 α 场和 β 场代入式(10.151)，并利用 Stroh 理论的广义应力和广义位移复势函数表达式(10.25)和式(10.26)，可以给出 Bueckner 积分的如下表达式：

$$\begin{aligned} B = & \oint_{\Gamma} [\boldsymbol{Af}(z) + \overline{\boldsymbol{Af}(z)}]^{\alpha^{\mathrm{T}}} \mathrm{d} [\boldsymbol{Bf}(z) + \overline{\boldsymbol{Bf}(z)}]^{\beta} \\ & - \oint_{\Gamma} [\boldsymbol{Af}(z) + \overline{\boldsymbol{Af}(z)}]^{\beta^{\mathrm{T}}} \mathrm{d} [\boldsymbol{Bf}(z) + \overline{\boldsymbol{Bf}(z)}]^{\alpha} \end{aligned} \tag{10.152}$$

其中，矩阵 $\boldsymbol{A}$ 和 $\boldsymbol{B}$ 及势函数 $\boldsymbol{f}(z)$ 可见 10.1 节的压电材料基本方程式(10.16)和式(10.24)。

含多缺陷的压电材料问题属于一个典型的多值问题，设其真实物理场为 α 场，所对应的 4 个复势函数 $f_m^{(\alpha)}(z_m)$ 可以展开为如下级数形式：

$$f_m^{(\alpha)}(z_m) = H_{m1}^{(\alpha)} z_m + H_{m2}^{(\alpha)} \ln z_m + h_{m0}^{(\alpha)} + \sum_{n=1}^{\infty} \frac{h_{mn}^{(\alpha)}}{z_m^n}, \quad m = 1,2,3,4 \tag{10.153}$$

其中，系数 $H_{m1}^{(\alpha)}$ 由远场机电载荷条件决定；$h_{mn}^{(\alpha)}$ 取决于压电材料内部具体的缺陷情况，如缺陷尺寸、缺陷形状、缺陷密度等。考虑到 $\ln z_m$ 是一个多值函数，当沿着积分路径 Γ 的逆时针方向旋转一周时，此多值函数有 $2\pi\mathrm{i}$ 的增值，这意味着多值函数的系数 $H_{m2}^{(\alpha)}$ 取决于积分围线 Γ 所包围的有限区域上作用的合力。此外，从式(10.153)中观察到，$h_{m0}^{(\alpha)}$ 是复势函数的常数项，可由压电材料的广义刚体位移

决定。

选取 β 场为辅助物理场。类似于式(10.153)的级数展开形式,它所对应的 4 个复势函数可分别定义为

$$f_k^{(\beta)}(z_k) = H_{k1}^{(\beta)} z_k + H_{k2}^{(\beta)} \ln z_k + h_{k0}^{(\beta)} + \sum_{n=1}^{\infty} \frac{h_{kn}^{(\beta)}}{z_k^n}, \quad k = 1,2,3,4 \tag{10.154}$$

此处需要注意的是,对于式(10.153)和式(10.154)中的重复下标,并不做求和处理。

将式(10.153)和式(10.154)代入式(10.152),就可以获得压电材料多缺陷问题的 Bueckner 积分显示表达式。求解 Bueckner 积分的显函数表达式最困难的在于 Bueckner 积分中存在的 4 个复变量 $x_1 + \mu_k x_2 = \rho_k e^{i\theta k}$,当将式(10.153)和式(10.154)代入式(10.152)时,4 个复变量是耦合在一起的,复杂的变量分离方法将不得不被采用。这里引入一个特殊的处理方法,根据 Betti 功互等定理,Bueckner 功共轭积分显然是路径无关的,因此,可以选择无限大闭路 $\rho \to \infty$ 作为 Bueckner 积分路径。在这种情况下,4 个不同复变量将具有如下渐近特征 $\rho_k \to \rho(k=1, 2,3,4)$。至于幅角 $\theta_k(k=1,2,3,4)$,由于 Bueckner 积分是沿 z 平面上环绕裂尖的闭路进行的,而映射变换 $z_k = z_k(z)$ 是将 z 平面上的闭路变换成 z_k 平面上的另一条闭路,所以在 Bueckner 积分中,令 4 个不同的幅角 $\theta_k \to \theta(k=1,2,3,4)$ 是可行的。这样,$\rho \to \infty$ 时,Bueckner 积分中的 4 个复变量同时满足 $z_k = \rho e^{i\theta}(k=1,2, 3,4)$

通过此渐近化处理,α 场和 β 场的广义位移 u_l 及主应力 T_l 可分别表示为

$$\begin{aligned} u_l^{(\alpha)} &= A_{lm} f_m^{(\alpha)}(z_m) + \overline{A_{lm}}\, \overline{f_m^{(\alpha)}(z_m)} \\ &= A_{lm} H_{m1}^{(\alpha)} \rho e^{i\theta} + [A_{lm} H_{m2}^{(\alpha)} + \overline{A_{lm}}\, \overline{H_{m2}^{(\alpha)}}] \ln\rho + A_{lm} h_{m0}^{(\alpha)} + \overline{A_{lm}}\, \overline{h_{m0}^{(\alpha)}} \\ &\quad + A_{lm} \sum_{n=1}^{\infty} h_{mn}^{(\alpha)} (\rho e^{i\theta})^{-n} + \overline{A_{lm}} \sum_{n=1}^{\infty} \overline{h_{mn}^{(\alpha)}} (\rho e^{-i\theta})^{-n} \end{aligned} \tag{10.155}$$

$$\begin{aligned} u_l^{(\beta)} &= A_{lk} f_k^{(\beta)}(z_k) + \overline{A_{lk}}\, \overline{f_k^{(\beta)}(z_k)} \\ &= A_{lk} H_{k1}^{(\beta)} \rho e^{i\theta} + [A_{lk} H_{k2}^{(\beta)} + \overline{A_{lk}}\, \overline{H_{k2}^{(\beta)}}] \ln\rho + A_{lk} h_{k0}^{(\beta)} + \overline{A_{lk}}\, \overline{h_{k0}^{(\beta)}} \\ &\quad + A_{lk} \sum_{n=1}^{\infty} h_{kn}^{(\beta)} (\rho e^{i\theta})^{-n} + \overline{A_{lk}} \sum_{n=1}^{\infty} \overline{h_{kn}^{(\beta)}} (\rho e^{-i\theta})^{-n} \end{aligned} \tag{10.156}$$

$$dT_l^{(\alpha)} = -B_{lm} d[f_m^{(\alpha)}(z_m)] - \overline{B_{lm}} d[\overline{f_m^{(\alpha)}(z_m)}]$$

$$
=-\mathrm{i}\left[B_{lm}H_{m1}^{(\alpha)}\rho e^{\mathrm{i}\theta}+B_{lm}H_{m2}^{(\alpha)}-B_{lm}\sum_{n=1}^{\infty}nh_{mn}^{(\alpha)}(\rho e^{\mathrm{i}\theta})^{-n}\right.
$$

$$
\left.-\overline{B_{lm}}\,\overline{H_{m1}^{(\alpha)}}\rho e^{-\mathrm{i}\theta}-\overline{B_{lm}}\,\overline{H_{m2}^{(\alpha)}}+\overline{B_{lm}}\sum_{n=1}^{\infty}n\,\overline{h_{mn}^{(\alpha)}}\,(\rho e^{-\mathrm{i}\theta})^{-n}\right]\mathrm{d}\theta \tag{10.157}
$$

$$
\mathrm{d}T_l^{(\beta)}=-B_{lk}\mathrm{d}[f_k^{(\beta)}(z_k)]-\overline{B_{lk}}\mathrm{d}[\overline{f_k^{(\beta)}(z_k)}]
$$

$$
=-\mathrm{i}\left[B_{lk}H_{k1}^{(\beta)}\rho e^{\mathrm{i}\theta}+B_{lk}H_{k2}^{(\beta)}-B_{lk}\sum_{n=1}^{\infty}nh_{kn}^{(\beta)}(\rho e^{\mathrm{i}\theta})^{-n}\right.
$$

$$
\left.-\overline{B_{lk}}\,\overline{H_{k1}^{(\beta)}}\rho e^{-\mathrm{i}\theta}-\overline{B_{lk}}\,\overline{H_{k2}^{(\beta)}}+\overline{B_{lj}}\sum_{n=1}^{\infty}n\,\overline{h_{kn}^{(\beta)}}\,(\rho e^{-\mathrm{i}\theta})^{-n}\right]\mathrm{d}\theta \tag{10.158}
$$

其中，A_{lk} 和 B_{lk} $(l,k=1,2,3,4)$ 分别为材料特征矩阵 $\boldsymbol{A}$ 和 $\boldsymbol{B}$ 的各分量，如式(10.16)所示。将式(10.155)～式(10.158)代入式(10.151)，经过烦琐的推导，可以获得由两个不同物理场式(10.153)和式(10.154)构建的 Bueckner 积分的显式表达式

$$
B=-2\pi\mathrm{i}\{[A_{lm}h_{m0}^{(\alpha)}+\overline{A_{lm}h_{m0}^{(\alpha)}}][B_{lk}H_{k2}^{(\beta)}-\overline{B_{lk}H_{k2}^{(\beta)}}]-A_{lm}H_{m1}^{(\alpha)}B_{lk}h_{k1}^{(\beta)}+A_{lm}h_{m1}^{(\alpha)}B_{lk}H_{k1}^{(\beta)}
$$

$$
-[A_{lk}h_{k0}^{(\beta)}+\overline{A_{lk}h_{k0}^{(\beta)}}][B_{lm}H_{m2}^{(\alpha)}-\overline{B_{lm}H_{m2}^{(\alpha)}}]+A_{lk}H_{k1}^{(\beta)}B_{lm}h_{m1}^{(\alpha)}
$$

$$
-A_{lk}h_{k1}^{(\beta)}B_{lm}H_{m1}^{(\alpha)}\},\quad l,k,m=1,2,3,4 \tag{10.159}
$$

在随后的工作中，当建立压电材料中 Bueckner 积分和 J_k 积分或 M 积分的固有关系后，式(10.159)将是非常有用的。通过它，进而根据 Bueckner 积分和 J_k 积分或 M 积分的关系，就可以方便地求得含缺陷压电材料中的 J_k 积分或 M 积分的显示表达式。

10.7.2　含微缺陷压电材料中的 J_k 积分和 M 积分

1) J_k 积分

压电材料中的 J 积分可以定义如下：

$$
J=J_1=\oint_{\Gamma}w\mathrm{d}y-\frac{\partial u_i}{\partial x}\sigma_{ij}n_j\mathrm{d}s-\frac{\partial\phi}{\partial x}D_in_i\mathrm{d}s \tag{10.160}
$$

其中，Γ 为包含所有微缺陷的闭合围线，如图 10.7 所示。实际上，著名的 J 积分概念仅是 J_k 积分向量$(k=1,2)$的第一个分量，而压电材料中的 J_k 积分向量可表述如下：

$$J_k = \oint_{\Gamma} [wn_k - u_{i,k}\sigma_{ij}n_j - D_j n_{j\phi,k}] \mathrm{d}s, \quad k=1,2 \tag{10.161}$$

此向量的第二个分量($k=2$),记为 J_2,类似于 J(或 J_1)积分的概念,可表示为

$$J_2 = \oint_{\Gamma} \left[-w\mathrm{d}x - \frac{\partial u_i}{\partial y}\sigma_{ij}n_j \mathrm{d}s - \frac{\partial \phi}{\partial y} D_i n_i \right] \mathrm{d}s \tag{10.162}$$

下面将证明,当选取真实物理场和不同的特定辅助广义应力位移场来构建 Bueckner 积分式(10.150)时,Bueckner 积分与 J_k 积分向量的两个分量之间存在着固有的关系。通常,定义真实物理场为 α 场,它可以根据压电材料中具体的微缺陷情况,以及压电材料所受远场机电载荷情况,通过数值方法获得。为方便起见,上标"α"在这里通常被省略,可直接写为 $u_i^{(\alpha)}=u_i$,$\phi^{(\alpha)}=\phi$,$\sigma_{ij}^{(\alpha)}=\sigma_{ij}$ 和 $D_i^{(\alpha)}=D_i$。式(10.153)给出了对应于 α 场的 4 个复势函数级数展开形式。当选取真实物理场对水平坐标 $x(x_1)$ 的偏导数作为辅助广义应力位移场时,可以构建一个 Bueckner 积分,此处记为 B_J。再考虑到 J 积分定义式(10.160),存在

$$B_J - 2J = \oint_{\Gamma} \frac{\partial}{\partial x}(\sigma_{ij}u_i)n_j \mathrm{d}s - \sigma_{ij}\varepsilon_{ij}\mathrm{d}y + \frac{\partial}{\partial x}(D_i\phi)n_i \mathrm{d}s + D_i E_i \mathrm{d}y \tag{10.163}$$

显然,当积分路径 Γ 为围绕全部微缺陷的闭合路径时,式(10.163)右边的第一项和第三项积分之间,存在如下关系式:

$$\begin{aligned}
&\oint_{\Gamma} \frac{\partial}{\partial x}(\sigma_{ij}u_i)n_j + \frac{\partial}{\partial x}(D_i\phi)n_i \mathrm{d}s \\
&= \oint_{\Gamma} \frac{\partial}{\partial x}(\sigma_{11}u_1 + \sigma_{21}u_2)\mathrm{d}y - \frac{\partial}{\partial x}(\sigma_{21}u_1 + \sigma_{22}u_2)\mathrm{d}x + \frac{\partial}{\partial x}(D_1\phi)\mathrm{d}y - \frac{\partial}{\partial x}(D_2\phi)\mathrm{d}x \\
&= \oint_{\Gamma} \frac{\partial}{\partial x}(\sigma_{11}u_1 + \sigma_{21}u_2)\mathrm{d}y + \frac{\partial}{\partial y}(\sigma_{21}u_1 + \sigma_{22}u_2)\mathrm{d}y + \frac{\partial}{\partial x}(D_1\phi)\mathrm{d}y + \frac{\partial}{\partial y}(D_2\phi)\mathrm{d}y \\
&= \oint_{\Gamma} \sigma_{ij}\varepsilon_{ij}\mathrm{d}y - D_i E_i \mathrm{d}y
\end{aligned} \tag{10.164}$$

将式(10.164)代入式(10.163),最终,可以证明

$$B_J = 2J \tag{10.165}$$

另外,对于辅助 β 场,其对应的复势函数级数展开式可表示为

$$f_k^{(\beta)}(z_k) = f_k'^{(\alpha)}(z_k) = H_{k1} + \frac{H_{k2}}{z_k} - n\sum_{n=1}^{\infty} \frac{h_{kn}}{z_k^{n+1}}, \quad \text{对 } k \text{ 不求和} \tag{10.166}$$

对比式(10.166)和式(10.154),有

$$H_{m1}^{(\alpha)}=H_{m1},\quad H_{m2}^{(\alpha)}=H_{m2},\quad h_{m0}^{(\alpha)}=h_{m0},\quad h_{m1}^{(\alpha)}=h_{m1} \tag{10.167}$$

$$H_{k1}^{(\beta)}=0,\quad H_{k2}^{(\beta)}=0,\quad h_{k0}^{(\beta)}=H_{k1},\quad h_{k1}^{(\beta)}=H_{k2} \tag{10.168}$$

将式(10.167)和式(10.168)代入式(10.159)，并另用 Bueckner 积分与 J 积分之间的特殊关系(10.165)，最终可以获得含微缺陷压电材料中的 J 积分的显示表达式为

$$\begin{aligned}J=B_J/2=&-\pi\mathrm{i}[-A_{lm}H_{m1}B_{lk}H_{k2}-A_{lk}H_{k2}B_{lm}H_{m1}\\&-(A_{lk}H_{k1}+\overline{A_{lk}H_{k1}})(B_{lm}H_{m2}-\overline{B_{lm}H_{m2}})]\end{aligned} \tag{10.169}$$

类似地，选取真实物理场对纵坐标轴 $y(x_2)$ 的偏导数作为另一个辅助的广义应力位移场($u_i^{(\beta)}$、$\phi^{(\beta)}$、$\sigma_{ij}^{(\beta)}$ 和 $D_i^{(\beta)}$)，同样可以证明 Bueckner 积分与 J_2 积分之间满足简单的两倍关系。其中，辅助场可定义如下：

$$\begin{aligned}u_i^{(\beta)}=\frac{\partial u_i}{\partial y},\quad \sigma_{ij}^{(\beta)}=\frac{\partial \sigma_{ij}}{\partial y}\\ \phi^{(\beta)}=\frac{\partial \phi}{\partial y},\quad D_i^{(\beta)}=\frac{\partial D_i}{\partial y}\end{aligned} \tag{10.170}$$

如上面提及的，假定 $u_i^{(\alpha)}=u_i$、$\phi^{(\alpha)}=\phi$、$\sigma_{ij}^{(\alpha)}=\sigma_{ij}$ 和 $D_i^{(\alpha)}=D_i$ 为真实的广义位移应力场。将式(10.170)代入式(10.149)，同样可以获得一个新的 Bueckner 积分(记为 B_{J2})，再考虑到 J_2 积分的定义式(10.162)，有

$$\begin{aligned}B_{J2}-2J_2=&\oint_\Gamma\left(u_i\frac{\partial\sigma_{ij}}{\partial y}-\frac{\partial u_i}{\partial y}\sigma_{ij}\right)n_j\mathrm{d}s+\left(\phi\frac{\partial D_i}{\partial y}-\frac{\partial\phi}{\partial y}D_i\right)n_i\mathrm{d}s\\&-2\oint_\Gamma\left[-\frac{1}{2}(\sigma_{ij}\varepsilon_{ij}-D_iE_i)\mathrm{d}x-\frac{\partial u_i}{\partial y}\sigma_{ij}n_j\mathrm{d}s-\frac{\partial\phi}{\partial y}D_in_i\mathrm{d}s\right]\\=&\oint_\Gamma\frac{\partial}{\partial y}(\sigma_{ij}u_i)n_j\mathrm{d}s+\sigma_{ij}\varepsilon_{ij}\mathrm{d}x+\frac{\partial}{\partial y}(D_i\phi)n_i\mathrm{d}s-D_iE_i\mathrm{d}x\end{aligned} \tag{10.171}$$

利用压电材料中的平衡方程式(10.2)，并通过分部积分方法，可以获得如下关系式：

$$\begin{aligned}&\oint_\Gamma\frac{\partial}{\partial y}(\sigma_{ij}u_i)n_j\mathrm{d}s+\frac{\partial}{\partial y}(D_i\phi)n_i\mathrm{d}s\\=&\oint_\Gamma\frac{\partial}{\partial y}(\sigma_{11}u_1+\sigma_{21}u_2)\mathrm{d}y-\frac{\partial}{\partial y}(\sigma_{21}u_1+\sigma_{22}u_2)\mathrm{d}x+\frac{\partial}{\partial y}(D_1\phi)\mathrm{d}y-\frac{\partial}{\partial y}(D_2\phi)\mathrm{d}x\end{aligned}$$

$$=\oint_{\Gamma}-\frac{\partial}{\partial x}(\sigma_{11}u_1+\sigma_{21}u_2)\mathrm{d}x-\frac{\partial}{\partial y}(\sigma_{21}u_1+\sigma_{22}u_2)\mathrm{d}x-\frac{\partial}{\partial x}(D_1\phi)\mathrm{d}x-\frac{\partial}{\partial y}(D_2\phi)\mathrm{d}x$$

$$=\oint_{\Gamma}-\sigma_{ij}\varepsilon_{ij}\mathrm{d}x+D_iE_i\mathrm{d}x \tag{10.172}$$

将式(10.172)代入式(10.171)，可以得到 Bueckner 积分和 J_2 积分之间存在简单关系式：

$$B_{J2}=2J_2 \tag{10.173}$$

其中，式(10.170)中的 β 场所对应的 4 个复势函数级数展开形式可表示为

$$f_k^{(\beta)}(z_k)=\mu_k f_k'^{(\alpha)}(z_k)=\mu_k H_{k1}+\frac{\mu_k H_{k2}}{z_k}-n\mu_k\sum_{n=1}^{\infty}\frac{h_{kn}}{z_k^{n+1}},\quad k=1,2,3,4 \tag{10.174}$$

比较式(10.174)和式(10.154)可以发现：

$$H_{k1}^{(\beta)}=0,\quad H_{k2}^{(\beta)}=0,\quad h_{k0}^{(\beta)}=\mu_k H_{k1}=\widetilde{H}_{k1},\quad h_{k1}^{(\beta)}=\mu_k H_{k2}=\widetilde{H}_{k2} \tag{10.175}$$

需要注意的是，在式(10.174)和式(10.175)中，对于重复的下标 $k(k=1,2,3,4)$并不做求和处理。

考虑到 β 场的级数展开系数(10.175)和 α 场的级数展开系数(10.167)，将它们代入式(10.159)，并利用 Bueckner 积分和 J_2 积分的关系式(10.173)，最终可获得含微缺陷压电材料中 J_2 积分的显示表达式为

$$J_2=B_{J2}/2=-\pi\mathrm{i}[-A_{lm}H_{m1}B_{lk}\widetilde{H}_{k2}-(A_{lk}\widetilde{H}_{k1}+\overline{A_{lk}\widetilde{H}_{k1}})(B_{lm}H_{m2}-\overline{B_{lm}H_{m2}})-A_{lk}\widetilde{H}_{k2}B_{lm}H_{m1}] \tag{10.176}$$

2) M 积分

此外，许多学者把 M 积分扩展应用到压电材料中，其定义表达式可写为

$$M=\oint_{\Gamma}(wx_l n_l-\sigma_{ij}n_j u_{i,l}x_l-D_i n_i\phi_{,l}x_l)\mathrm{d}s,\quad i=1,2,3,\quad j,l=1,2 \tag{10.177}$$

其中，积分路径 Γ 通常定义为包含所有微缺陷的闭合围线，如图 10.7 所示。

为了获得与压电材料中 Bueckner 积分和 M 积分的固有关系，仍旧选取真实物理场为 α 场，而选取辅助的广义应力位移场($u_i^{(\beta)}$、$\phi^{(\beta)}$、$\sigma_{ij}^{(\beta)}$ 和 $D_i^{(\beta)}$)为

$$u_i^{(\beta)}=x_l u_{i,l},\quad \sigma_{ij}^{(\beta)}=\sigma_{ij}+x_l\sigma_{ij,l}$$
$$\phi^{(\beta)}=x_l\phi_{,l},\quad D_i^{(\beta)}=D_i+x_l D_{i,l} \tag{10.178}$$

此辅助场可以看作真实物理场与真实场对坐标轴偏导数的特殊组合。

将式(10.178)代入式(10.149)，仍旧存在一个 Bueckner 积分，记为 B_M，将其减去式(10.177)，可以获得

$$\begin{aligned}B_M-2M=&\oint_\Gamma[u_i(\sigma_{ij}+x_l\sigma_{ij,l})-x_l u_{i,l}\sigma_{ij}]n_j\,\mathrm{ds}+[\phi(D_i+x_l D_{i,l})-x_l\phi_{,l}D_i]n_i\,\mathrm{ds}\\&-2\oint_\Gamma\left[\frac{1}{2}(\sigma_{ij}\varepsilon_{ij}-D_iE_i)x_l n_l-\sigma_{ij}n_j u_{i,l}x_l-D_i n_i\phi_{,l}x_l\right]\mathrm{ds}\\=&\oint_\Gamma[(\sigma_{ij}u_i x_l)_{,l}n_j+(D_i\phi x_l)_{,l}n_i]\mathrm{ds}-[\sigma_{ij}u_{i,j}x_1 n_l+D_{i\phi,i}x_l n_l]\mathrm{ds}\end{aligned} \tag{10.179}$$

利用分部积分方法和压电材料中的平衡方程，可以容易地获得下述关系式：

$$\begin{aligned}&\oint_\Gamma[(\sigma_{ij}u_i x_l)_{,l}n_j+(D_i\phi x_l)_{,l}n_i]\mathrm{ds}\\=&\oint_\Gamma\frac{\partial}{\partial x}(\sigma_{11}u_1+\sigma_{21}u_2)x\mathrm{d}y+\frac{\partial}{\partial y}(\sigma_{12}u_1+\sigma_{22}u_2)x\mathrm{d}y-\frac{\partial}{\partial x}(\sigma_{11}u_1+\sigma_{21}u_2)y\mathrm{d}x\\&-\frac{\partial}{\partial y}(\sigma_{12}u_1+\sigma_{22}u_2)y\mathrm{d}x+\frac{\partial}{\partial x}(D_1\phi)x\mathrm{d}y+\frac{\partial}{\partial y}(D_2\phi)x\mathrm{d}y-\frac{\partial}{\partial x}(D_1\phi)y\mathrm{d}x\\&-\frac{\partial}{\partial y}(D_2\phi)y\mathrm{d}x+\sigma_{ij}u_i n_j\mathrm{ds}+D_i n_i\phi\,\mathrm{ds}\\=&\oint_\Gamma\sigma_{ij}u_{i,j}x_l n_l\mathrm{ds}+D_{i\phi,i}x_l n_l\mathrm{ds}+\sigma_{ij}u_i n_j\mathrm{ds}+D_i n_i\phi\,\mathrm{ds}\end{aligned} \tag{10.180}$$

根据 Bueckner 积分的路径无关属性和路径渐近特性，当选取积分路径 $\rho\to\infty$ 时，可以证明式(10.180)中积分项 $\sigma_{ij}u_i n_j$ 和 $D_i n_i\phi$ 沿闭合积分路径始终为零。将式(10.180)代入式(10.179)，可以证明 Bueckner 积分与 M 积分之间存在如下简单关系：

$$B_M=2M \tag{10.181}$$

对应上述辅助广义应力位移场(10.178)的复势函数级数展开形式可表示为

$$f_k^{(\beta)}(z_k)=z_k f'^{(\alpha)}_k(z_k)=H_{k1}z_k+H_{k2}-n\sum_{n=1}^{\infty}\frac{h_{kn}}{z_k^n},\quad 对\ k\ 不求和 \tag{10.182}$$

对比式(10.182)和式(10.154),有

$$H_{k1}^{(\beta)}=H_{k1},\quad H_{k2}^{(\beta)}=0,\quad h_{k0}^{(\beta)}=H_{k2},\quad h_{k1}^{(\beta)}=-h_{k1} \tag{10.183}$$

将式(10.183)和式(10.167)代入式(10.159),最终可获得含微缺陷压电材料中的 M 积分显示表达式:

$$\begin{aligned}M=B_M/2=&-\pi\mathrm{i}[2A_{lm}H_{m1}B_{lk}h_{k1}+2A_{lm}h_{m1}B_{lk}H_{k1}\\&-(A_{lk}H_{k2}+\overline{A_{lk}H_{k2}})(B_{lm}H_{m2}-\overline{B_{lm}H_{m2}})]\end{aligned} \tag{10.184}$$

在整个推导过程中,同样可以看到,对于式(10.181)或式(10.184),不管压电材料中具体是什么样的微缺陷情况,这两个关系式总是成立的。

第 11 章　材料构型力学基本理论

当材料中的缺陷(夹杂、空穴、位错、裂纹、局部塑性变形区等)的构型(尺寸、形状和位置)改变时,会引起材料自由能的变化,与材料的构型变化相关的驱动力可定义为构型力。基于材料空间上发展起来的材料构型力学(material configurational mechanics)为解决缺陷演化问题提供了新的思路(Maugin,1993;Kienzler et al. ,2000;Gurtin,2000;Chen,2002;李群,2015)。区别于建立在欧拉物理空间上的经典力学(力的概念直接与质量有关,涉及带有质量的物体的平衡和运动),材料构型力定义在一个奇点上,是针对结构中的缺陷而言。可以说材料的变形与传统柯西应力相关,而材料的构型演化则直接取决于构型应力。因此,构型力学理论在描述含缺陷结构材料的破坏行为方面具有得天独厚的优势,可以作为一个独立的体系来描述传统经典力学无法解决的问题。

关于构型力的概念可以追溯到 Eshelby(1951,1956,1970,1975)关于晶格缺陷的研究,其相关工作为随后材料构型力学的建立奠定了基础。此外,构型力往往可以作为包围缺陷的闭合路径的积分项——守恒积分的核函数,这使构型力与守恒积分具有天然的内在联系。本章将简单介绍材料构型力学的基本理论框架,并介绍材料构型力学量的试验测量方法,最后给出非线性铁电材料中的构型力概念。

11.1　材料构型力学的基本概念

相对于传统的柯西应力张量,材料构型应力张量可分别通过对拉格朗日能量密度函数的梯度、散度、旋度进行数学操作而得到。在不考虑体力作用下,定义拉格朗日密度函数 Λ 为

$$\Lambda(x_i, u_{k,j}) = -W(x_i, u_{k,j}) \tag{11.1}$$

其中，W 为应变能密度；x_i 为坐标分量；$u_{k,j}$为位移矢量对坐标的偏导数。

11.1.1 J_k 积分及其构型应力

与 J_k 积分对应的构型应力，即著名的 Eshelby 应力张量，它可通过拉格朗日密度函数 Λ 在材料空间(初始构型)的梯度运算得到，即

$$\nabla(\Lambda)=-(W)_{,i}=-\left(\frac{\partial W}{\partial x_i}\right)_{\text{expl}}-\sigma_{kj}u_{k,ji} \tag{11.2}$$

其中，$(\partial W/\partial x_i)_{\text{expl}}$为 W 对 x_i 的显式函数求导；σ_{kj} 为应力张量。Eshelby 构型应力张量可定义为

$$b_{ji}=W\delta_{ji}-\sigma_{jk}u_{k,i} \tag{11.3}$$

其中，当 $i=j$ 时，$\delta_{ji}=1$；$i\neq j$ 时，$\delta_{ji}=0$。

同时，定义 Eshelby 构型力的概念：

$$R_i=-\left(\frac{\partial W}{\partial x_i}\right)_{\text{expl}} \tag{11.4}$$

利用式(11.2)，Eshelby 构型应力和构型力之间存在如下平衡关系：

$$b_{ji,j}+R_i=0 \tag{11.5}$$

而著名的 J_k积分就是定义为 Eshelby 构型应力沿着绕缺陷闭合路径的线积分，如图 11.1 所示：

$$J=J_1=\oint_\Gamma b_{j1}n_j\,\mathrm{d}s=\oint_\Gamma(Wn_1-\sigma_{jk}u_{k,1}n_j)\,\mathrm{d}s \tag{11.6}$$

$$J_2=\oint_\Gamma b_{j2}n_j\,\mathrm{d}s=\oint_\Gamma(Wn_2-\sigma_{jk}u_{k,2}n_j)\,\mathrm{d}s \tag{11.7}$$

其中，n_j 为积分路径的外法线矢量；Γ 为围绕所有缺陷的逆时针闭合路径。

Eshelby 构型应力张量 $b_{ji}(i,j=1,2)$的物理意义可以通过研究无限小单元沿 x_1 和 x_2 坐标轴上的平移运动来阐明。如图 11.2 所示，无限小单元(x_1,x_2)沿两坐标轴上分别平移$(\lambda\mathrm{d}t,\lambda\mathrm{d}t)$的长度，其中 λ 为运动速度，$\mathrm{d}t$ 为时间增量。构型应力分量 b_{ij} 的物理意义可以理解为：单位厚度的无穷小单元中，其法向方向 x_i的边，在 x_j 方向上滑动单位距离所产生的总势能改变量。而守恒 J_k 积分的物理意义可以由 Eshelby 构型应力张量沿围绕缺陷的线积分给出，即 J_k 积分代表着路径内缺

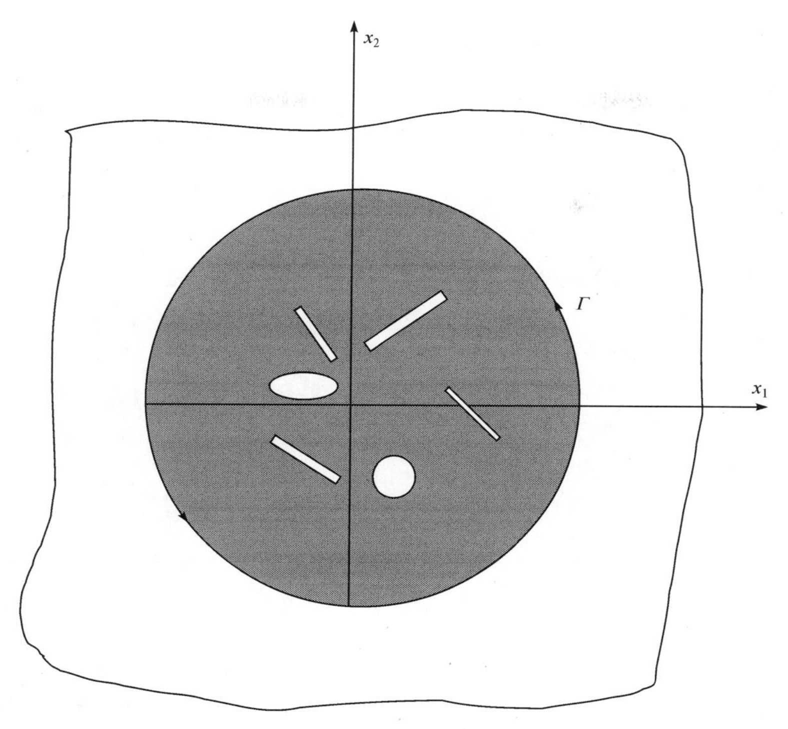

图 11.1　J_k、M、L 积分路径

陷沿着 x_k 坐标轴方向发生平移所引起的能量释放率。

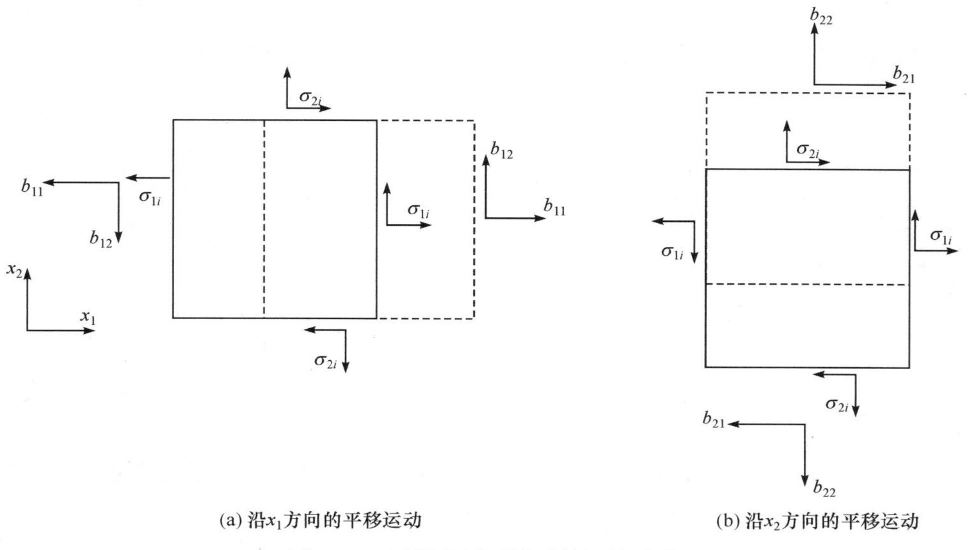

图 11.2　无限小平面单元的平移运动

11.1.2 M积分及其构型应力

与M积分对应的构型应力可通过拉格朗日密度函数动量的散度得到：

$$\nabla \cdot (\Lambda x) = -(W x_i)_{,i} = -x_{i,i} W - \left(\frac{\partial W}{\partial x_i}\right)_{\text{expl}} x_i - \frac{\partial W}{\partial u_{k,j}} u_{k,ji} x_i \tag{11.8}$$

对应于M积分的构型应力可定义为

$$M_j = W x_i \delta_{ij} - \sigma_{jk} u_{k,i} x_i + \frac{2-m}{2} \sigma_{ji} u_i n_j \tag{11.9}$$

其中，$m = x_{i,i}$，对于三维问题，$m=3$，对于二维问题，$m=2$。

同时，定义M积分构型力：

$$R = -\left(\frac{\partial W}{\partial x_i}\right)_{\text{expl}} x_i \tag{11.10}$$

利用式(11.8)，M积分构型应力和构型力之间存在如下平衡关系：

$$M_{j,j} + R = 0 \tag{11.11}$$

著名的M积分定义为构型应力式(11.9)沿着绕缺陷闭合路径的线积分，如图11.1所示。对于二维平面问题，其定义为

$$M = \oint_{\Gamma} (W x_i n_i - \sigma_{jk} u_{k,i} x_i n_j) \mathrm{d}\Gamma \tag{11.12}$$

构型应力M_j的物理意义可通过无限小单元(x_1, x_2)的自相似扩展运动阐明。图11.3表明坐标为(x_1, x_2)的无限小单元，在两坐标轴分别自相似扩张$(\lambda x_1 \mathrm{d}t, \lambda x_2 \mathrm{d}t)$，其中$\lambda$为自相似扩展速度，而$\mathrm{d}t$为时间变量。构型应力矢量$M_j$的物理意义可以理解为：单位厚度的无穷小单元沿着$x_j$坐标方向发生自相似扩展所产生的总势能改变量。而守恒M积分的物理意义可以由构型应力张量M_j的意义给出，即M积分代表着路径内缺陷自相似扩展时所引起的能量释放率。

11.1.3 L积分及其构型应力

与L积分对应的构型应力可通过拉格朗日密度函数动量的旋度获取

$$\nabla \times (\Lambda \boldsymbol{x}) = -e_{mij} (W x_j)_{,i} = -e_{mij} \left[\left(\frac{\partial W}{\partial x_i}\right)_{\text{expl}} x_j + \frac{\partial W}{\partial u_{k,l}} u_{k,li} x_j \right] \tag{11.13}$$

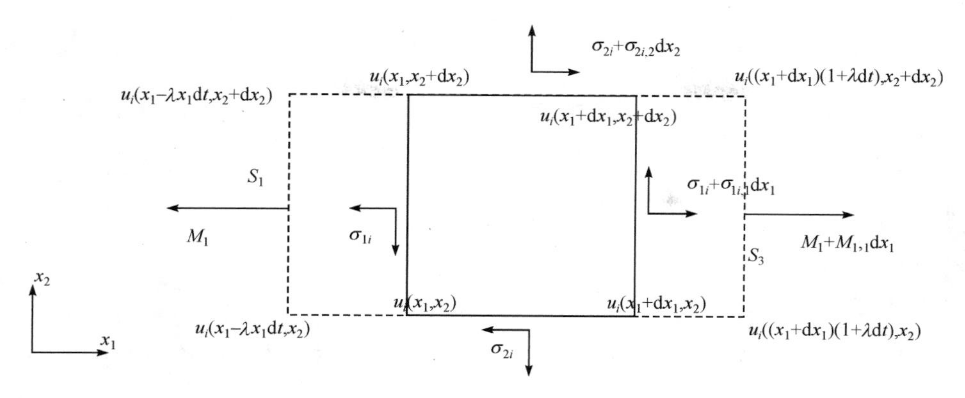

(a) 沿x_1方向的自相似扩展运动

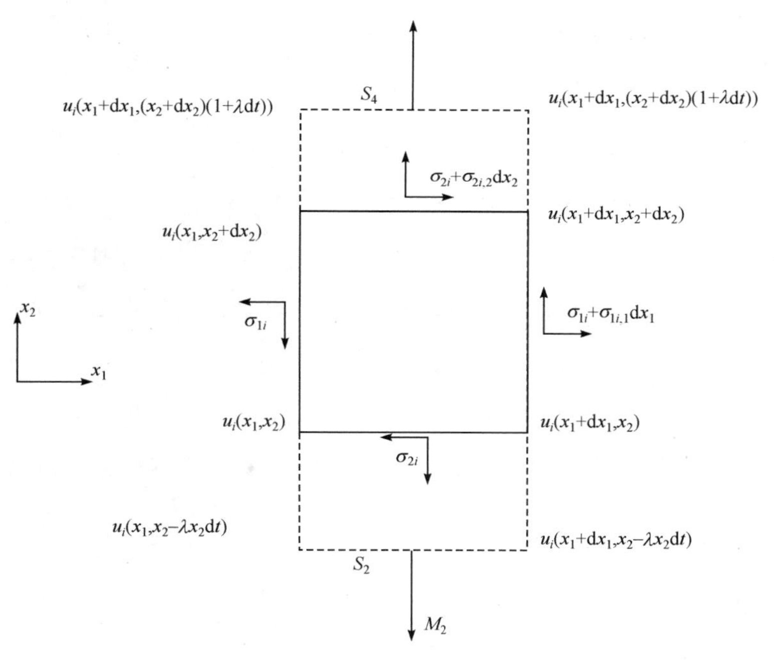

(b) 沿x_2方向的自相似扩展运动

图 11.3　无限小平面单元的自相似扩展运动

其中，e_{mij} 为转换张量，当任意下标相等时，$e_{mij}=0$；下标为（如 123、312 等）偶序时，$e_{mij}=1$；为奇序时（如 321、213 等），$e_{mij}=-1$ 。L 积分构型应力定义为

$$L_{ml}=e_{mij}(Wx_j\delta_{il}+\sigma_{il}u_j-\sigma_{kl}u_{k,i}x_j) \tag{11.14}$$

同时，定义 L 积分构型力为

$$R_m = -e_{mij}\left[\left(\frac{\partial W}{\partial x_i}\right)_{\text{expl}} x_j + (\sigma_{ik}u_{j,k} - \sigma_{kj}u_{k,i})\right] \tag{11.15}$$

可以证明,对于各向同性材料,总存在

$$\sigma_{ik}u_{j,k} - \sigma_{kj}u_{k,i} = 0 \tag{11.16}$$

则式(11.15)可简化为

$$R_m = -e_{mij}\left(\frac{\partial W}{\partial x_i}\right)_{\text{expl}} x_j \tag{11.17}$$

由式(11.13)可知 L 积分构型应力和构型力之间存在如下平衡关系:

$$L_{ml,l} + R_m = 0 \tag{11.18}$$

著名的 L 积分定义为构型应力式(11.14)沿着绕缺陷闭合路径的线积分,如图 11.1 所示:

$$L = L_3 = \oint_\Gamma e_{3ij}(Wx_j n_i + \sigma_{il}u_j n_l - \sigma_{kl}u_{k,i}x_j n_l)\,\mathrm{d}\Gamma \tag{11.19}$$

构型应力 $L_{mi}(m=3, i=1,2)$ 的物理意义可通过无限小单元 (x_1, x_2) 绕某一点的旋转运动阐明。如图 11.4 所示,坐标为 (x_1, x_2) 的无限小单元,其围绕某一点的转速如下:$v_i = -e_{3ij}x_j\omega$,其中,ω 为点 (x_1, x_2) 围绕着参考点的旋转角速度。构型应力矢量 L_{3i} 的物理意义可以理解为:无限小单元绕着参考点做旋转运动 v_i 时,其对应的总势能改变量。而守恒 L 积分的物理意义可以由构型应力张量 L_{3i} 的物理意义给出,即 L 积分代表着路径内缺陷绕某一特定点旋转时所引起的能量释放率。

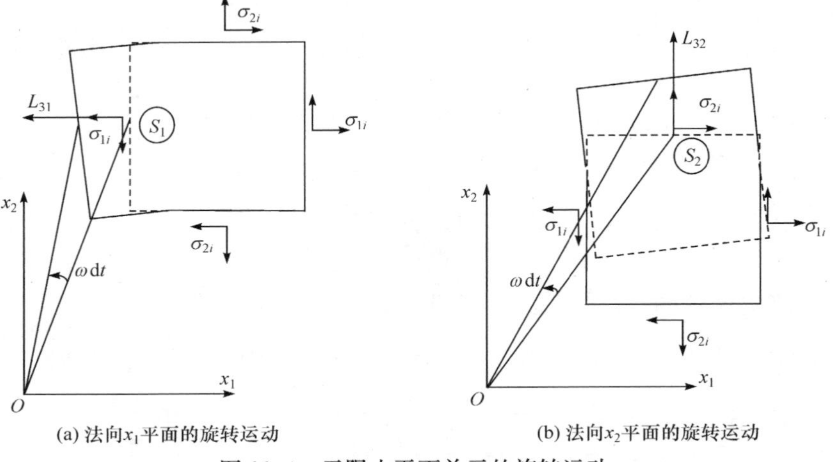

(a) 法向x_1平面的旋转运动　　(b) 法向x_2平面的旋转运动

图 11.4　无限小平面单元的旋转运动

11.2 材料构型力学基本量的试验测量

基于计算机图形处理技术的发展,可将数字图像相关技术(digital image correlation,DIC)应用于材料和结构的变形测量中,用于测量各种类型材料的位移场,进而通过一系列计算处理获得材料构型力学中各基本量(Yu et al.,2012,2013)。

数字图像相关是基于图像特征的识别技术,对于表面喷涂成散斑状态的试件,利用单镜头或成角度的一组镜头进行连续拍摄;而后将试件表面的数字图像分解为一定数量的像素群组成的小块,称为面元。然后通过镜头与空间的坐标变换、像素内插值算法以及图像识别等方法,将某一面元与同一时刻的不同角度图像以及不同时刻同一角度的图像序列之间进行匹配,得到该面元在二维或三维空间里的坐标,及该坐标随着图像序列的变化;进一步可以得到该面元的位移而获得整个表面的位移场分布。其中,德国 GOM 公司生产的 ARAMIS 4M 就是基于 DIC 技术的一种测量试件表面变形的成熟系统。基于此系统,本节将对数字散斑相关技术测量材料构型力学基本量的试验方法进行简单介绍。

含缺陷试件如图 11.5 所示,尺寸为 70mm×60mm×3mm,该试件中心随机分布着 60 个直径为 0.5mm 的小孔,试件表面使用黑白漆喷涂成随机分布的散斑状态。将试件夹持在 MTS-880 试验机上,设置 ARAMIS 4M 于试件前,如图 11.5(c)所示。将 ARAMIS 4M 的两个镜头夹角设定为 25°,两镜头中心距离试件设定为 325mm。在当前设定下,ARAMIS 4M 测量的空间体积约为 65mm×65mm×50mm;采用 19×19 像素作为一个面元,约为 0.58mm×0.58mm。校验结果显示当前的测量误差约为 0.03 像素,结合当前的测量体积可以估计出位移测量偏差约为 0.92μm。试件采用 LY-12 铝合金,弹性杨氏模量 E 为 71GPa,泊松比 ν 为 0.33。

根据三类构型应力的定义式(11.3)、式(11.9)和式(11.14),可以发现,如果想获取其测量结果,必须知晓其位移 u_i、应变 ε_{ij}、位移偏导数$\partial u_i/\partial x_j$、应力 σ_{ij}、应变能密度 W 等信息。下面将详细阐述 DIC 技术测量构型应力的方法和步骤。

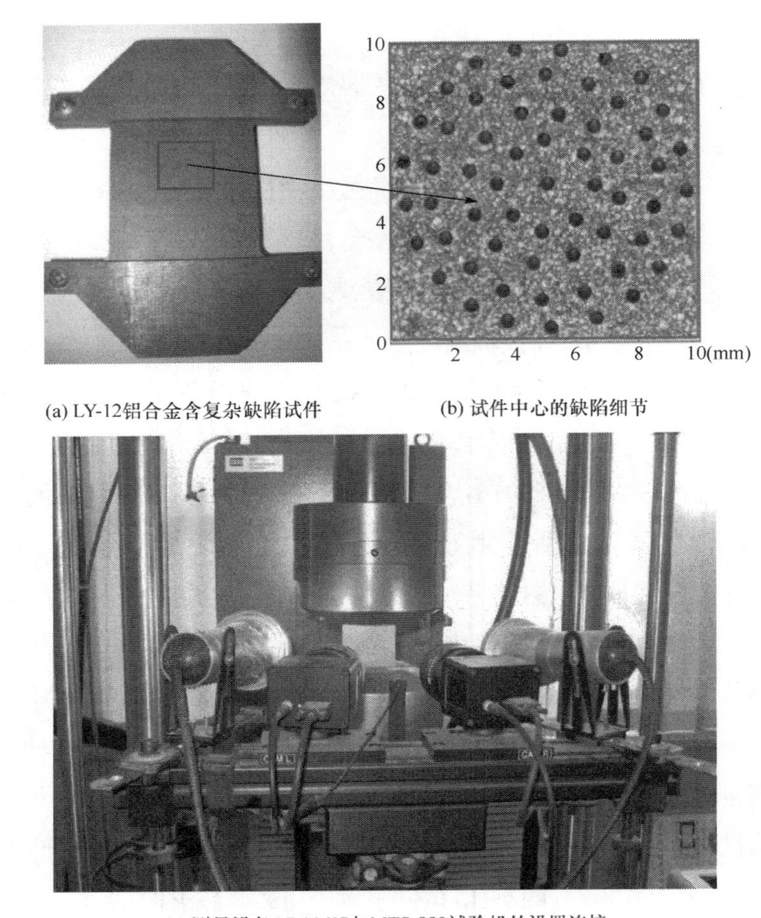

(a) LY-12铝合金含复杂缺陷试件 (b) 试件中心的缺陷细节

(c) 测量设备ARAMIS与MTS-880试验机的设置连接

图 11.5 材料构型力学基本量的试验测量

通过 ARAMIS 4M 可直接获取试件表面的位移数据。图 11.6 是载荷为 42kN 时，经过平滑后的位移场 u_x 和 u_y。通过在 x 和 y 方向上分别使用三次样条函数对位移数据进行拟合，然后求其导数，可得到小变形条件下的应变场 ε_x 和 ε_y，以及位移场的方向导数 $\partial u_x/\partial y$ 和 $\partial u_y/\partial x$。

材料面内应力的获取需要通过材料的本构方程，对于线弹性材料，可以直接使用平面应力问题的线弹性本构方程求解应力，即

$$\begin{cases}\sigma_x = E(\varepsilon_x + \upsilon\varepsilon_y)/(1-\upsilon^2) \\ \sigma_y = E(\varepsilon_y + \upsilon\varepsilon_x)/(1-\upsilon^2) \\ \tau_{xy} = E\gamma_{xy}/(2+2\upsilon)\end{cases} \tag{11.20}$$

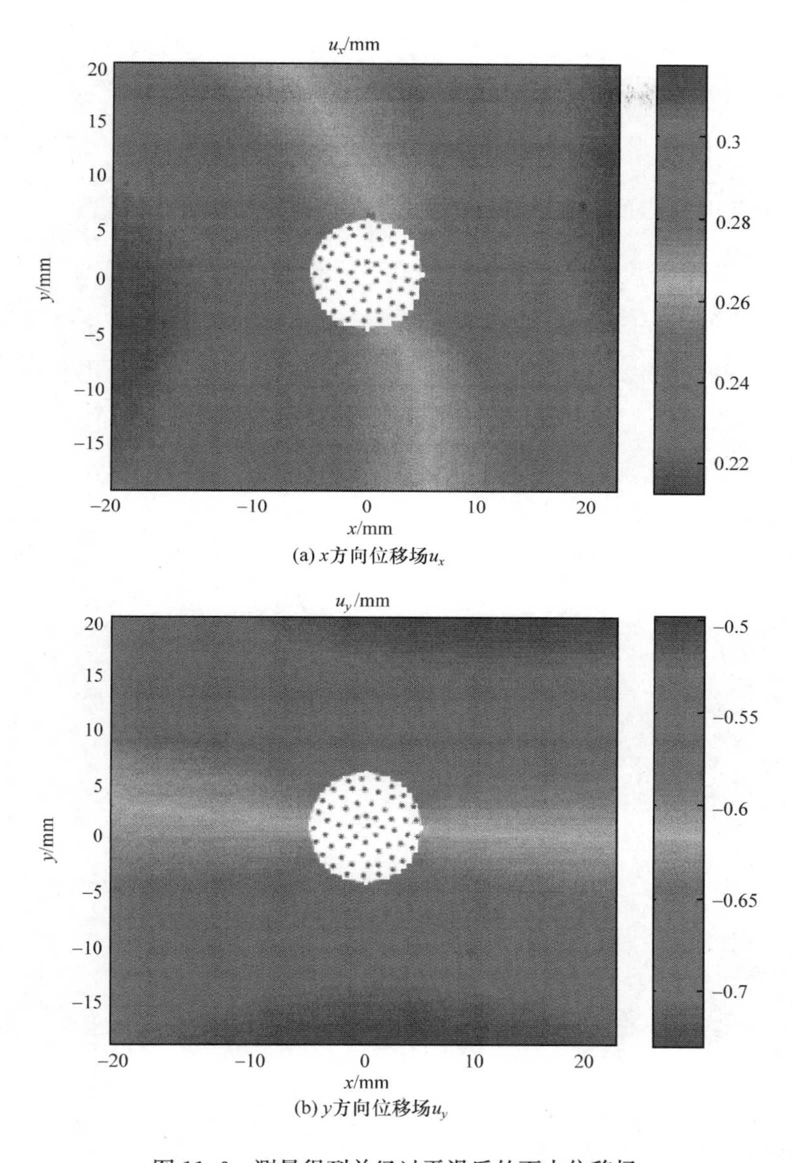

(a) x方向位移场u_x

(b) y方向位移场u_y

图 11.6　测量得到并经过平滑后的面内位移场

对于弹塑性材料，可引入 Ramberg-Osgood 本构关系来描述材料的弹塑性特性。对于复杂应力状态，Ramberg-Osgood 本构关系的表达式为

$$\varepsilon_{ij}/\varepsilon_0=(1+\upsilon)\sigma_{ij}/\sigma_0-\delta_{ij}\upsilon\sigma_{kk}/\sigma_0+\frac{3}{2}\alpha\,(\bar{\sigma}/\sigma_0)^{n-1}S_{ij}/\sigma_0 \tag{11.21}$$

其中，$S_{ij}=\sigma_{ij}-\sigma_{kk}\delta_{ij}/3$ 为应力偏量；$\bar{\sigma}=\sqrt{3S_{ij}S_{ij}/2}$ 为等效应力；ε_{ij} 已由试验测量得到；σ_{ij} 为待求分量；使用迭代法求解式(11.21)，可得到应力分量 σ_{ij}。

对于弹塑性变形，材料的应变能与变形历程相关，因而需要使用 $W=\int_{\varepsilon_{ij}}\sigma_{ij}\mathrm{d}\varepsilon_{ij}$ 计算某一点的应变能密度。对整个应力应变历程进行数值积分，进而得到该状态的应变能密度。通过前面的讨论，计算构型应力式(11.3)、式(11.9)、式(11.14)中所需要的分量，即应变能密度分量 W、应力分量 σ_{ij} 及位移偏导数分量 $u_{i,j}$ 均已求得，可以直接代入构型应力表达式进行计算。可得面内各构型应力分布如图 11.7 所示。

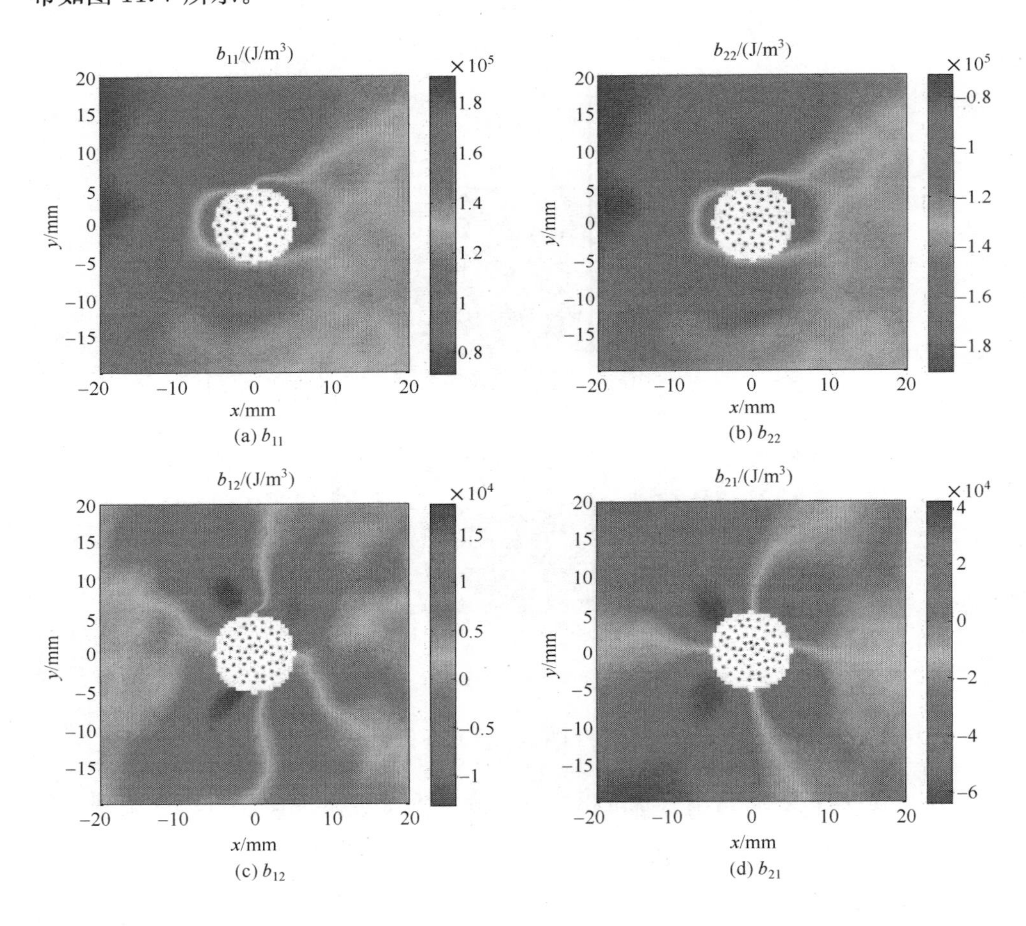

(a) b_{11}　(b) b_{22}

(c) b_{12}　(d) b_{21}

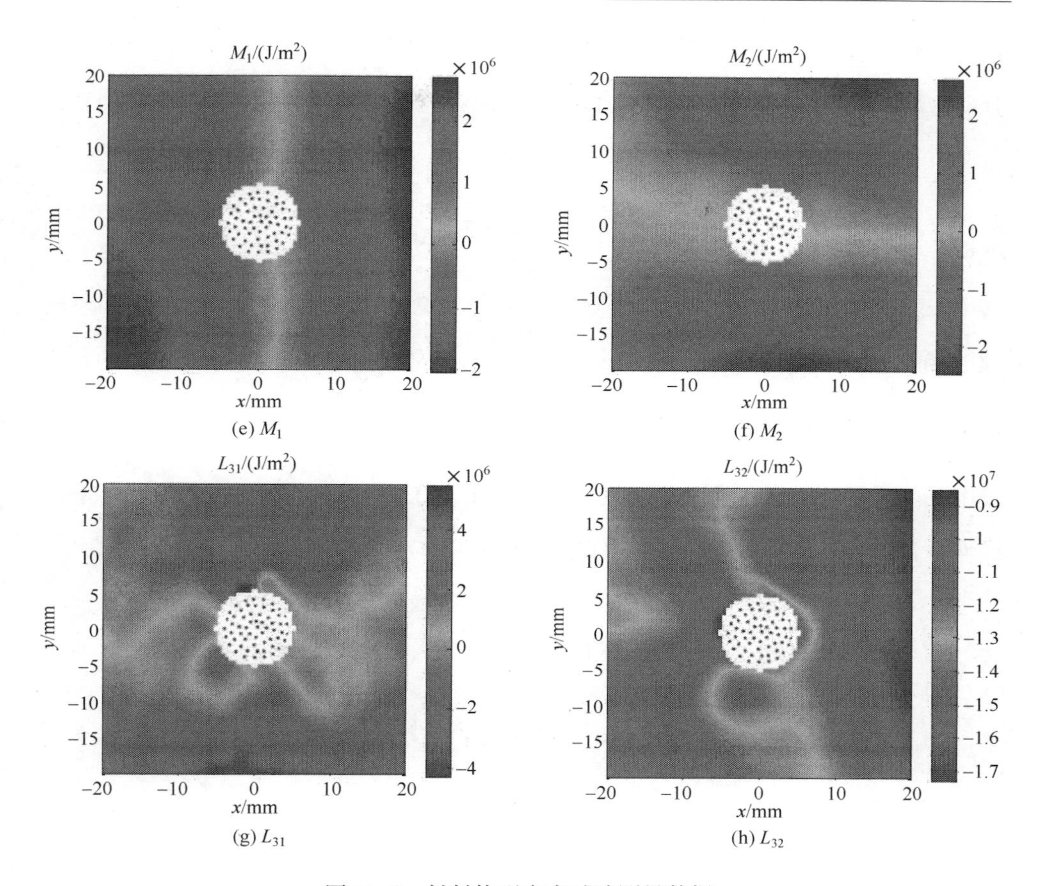

(e) M_1　(f) M_2　(g) L_{31}　(h) L_{32}

图 11.7　材料构型应力试验测量数据

根据上述计算得到的材料构型应力，选取任意积分路径对其进行数值积分，即可获得对应的一系列守恒积分值。

11.3　铁电材料的构型力概念

铁电晶体内部具有微观电畴结构，在一定温度范围内，自发极化偶极矩随外加载荷条件而改变，从而导致铁电畴变发生，使铁电体呈现非线性材料行为以及强非均匀性。本节将通过能量观点引入铁电材料断裂的材料构型力概念(Li et al.,2012a,2012b)，为研究铁电畴变引起的材料微构型变化及铁电材料的断裂微观机理提供理论支撑。

在铁电材料的非线性本构行为中，总应变 $\varepsilon_{ij}^{\mathrm{T}}$ 和总电位移 D_i^{T} 是由线性可逆部分($\varepsilon_{ij}^{\mathrm{L}}$，$D_i^{\mathrm{L}}$)和非线性不可逆部分($\varepsilon_{ij}^{\mathrm{R}}$，$P_i^{\mathrm{R}}$)组成：

$$\begin{aligned}\varepsilon_{ij}^{\mathrm{T}}&=\varepsilon_{ij}^{\mathrm{L}}+\varepsilon_{ij}^{\mathrm{R}}\\ D_i^{\mathrm{T}}&=D_i^{\mathrm{L}}+P_i^{\mathrm{R}}\end{aligned} \tag{11.22}$$

其中，$\varepsilon_{ij}^{\mathrm{R}}$ 和 P_i^{R} 分别表示由于电畴偏转引起的残余应变和自发极化。假设应力场和电场强度在铁电晶体内是均匀分布的，则电焓密度的改变量可表示为

$$\mathrm{d}h=\underbrace{\sigma_{ij}\,\mathrm{d}\varepsilon_{ij}^{\mathrm{L}}-D_i^{\mathrm{L}}\mathrm{d}E_i}_{\mathrm{d}h_0}+\underbrace{\sigma_{ij}\,\mathrm{d}\varepsilon_{ij}^{\mathrm{R}}-P_i^{\mathrm{R}}\mathrm{d}E_i}_{\mathrm{d}h_{\mathrm{R}}} \tag{11.23}$$

其中，h_0 代表线性部分的电焓密度；h_{R} 则表示由于残余应变和自发极化带来的非线性电焓密度。这样，铁电材料中，电焓密度可由加载历史确定：

$$\begin{aligned}\mathrm{d}h&=\int_0^{\varepsilon_{ij}^{\mathrm{R}},E_i}(\sigma_{ij}\,\mathrm{d}\varepsilon_{ij}^{\mathrm{L}}-D_i^{\mathrm{L}}\mathrm{d}E_i+\sigma_{ij}\,\mathrm{d}\varepsilon_{ij}^{\mathrm{R}}-P_i^{\mathrm{R}}\mathrm{d}E_i)\\ &=\frac{1}{2}\sigma_{ij}\,\mathrm{d}\varepsilon_{ij}^{\mathrm{L}}-\frac{1}{2}D_i^{\mathrm{L}}\mathrm{d}E_i+\int_0^{\varepsilon_{ij}^{\mathrm{R}}}\sigma_{ij}\,\mathrm{d}\varepsilon_{ij}^{\mathrm{R}}-\int_0^{E_i}P_i^{\mathrm{R}}\mathrm{d}E_i\\ &=\underbrace{\frac{1}{2}c_{ijkl}\varepsilon_{ij}^{\mathrm{L}}\varepsilon_{kl}^{\mathrm{L}}-e_{ijk}E_{\mathrm{i}}\varepsilon_{kl}^{\mathrm{L}}-\frac{1}{2}\kappa_{ij}E_jE_i}_{h_0}+\underbrace{\int_0^{\varepsilon_{ij}^{\mathrm{R}}}\sigma_{ij}\,\mathrm{d}\varepsilon_{ij}^{\mathrm{R}}-\int_0^{E_i}P_i^{\mathrm{R}}\mathrm{d}E_i}_{h_{\mathrm{R}}}\end{aligned} \tag{11.24}$$

其中，c_{ijkl}、e_{ijk} 和 κ_{ij} 分别表示铁电材料中的弹性、压电和介电常数。综合式(11.24)和式(11.22)，可以得到铁电材料的非线性本构方程：

$$\begin{aligned}\sigma_{ij}&=\frac{\partial h_0}{\partial\varepsilon_{kl}^{\mathrm{L}}}=c_{ijkl}(\varepsilon_{kl}-\varepsilon_{kl}^{\mathrm{R}})-e_{kij}E_k\\ D_i^{\mathrm{L}}&=D_i-P_i^{\mathrm{R}}=-\frac{\partial h_0}{\partial E_i}=e_{ikl}(\varepsilon_{kl}-\varepsilon_{kl}^{\mathrm{R}})+\kappa_{ij}E_j\end{aligned} \tag{11.25}$$

而铁电材料的总电焓改变量为

$$\delta H=\int_V[\sigma_{ij}\delta(\varepsilon_{ij}^{\mathrm{L}}+\varepsilon_{ij}^{\mathrm{R}})-(D_i^{\mathrm{L}}+P_i^{\mathrm{R}})\delta E_i]\mathrm{d}V \tag{11.26}$$

对于外界做功，其涉及体力 b_i、体电荷 ω_V、主应力 t_i 和表面电荷 ω_S：

$$\delta W = \int_V b_i \delta u_i \mathrm{d}V - \int_V \omega_V \delta\phi \mathrm{d}V + \int_{S_t} t_i \delta u_i \mathrm{d}S - \int_V \omega_S \delta\phi \mathrm{d}S \tag{11.27}$$

根据虚功原理,外界做功等于铁电体中电焓的改变量,也就是说

$$\delta W - \delta H = 0 \tag{11.28}$$

将式(11.26)、式(11.27)代入式(11.28)中,有

$$\begin{aligned} &\int_V b_i \delta u_i \mathrm{d}V - \int_V \omega_V \delta\phi \mathrm{d}V + \int_{S_t} t_i \delta u_i \mathrm{d}S - \int_V \omega_S \delta\phi \mathrm{d}S \\ &- \int_V [\sigma_{ij}\delta(\varepsilon_{ij}^{\mathrm{L}} + \varepsilon_{ij}^{\mathrm{R}}) - (D_i^{\mathrm{L}} + P_i^{\mathrm{R}})\delta E_i] \mathrm{d}V = 0 \end{aligned} \tag{11.29}$$

对于小应变,总的机械应变以及电场强度可以通过机械位移矢量和电势的微分获得,即几何方程:

$$\begin{aligned} \varepsilon_{ij} &= \frac{1}{2}(u_{i,j} + u_{j,i}) \\ E_i &= -\phi_{,i} \end{aligned} \tag{11.30}$$

将几何方程(11.30)代入式(11.29)等号左边的最后两积分项,有

$$\begin{aligned} &\int_V [\sigma_{ij}\delta(\varepsilon_{ij}^{\mathrm{L}} + \varepsilon_{ij}^{\mathrm{R}})] \mathrm{d}V = \int_S \sigma_{ij} n_j \delta u_i \mathrm{d}S - \int_V \sigma_{ij,j} \delta u_i \mathrm{d}V \\ &\int_V [(D_i^{\mathrm{L}} + P_i^{\mathrm{R}})\delta E_i] \mathrm{d}V = -\int_S (D_i^{\mathrm{L}} + P_i^{\mathrm{R}}) n_i \delta\phi \mathrm{d}S + \int_V (D_{i,i}^{\mathrm{L}} + P_{i,i}^{\mathrm{R}}) \delta\phi \mathrm{d}V \end{aligned} \tag{11.31}$$

结合式(11.29)和式(11.31)可以得到

$$\begin{aligned} &\int_V (\sigma_{ij,j} + b_i) \delta u_i \mathrm{d}V + \int_V (D_{i,i}^{\mathrm{L}} + P_{i,i}^{\mathrm{R}} - \omega_V) \delta\phi \mathrm{d}V \\ &+ \int_{S_t} (t_i - \sigma_{ij}) \delta u_i \mathrm{d}S - \int_V [\omega_S + (D_i^{\mathrm{L}} + P_i^{\mathrm{R}}) n_i] \delta\phi \mathrm{d}S = 0 \end{aligned} \tag{11.32}$$

由式(11.32)可以得到两个基本的平衡方程,即铁电材料的应力平衡方程和电位移平衡方程:

$$\begin{aligned}&\sigma_{ij,j}+b_i=0\\&D^{\mathrm{L}}_{i,i}+P^{\mathrm{R}}_{i,i}-\omega_V=0\end{aligned}\tag{11.33}$$

另外，还可以从中得到关于表面外力和表面电荷的边界条件：

$$\begin{aligned}&\sigma_{ij}n_j=t_i\\&D^{\mathrm{L}}_i n_i=-\omega_S-P^{\mathrm{R}}_i n_i\end{aligned}\tag{11.34}$$

基于铁电材料中的本构方程和平衡方程，可以进一步探讨铁电材料中构型应力的基本概念。由式(11.22)、式(11.23)和式(11.30)得到

$$\begin{aligned}&\dot{h}_0-\sigma_{ij}\dot{\varepsilon}_{ij}+\sigma_{ij}\dot{\varepsilon}^{\mathrm{R}}_{ij}+D_i\dot{E}_i-P^{\mathrm{R}}_i\dot{E}_i=\dot{h}_0-(\sigma_{ij}u_{i,j})^{\boldsymbol{\cdot}}+\dot{\sigma}_{ij}u_{i,j}\\&+(\sigma_{ij}\varepsilon^{\mathrm{R}}_{ij})^{\boldsymbol{\cdot}}-\dot{\sigma}_{ij}\varepsilon^{\mathrm{R}}_{ij}-(D_{i\phi,i})^{\boldsymbol{\cdot}}+\dot{D}_{i\phi,i}+(P^{\mathrm{R}}_{i\phi,i})^{\boldsymbol{\cdot}}-\dot{P}^{\mathrm{R}}_{i\phi,i}=0\end{aligned}\tag{11.35}$$

$(\quad)^{\boldsymbol{\cdot}}$代表对时间的导数，将其对坐标 x_k 求导，得到

$$\begin{aligned}&\dot{h}_{0,k}-(\sigma_{ij}u_{i,j})^{\boldsymbol{\cdot}}_k+(\dot{\sigma}_{ij}u_{i,j})_k+(\sigma_{ij}\varepsilon^{\mathrm{R}}_{ij})^{\boldsymbol{\cdot}}_k-(\dot{\sigma}_{ij}\varepsilon^{\mathrm{R}}_{ij})_k-(D_{i\phi,i})^{\boldsymbol{\cdot}}_k\\&+(\dot{D}_{i\phi,i})_k+(P^{\mathrm{R}}_{i\phi,i})^{\boldsymbol{\cdot}}_k-(\dot{P}^{\mathrm{R}}_{i\phi,i})_k=\dot{h}_{0,j}\delta_{kj}-(\sigma_{ij}u_{i,k})^{\boldsymbol{\cdot}}_j\\&+(\dot{\sigma}_{ij,k}u_{i,j})+(\sigma_{ij,j}u_{i,k})^{\boldsymbol{\cdot}}+(\dot{\sigma}_{ij}u_{i,j})_k+(\sigma_{ij}\varepsilon^{\mathrm{R}}_{ik})^{\boldsymbol{\cdot}}_j+(\sigma_{ij,k}\varepsilon^{\mathrm{R}}_{ij})^{\boldsymbol{\cdot}}\\&-(\sigma_{ij,j}\varepsilon^{\mathrm{R}}_{ik})^{\boldsymbol{\cdot}}-(\dot{\sigma}_{ij}\varepsilon^{\mathrm{R}}_{ij})^{\boldsymbol{\cdot}}_k-(D_{i\phi,k})^{\boldsymbol{\cdot}}_i-(D_{i,k\phi,i})^{\boldsymbol{\cdot}}+(D_{i,i\phi,k})^{\boldsymbol{\cdot}}\\&+(\dot{D}_{i\phi,i})_k+(P^{\mathrm{R}}_{i\phi,k})^{\boldsymbol{\cdot}}_i+(P^{\mathrm{R}}_{i,k\phi,i})^{\boldsymbol{\cdot}}-(P^{\mathrm{R}}_{i,i\phi,k})^{\boldsymbol{\cdot}}-(\dot{P}^{\mathrm{R}}_{i\phi,i})_k=0\end{aligned}\tag{11.36}$$

再将式(11.36)对时间进行积分，结合平衡方程(11.33)可以得到

$$\begin{aligned}&\dot{h}_{0,j}\delta_{kj}-(\sigma_{ij}u_{i,k})_j-(D_{j\phi,k})_j+(\sigma_{ij}\varepsilon^{\mathrm{R}}_{ik})_j+(P^{\mathrm{R}}_{j\phi,k})_j-b_iu_{i,k}+b_i\varepsilon^{\mathrm{R}}_{ik}\\&+\omega_{V\phi,k}-P^{\mathrm{R}}_{j,j\phi,k}+\int_0^t[(\dot{\sigma}_{ij,k}\varepsilon^{\mathrm{L}}_{ij})-(\sigma_{ij,j}\varepsilon^{\mathrm{L}}_{ik})^{\boldsymbol{\cdot}}]\mathrm{d}\tau+\int_0^t[(\dot{D}^{\mathrm{L}}_{j\phi,j})_k-(D^{\mathrm{L}}_{j,k\phi,j})^{\boldsymbol{\cdot}}]\mathrm{d}\tau=0\end{aligned}\tag{11.37}$$

定义铁电材料中的构型应力张量为

$$\Sigma_{kj}=h_0\delta_{kj}-\sigma_{ij}u_{i,k}-D_{j\phi,k}\tag{11.38}$$

利用式(11.38)，式(11.37)变为

$$\Sigma_{kj,j}+(\sigma_{ij}\varepsilon_{i,k}^{\mathrm{R}})_j+(P_{j}^{\mathrm{R}}{}_{\phi,k})_j-b_iu_{i,k}+b_i\varepsilon_{ik}^{\mathrm{R}}+D_{j}^{\mathrm{L}}{}_{\phi,kj}+\sigma_{ij}\varepsilon_{ij,k}^{\mathrm{L}}$$
$$+\omega_{V\phi,k}-P_{j,j}^{\mathrm{R}}{}_{\phi,k}-\int_0^t\underbrace{(\sigma_{ij}\dot{\varepsilon}_{ij,k}^{\mathrm{L}}+\sigma_{ij,k}\dot{\varepsilon}_{ij}^{\mathrm{L}})}_{(\sigma_{ij}\dot{\varepsilon}_{ij}^{\mathrm{L}})_k}\mathrm{d}\tau \tag{11.39}$$
$$-\int_0^t\underbrace{(D_j^{\mathrm{L}}\dot{\phi}_{,jk}+D_{j,k}^{\mathrm{L}}\dot{\phi}_{,j})}_{(D_j^{\mathrm{L}}\dot{\phi}_{,j})_k}\mathrm{d}\tau=0$$

进而可得到构型应力的平衡方程为

$$\Sigma_{kj,j}+g_k=0 \tag{11.40}$$

其中，g_k 代表非线性铁电材料断裂问题中的构型力：

$$\begin{aligned}g_k&=\sigma_{ij}\varepsilon_{ij,k}^{\mathrm{R}}+P_{j\phi,kj}^{\mathrm{R}}-b_iu_{i,k}+\omega_{V\phi,k}+\sigma_{ij}\varepsilon_{ij,k}^{\mathrm{L}}+D_{j\phi,kj}^{\mathrm{L}}-h_{0,k}\\&=\sigma_{ij}\varepsilon_{ij,k}^{\mathrm{R}}+P_{j\phi,kj}^{\mathrm{R}}-b_iu_{i,k}+\omega_{V\phi,k}-\left(\frac{\partial h_0}{\partial x_k}\right)_{\exp}\end{aligned} \tag{11.41}$$

若在铁电体中不存在任何缺陷，即电焓密度保持连续，且不考虑体力和体电荷的情况下，有

$$g_k=\sigma_{ij}\varepsilon_{ij,k}^{\mathrm{R}}+P_{j\phi,jk}^{\mathrm{R}} \tag{11.42}$$

这意味着非线性铁电体材料中的残余应变以及自发极化强度对材料构型应力具有重要的影响。

对铁电材料的构型应力表达式(11.38)进行数值积分，可得到非线性铁电材料中的 J_k积分定义式为

$$J_k=\int_\Gamma(h_0\delta_{kj}-\sigma_{ij}u_{i,k}-D_{j\phi,k})n_j\mathrm{d}s \tag{11.43}$$

其中，积分路径 Γ 为从下裂面逆时针旋转至上裂面，且包含裂尖及塑性区的任意曲线，如图 11.8 所示。

研究表明，考虑裂尖电畴偏转影响下的全局 J_k 积分是路径相关的。因此，定义一个新的断裂局部参数 $\tilde{J}_k$，如图 11.8 所示，积分路径沿着围绕裂尖无穷小路径 Γ_ε，对其应用散度理论，可以得到

$$\begin{aligned}\tilde{J}_k&=\lim_{\varepsilon\to0}\int_{\Gamma_\varepsilon}\Sigma_{kj}n_j\mathrm{d}s=\int_\Gamma\Sigma_{kj}n_j\mathrm{d}s-\int_V\Sigma_{kj,j}\mathrm{d}V\\&=\int_\Gamma(h_0\delta_{kj}-\sigma_{ij}u_{i,k}-D_{j\phi,k})n_j\mathrm{d}s+\int_Vg_k\mathrm{d}V\\&=J_k+\int_Vg_k\mathrm{d}V\end{aligned} \tag{11.44}$$

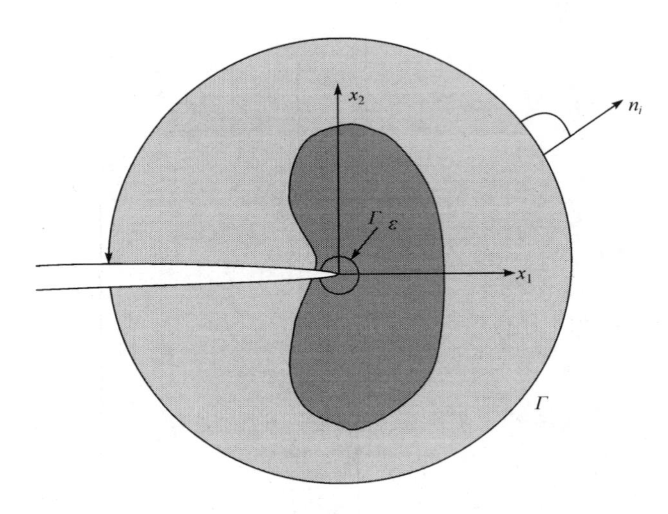

图 11.8　铁电材料非线性断裂中全局和局部 J 积分

而此时的局部 $\tilde{J}_k$ 积分是路径无关的。由式(11.44)可知，由电畴偏转引起的裂尖局部 $\tilde{J}_k$ 积分与远场全局 J_k 积分之间的变化可用路径所包含面积的构型力 $\int_V g_k \mathrm{d}V$ 来表征。

第 12 章　断裂参数的数值计算方法

在科学技术领域内，对于许多力学问题，人们已经得到了它们应遵循的基本方程和相应的定解条件，但能用解析方法求出精确解的只是少数。对于大多数情况，尤其是几何形状相对复杂的问题，需要引入数值方法对其进行求解。特别是对于断裂力学问题，现实中材料本构、裂纹构型及作用载荷的复杂性，使得能够得到裂纹端部场显式解析解的裂纹问题相对较少。工程实际中，可利用数值方法来计算断裂力学的相关问题，进而对材料裂纹启裂、演化和最终破坏的过程进行有效分析。随着计算机硬件和软件的迅猛发展，很多数值方法被尝试用来进行断裂力学的相关分析等，如有限元法、有限差分法、边界元方法、无网格法、扩展有限元法、内聚力单元法、相场法等。其中，基于有限元法的商业软件发展最为迅猛。

在过去的半个多世纪里，有限元法成功地应用于许多工业部门。现在有许多现成的商业软件可供使用，其中代表性的有 Abaqus、ANSYS、MSC/PATRAN、NASTRAN、LS-DYNA、Femap、FRANC3D、Zencrack 等。这些商业软件在求解精度和求解效率上经过了严格测试及广泛验证，并提供可直接使用的多种材料本构模型。利用现有的商业有限元软件进行断裂分析，可直接从有限元结果中提取相关信息并用来计算相关断裂参数，从而极大地减少了研究人员的工作量。下面针对几种常用断裂参数的数值计算方法进行重点介绍。

12.1　有限元的裂尖奇异单元

有限单元法的基本思想是将连续的求解区域离散为一组有限个且按一定方式相互联结在一起的单元组合体，且单元本身又可以有不同的形状，因此可以模型化几何形状复杂的求解域。有限元法的另一个重要特点是利用在每一个单元内假设的近似函数来分片地表示全求解域上待求的未知场函数。单元内的近似函数通常由单元的各个节点的数值及其插值函数来表示。

例如,对于四节点等参单元,单元中的变量可用节点上的值通过形函数插值来近似。如图 12.1 所示,假设四节点等参单元的整体坐标(x,y)与单元坐标(r,s),考虑单元中的任意一点,其单元内任意一点的坐标可用节点坐标和形状函数表示如下:

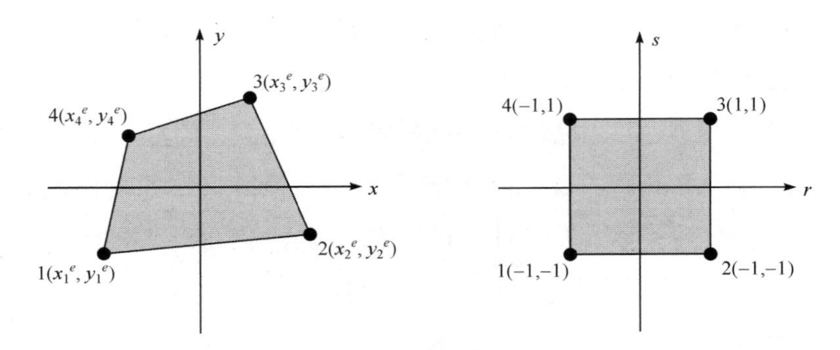

图 12.1　四节点等参元的单元定义

$$
\begin{aligned}
x &= N_1 x_1^e + N_2 x_2^e + N_3 x_3^e + N_4 x_4^e = \boldsymbol{N}\boldsymbol{x}^e = \sum_{i=1}^{4} N_i(r,s) x_i^e \\
y &= N_1 y_1^e + N_2 y_2^e + N_3 y_3^e + N_4 y_4^e = \boldsymbol{N}\boldsymbol{y}^e = \sum_{i=1}^{4} N_i(r,s) y_i^e
\end{aligned}
\tag{12.1}
$$

同样,其位移也可用节点位移和形状函数来近似

$$
\begin{aligned}
u &= N_1 u_1^e + N_2 u_2^e + N_3 u_3^e + N_4 u_4^e = \boldsymbol{N}\boldsymbol{u}^e = \sum_{i=1}^{4} N_i(r,s) u_i^e \\
v &= N_1 v_1^e + N_2 v_2^e + N_3 v_3^e + N_4 v_4^e = \boldsymbol{N}\boldsymbol{v}^e = \sum_{i=1}^{4} N_i(r,s) v_i^e
\end{aligned}
\tag{12.2}
$$

其中,$N_i(r,s)$为形状函数;式(12.1)中,x_i^e 和 y_i^e 代表第 i 个节点的坐标;式(12.2)中,u_i^e 和 v_i^e 代表第 i 个节点的位移。

形状函数、坐标、位移的节点矢量表达式为

$$\boldsymbol{N}=\{N_1,N_2,N_3,N_4\}$$

$$\boldsymbol{x}^e=\begin{Bmatrix}x_1^e\\x_2^e\\x_3^e\\x_4^e\end{Bmatrix},\quad \boldsymbol{y}^e=\begin{Bmatrix}y_1^e\\y_2^e\\y_3^e\\y_4^e\end{Bmatrix},\quad \boldsymbol{u}^e=\begin{Bmatrix}u_1^e\\u_2^e\\u_3^e\\u_4^e\end{Bmatrix},\quad \boldsymbol{v}^e=\begin{Bmatrix}v_1^e\\v_2^e\\v_3^e\\v_4^e\end{Bmatrix} \tag{12.3}$$

对于四节点等参单元，其形状函数可表示为

$$\begin{aligned}N_1(r,s)&=\frac{1}{4}(1-r)(1-s)\\N_2(r,s)&=\frac{1}{4}(1+r)(1-s)\\N_3(r,s)&=\frac{1}{4}(1+r)(1+s)\\N_4(r,s)&=\frac{1}{4}(1-r)(1+s)\end{aligned} \tag{12.4}$$

它们对单元坐标(r,s)的导数为

$$\begin{aligned}&N_{1,r}=\frac{\partial N_1(r,s)}{\partial r}=-\frac{1}{4}(1-s),\quad N_{1,s}=\frac{\partial N_1(r,s)}{\partial s}=-\frac{1}{4}(1-r)\\&N_{2,r}=\frac{\partial N_2(r,s)}{\partial r}=\frac{1}{4}(1-s),\quad N_{2,s}=\frac{\partial N_2(r,s)}{\partial s}=-\frac{1}{4}(1+r)\\&N_{3,r}=\frac{\partial N_3(r,s)}{\partial r}=\frac{1}{4}(1+s),\quad N_{3,s}=\frac{\partial N_3(r,s)}{\partial s}=\frac{1}{4}(1+r)\\&N_{4,r}=\frac{\partial N_4(r,s)}{\partial r}=-\frac{1}{4}(1+s),\quad N_{4,s}=\frac{\partial N_4(r,s)}{\partial s}=\frac{1}{4}(1-r)\end{aligned} \tag{12.5}$$

这样，整体坐标(x,y)对单元坐标(r,s)的导数可表示为

$$\begin{aligned}&\frac{\partial x}{\partial r}=\sum_{i=1}^{4}\frac{\partial N_i(r,s)}{\partial r}x_i^e,\quad \frac{\partial x}{\partial s}=\sum_{i=1}^{4}\frac{\partial N_i(r,s)}{\partial s}x_i^e\\&\frac{\partial y}{\partial r}=\sum_{i=1}^{4}\frac{\partial N_i(r,s)}{\partial r}y_i^e,\quad \frac{\partial y}{\partial s}=\sum_{i=1}^{4}\frac{\partial N_i(r,s)}{\partial s}y_i^e\end{aligned} \tag{12.6}$$

形状函数 $N(r,s)$对整体坐标(x,y)的导数，可通过以下操作获取：

$$\begin{cases}\dfrac{\partial N_i}{\partial r}=\dfrac{\partial N_i}{\partial x}\dfrac{\partial x}{\partial r}+\dfrac{\partial N_i}{\partial y}\dfrac{\partial y}{\partial r}\\[2ex]\dfrac{\partial N_i}{\partial s}=\dfrac{\partial N_i}{\partial x}\dfrac{\partial x}{\partial s}+\dfrac{\partial N_i}{\partial y}\dfrac{\partial y}{\partial s}\end{cases}\tag{12.7}$$

式(12.7)写成矩阵形式为

$$\begin{bmatrix}\dfrac{\partial N_i}{\partial r}\\[2ex]\dfrac{\partial N_i}{\partial s}\end{bmatrix}=\begin{bmatrix}\dfrac{\partial x}{\partial r} & \dfrac{\partial y}{\partial r}\\[2ex]\dfrac{\partial x}{\partial s} & \dfrac{\partial y}{\partial s}\end{bmatrix}\begin{bmatrix}\dfrac{\partial N_i}{\partial x}\\[2ex]\dfrac{\partial N_i}{\partial y}\end{bmatrix}\tag{12.8}$$

其中，$\partial N_i/\partial r$ 和$\partial N_i/\partial s$ 可通过式(12.5)求得；$\partial x/\partial r$、$\partial y/\partial r$、$\partial x/\partial s$、$\partial y/\partial s$ 可由式(12.6)求得。定义一个雅可比矩阵如下：

$$\boldsymbol{J}^{\mathrm{c}}=\begin{bmatrix}\dfrac{\partial x}{\partial r} & \dfrac{\partial y}{\partial r}\\[2ex]\dfrac{\partial x}{\partial s} & \dfrac{\partial y}{\partial s}\end{bmatrix}\tag{12.9}$$

则形状函数 $N(r,s)$对整体坐标(x,y)的导数最终可由式(12.8)计算求得：

$$\begin{bmatrix}\dfrac{\partial N_i}{\partial x}\\[2ex]\dfrac{\partial N_i}{\partial y}\end{bmatrix}=\begin{bmatrix}\dfrac{\partial x}{\partial r} & \dfrac{\partial y}{\partial r}\\[2ex]\dfrac{\partial x}{\partial s} & \dfrac{\partial y}{\partial s}\end{bmatrix}^{-1}\begin{bmatrix}\dfrac{\partial N_i}{\partial r}\\[2ex]\dfrac{\partial N_i}{\partial s}\end{bmatrix}\tag{12.10}$$

进一步可写成

$$\begin{aligned}\frac{\partial N_i}{\partial x}&=\frac{1}{\det(\boldsymbol{J}^{\mathrm{c}})}\left(\frac{\partial y}{\partial s}\frac{\partial N_i}{\partial r}-\frac{\partial y}{\partial r}\frac{\partial N_i}{\partial s}\right)\\\frac{\partial N_i}{\partial y}&=\frac{1}{\det(\boldsymbol{J}^{\mathrm{c}})}\left(-\frac{\partial x}{\partial s}\frac{\partial N_i}{\partial r}+\frac{\partial x}{\partial r}\frac{\partial N_i}{\partial s}\right)\end{aligned}\tag{12.11}$$

这样，弹性体的应变可通过对位移求偏导，利用节点位移表示：

$$\begin{aligned}\varepsilon_x&=\frac{\partial u}{\partial x}=\sum_{i=1}^{4}\frac{\partial N_i}{\partial x}u_i^e\\\varepsilon_y&=\frac{\partial v}{\partial y}=\sum_{i=1}^{4}\frac{\partial N_i}{\partial y}v_i^e\\\gamma_{xy}&=\frac{\partial u}{\partial x}+\frac{\partial v}{\partial y}=\sum_{i=1}^{4}\frac{\partial N_i}{\partial x}u_i^e+\sum_{i=1}^{4}\frac{\partial N_i}{\partial y}v_i^e\end{aligned}\tag{12.12}$$

其中，$\partial N_i/\partial x$ 和$\partial N_i/\partial y$ 已由式(12.11)给出。

定义单元的应变矩阵为

$$\boldsymbol{B}=[\boldsymbol{B}_1,\boldsymbol{B}_2,\boldsymbol{B}_3,\boldsymbol{B}_4] \tag{12.13}$$

其中

$$\boldsymbol{B}_i=\begin{bmatrix}\dfrac{\partial N_i}{\partial x} & 0\\ 0 & \dfrac{\partial N_i}{\partial y}\\ \dfrac{\partial N_i}{\partial x} & \dfrac{\partial N_i}{\partial y}\end{bmatrix} \tag{12.14}$$

则单元应变式(12.12)可表示为向量矩阵形式：

$$\boldsymbol{\varepsilon}=\boldsymbol{B}\boldsymbol{u}^e \tag{12.15}$$

其中

$$\boldsymbol{\varepsilon}=\begin{bmatrix}\varepsilon_x\\ \varepsilon_y\\ \gamma_{xy}\end{bmatrix},\quad \boldsymbol{u}^e=[u_1^e,v_1^e,u_2^e,v_2^e,u_3^e,v_3^e,u_4^e,v_4^e]^{\mathrm{T}} \tag{12.16}$$

在求得应变之后，可以通过本构关系求出应力：

$$\boldsymbol{\sigma}=\boldsymbol{D}\boldsymbol{\varepsilon}=\boldsymbol{D}\boldsymbol{B}\boldsymbol{u}^e \tag{12.17}$$

其中

$$\boldsymbol{\sigma}=\begin{bmatrix}\sigma_x\\ \sigma_y\\ \tau_{xy}\end{bmatrix},\quad \boldsymbol{D}=\frac{E}{1-\upsilon^2}\begin{bmatrix}1 & \upsilon & 0\\ \upsilon & 1 & 0\\ 0 & 0 & \dfrac{1-\upsilon}{2}\end{bmatrix} \tag{12.18}$$

有限元方程可通过利用最小势能原理获取。最小势能原理的泛函总势能 Π 可表示为

$$\Pi=\int_V\left(\frac{1}{2}C_{ijkl}\varepsilon_{ij}\varepsilon_{kl}-f_iu_i\right)\mathrm{d}V-\int_{S_\sigma}T_iu_i\mathrm{d}S \tag{12.19}$$

它是弹性体应变能和外力做功之和。f_i 为体力，T_i 为外力载荷。在平面问题中，采用矩阵形式表示的泛函总势能为

$$\Pi=\int_{\Omega}\frac{1}{2}\boldsymbol{\varepsilon}^{\mathrm{T}}\boldsymbol{D}\boldsymbol{\varepsilon}t\,\mathrm{d}x\mathrm{d}y-\int_{\Omega}\boldsymbol{u}^{\mathrm{T}}\boldsymbol{f}t\,\mathrm{d}x\mathrm{d}y-\int_{S_{\sigma}}\boldsymbol{u}^{\mathrm{T}}\boldsymbol{T}t\,\mathrm{d}S \tag{12.20}$$

其中，t 是二维体厚度；$\boldsymbol{f}$ 是作用在二维体内的体积力；$\boldsymbol{T}$ 是作用在二维体边界上的面积力。

将式(12.2)和式(12.15)代入式(12.20)，即可得到离散模型的总势能为

$$\Pi=\sum_{e}\left(\boldsymbol{u}^{e\mathrm{T}}\int_{\Omega^{e}}\frac{1}{2}\boldsymbol{B}^{\mathrm{T}}\boldsymbol{D}\boldsymbol{B}t\,\mathrm{d}x\mathrm{d}y\boldsymbol{u}^{e}\right)-\sum_{e}\boldsymbol{u}^{e\mathrm{T}}\int_{\Omega^{e}}\boldsymbol{N}^{\mathrm{T}}\boldsymbol{f}t\,\mathrm{d}x\mathrm{d}y-\sum_{e}\left(\boldsymbol{u}^{e\mathrm{T}}\int_{S_{\sigma}^{e}}\boldsymbol{N}^{\mathrm{T}}\boldsymbol{T}t\,\mathrm{d}S\right) \tag{12.21}$$

根据变分原理，泛函 Π 取驻值的条件是它的一次变分为零，$\delta\Pi=0$，即

$$\frac{\partial\Pi}{\partial\boldsymbol{u}}=0 \tag{12.22}$$

这样就可以得到有限元的求解方程：

$$\boldsymbol{K}\boldsymbol{u}=\boldsymbol{P} \tag{12.23}$$

其中，K 称为结构整体刚度矩阵：

$$\boldsymbol{K}=\sum_{e}\boldsymbol{G}^{\mathrm{T}}\boldsymbol{K}^{e}\boldsymbol{G} \tag{12.24}$$

P 称为结构节点载荷列阵：

$$\boldsymbol{P}=\sum_{e}\boldsymbol{G}^{\mathrm{T}}\boldsymbol{P}^{e} \tag{12.25}$$

其中，$\boldsymbol{P}^{e}=\int_{\Omega^{e}}\boldsymbol{N}^{\mathrm{T}}\boldsymbol{f}t\,\mathrm{d}x\mathrm{d}y+\int_{S_{\sigma}^{e}}\boldsymbol{N}^{\mathrm{T}}\boldsymbol{T}t\,\mathrm{d}S$ 称为单元等效节点载荷列阵；$\boldsymbol{K}^{e}=\int_{\Omega^{e}}\frac{1}{2}\boldsymbol{B}^{\mathrm{T}}\boldsymbol{D}\boldsymbol{B}t\,\mathrm{d}x\mathrm{d}y$ 称为单元刚度矩阵；$\boldsymbol{G}$ 为单元节点转换矩阵(王勖成等，1997)。

利用有限元方法计算裂纹问题时，由于应力在裂纹前缘线附近具有 $r^{-1/2}(r\to 0)$的奇异性，采用常规单元进行有限元计算，将导致数值精度降低，如果在裂纹前缘线附近采用适当的奇异单元来逼近，会更好地反映出应力的奇异性。最常用的奇异单元(singularity element)是把八节点等参单元的一边长(如 $\xi_1=-1$)等效为一个节点，如图 12.2 所示。通过四边形单元退化为三角形单元，其可以用在线弹性断裂力学和弹塑性断裂力学数值分析中(Barsoum，1977)。如图 12.3 所示，通

过在裂纹端点附近，选用一组这样的单元，就会产生 $r^{-1/2}$ 的奇异性。

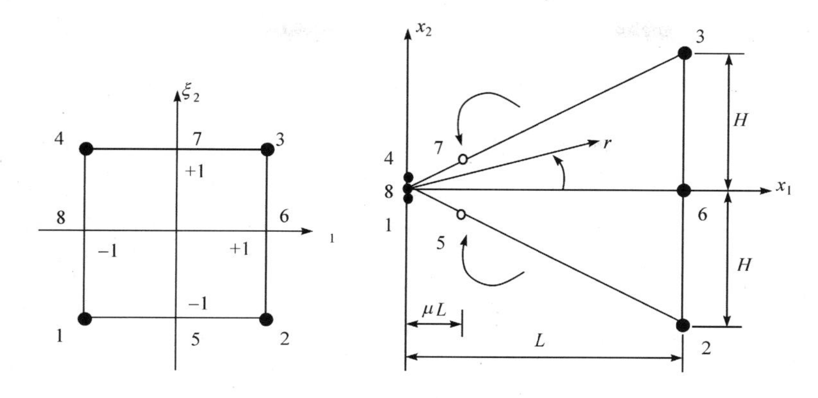

图 12.2　通过八节点等参单元塌陷法获取奇异单元

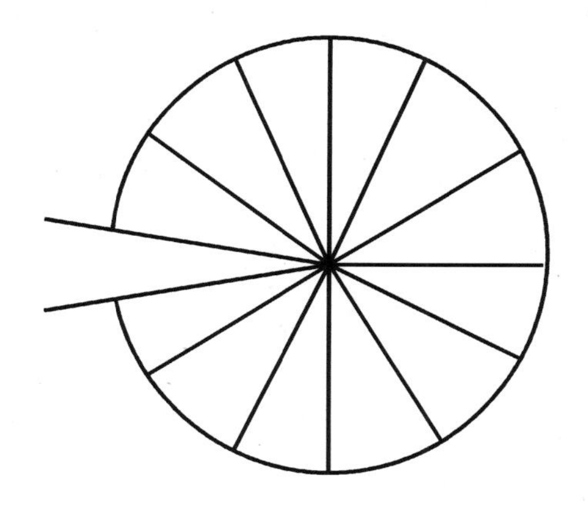

图 12.3　裂尖奇异单元

下面，简单介绍如何通过调整等参单元节点的位置来实现裂纹尖端的奇异性模拟(Kuna，2013)。例如，假定中间节点 5 和 7 的位置可以变化，其变化参数为 χ，如图 12.2 所示。图 12.2 所示的节点坐标为

$$x_1^{(1)}=x_1^{(4)}=x_1^{(8)}=0,\quad x_1^{(2)}=x_1^{(6)}=x_1^{(3)}=0,\quad x_1^{(5)}=x_1^{(7)}=\chi L$$

$$x_2^{(1)}=x_2^{(4)}=x_2^{(8)}=0,\quad x_2^{(2)}=-H,\quad x_2^{(6)}=0,\quad x_2^{(3)}=H,\quad x_2^{(5)}=-\chi H,\quad x_2^{(7)}=\chi H \tag{12.26}$$

利用八节点单元的形状函数，单元任意点的坐标可以表示为

$$
\begin{aligned}
x_1 &= \frac{L}{2}\left[(1+\xi_1)^2(1-2\chi)-(1+\xi_1)(1-4\chi)\right] \\
x_2 &= \frac{H}{2}\xi_2\left[(1+\xi_1)^2(1-2\chi)-(1+\xi_1)(1-4\chi)\right]
\end{aligned}
\tag{12.27}
$$

这样，裂尖前端距离 r 表示为

$$
r=\sqrt{x_1^2+x_2^2}=\frac{1}{2}\sqrt{L^2+H^2\xi_2^2}\left[(1+\xi_1)^2(1-2\chi)-(1+\xi_1)(1-4\chi)\right] \tag{12.28}
$$

对于四分之一特殊位置处，即 $\chi=1/4$，存在

$$
\begin{aligned}
x_1 &= \frac{L}{4}(1+\xi_1)^2 \\
x_2 &= \frac{H}{2}\xi_2\ (1+\xi_1)^2 \\
r &= \frac{1}{4}(1+\xi_1)^2\ \sqrt{L^2+H^2\xi_2^2}
\end{aligned}
\tag{12.29}
$$

进而可获得

$$
(1+\xi_1)=\frac{2\sqrt{r}}{\sqrt[4]{L^2+H^2\xi_2^2}} \tag{12.30}
$$

单元的雅可比矩阵可通过式(12.27)计算如下：

$$
\begin{aligned}
J_{11} &= \frac{\partial x_1}{\partial \zeta_1}=L\left[(1+\xi_1)(1-2\chi)-\frac{1}{2}(1-4\chi)\right] \\
J_{21} &= \frac{\partial x_1}{\partial \zeta_2}=0 \\
J_{12} &= \frac{\partial x_2}{\partial \zeta_1}=H\xi_2\left[(1-2\chi)-\frac{1}{2}(1-4\chi)\right]=\frac{H}{L}\xi_2 J_{11} \\
J_{22} &= \frac{\partial x_2}{\partial \zeta_2}=\frac{H}{2}(1+\xi_1)\left[(1+\xi_1)(1-2\chi)-(1-4\chi)\right]=\frac{rH}{\sqrt{L^2+H^2\xi_2^2}}
\end{aligned}
\tag{12.31}
$$

对于四分之一特殊位置处($\chi=1/4$)，雅可比矩阵跟半径 r 的关系可描述为

$$J_{11}=\frac{L}{2}(1+\xi_1)\sim\sqrt{r},\quad J_{21}=0$$

$$J_{12}=\frac{H}{2}\xi_2(1+\xi_1)\sim\sqrt{r},\quad J_{22}=\frac{H}{4}(1+\xi_1)^2\sim r \tag{12.32}$$

$$J=\det|\boldsymbol{J}|=J_{11}J_{22}=\frac{LH}{8}(1+\xi_1)^3\sim r^{3/2}$$

雅可比矩阵的逆矩阵可计算如下：

$$\boldsymbol{J}^{-1}=\frac{1}{J}\begin{bmatrix}J_{22} & -J_{12}\\ 0 & J_{11}\end{bmatrix}\sim\begin{bmatrix}\dfrac{1}{\sqrt{r}} & \dfrac{1}{r}\\ 0 & \dfrac{1}{r}\end{bmatrix} \tag{12.33}$$

进而，位移向量 u_i（如 $u_1=u$）的梯度可表示为

$$\begin{bmatrix}\dfrac{\partial u}{\partial x_1}\\ \dfrac{\partial u}{\partial x_2}\end{bmatrix}=\boldsymbol{J}^{-1}\begin{bmatrix}\dfrac{\partial u}{\partial \xi_1}\\ \dfrac{\partial u}{\partial \xi_2}\end{bmatrix},\quad J_{ij}^{-1}=\frac{\partial \xi_j}{\partial x_i} \tag{12.34}$$

式(12.34)中，位移对单元坐标 ξ_j 的导数为

$$\begin{aligned}\frac{\partial u}{\partial \xi_1}&=\sum_{a=1}^{8}\frac{\partial N_a(\xi_1,\xi_2)}{\partial \xi_1}u^{(a)}\\ &=\frac{1}{2}(1+\xi_1)[(u^{(3)}+u^{(4)}-2u^{(7)}+u^{(1)}+u^{(2)}-2u^{(5)})\\ &\quad+\xi_2(u^{(3)}+u^{(4)}-2u^{(7)}-u^{(1)}-u^{(2)}+2u^{(5)})]\\ &\quad+\frac{1}{4}(1+\xi_2)[(\xi_2-2)u^{(3)}-(\xi_2+2)u^{(4)}+4u^{(7)}]\\ &\quad+\frac{1}{4}(1-\xi_2)[(\xi_2-2)u^{(1)}-(\xi_2+2)u^{(2)}+4u^{(5)}]\\ &\quad+\frac{1}{2}(1-\xi_2^2)[u^{(6)}-u^{(8)}]\\ &=a_0+a_1(1+\xi_1),\quad \xi_2=\text{const}\end{aligned} \tag{12.35}$$

$$\frac{\partial u}{\partial \xi_2}=\frac{1}{4}(1+\xi_1)^2[u^{(3)}+u^{(4)}-2u^{(7)}-u^{(1)}-u^{(2)}+2u^{(5)}]$$

$$+\frac{1}{4}(1+\xi_1)[(2\xi_2-1)u^{(3)}-(3+2\xi_2)u^{(4)}+(3-2\xi_2)u^{(1)}$$

$$+(2\xi_2+1)u^{(2)}+4u^{(7)}+4\xi_2 u^{(8)}-4u^{(5)}-4\xi_2 u^{(6)}]$$

$$+\frac{1}{2}[(2\xi_2+1)u^{(4)}+(2\xi_2-1)u^{(1)}-4\xi_2 u^{(8)}]^*$$

$$=b_0+b_1(1+\xi_1)+b_2(1+\xi_1)^2,\quad \xi_2=\text{const} \tag{12.36}$$

同样的，可以获得位移向量 u_2 对单元坐标的导数为

$$\frac{\partial u_2}{\partial \xi_1}=c_0+c_1(1+\xi_1) \tag{12.37}$$

$$\frac{\partial u_2}{\partial \xi_2}=d_0+d_1(1+\xi_1)+d_2(1+\xi_1)^2 \tag{12.38}$$

式(12.35)～式(12.38)中，常数 a_i、b_i、c_i、f_i $(i=0,1,2)$ 依赖于实际的节点位移和第二个单元坐标 ξ_2（在某个具体半径 r 上为常数）。

利用式(12.33)～式(12.38)，应变分量可最终计算为

$$\varepsilon_{11}=\frac{\partial u_1}{\partial x_1}=J_{11}^{-1}\frac{\partial u_1}{\partial \xi_1}+J_{12}^{-1}\frac{\partial u_1}{\partial \xi_2}$$

$$=\frac{a_0+a_1(1+\xi_1)}{\sqrt{r}}+\frac{b_0+b_1(1+\xi_1)+b_2(1+\xi_1)^2}{r}=\frac{b_0}{r}+\frac{e_1}{\sqrt{r}}+e_2 \tag{12.39}$$

$$\varepsilon_{22}=\frac{\partial u_2}{\partial x_2}=J_{21}^{-1}\frac{\partial u_2}{\partial \xi_1}+J_{22}^{-1}\frac{\partial u_2}{\partial \xi_2}=\frac{d_0}{r}+\frac{d_1}{\sqrt{r}}+d_2 \tag{12.40}$$

在裂纹尖端附近，位移梯度将呈现明显的 $r^{-1/2}$ 和 r^{-1} 奇异性。总之，对一个常规八节点等参单元，使其一单元边退化为一个节点，可以实现裂纹尖端附近应变和应力的 $r^{-1/2}$ 奇异性设置。

12.2 应力强度因子计算方法

12.2.1 权函数方法

利用权函数方法计算应力强度因子，如 4.4 节介绍。选取有限元计算的位移应力场结果作为真实场，通过选用特殊的解析辅助场，构建 Bueckner 积分。通过

此方法,可利用选场的位移应力场解计算求得裂尖的应力强度因子,从而避开裂纹尖端的应力不准确区域,具体过程如下。

取辅助势函数为

$$\varphi^{(\mathrm{II})}(z)=z^{-1/2},\quad \psi^{(\mathrm{II})}(z)=\frac{3}{2}z^{-1/2} \tag{12.41}$$

由此辅助势函数引起的位移场和应力场记为 $u_i^{(\mathrm{II})}$ 和 $\sigma_{ij}^{(\mathrm{II})}$,其可通过解析解获得。做这两个场的 Bueckner 积分,并利用特征展开的伪正交特性,有

$$K_{\mathrm{I}}=\sqrt{\frac{2}{\pi}}\frac{\mu}{\kappa+1}\int_{\Gamma}[u_i\sigma_{ij}^{(\mathrm{II})}-u_i^{(\mathrm{II})}\sigma_{ij}]n_j\mathrm{d}s \tag{12.42}$$

其中,Γ 可取远离裂尖的闭合曲线,而真实的物理场可用常规有限元方法得到,于是由式(12.42)即可得到 K_{I}。

同理,仍取有限元结果作为真实物理场,而取辅助场为

$$\varphi^{(\mathrm{II})}(z)=\mathrm{i}z^{-1/2},\quad \psi^{(\mathrm{II})}(z)=-\frac{\mathrm{i}}{2}z^{-1/2} \tag{12.43}$$

做这两个场的 Bueckner 积分,利用特征展开的伪正交特性,注意到 K_{II} 与系数 A_1 的关系,可得

$$K_{\mathrm{II}}=-\sqrt{\frac{2}{\pi}}\frac{\mu}{\kappa+1}\int_{\Gamma}[u_i\sigma_{ij}^{(\mathrm{II})}-u_i^{(\mathrm{II})}\sigma_{ij}]n_j\mathrm{d}s \tag{12.44}$$

12.2.2　交互积分方法

假设两个平衡状态 1 和 2,定义两个状态叠加产生的交互 J 积分为

$$\begin{aligned}J&=\int_{\Gamma}\frac{1}{2}[\sigma_{ij}^{(1)}+\sigma_{ij}^{(2)}][\varepsilon_{ij}^{(1)}+\varepsilon_{ij}^{(2)}]\mathrm{d}y-[T_i^{(1)}+T_i^{(2)}]\frac{\partial u_i^{(1)}+\partial u_i^{(2)}}{\partial x}\mathrm{d}s\\&=J^{(1)}+J^{(2)}+I^{(1,2)}\end{aligned} \tag{12.45}$$

其中

$$J^{(1)}=\int_{\Gamma}\frac{1}{2}\sigma_{ij}^{(1)}\varepsilon_{ij}^{(1)}\mathrm{d}y-T_i^{(1)}\frac{\partial u_i^{(1)}}{\partial x}\mathrm{d}s \tag{12.46}$$

$$J^{(2)}=\int_{\Gamma}\frac{1}{2}\sigma_{ij}^{(2)}\varepsilon_{ij}^{(2)}\mathrm{d}y-T_i^{(2)}\frac{\partial u_i^{(2)}}{\partial x}\mathrm{d}s \tag{12.47}$$

$$I^{(1,2)}=\int_{\Gamma}\frac{1}{2}[\sigma_{ij}^{(1)}\varepsilon_{ij}^{(2)}+\sigma_{ij}^{(2)}\varepsilon_{ij}^{(1)}]\mathrm{d}y-\left[T_i^{(1)}\frac{\partial u_i^{(2)}}{\partial x}+T_i^{(2)}\frac{\partial u_i^{(1)}}{\partial x}\right]\mathrm{d}s \tag{12.48}$$

根据 Betti 互等定理：

$$\sigma_{ij}^{(1)}\varepsilon_{ij}^{(2)}=\sigma_{ij}^{(2)}\varepsilon_{ij}^{(1)} \tag{12.49}$$

利用裂纹尖端 J 积分和强度因子的固有关系：

$$J=\frac{[K_{\mathrm{I}}^{(1)}+K_{\mathrm{I}}^{(2)}]^2+[K_{\mathrm{II}}^{(1)}+K_{\mathrm{II}}^{(2)}]^2}{E} \tag{12.50}$$

$$J^{(1)}=\frac{[K_{\mathrm{I}}^{(1)}]^2+[K_{\mathrm{II}}^{(1)}]^2}{E} \tag{12.51}$$

$$J^{(2)}=\frac{[K_{\mathrm{I}}^{(2)}]^2+[K_{\mathrm{II}}^{(2)}]^2}{E} \tag{12.52}$$

可以求解 $I^{(1,2)}$ 满足如下关系：

$$I^{(1,2)}=\frac{2[K_{\mathrm{I}}^{(1)}K_{\mathrm{II}}^{(2)}+K_{\mathrm{I}}^{(2)}K_{\mathrm{II}}^{(1)}]}{E} \tag{12.53}$$

通过选取特定辅助场(2)，可通过式(12.53)，利用远场的交互 J 积分(即 $I^{(1,2)}$)得到裂纹端部应力强度因子 K_{I} 和 K_{II} 的解。

选取状态 1 为问题的真实状态 $K_{\mathrm{I}}^{(1)}=K_{\mathrm{I}}$，状态 2 由纯 Ⅰ 型裂纹的渐近解表示，且取

$$K_{\mathrm{II}}^{(2)}=1,\quad K_{\mathrm{I}}^{(2)}=0 \tag{12.54}$$

由式(12.54)和式(12.53)可得

$$\mathrm{I}^{(1,2)}=\frac{2K_{\mathrm{I}}}{E} \tag{12.55}$$

这样

$$K_{\mathrm{I}}=\frac{E}{2}\mathrm{I}^{(1,2)}=\frac{E}{2}\int_{\Gamma}\frac{1}{2}[\sigma_{ij}\varepsilon_{ij}^{(2)}+\sigma_{ij}^{(2)}\varepsilon_{ij}]\mathrm{d}y-\left[T_i\frac{\partial u_i^{(2)}}{\partial x}+T_i^{(2)}\frac{\partial u_i}{\partial x}\right]\mathrm{d}s \tag{12.56}$$

其中，Γ 为远离裂尖的积分曲线；σ_{ij}、ε_{ij}、u_i 为有限元解；$\sigma_{ij}^{(2)}$、$\varepsilon_{ij}^{(2)}$、$u_i^{(2)}$ 为纯 Ⅰ 型裂纹问题的裂尖渐近解。

同样的，为了计算 K_{II}，选取状态 1 为问题的真实状态，状态 2 由纯 Ⅱ 型裂纹的渐近解表示，且取

$$K_{\mathrm{II}}^{(2)}=0,\quad K_{\mathrm{I}}^{(2)}=1 \tag{12.57}$$

由式(12.54)和式(12.53)可得

$$I^{(1,2)}=\frac{2K_{\mathrm{II}}}{E} \tag{12.58}$$

这样

$$K_{\mathrm{II}}=\frac{E}{2}I^{(1,2)}=\frac{E}{2}\int_{\Gamma}\frac{1}{2}\left[\sigma_{ij}\varepsilon_{ij}^{(2)}+\sigma_{ij}^{(2)}\varepsilon_{ij}\right]\mathrm{d}y-\left[T_i\frac{\partial u_i^{(2)}}{\partial x}+T_i^{(2)}\frac{\partial u_i}{\partial x}\right]\mathrm{d}s \tag{12.59}$$

其中，Γ 为远离裂尖的积分曲线；σ_{ij}、ε_{ij}、u_i 为有限元解；$\sigma_{ij}^{(2)}$、$\varepsilon_{ij}^{(2)}$、$u_i^{(2)}$ 为纯Ⅱ型裂纹问题的裂尖渐近解。

12.2.3　外推法计算应力强度因子

可直接利用裂纹尖端前沿的单元应力或裂纹尖端后面的节点位移进行外推，用来计算应力强度因子(解德等，2009)。这种外推方法要求裂纹尖端具有非常细的网格，而且为提高计算效率和精度，建议在裂纹尖端使用奇异单元。

对于Ⅰ型裂纹，其应力强度因子可定义为

$$K_{\mathrm{I}}=\lim_{r\to 0}\left[\sigma_y(r,\theta=0)\sqrt{2\pi r}\right] \tag{12.60}$$

其中，σ_y 为裂纹前端垂直于裂纹方向的应力分量；r 为到裂纹端点的距离；θ 为相对于裂纹方向的极角。

同样的，应力强度因子 K_{I} 也可由裂纹面上垂直于裂纹方向的张开位移分量 v 计算：

$$K_{\mathrm{I}}=\frac{2\mu}{\kappa+1}\lim_{r\to 0}\left[v(r,\theta=0)\sqrt{\frac{2\pi}{r}}\right] \tag{12.61}$$

其中，μ 为剪切模量；κ 为膨胀模量，对于平面应力问题 $\kappa=(3-\nu)/(1+\nu)$；对于平面应变问题 $\kappa=3-4\nu$。

从式(12.60)和式(12.61)可以看出，K_{I} 是在裂纹尖端处对应于 $r=0$ 的值，然而直接的数值计算无法达到 $r=0$。因此，需要采用外推法来计算 K_{I}。其基本思路如下。

在有限元商用软件对裂纹问题进行建模分析后，裂纹前端单元中积分点上的

应力值 σ_y 和对应的积分点坐标值 r 可以直接从软件的后处理结果中直接读取。虽然不能直接计算裂纹尖端处的 K_{I} 值，但是裂纹前端那些非奇异的应力值是已知的。即对应于每一个点 $r_i>0$，有一个非奇异的应力值 σ_{yi}。通过式(12.60)，可计算其对应的 $K_{\mathrm{I}i}$ 值为

$$K_{\mathrm{I}i}=\sigma_{yi}\sqrt{2\pi r_i} \tag{12.62}$$

其中，$K_{\mathrm{I}i}$ 为对应于点 r_i 处的应力强度因子值，如图 12.4 所示。这样就可以构造一组数据对 $(r_i, K_{\mathrm{I}i})$，进而利用最小二乘法来拟合数据点，获取真实的 K_{I} 值。最小二乘法假定最佳的曲线拟合时，数据点与设定曲线之间的方差最小。假定 r_i 和 $K_{\mathrm{I}i}$ 之间可用线性关系来近似，则有

$$\widehat{K}_{\mathrm{I}}=Ar+B \tag{12.63}$$

真实的 K_{I} 即为 $K_{\mathrm{I}}=\widehat{K}_{\mathrm{I}}(r,0)=B$。

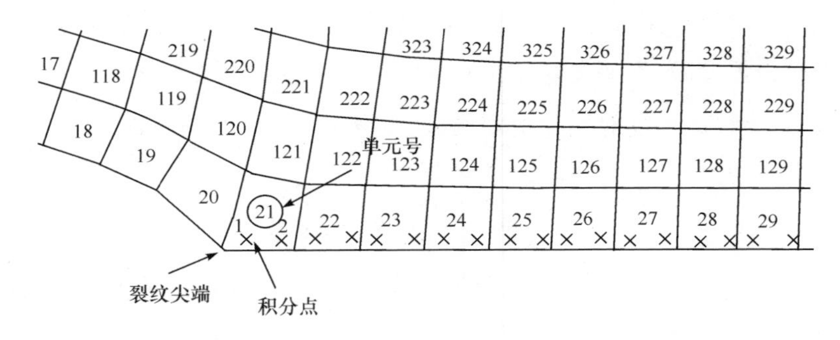

图 12.4　基于应力的外推法计算应力强度因子

由式(12.62)和式(12.63)可知，每个数据点处的偏差为 $\widehat{K}_{\mathrm{I}i}-K_{\mathrm{I}i}$。根据最小二乘法，最佳的拟合应该满足如下要求：

$$S_{\min}=\sum(\widehat{K}_{\mathrm{I}i}-K_{\mathrm{I}i})^2\Big|_{\min}=\sum(Ar_i+B-K_{\mathrm{I}i})^2\Big|_{\min} \tag{12.64}$$

因此有

$$\begin{aligned}\frac{\partial S}{\partial A}&=2\sum(Ar_i+B-K_{\mathrm{I}i})r_i=0\\ \frac{\partial S}{\partial B}&=2\sum(Ar_i+B-K_{\mathrm{I}i})=0\end{aligned} \tag{12.65}$$

求解线性方程组(12.65)，可以得到所拟合直线的斜率 B，即

$$K_{\mathrm{I}} \approx B = \frac{\sum r_i \sum r_i K_{\mathrm{I}i} - \sum r_i^2 \sum K_{\mathrm{I}i}}{\left(\sum r_i\right)^2 - N\sum r_i^2} \tag{12.66}$$

其中，N 为所选取的拟合数据点个数。

另一种方法是利用式(12.61)，通过裂纹后端的张开位移计算应力强度因子。对于距离裂纹尖端 r_i 处的节点，裂纹后端垂直裂面的位移可以在有限元分析中直接读取，如图 12.5 所示。和基于应力的外推法一样，也可以构造数据对(r_i，$K_{\mathrm{I}i}$)，其中 $K_{\mathrm{I}i}$ 通过如下计算获得

$$K_{\mathrm{I}i} = \frac{2\mu}{\kappa+1} v_i \sqrt{\frac{2\pi}{r_i}} \tag{12.67}$$

然后利用最小二乘法来拟合数据点，得到应力强度因子的数值，如式(12.66)所示。

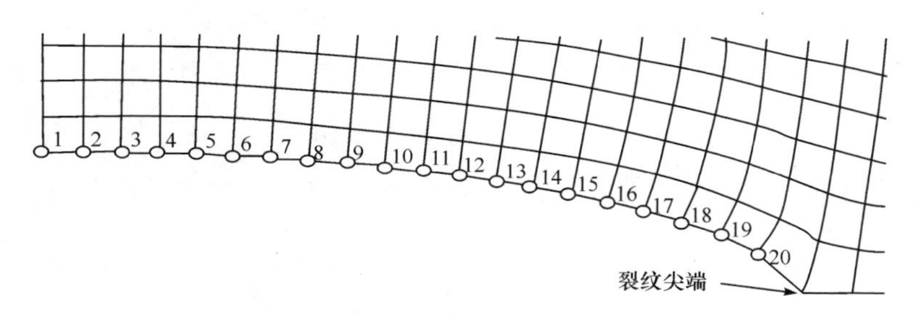

图 12.5　基于位移的外推法计算应力强度因子

12.3　J 积分计算方法

对于二维问题，J 积分可定义为

$$J = \int_{\Gamma} \left(W\mathrm{d}y - \sigma_{ij} \frac{\partial u_i}{\partial x_1} n_j \mathrm{d}s \right) \tag{12.68}$$

其中，Γ 是由裂纹下表面某点到裂纹上表面某点的简单积分路径；W 是弹塑性应变能密度：

$$W = \int_0^{\varepsilon_{ij}} \sigma_{ij} \mathrm{d}\varepsilon_{ij} \tag{12.69}$$

对于线弹性材料，应变能密度 $W = \sigma_{ij}\varepsilon_{ij}/2$；而对于非线性弹性材料或者塑性

材料，应变能密度需要通过非线性的应力应变曲线数值积分获得。u_i 是积分回路边界上的位移，$\mathrm{d}s$ 为积分回路线的弧长。可以解析证明，J 积分与积分路线 Γ 的选取无关，即 J 积分满足路径守恒。

12.3.1 ANSYS 路径操作计算 J 积分

下面举例介绍如何利用 ANSYS 商用软件计算 J 积分。首先，通过商用软件对裂纹问题进行建模计算，对输出结果进行路径后处理，按照 J 积分的定义式直接计算 J 积分的值。其计算思路及其 APDL 命令流如下。

```
ETABLE,ERASE                      ! 清除单元表残余数据
ETABLE,SENE,SENE,                 ! 存储单元应变能
ETABLE,VOLU,VOLU,                 ! 存储单元体积
SEXP,SED,SENE,VOLU,1,- 1,         ! 计算单元应变能密度
PDEF,SEDP,ETAB,SED,AVG            ! 应变能密度映射到路径上
PCALC,INTG,J1,SEDP,YG,1,          ! 对Y坐标积分
*GET,J1,PATH,,LAST,J1             ! 积分结果赋值给参数(式(12.68)的第一
                                    项)
PDEF,SX,S,X,AVG                   ! 应力分量σx映射到路径
PDEF,SY,S,Y,AVG                   ! 应力分量σy映射到路径
PDEF,SXY,S,XY,AVG                 ! 应力分量τxy映射到路径
PVECT,NORM,NX,NY,NZ               ! 定义路径单位法向量
PCALC,MULT,SXNX,SX,NX,1,
PCALC,MULT,SXYNY,SXY,NY,1,
PCALC,MULT,SYNY,SY,NY,1,
PCALC,MULT,SXYNX,SXY,NX,1,
PCALC,ADD,TX,SXNX,SXYNY,1,1,,     ! 计算主应力Tx
PCALC,ADD,TY,SYNY,SXYNX,1,1,,     ! 计算主应力Ty
*GET,DX,PATH,,LAST,S
*SET,DX,DX/1000                   ! 获取一个微分小量
```

```
PCALC,ADD,XG,XG,,,,- DX/2       ! 移动映射路径的横坐标
PDEF,UX1,U,X
PDEF,UY1,U,Y                    ! 映射两个方向的位移到新路径
PCALC,ADD,XG,XG,,,,DX
PDEF,UX2,U,X
PDEF,UY2,U,Y
PCALC,ADD,XG,XG,,,,- DX/2       ! 将路径移回原地
*SET,C,1/DX
PCALC,ADD,C1,UX2,UX1,C,- C      ! 得到位移对于横坐标的偏导∂u1/∂x1
PCALC,ADD,C2,UY2,UY1,C,- C      ! 得到位移对于横坐标的偏导∂u2/∂x1
PCALC,MULT,TXC1,TX,C1,1,
PCALC,MULT,TYC2,TY,C2,1,
PCALC,ADD,TCTC,TXC1,TYC2,1,1,,
PCALC,INTG,J2,TCTC,S,- 1,
*GET,J2,PATH,,LAST,J2           ! 获得式(12.68)中 J 积分的第二项
*SET,J,J1+ J2                   ! 获得 J 积分最终值
```

12.3.2　等效积分区域法计算 J 积分

Moura 等(1987)和 Shivakumar 等(1992)提出等效积分区域法来对 J 积分进行数值计算,如图 12.6 所示。通过散度定理,用裂纹尖端附近一个有限区域来代替积分回路进行 J 积分的计算。基于此思路,J 积分的定义式可转化为

$$J=\int_A\left(\sigma_{ij}\frac{\partial u_j}{\partial x_1}-W\delta_{1i}\right)\frac{\partial q}{\partial x_i}\mathrm{d}A \tag{12.70}$$

计算时,首先确定积分区域 A,为了计算方便,积分区域的边界(Γ_0 和 Γ)可以选在单元的边上。Γ_0 可以不和裂纹尖端重合,也可以重合。当重合时,积分区域 A 就是边界 Γ 所包含的区域。函数 $q(x,y)$ 只是一个数学上的处理,这使得积分表达式更便于采用数值计算方法,可以证明,J 积分的计算对于假设的函数 $q(x,y)$ 的形式并不敏感,因而函数 $q(x,y)$ 可以任意选取,例如,在内边界 Γ_0 上,$q=1$;在

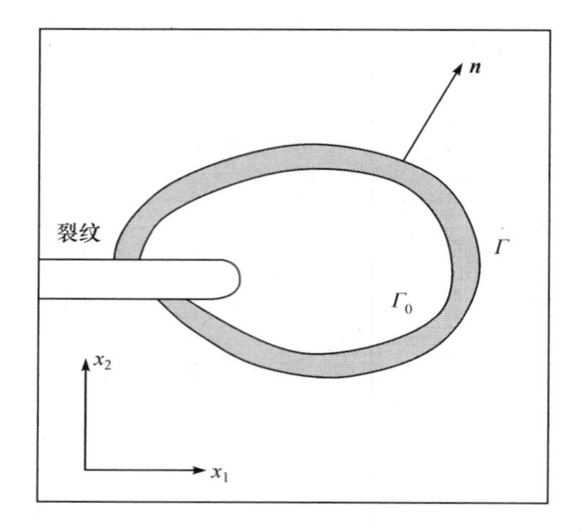

图 12.6 等效积分区域法计算 J 积分

外边界 Γ 上，$q=0$。

在实际计算过程中，函数 q 的插值可表示为

$$q = N_1 q_1^e + N_2 q_2^e + N_3 q_3^e + N_4 q_4^e = \boldsymbol{N}\boldsymbol{q}^e = \sum_{i=1}^{4} N_i(r,s) q_i^e \tag{12.71}$$

其中，N_i 为形状函数；q_i^e 为单元节点值。函数 q 对总体坐标(x,y)的导数可计算为

$$\begin{aligned} \frac{\partial q}{\partial x} &= \sum_{i=1}^{4} \frac{\partial N_i}{\partial x} q_i^e \\ \frac{\partial q}{\partial y} &= \sum_{i=1}^{4} \frac{\partial N_i}{\partial y} q_i^e \end{aligned} \tag{12.72}$$

其中，$\partial N_i/\partial x$ 和$\partial N_i/\partial y$ 由式(12.11)给出。

最后，在某个单元内的 J 积分可用下式计算：

$$J^e = \int_{-1}^{1}\int_{-1}^{1} I(r,s)\mathrm{d}r\mathrm{d}s \tag{12.73}$$

其中

$$I(r,s)=\left[\left(\sigma_{xx}\frac{\partial u}{\partial x}+\tau_{xy}\frac{\partial v}{\partial x}-W\right)\frac{\partial q}{\partial x}+\left(\tau_{xy}\frac{\partial u}{\partial x}+\sigma_{yy}\frac{\partial v}{\partial x}\right)\frac{\partial q}{\partial y}\right]\det(\boldsymbol{J}^e) \tag{12.74}$$

利用高斯积分法，式(12.73)的积分可通过在高斯点(r_i,s_i)上的函数值求和获得，其近似计算为

$$J^e \approx I(r_1, s_1) + I(r_2, s_2) + I(r_3, s_3) + I(r_4, s_4) \tag{12.75}$$

在得到对应于一个单元的 J 积分值 J^e 后，按此重复计算积分区域内所有的单元，就可以得到对应于某个积分路径下的 J 积分值。

12.4　能量释放率计算方法

12.4.1　能量释放率的直接定义计算法

考虑一个二维裂纹体，裂纹长度为 a，裂纹体厚度为 B，在恒载荷情况下，应变能释放率 G 定义为产生面积为 Δa 的新裂纹面所需要的能量，即

$$G = -\frac{\mathrm{d}\Pi}{\mathrm{d}A} = -\lim_{\Delta A \to 0}\frac{\Delta \Pi}{\Delta A} = -\lim_{\Delta a \to 0}\frac{\Delta \Pi}{B\Delta a} \tag{12.76}$$

其中，$\Pi = U - W$ 为势能，W 为外力功，U 为裂纹体应变能。

在实际数值计算中，通常采用包含两步分析过程的虚拟裂纹扩展法。在第一步中，分析裂纹长度为 a 的裂纹问题，通过有限元分析可以获得其势能 $\Pi_1 = U_1 - W_1$；在第二步中，分析裂纹长度为 $a + \Delta a$ 的裂纹体，获得势能 $\Pi_2 = U_2 - W_2$。如果 Δa 足够小，则应变能释放率就可以很好地近似为

$$G \approx -\frac{\Pi_2 - \Pi_1}{B\Delta a} \tag{12.77}$$

12.4.2　虚拟裂纹闭合法计算能量释放率

根据 Griffith 能量释放率的观点，在裂纹扩展过程中，能量在裂端区释放出来，此释放出来的能量将用来形成新的裂纹面积。设裂纹长度为 a 的裂纹端点正前方，有使裂纹面撑开的拉伸应力 $\sigma_y(r, 0)$，剪切应力 $\tau_{xy}(r, 0)$。在初始应力给定情况下，设裂纹可以扩展 Δa 长度，即把裂端前方撑开成长度为 $a + \Delta a$ 的裂纹。此时在原坐标系的 $x = r$ 处的点，变成离新裂纹端点为 $\Delta a - r$，则新裂纹上表面的张开位移为$\Delta v(\Delta a - r, 0)$，滑移位移为 $\Delta u(\Delta a - r, 0)$，根据 Irwin 理论，裂纹扩展势能的改变等效于将裂纹闭合一个扩展增量所做的功。基于这种观点，提出一种局部虚拟裂纹闭合法（virtual crack closure technique，VCCT），其计算裂纹尖端能量

释放率的公式为

$$
\begin{aligned}
G_{\mathrm{I}} &= \lim_{\Delta a \to 0} \frac{1}{2\Delta a} \int_0^{\Delta a} \sigma_y(r,0) \Delta v(\Delta a - r, 0) \mathrm{d}r \\
G_{\mathrm{II}} &= \lim_{\Delta a \to 0} \frac{1}{2\Delta a} \int_0^{\Delta a} \tau_{xy}(r,0) \Delta u(\Delta a - r, 0) \mathrm{d}r
\end{aligned} \tag{12.78}
$$

虚拟裂纹闭合法的基本假设是虚拟裂纹尖端后面的张开位移和实际裂纹尖端后面的张开位移近似相等。在有限元计算中，采用节点力代替对应力的积分，应变能释放率可以通过节点力及节点位移计算如下：

$$
\begin{aligned}
G_{\mathrm{I}} &\approx \frac{F_{y1} \Delta v_{3,4}}{2B\Delta a} \\
G_{\mathrm{II}} &\approx \frac{F_{x1} \Delta u_{3,4}}{2B\Delta a}
\end{aligned} \tag{12.79}
$$

其中，F_{y1}和F_{x1}代表节点1处的节点力；$\Delta u_{3,4}$和$\Delta v_{3,4}$代表节点3和4的张开位移，如图12.7所示。式(12.79)有许多优点：①应变能释放率的计算仅包含节点力及节点位移，而这些量又都是有限元分析的基本变量，可以从任何商业有限元软件中直接输出。②很多实例表明，它对有限元网格的大小不敏感。③尽管它可以使用高阶单元和奇异单元，但也可以在常规低阶单元下得到比较精确的结果。这些特征使虚拟裂纹闭合法很有吸引力，可以得到相对准确的结果。

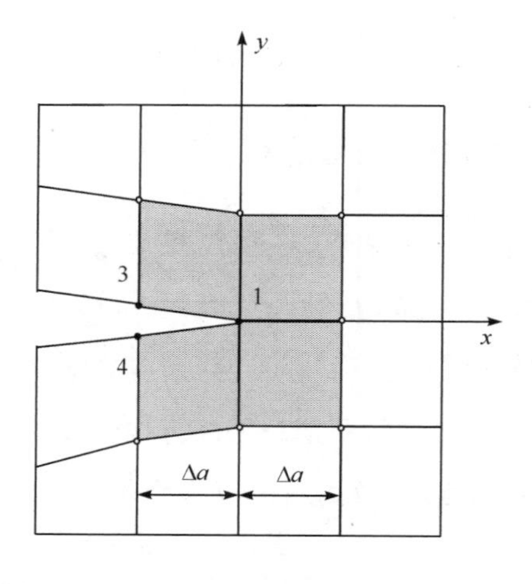

图12.7 虚拟裂纹闭合法计算能量释放率

参考文献

范天佑,2003.断裂理论基础.北京:科学出版社.

方岱宁,刘金喜,2012.压电与铁电体的断裂力学.北京:清华大学出版社.

匡震邦,马法尚,2002.裂纹端部场.西安:西安交通大学出版社.

李群,2015.材料构型力学及其在复杂缺陷系统中的应用.力学学报,47 (2):197-214.

陆毅中,1987.工程断裂力学.西安:西安交通大学出版社.

王保林,2003.压电材料及其结构的断裂力学.北京:国防工业出版社.

王勖成,邵敏,1997.有限单元法基本原理和数值方法.北京:清华大学出版社.

王自强,陈少华,2009.高等断裂力学.北京:科学出版社.

解德,钱勤,李长安,2009.断裂力学中的数值计算方法及工程应用.北京:科学出版社.

张行,2009.断裂与损伤力学.北京:北京航空航天大学出版社.

中国航空研究院,1993.应力强度因子手册.北京:科学出版社.

ATKINSON C,1977. On stress singularities and interfaces in linear elastic fracture mechanics. International Journal of Fracture,13(6):807-820.

ATLURI S N,1986. Computational Methods in the Mechanics of Fracture. Amsterdam: Elsevier Science Ltd.

BARSOUM R S,1977. Triangular quarter point elements as elastic and perfectly-plastic crack tip elements. International Journal for Numerical Methods in Engineering,11(1):85-98.

BEGLEY J A,LANDES J D,1971. The *J*-integral as a fracture criterion. Fracture Toughness, Proceedings of the 1971 National Symposium on Fracture Mechanics Part Ⅱ, ASTM STP 514,American Society for Testing and Materials,514:1-20.

BROBERG K B,1999. Crack and Fracture. New York: Academic Press.

BUECKNER H F, 1970. Novel principle for the computation of stress intensity factors. Zeitschrift Fur Angewandte Mathematik Und Physik,50(1):529-546.

BUECKNER H F, 1973. Field singularities and related integral representations. Methods of Analysis and Solutions of Crack Problems,1:239-314.

CHEN Y Z,1985. New path independent integrals in linear elastic fracture mechanics. Engineering Fracture Mechanics,22(4):673-686.

CHEN Y H,2002. Advances in Conservation Laws and Energy Release Rates. The Netherlands:

Kluwer Academic Publishers.

CHEN Y H, HASEBE N, 1994. Interaction between a main-crack and a parallel micro-crack in an orthotropic plane elastic solid. International Journal of Solids and Structures, 31(14): 1877-1890.

CHEN Y H, HASEBE N, 1995a. Interaction of two off-axis cracks exhibiting orthotropic and general anisotropic behavior under arbitrary extension. Theoretical and Applied Fracture Mechanics, 22(3): 249-260.

CHEN Y H, HASEBE N, 1995b. Investigation of EEF properties for a crack in a plane orthotropic elastic solid with purely imaginary characteristic roots. Engineering Fracture Mechanics, 50(2): 283-293.

CHEN Y H, HASEBE N, 2005. Current understanding on fracture behaviors of ferroelectric/ piezoelectric materials. Journal of Intelligent Material Systems and Structures, 3(16): 673-687.

CHEN Y H, LU T J, 2003. Cracks and fracture in piezoelectric materials. Advances in Applied Mechanics, 39(02): 121-215.

CHEREPANOV G P, 1967. Cracks propagation in continuous media. Journal of Applied Mathematics and Mechanics, 31(31): 503-512.

COMNINOU M, 1977. Interface crack with friction in the contact zone. ASME Journal of Applied Mechanics, 44(4): 631-636.

COMNINOU M, 1978. The interface crack in a shear field. ASME Journal of Applied Mechanics, 45(2): 287-290.

DEEG W F, 1980. The analysis of dislocation, cracks, and inclusion problems in piezoelectric solids[Thesis]. Stanford, California: Stanford University.

DUGDALE D S, 1960. Yielding of steel sheets containing slits. Journal of the Mechanics and Physics of Solids, 8(2): 100-108.

ENGLAND A H, 1965. A crack between dissimilar media. ASME Journal of Applied Mechanics, 32(2): 400-402.

ERDOGAN F, 1963. Stress distribution in a nonhomogeneous elastic plane with cracks. ASME Journal of Applied Mechanics, 30(2): 232-237.

ERDOGAN F, 1978. Mixed Boundary-value problems in mechanics. Mechanics Today, 4: 199-202.

ERDOGAN F, GUPTA G D, 1972. On the numerical solution of singular integral equations. The

Quarterly of Applied Mathematics,29:525-539.

ERDOGAN F,SIH G C,1963. On the crack extension in plates under plane loading and transverse shear. Journal of Basic Engineering,85(4):519.

ESHELBY J D,1951. The force on an elastic singularity. Philosophical Transactions of the Royal Society of London,Series A,244(877):87-112.

ESHELBY J D, 1968. The continuum theory of lattice defects. Solid State Physics, 2 (12): 79-144.

ESHELBY J D,1970. Energy Relations and the Energy-Momentum Tensor in Continuum Mechanics. New York:McGraw-Hill.

ESHELBY J D,1975. The elastic energy-momentum tensor. Journal of Elasticity,5(3):321-335.

GONG S X,MEGUID S A,1992. A general treatment of the elastic field of an elliptical inhomogeneity under antiplane shear. ASME Journal of Applied Mechanics,59(59):S131-S135.

GRIFFITH A A,1921. The phenomena of rupture and flow in solids. Philosophical Transactions of the Royal Society of London,A221(582-593):163-198.

GRIFFITH A A,1924. The theory of rupture. Proceedings of the first International Congress for Applied Mechanics,1:55-63.

GURTIN M E, 2000. Configurational Forces as Basic Concepts of Continuum Physics. Berlin: Springer.

GURTIN M E,Ian Murdoch A,1975. A continuum theory of elastic material surfaces. Archive for Rational Mechanics and Analysis,57(4):291-323.

HAO T H,SHEN Z Y,1994. A new electric boundary condition of electric fracture mechanics and its application. Engineering Fracture Mechanics,47(6):793-802.

HERRMANN A G, HERRMANN G, 1981. On energy-release rates for a plane crack. ASME Journal of Applied Mechanics,48(3):525-530.

HEYER V,SCHNEIDER G A,BALKE H,et al. 1998. A fracture criterion for conducting cracks in homogeneously poled piezoelectric PZT-PIC 151 ceramics. Acta Materialia, 46 (18): 6615-6622.

HUI C Y,RUINA A,1995. Why K? High order singularities and small scale yielding. International Journal of Fracture,72(2):97-120.

HUTCHINSON J W,1968. Singular behavior at the end of a tensile crack in a hardening material. Journal of the Mechanics and Physics of Solids, 16(1): 13-31.

HUTCHINSON J W, MEAR M, RICE J R, 1987. Crack paralleling an interface between dissimilar materials. ASME Journal of Applied Mechanics, 54(4): 828-832.

HUTCHINSON J W, SUO Z, 1992. Mixed mode cracking in layered materials. Advances in Applied Mechanics, 29(08): 63-191.

INGLIS C E, 1913. Stresses in a plate due to the presence of cracks and sharp corners. Transactions of the Institution of Naval Architects, 55: 219-241.

IRWIN G R, 1948. In Fracture dynamics. Fracturing of Metals, ASM Publication: 147-166.

IRWIN G R, 1957. Analysis of stresses and strains near the end of a crack traversing a plate. ASME Journal of Applied Mechanics, 24: 361-364.

JI X, 2016. SIF-based fracture criterion for interface cracks. Acta Mechanica Sinica, 32(3): 491-496.

KANNINEN M F, POPELAR C F, 1985. Advanced Fracture Mechanics. New York: Oxford University Press.

KIENZLER R, HERRMANN G, 2000. Mechanics of Material Space: with Applications to Defect and Fracture Mechanics. Berlin: Springer.

KNOWLES T K, STERNBERG E, 1983. Large deformations near a tip of an interface-crack between 2 neo-Hookean sheets. Journal of Elasticity, 13(3): 257-293.

KUNA M, 2013. Finite Elements in Fracture Mechanics: Theory Numerics Applications. Berlin: Springer.

LARSSON S G, CARLSSON A G, 1973. Influence of non-singular stress terms and specimen geometry on small-scale yielding at crack tips in elastic-plastic materials. Journal of The Mechanics And Physics of Solids, 21(21): 263-277.

LI Q, RICOEUR A, KUNA M, 2011. Coulomb traction on a penny-shaped crack in a three dimensional piezoelectric body. Archive of Applied Mechanics, 81(6): 685-700.

LI Q, CHEN Y H, 2007. Solution for a semi-permeable interface crack between two dissimilar piezoelectric materials. ASME Journal of Applied Mechanics, 74(5): 833-844.

LI Q, CHEN Y H, 2008a. Why traction-free? Piezoelectric crack and Coulombic traction. Archive of Applied Mechanics, 78(7): 559-573.

LI Q, CHEN Y H, 2008b. Solution for a semi-permeable interface crack in elastic dielectric /piezoelectric bimaterials. ASME Journal of Applied Mechanics,75(1):148-155.

LI Q,CHEN Y H,2009. Inherent relations between the Bueckner integral and the Jk-integral or the M-integral in multi-defects damaged piezoelectric materials. Acta Mechanica, 204 (1): 125-136.

LI Q,KUNA M,2012a. Inhomogeneity and material configurational forces in three dimensional ferroelectric polycrystals. European Journal of Mechanics A/Solids. 31(1):77-89.

LI Q, KUNA M, 2012b. Evaluation of electromechanical fracture behavior by configurational forces in cracked ferroelectric polycrystals. Computational Materials Science,57:94-101.

MA L F,CHEN Y H,2004. Weight functions for interface cracks in dissimilar anisotropic materials (english series). Acta Mechanica Sinica,20(1):82-88.

MAK A F,KEER L M,CHEN S H,et al,1980. A no-slip interface crack. Journal of Applied Mechanics,47(2):347-350.

MALYSHEV B M, SALGANIK R L M, 1965. Strength of adhesive joints using theory of cracks. International Journal of Fracture,1:114-118.

MAUGIN G A,1993. Material Inhomogeneities in Elasticity. London:Chapman Hall.

MOGILEVSKAYA S G,CROUCH S L,STOLARSKI H K,2008. Multiple interacting circular nano-inhomogeneities with surface/interface effects. Journal of The Mechanics And Physics of Solids,56(6):2298-2327.

MOURA B,SHIH C F,1993. A treatment of crack tip contour integrals. Int J Fract,35(4):295-310.

MUSK HELISHVILI N I,1953. Some basic problems of the mathematical theory of elasticity. Leyden:Noordhoff International Publishing.

OROWAN E,1949. Fracture and strength of solids. Progress in Physics,12(1):185-232.

OU Z C,WU X J,2003. On the crack tip stress singularity of interfacial cracks in transversely isotropic piezoelectric bimaterials. International Journal of Solids and Structures,40(40):7499-7511.

PAN S X, HU Y F, LI Q, 2013. Numerical simulation of mechanical properties in nanoporous membrane. Computational Materials Science,79:611-618.

PARIS P C,GOMEZ M P,ANDERSON W P,1961. A rational analytic theory of fatigue. Trend in Engineering,13:9-14.

PARTON V Z,1976. Fracture mechanics of piezoelectric materials. Acta Astronautica,3(9-10):671-683.

PARTON V Z,KUDRYAVTSEV B A,1988. Electromagnetoelasticity. New York:Gordon and Breach Science Publishers.

RICE J R,1968. A path independent integral and the approximate analysis of strain concentration by notches and cracks ASME. Journal of Applied Mechanics,35(2):379-386.

RICE J R,1972. Some remarks on elastic crack-tip stress fields. International Journal of Solids And Structures,8(6):751-758.

RICE J R,1974. Limitations to the small scale yielding approximation for crack tip plasticity. Journal of the Mechanics and Physics of Solids,22:17-26.

RICE J R,1988. Elastic fracture mechanics concepts for interfacial cracks. ASME Journal of Applied Mechanic,55(1):98-103.

RICE J R,ROSENGREN G F,1968. Plane strain deformation near a crack tip in a power law hardening material. Journal of the Mechanics and Physics of Solids,16(1):1-12.

RICE J R,SIH G C,1965. Plane problems of cracks in dissimilar media. ASME Journal of Applied Mechanics,32:418-423.

SHAM T L,1991. The determination of the elastic T-term using higher order weight functions. International Journal of Fracture,48(2):81-102.

SHIH C F,ASARO R J,1988. Elastic-plastic analysis of cracks on bimaterial interfaces—Part I. Small scale yielding. ASME Journal of Applied Mechanic,55(2):299-316.

SHIVAKUMAR K N,RAJU I S,1992. An equivalent domain integral method for three-dimensional mixed-mode fracture problem. Engineering Fracture Mechanics,42(16):935-959.

SIH G C,1973. Mechanics of Fracture. Leyden:Noordhoff International Publishing.

SIH G C,1974. Strain energy density factor applied to mixed mode crack problems. International Journal of Fracture,10(3):305-320.

SIH G C,LIEBOWITZ H,1968. Mathematical theories of brittle fracture. Fracture,Ⅱ:67-190.

SINCLAIR G B,1980. On the stress singularity at an interface crack. International Journal of Fracture,16(2):111-119.

SLEPYAN L I,2002. Models and phenomena in Fracture Mechanics. Berlin:Springer.

SNEDDON I N,1946. The distribution of stress in the neighborhood of a crack in an elastic solid. London: Proceedings of the Rogal Society of London A, 187(1): 229-260.

SOKOLINIKOFF S, 1956. Mathematical Theory of Elasticity. New York: McGraw-Hill.

SUO Z, KUO C M, BARNETT D M, et al, 1992. Fracture mechanics of piezoelectric ceramics. Journal of the Mechanics And Physics of Solids, 40(4): 739-765.

SYMINGTON M F, 1987. Eigenvalues for interface cracks in linear elasticity. ASME Journal of Applied Mechanics-Transactions of The Asme, 54(4): 973-974.

TAYLOR D, 2007. The Theory of Critical Distances. Elsevier BV.

TING T C T, 1986. Explicit solution and invariance of the singularities at an interface crack in anisotropic composites. International Journal of Solids And Structures, 22(9): 965-983.

WANG Z K, ZHENG B L, 1995. The general solution of three-dimensional problems in piezoelectric media. International Journal of Solids and Structures, 32(11): 105-115.

WELLS A A, 1961. Unstable crack propagation in metals—cleavage and fast fracture. Proceedings of the Crack Propagation Symposium: 210-230.

WESTERGAARD H M, 1939. Bearing pressures and cracks. Journal of Heat Transfer, 6: A49-A53.

WIEGHARDT K, 1907. Über das spalten und zerreiβenelastischerkörper. Zeitschrift Für Angewandte Mathematik Und Physik, 55(2): 60-103.

WILLIAMS M L, 1957. On the stress distribution at the base of a stationary crack. ASME Journal of Applied Mechanics, 24: 109-114.

WILLIAMS M L, 1959. The stresses around a fault or crack in dissimilar media. Bulletin of the Seismological Society of America, 49(2): 199-204.

YU N Y, LI Q, CHEN Y H, 2012. Measurement of the M-integral for a hole in an aluminum plate or strip. Experiment Mechanics, 52(7): 855-863.

YU N Y, LI Q, CHEN Y H, 2013. Experimental evaluation of the M-integral in an elastic-plastic material containing multiple defects. ASME Journal of Applied Mechanics, 80(1): 011-021.

ZHANG T Y, GAO C F, 2004. Fracture behaviors of piezoelectric materials. Theoretical and Applied Fracture Mechanics, 41(1-3): 339-379.

ZHANG T Y, HACK J E, 1992. Mode III cracks in piezoelectric materials. Journal of Applied Physics, 71(12): 5865-5870.

ZHANG T Y, ZHAO M H, TONG P, 2002. Fracture of piezoelectric ceramics. Advances in Applied Mechanics, 38(02): 147-289.